国家级生物学实验教学示范中心
国家生命科学和技术人才培养基地
生物学国家理科基础研究和教学人才培养基地教材

现代微生物学实验技术

编　著　朱旭芬
参　编　贾小明　张心齐
吴月红　陈中云

ZHEJIANG UNIVERSITY PRESS
浙江大学出版社

图书在版编目(CIP)数据

现代微生物学实验技术/朱旭芬编著. —杭州：浙江大学出版社，2011.8(2018.7 重印)
ISBN 978-7-308-08872-5

Ⅰ.①现… Ⅱ.①朱… Ⅲ.①微生物学—实验—高等学校—教材 Ⅳ.①Q93-33

中国版本图书馆 CIP 数据核字（2011）第 139542 号

内容提要

本教材以自然环境中功能微生物的分离、筛选、鉴定及生物活性物质的研究为主线，主要包括了八部分 107 个实验内容，既有微生物分离、形态观察、生理生化特征等基础性实验，还涵盖了微生物分子生物学、化学分类和生物活性分析等设计性和科研性综合实验内容。每一个实验介绍试剂、设备仪器和实验操作过程，还突出介绍实验原理、注意事项以及评议方面的内容，将多年来积累的教学以及科研方面的经验充实到教材内容中去，并且在教材中加入一些原理的说明图片与实验结果的照片。本书可供不同层次、不同教学学时数要求的人员使用。

现代微生物学实验技术
朱旭芬 编著

责任编辑 秦 瑕
出版发行 浙江大学出版社
(杭州市天目山路 148 号 邮政编码 310007)
(网址：http://www.zjupress.com)
排 版 杭州大漠照排印刷有限公司
印 刷 浙江良渚印刷厂
开 本 787mm×1092mm 1/16
印 张 19.25
插 页 4
字 数 511 千
版 印 次 2011 年 8 月第 1 版 2018 年 7 月第 2 次印刷
书 号 ISBN 978-7-308-08872-5
定 价 36.00 元

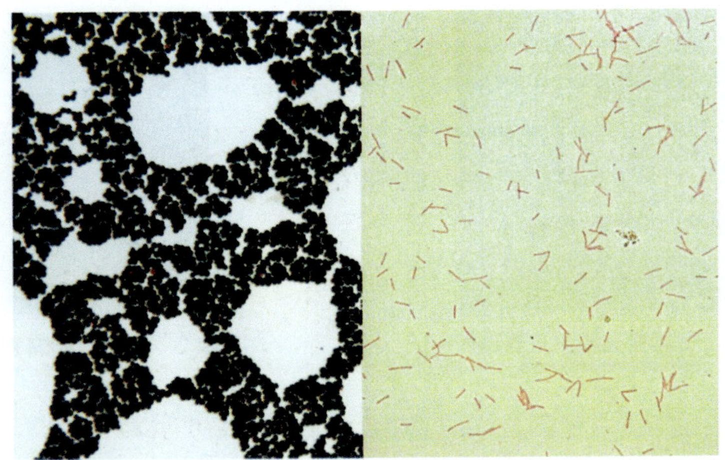

图 2－3－1　革兰氏染色结果

左边是阳性，右边是阴性

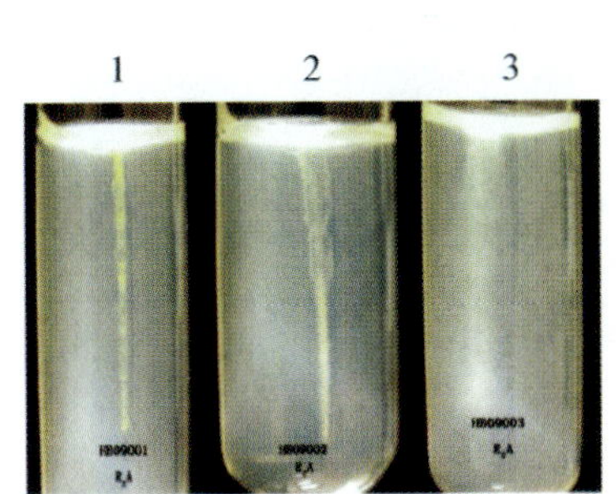

图 2－4－3　半固体穿刺培养

1，无运动性；3，有运动性

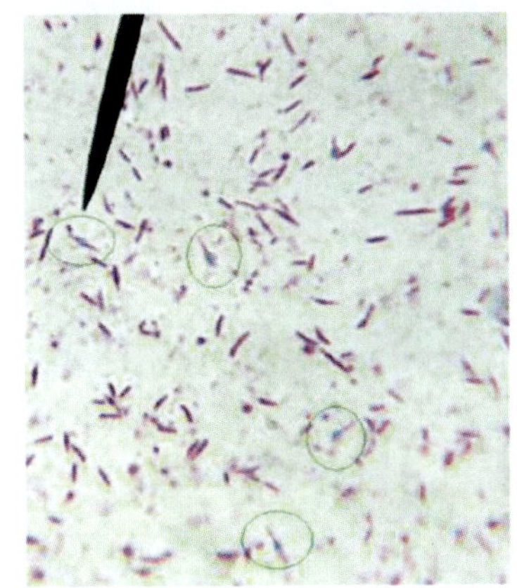

图 2－6－1　芽孢染色

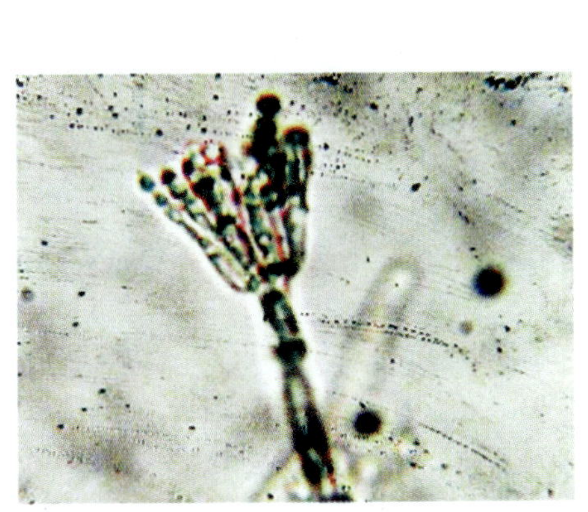

图 2－10－2　青霉菌（*Penicillium*）

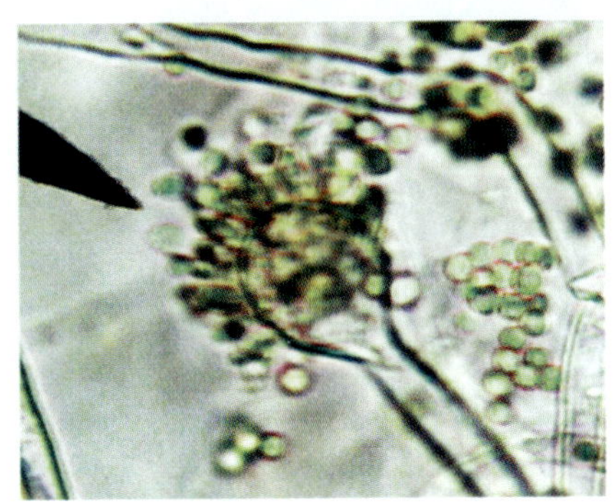

图 2－10－3　黄霉菌（*Aspergillus flavus*）

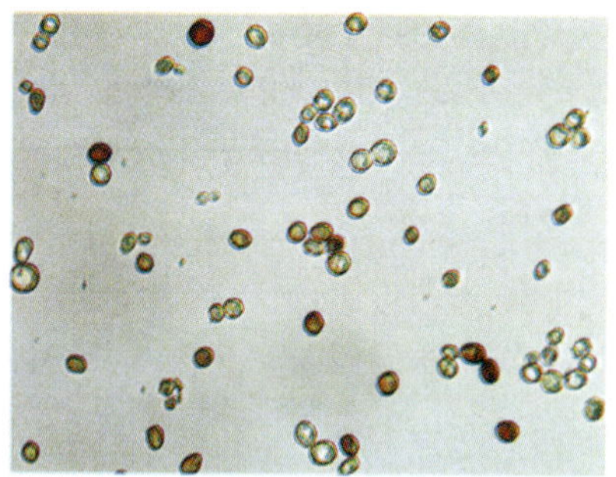

图 2-11-2　酵母菌细胞中肝糖颗粒

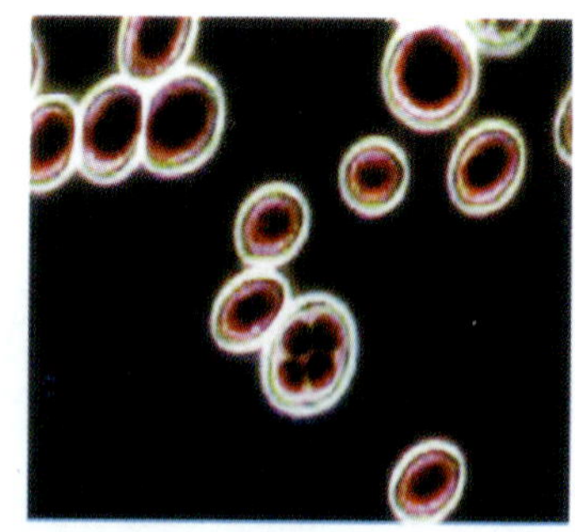

图 2-11-3　酵母菌的子囊孢子

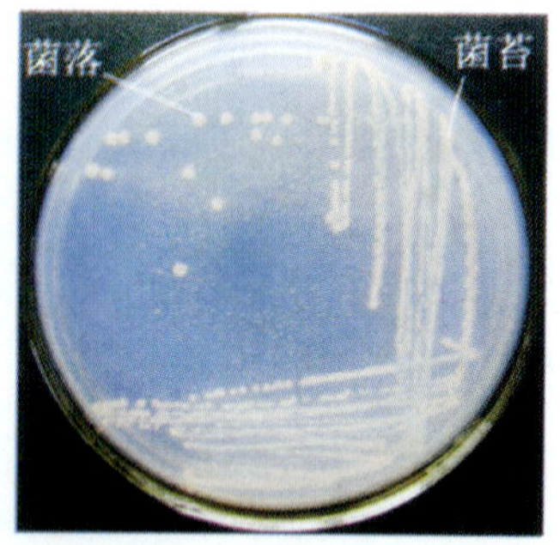

图 2-13-1　固体培养的菌群
（菌落与菌苔）

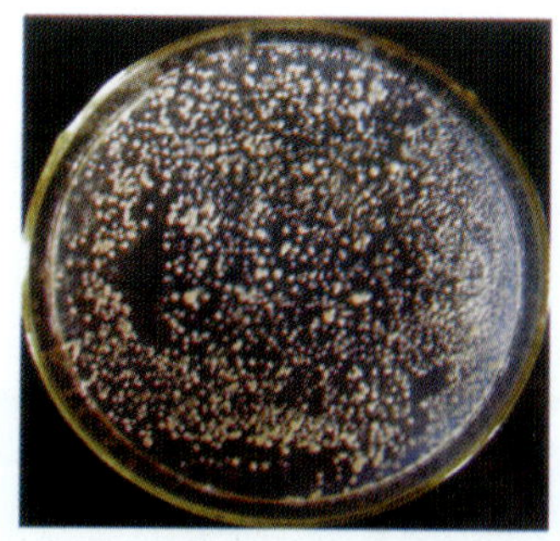

图 2-13-4　放线菌菌落

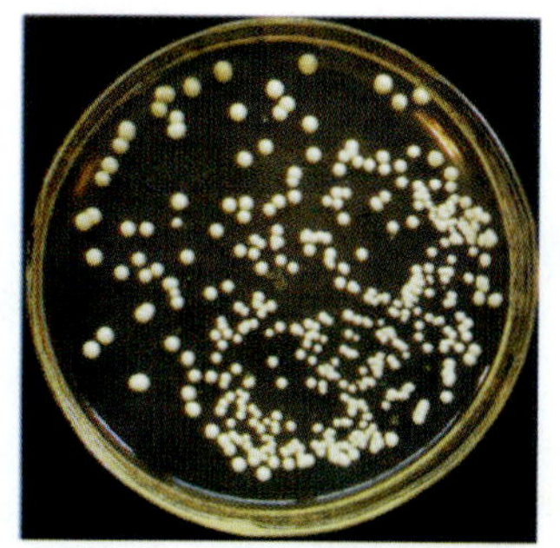

图 2-13-6　酵母菌菌落

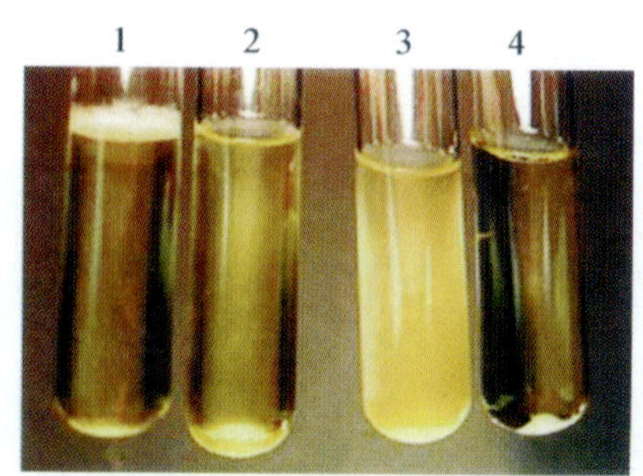

图 2-13-8　液体培养基上生长情况
1. 菌膜；2. 沉淀；3. 浑浊；4. 空白对照

图 3－3－3　霉菌

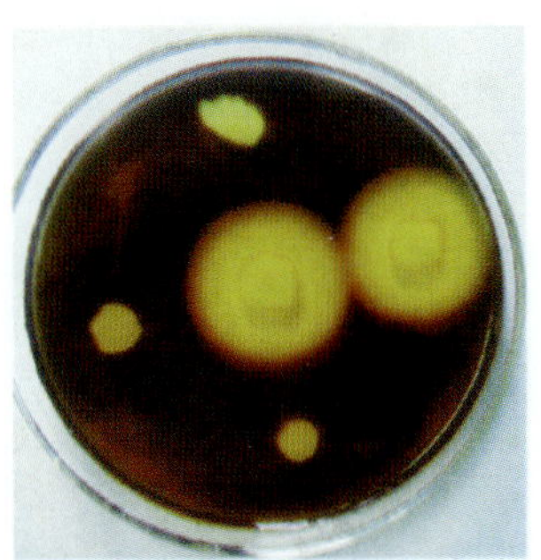

图 3－4－2　淀粉水解

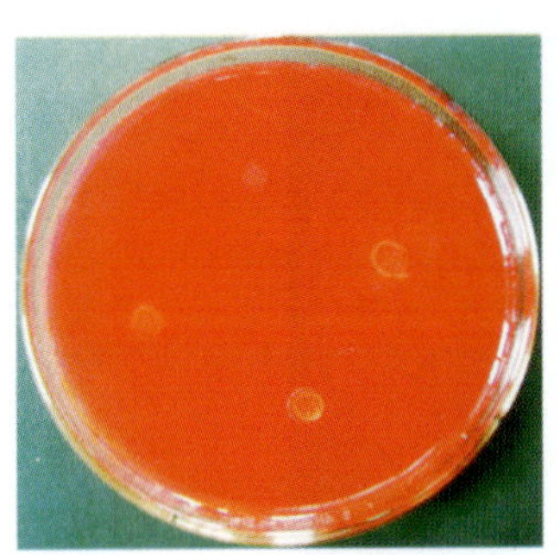

图 3－4－4　纤维素酶菌株

图 3－9－6　一些滚管厌氧菌菌落形态

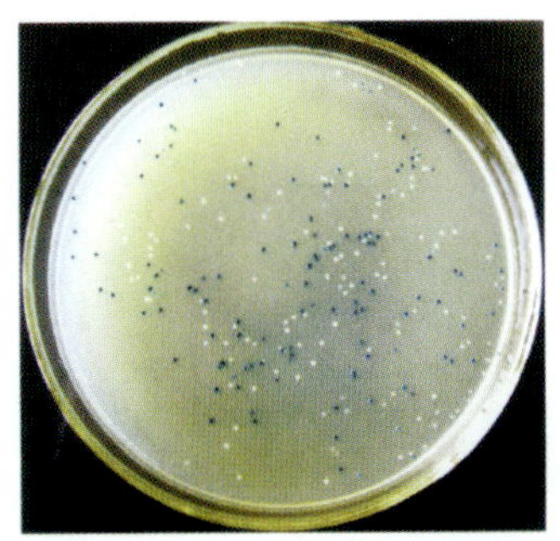

图 5－4－2　转化后的菌落

图 6－2－2　糖类发酵实验结果

1. 空白 pH 7.5；2. pH 7.2；3. pH 6.3；4. pH 5.8

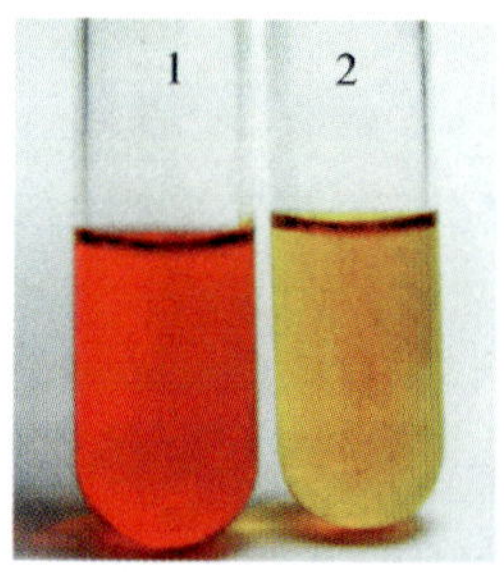

图 6-3-1　甲基红试验
(1 是阳性,2 是阴性)

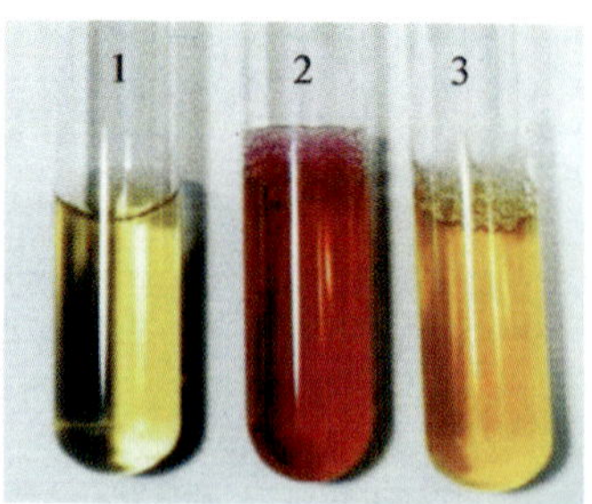

图 6-4-1　V-P 试验
1. 空白对照;2. 阳性;3. 阴性

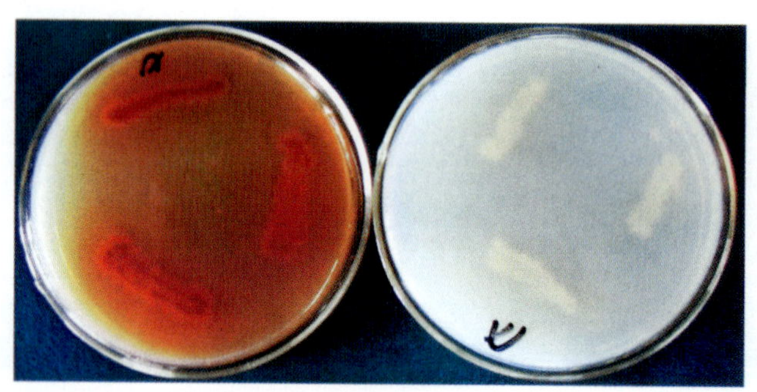

图 6-5-1　七叶苷水解
左为阳性,右为阴性

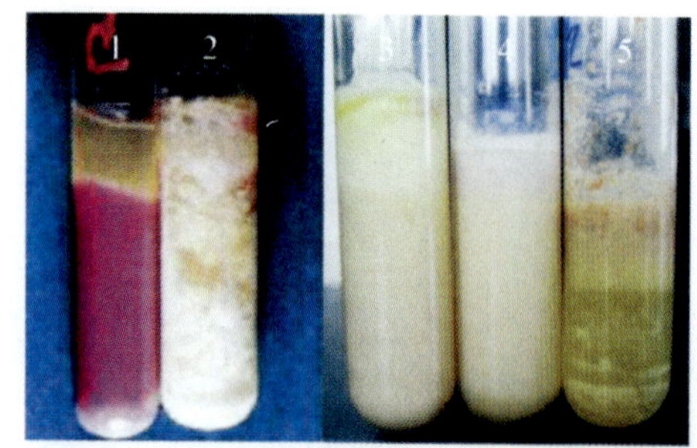

图 6-9-1　石蕊牛奶试验
1. 为未接种的对照;2、3、4 与 5 为不同的作用

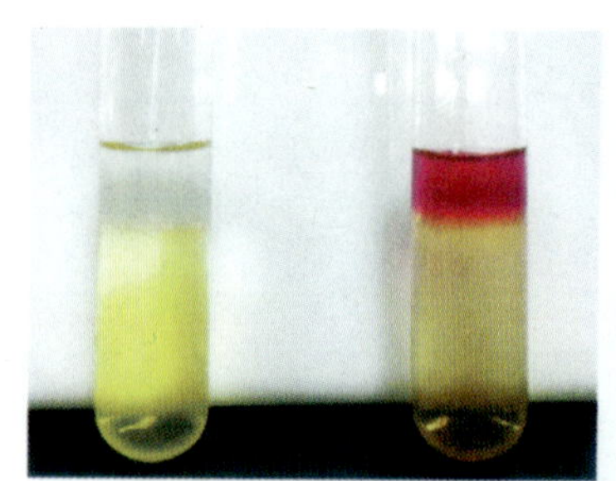

图 6-10-1　吲哚实验(左边为阴性,右边为阳性)

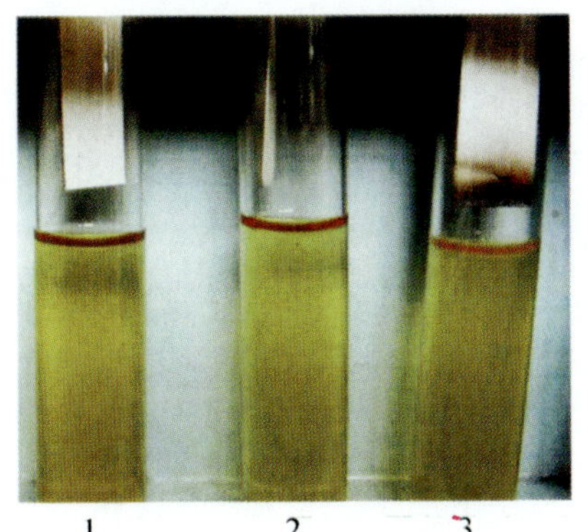

图 6-11-1　硫化氢试验

1、2 为阴性，3 为阳性

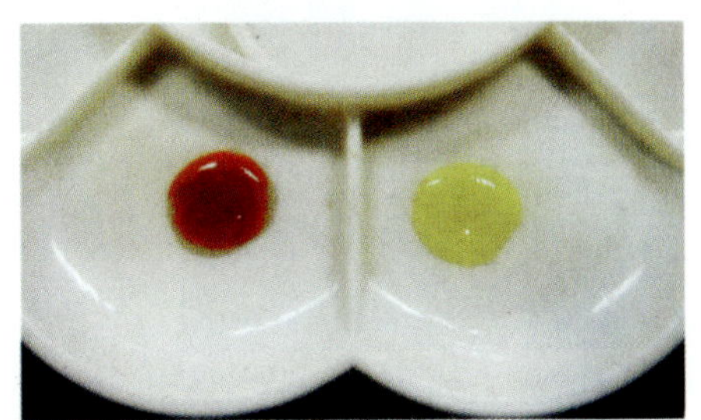

图 6-12-3　蛋白质氨化试验

（左边是阳性，右边是阴性）

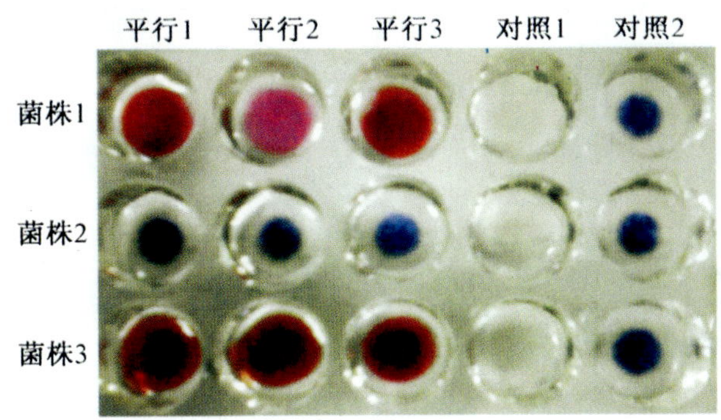

图 6-16-2　二苯胺试剂反应

对照 1 为无硝酸盐、接菌样品，对照 2 为有硝酸盐底物、未接菌样品

图 6-17-2　格里斯氏试剂反应（左阳性，右阴性对照）

图 6-17-3　二苯胺试剂反应（左阳性，右阴性对照）

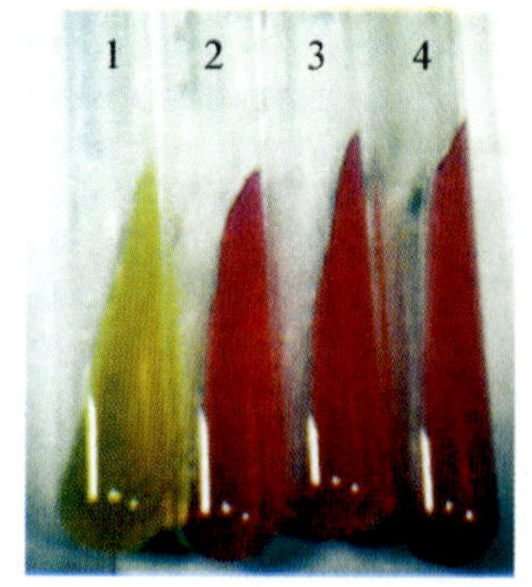

图 6-20-1　脲酶试验(固体)

1. 阴性;2～4. 阳性

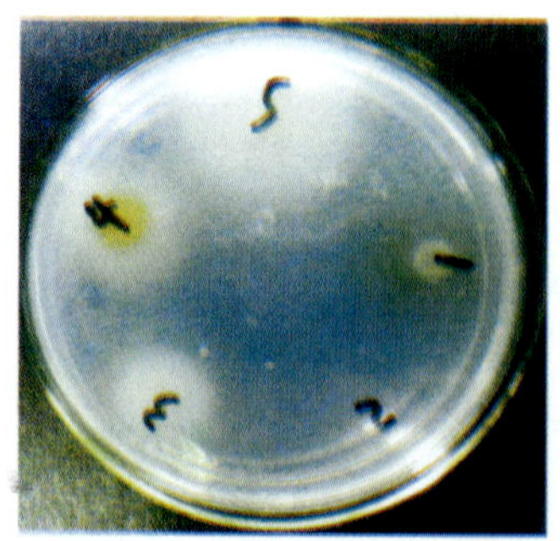

图 6-22-1　脂肪酶实验

1、2 为阴性;3～5 为阳性

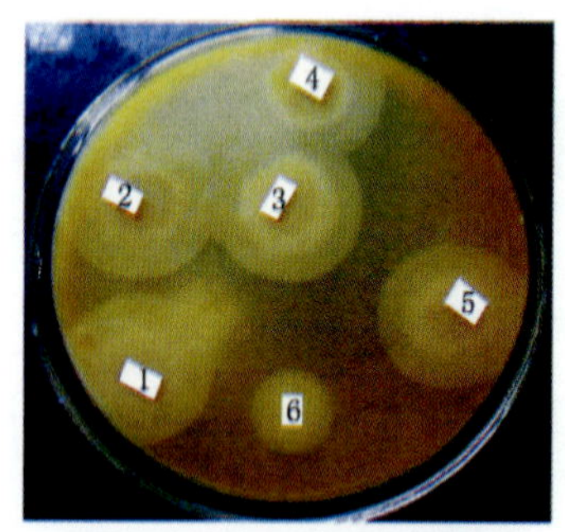

图 6-26-1　卵磷脂酶试验

1～5 为阳性,6 为阴性

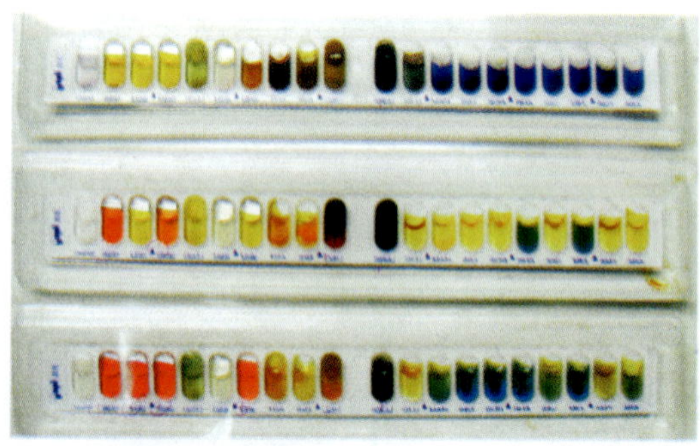

图 6-30-2　API20E 的检测结果

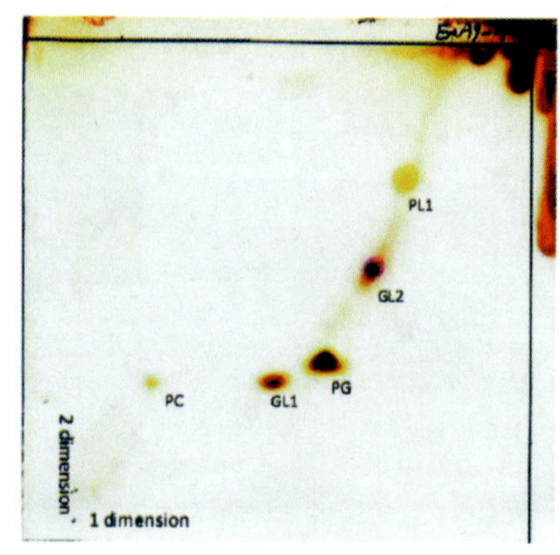

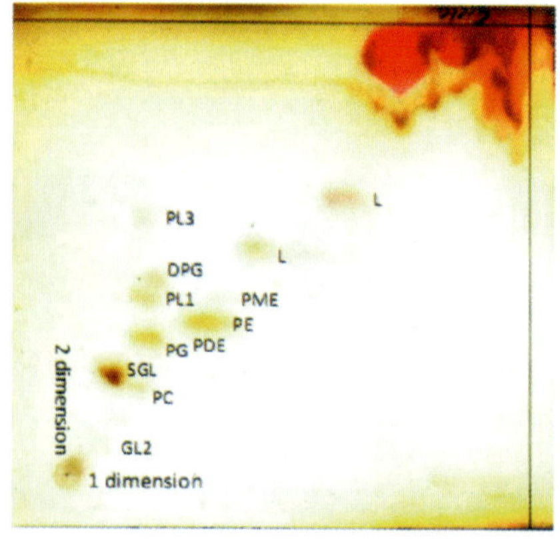

图 7-4-5　极性脂组分 TLC 图谱

前　言

微生物学是现代生物科学的前沿学科之一。它就像蓬勃旺盛的生长点，促进整个生物科学向前发展。据统计，在国际上获得诺贝尔生理学或医学奖的研究中，有近60%的工作是以微生物作为材料的。此外在高等动植物的许多研究中，在技术手段上有逐渐微生物化的趋势，因此掌握微生物学的知识和操作技能，无疑是掌握向生命科学进军的一把“金钥匙”。

为了满足当前学科发展的需要，使学生得到很好的微生物学实验操作与技能的训练，充分了解与掌握先进的实验技术与方法，尽快与发展的学科前沿接轨，我们本着基础性、实用性与先进性结合的原则，在总结多年的科研与教学经验的基础上编写了本实验教材。

教材系统介绍了微生物学研究中大量使用的实验技术，从较为基础的微生物分离、形态观察、生理生化特征研究到相对复杂的分子生物学、化学分类特征以及微生物生物活性的研究。除了系统介绍常用和经典的实验技术以外，教材的编写突出了当前微生物分子生物学研究领域中采用的新技术与新方法，可为初学者提供有益的帮助，对科研人员以及研究生也有一定的参考价值。

本教材共包含了107个实验，按类归纳为八个部分，每一部分进行了综合性说明。每一个实验又系统介绍其原理、试剂、设备仪器和实验操作过程，让读者明了实验目的、方案设计以及具体步骤和结果处理。此外，实验注意事项以及评议部分是作者多年研究工作的心得与体会，并且将实验获得的结果图片结合进去加以说明，相信对读者会有所帮助。

作者都是长期在第一线从事微生物学科研与教学工作的同志，在编写过程中，我们参考了国内外大量微生物学实验技术方面的书籍和互联网的资料以及编著人员的科研教学成果，引用了其中的一些图片。教材的建设得到了浙江大学2009年校级实验教学研究立项。浙江大学出版社阮海潮副编审以及杜玲玲编辑在出版过程中给予了大力的支持，并付出了辛勤的劳动，在此一并表示衷心的谢意。

限于我们的学识水平，书中难免有不当之处，敬请专家和同仁给予指导，衷心希望读者提出宝贵意见，以利教材的不断完善。

朱旭芬
2011年春于浙江大学紫金港校区

实验室守则及要求

1. 衣着整洁，穿白大褂，禁止穿拖鞋。留有长发者，请戴帽套或以皮圈束于脑后，以防头发被火点着和污染实验材料。

2. 自觉遵守课堂纪律，维持课堂秩序，做到不迟到、不早退，中途不随意离开。实验室内禁止饮食，实验桌上勿堆放书包、衣物及其他杂物，勿高声谈话及随意走动，保持安静、整洁的环境。

3. 实验前须认真预习，熟悉实验目的、原理及操作内容，了解所用的仪器用具，做到心中有数；实验中应严格按操作规程进行，认真操作、仔细观察，及时记录实验现象及结果。注意上课所告知的注意事项。如有任何状况或疑问，请随时提问，切勿私自变更实验程序；实验结束后，仔细地分析和总结实验结果，认真做好每一天的实验报告，严禁抄袭。

4. 仪器使用前须了解其性能、配备及正确的操作方法，严禁拆卸仪器零件及附件，勿私自调整。实验器具应保持清洁，任何使用过的器具及玻璃器皿须洗净后放回原处。使用贵重精密仪器时，应严格遵守操作规程，发现故障立即报告，不得擅自拆检。切勿触摸电极或电泳槽内的溶液，手湿切勿开启电源。

5. 实验台面应随时保持整洁，仪器、药品摆放整齐。仪器损坏时，应及时报告。公用试剂用完后，应立即盖好盖子放回原处。打翻任何药品试剂，请随即清理。

6. 实验室内的一切物品未经同意不得随意携带出室外。每组分配的仪器、试剂请妥善保管，课程结束后如数清点返回，公用仪器请爱惜使用。实验前后请清理擦拭工作区，并随时保持环境清洁。

7. 实验完毕后，请清理实验台，倒垃圾，关闭灯光和空调，离开实验室前记得洗手。

8. 值日生制度：每天安排 3～4 人值日，其职责是组织协调实验器具的使用以及实验的进程，负责公共实验器具的整理，操作台、水槽、地板等实验室卫生工作和一切服务性工作，并注意实验室的水、电、门、窗等方面情况的检查，严防安全事故的发生。

目　录

导　　论

微生物(microorganism,microbe)在地球上已存活38亿年,漫长的历史进化使其具备了近乎无限的代谢能力。微生物在自然界中分布极为广泛,除火山中心区域以外,在生物圈的每一个角落都有微生物的踪迹。万米深的海底、千米以下的地层、几万米的高空以及动、植物的体表、体内,几乎都有微生物的存在。

土壤有"微生物天然培养基"或"微生物大本营"的称号,是人类最丰富的"菌种资源库"。土壤中微生物的数量和种类很多,包含细菌、放线菌、真菌、藻类和原生动物等类群。其中细菌最多,约占土壤微生物总量的70%～90%,放线菌、真菌次之,藻类和原生动物等较少。1 g土壤中约有1亿个细菌,1 000万个放线菌,100万个真菌,55万个藻类。此外,据报道1 g新鲜叶子表面可附生100多万个微生物。人体肠道中经常聚集着100～400种不同类群的微生物,估计它们的个体总数大于100万亿,重量约等于粪便干重的1/3。

海洋覆盖地球表面积的71%,其平均深度为4 km,一般含盐范围为3.2%～4%。而海洋水深大于1 000 m的深海,占被海水覆盖的海洋表面积的88%和海洋总体积的75%。深海具有高压、低温或高温和低营养水平等特点。深海的大部分区域常年低温,保持在2～3 ℃左右,海水的pH多为碱性(pH 8.3～8.5)。按每10 m水深增加1大气压计算,在11 000 m的海洋深处,压力可以达到100 MPa。据估计,浮游植物光合作用产生95%的有机物质在海水表层100 m和300 m之间进行循环,仅有1%的有机物质可以到达深海底部。深海环境复杂多样,包括海底平原、海山、深海峡谷、热液口、冷渗口等,加之季风洋流等的影响,形成了形形色色的海底生态系统,孕育了各式各样的深海微生物群落。1977年2月科学家乘着"阿尔文"(Alvin)号潜水艇来到了赤道附近的东太平洋加拉帕戈斯群岛,当下潜到2 500 m深的海底时,发现数十个高约2～5 m的柱状物正向海水中喷着黑色的烟雾,即"黑烟囱"(图0-1)。黑烟囱(black chimney)是由海底地壳的裂缝制造的、大量溶解了地底金属元素和硫化物的液体从裂缝中喷涌出来后,一遇到冰冷的海水就形成了浓密的黑色烟雾,这些喷发口被称为海底热液口(hydrothermal vent),如今已经发现140多处这样的喷口场。黑烟囱附近的生物量往往是附近深海环境中生物量的数万倍,生活着大量奇形怪状的生物。此外,深度1万米的海底温泉中,硫细菌的含量达每毫升100万～100亿个,它们既耐高温(100 ℃)又耐高压(1 140大气压)。

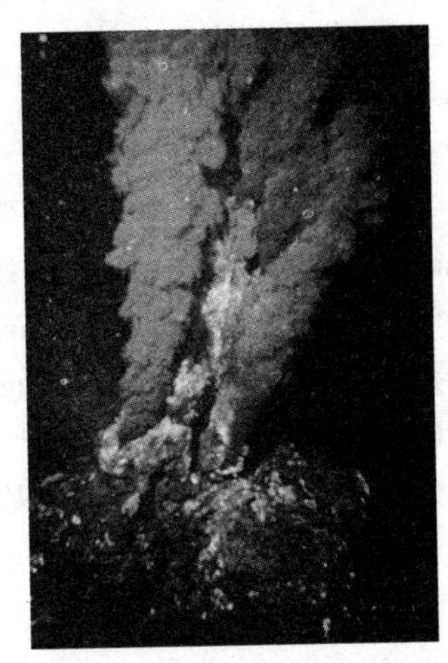

图0-1　海底热液口的"黑烟囱"

此外,还有些特殊的微生物能在一般生物不能生存的极端环境中(如高温、高压、强酸、强碱、高盐或无氧)生活,如饱和盐浓度的盐湖、pH值低于2的酸性地域都生活着形形色色的微生物,人们称之为极端微生物(extremophiles)。先前已发现的支持极端微生物生长的最高温度极限为113 ℃,最低的pH值达到 0.8，最高的盐浓度达到饱和的 5.2 mol/L(30%)。随着研究的深入和新研究方法的采用，被发现的微生物生存的条件极限也不断地被改写。2003 年 8 月美国马萨诸塞大学的研究人员在《科学》杂志上报道了一种极端嗜热古菌——能够在 121℃高温下生存繁殖的食铁微生物。这种微生物是在太平洋深海海床火山口被发现的，该处温度高达 400 ℃。

有分析表明，微生物占地球生物总量的 60%，全世界海洋中微生物的总量估计达 280 亿吨。这些数据说明了微生物在自然界中的数量巨大。但由于微生物的发现较晚，加上鉴定微生物种的工作以及划分种的标准等问题较复杂，1973 年已知微生物约有 10 万种，1995 年约 20 万种。据《国际微生物学会联盟通讯》有关专家于 1995 年的估计，全球约有 50 万～600 万种微生物。而有人估计至今已被研究和记载过的还不到 5%～10%，目前在人类生产和生活中开发应用的不会超过其存在量的 1%。所以说自然界微生物的资源是极其丰富的，微生物利用的前景十分广泛，微生物研究工作大量而繁重。

微生物是生物学基础理论研究中最为热衷的研究对象，微生物学在现代生物科学中占有重要的地位，它既是基础学科，又是应用学科，它是了解自然界奥妙、打开自然界知识宝库极为重要的工具。特别是在生命的起源、生命的自我复制、生命的进化、生命分子的构成、遗传工程、发酵工程等重大课题研究中，由于微生物结构简单、生长繁殖速度快、易于培养等特点，使它早已成为科学家的掌上明珠。据统计，在国际上获得诺贝尔生理学或医学奖的研究中，有近 60%的工作是以微生物作为材料的，遗传工程的研究也首先在微生物方面找到突破口。因此微生物学是现代生物科学的前沿之一，它就像蓬勃旺盛的生长点一样，促进整个生物科学向前发展。此外在高等动、植物的许多研究中，在技术手段上有逐渐微生物化的趋势。如液体培养基培养方法的应用、单倍体培养、体细胞重组等无一不是从微生物技术中演化而来。因此掌握微生物学的知识和技能，无疑是掌握向生命科学进军的一把“金钥匙”，它将有助于我们在攀登生物科学的高峰过程中开启一扇扇奇妙之门。

未知微生物或许是环境微生物的主体，是一个极具利用潜力的巨大种群，也是地球上最大的尚未开发的自然资源，其可能赋予无限多样的次生代谢产物，是开拓新资源的目标。开发未知微生物一般包括以下几个环节。

1. 菌株分离：自然界微生物资源的开发原则与方法是：采集样品（土壤、水体等）→富集培养（增殖培养）→纯种分离→初筛→复筛（生产性能测定）→发酵试验→菌种鉴定与微生物分类。

2. 菌株的鉴定：微生物形态微小，结构简单，除了像高等生物那样采用传统特征（classical characteristics）之外，还采用分子特征（molecular characteristics）分类鉴定。传统特征主要指形态学特征（morphological characteristics）、生理生化特征（physiological characteristics）、生态学特征（ecological characteristics）和遗传学特征（genomic characteristics）。随着研究方法的进步，细菌分类学的研究从最初的形态描述、生理生化鉴定，发展到后来的数值分类、生物大分子的化学分析以及目前的基因组碱基构成、DNA 相似性和系统发育的分析（表 0－1）。

表 0-1 细菌的分类鉴定

技 术	内 容
培养特性	菌落、形态、颜色、气味
形态观察	细菌染色形态、大小、运动性、是否形成芽孢、鞭毛、内含物等
生理特性	生长温度范围、pH 值范围、耐盐性、需氧特性等
生化特性	碳源利用、碳水化合物氧化反应与发酵、酶谱等
抑制实验	选择培养基、抗生素抗性、染料等
核酸分析技术	16S rRNA 序列的分析、核酸杂交、G+C 含量的测定
化学分类技术	脂肪酸、极性脂、分枝酸、醌类、糖类、多胺分析、全菌蛋白和外膜蛋白电泳分析等

3. 代谢产物(metabolite)研究：微生物在生长过程中，除利用外源营养物质合成新的细胞外，还会产生一些有机化合物分泌到微生物的体外，这些胞外代谢产物的种类繁多，且因微生物的种类而异。一般来说，微生物的胞外代谢产物主要包括以下四个部分。

(1) 代谢副产物(outgrowth)：见表 0-2。

表 0-2 代谢副产物

产物名称	用 途	主要生产菌
甲烷	能源	奥式甲烷杆菌
乙醇、异丙醇	医药、化工原料、饮料等	酵母菌
异丙醇、丙酮、丁醇	防冻剂、火胶溶剂、树胶等	丁酸梭菌
丙酮、丁醇、甘油	重要的有机溶剂	丙酮丁醇梭菌
甘油、甘露醇	溶剂、润滑剂、化妆品、硝化甘油炸药	酵母菌
甘露醇、乙酸	合成树脂、增韧剂等	曲霉菌
乙酸	食醋、化工原料	醋酸杆菌
草酸	印染、漂洗皮革、制造塑料和染料	曲霉菌和青霉菌
乳酸	食品乳酸、医药和化工原料	乳酸菌

(2) 中间代谢产物：指细胞在代谢途径中产生的用于合成蛋白质、核酸、类脂和多糖等细胞物质的一些小分子物质(表 0-3)。如氨基酸、核苷酸、有机酸和单糖的衍生物。中间代谢产物一般不分泌到微生物体外，而只有当微生物细胞生物合成受阻或外源碳源浓度较高的情况下，才会有大量的积累和外流。

表 0-3 中间代谢产物

产物名称	用 途	主要产生菌
延胡索酸	抗氧剂、合成树脂、染料	黑根霉
琥珀酸	制漆、染料	根霉菌
苹果酸	食品	黑曲霉
柠檬酸	饮料、化工原料	黑曲霉
核黄素	医药	棉病囊霉
谷氨酸	味精	谷氨酸棒杆菌
肌苷酸	调味品	产氨短杆菌

(3) 次生代谢产物(secondary metabolites):指由微生物细胞合成的,分子结构比较复杂的一些化合物,它既不参与细胞的组成,又不是酶的活性基团,也不是细胞的储存物质,它们中的大多数分泌于微生物的体外,如抗生素(antibiotic)、毒素(toxin)、维生素(vitamin)、激素(hormone)和色素(pigment)等。

(4) 胞外水解酶(hydrolase)类:许多微生物可产生胞外水解酶。这类水解酶包括淀粉酶(amylase)、蛋白酶(protease)、脂肪酶(lipase)、果胶酶(pectase)、纤维素酶(cellulase)、葡萄糖氧化酶(oxidase)、葡萄糖异构酶(isomerase)等。水解酶可用于食品、酿造、纺织、制革、医药和生化试剂等各个领域。

参考文献

1. Whitaker R J, Grogan D W, Taylor J W. Geographic Barriers Isolate Endemic Populations of Hyperthermophilic Archaea. Science, 2003, 301(5635): 976-978.

2. Colwell R R. Polyphasic taxonomy of the genus vibrio: numerical taxonomy of vibrio cholerae, vibrio parahaemolyticus, and related vibrio species. J Bacteriol, 1970, 104: 410-433.

3. Stackebrandt E, Goebel B M. Taxonomic note: a place for DNA-DNA reassociation and 16S rRNA sequence analysis in the present species definition in bacteriology. Int J Syst Bacteriol, 1994, 44: 846-849.

4. Stackbrandt E, Ebers J. Taxonomic parameters revisited: tarnished gold standards. Microbiology Today, 2006, 33: 152-155.

1　微生物实验器材与基本操作

1-1　实验室的基本设置

进行微生物学相关实验须具备的仪器设备包括：无菌室、超净工作台、离心机、微波炉、恒温培养箱、高压灭菌锅、恒温摇床、水浴锅、冰箱、显微镜、干燥箱、分析天平、温度计、试管架、漏斗、碾钵、容量瓶、pH 计、纯水装置、抽滤装置、微量移液器、厌氧培养箱、厌氧罐、液氮瓶等，具体见表 1-1-1 所示。

表 1-1-1　微生物实验常用器具

名　　称	数　量
接种环(inoculating loop)	15 根
接种针(inoculating needle)	15 根
杜氏小管(Durham tube)：6 mm×36 mm	30 支
微量移液器(pipetman)：1 000 μL、200 μL、20 μL	各 15 支
1 000 μL、200 μL、20 μL 吸头以及吸头盒，Eppendorf 管以及饭盒	30 套
移液管(glass pipette)：1 mL、2 mL、5 mL、10 mL 的刻度玻璃吸管	90 支
试管(test tube)：大 18 mm×180 mm、中 15 mm×150 mm、小 12 mm×100 mm	300 支
试管塞(硅胶塞)、铝制或塑料制的试管帽	300 个
螺口试管(screw - cap test tube)	200 支
试管架(test tube rack)	15 个
三角瓶(Erlenmeyer flask)100 mL、250 mL、500 mL、1 000 mL	各 50 只
培养皿(petri dish)：底直径 90 mm，高 15 mm	200 付
载玻片(slide)：75 mm×25 mm，用于微生物涂片、染色，供形态观察等	300 片
盖玻片(cover slip)	500 片
凹玻片(concave slide)：有一圆形凹窝，作悬滴观察活细菌以及微室培养用	30 片
血细胞计数板(haemacytometer)	15 片
目镜测微尺(ocular micrometer)	30 片
镜台测微尺(stage micrometer)	30 片
光学显微镜(microscope)	30 台
双层瓶(double bottle)：内层小锥形瓶盛放香柏油(cedar oil)，供油镜头观察微生物时使用，外层瓶盛放二甲苯，用以擦净油镜头	30 只
滴瓶(dropper bottle)：用来装各种染料、生理盐水等	100 只

续 表

名 称	数 量
烧杯(beaker)：50 mL、100 mL、250 mL、500 mL、1 000 mL 等	30 只
玻璃漏斗(glass filler)	20 只
量筒(cylinder)	10 个
玻棒(stirring rod)	15 支
三角刮刀(涂棒)(glass scraper)	30 支
试剂瓶(reagent bottle)	300 个
滴管(dropper tube)	100 个
高压灭菌锅(autoclave)	2 台
培养箱(incubator)	2 台
电热恒温干燥箱 180 ℃	1 台
摇床(shaker)	3 台
培养室(incubation chamber)	1 个
超净台(clean bench)	2 个
恒温水浴锅(water bath)	3 个
分析天平(analytical balance)	2 台
分光光度计(spectrophotometer)	1 台
pH 计(酸度计，pH meter)	1 台
冰箱(refrigerator)	1 台
微波炉(microwave oven)	1 台
记号笔、洗耳球、药勺、镊子(forceps)	15 支
电炉(electric furnace)、石棉网	10 个
离心机(centrifuge)、离心管(centrifuge tube)	2 台
酒精灯(alcohol burner)	15 个
紫外分光光度计(ultraviolet spectrophotometer)	1 台
石英杯(quartz cup)	1 个
核酸电泳装置(electrophoresis apparatus)	3 套
凝胶成像仪	1 台
制冰机(ice machine)	1 台
PCR 仪	1 台
冰箱	3 台
注射器(injector)：1 mL、2 mL、5 mL、10 mL、20 mL、50mL	各 15 只
水纯化装置	1 台
抽滤装置	1 台

评议

1. 微量移液器有不同的量程(图 1-1-1),请选择合适量程范围的微量移液器。

2. 微生物学实验所用的玻璃试管,其管壁必须较厚,这样在塞塞子时,管口才不会破损。试管的形状要求没有翻口,否则微生物很容易从塞子与管口的缝隙间进入而造成污染。

3. 接种工具有接种环(inoculating loop)、接种针(inoculating needle)、接种钩(inoculating hook)、接种铲(inoculating shovel)、玻璃涂棒(glass scraper)等。制造环、针、钩、铲的金属一般为铂或镍,要求软硬适度,能经受火焰反复烧灼,又易冷却。

4. 接种环采用一段长约 5～8 cm 硬度适中的镍质电阻丝或特制的铂丝,安置在一金属棒上。接种细菌和酵母菌用接种环,其铂丝或镍丝的直径以 0.5 mm为宜,环的内径约 2 mm,环面应平整。接种某些不易与培养基分离的放线菌和真菌,有时用接种钩或接种铲,其丝的直径要求粗一些,约 1 mm。

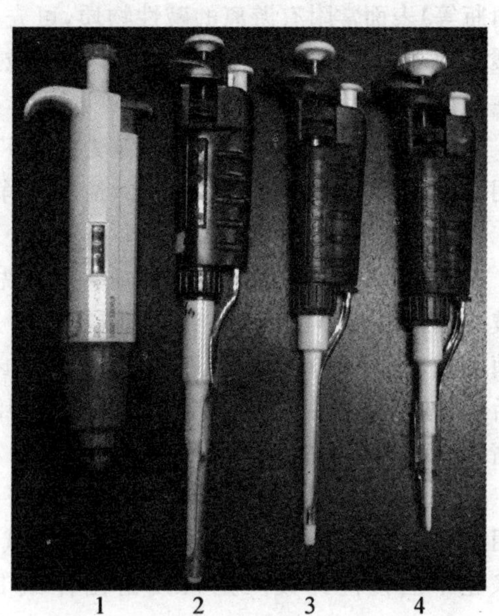

图 1-1-1　不同量程的微量移液器

1. 5 mL;2. 1 mL;3. 200 μL;4. 10 μL

5. 用涂布法在琼脂平板上分离单个菌落时需用玻璃涂棒(glass scraper),涂棒是用直径 3～5 mm、长约 20 cm 的普通玻璃棒,在酒精喷灯火焰上把一端弯成三角形而成的。用于涂抹的一边要求平滑,否则会引起涂抹不均匀。同时前端应稍向下方倾斜,便于操作。

1-2　培养器皿准备

在进行微生物分离、纯化、培养等过程中,常会使用一些玻璃器皿,如试管、三角瓶、培养皿、烧杯、涂棒(三角刮刀)、移液管、量筒、载玻片与盖玻片等,这些器皿在使用前应根据具体的情况经过一定的处理,洗刷干净后,置于干燥箱中吹干或置于通风无尘的场所自然晾干,然后进行包装、经过灭菌后才能使用。

一、清洗

清洁的玻璃器皿是得到正确实验结果的重要条件之一。清洗的目的在于除去玻璃器皿上的污垢(灰尘、油污、无机盐等物质)。

实验室常用洗涤剂的种类及其应用:① 洗衣粉:使用时多用湿刷子(试管刷、瓶刷)蘸少许洗衣粉刷洗容器或载玻片和盖玻片,再用水冲洗。② 洗洁精:在清洗盆中加入水后添加少量的洗洁精,然后用刷子擦拭、洗刷玻璃器皿等物品,用水冲洗干净,再用蒸馏水冲洗。③ 洗涤液:通常用的洗涤液是重铬酸钾(或重铬酸钠)的硫酸溶液(具体见本节“四、评议”)。重铬酸钾与硫酸作用后形成铬酸,铬酸是一种强氧化剂,去污能力很强,实验室常用其洗去玻璃和瓷质器皿上的有机质，但切不可用于洗涤金属器皿。

1. 玻璃仪器的清洗

(1) 新购买的玻璃器皿的清洗：新购买的玻璃器皿(包括载玻片、盖玻片、试管、吸管、平皿、三角瓶等)表面常附有游离的碱性物质，可先用洗洁精洗刷，用自来水洗净，然后浸泡在1%～2%盐酸溶液中过夜(不可少于4 h)，以中和其碱质，再用自来水充分冲洗干净，最后用蒸馏水冲洗两次，在55 ℃烘箱内烘干备用。

(2) 石英和玻璃比色皿的清洗：决不可用强碱清洗，因为强碱会浸蚀抛光的比色皿。只能用洗液浸泡，然后用自来水冲洗，清洗干净的比色皿也应内外壁不挂水珠。

(3) 使用过的玻璃器皿的清洗

① 载玻片：用过的载玻片放入1%洗衣粉溶液中煮沸20～30 min(注意：溶液一定要浸没玻片，否则会使玻片钙化变质)，待冷却后逐个用自来水洗净，浸泡于95%乙醇中备用。带有活菌的载玻片可先浸在5%石炭酸(苯酚)，或2%～3%来苏水，或0.1%升汞溶液中消毒24～48 h后，再按上述方法洗涤。使用前，将载玻片从酒精中取出，经火焰点燃，使载玻片表面的残余酒精烧净，方可使用。

② 血细胞计数板(或Petrof Hausser细菌计数板)：使用后应立即用水冲净，必要时可用95%酒精浸泡，或用酒精棉轻轻擦拭。切勿用硬物洗刷或抹擦，以免损坏网格刻度。洗涤完毕后镜检计数区是否残留菌体或其他沉淀物。洗净后自然晾干或吹干后，放入盒内保存。

③ 一般玻璃器皿：可先用毛刷蘸洗涤剂洗去灰尘、油污、无机盐等物质，再用自来水冲洗干净。如果器皿要盛高纯度的化学药品或者做较精确的实验，可先在洗涤液中浸泡过夜，再用自来水冲洗，最后用蒸馏水洗2～3次。洗刷干净的玻璃器皿烘干备用。

染菌的玻璃器皿应先经121 ℃高压蒸汽灭菌20～30 min后取出，趁热倒出容器内的培养物，再用洗洁精洗刷干净，最后用水冲洗。染菌的移液管和毛细吸管，使用后应立即放入5%石炭酸溶液中浸泡数小时，先灭菌，然后再冲洗。

④ 含有琼脂培养基的玻璃器皿：先用玻璃棒等将器皿中的琼脂培养基刮下。如果琼脂培养基已经干燥，可将器皿放在少量水中煮沸，使琼脂熔化后趁热倒出。再将培养皿底或皿盖上的记号擦去，用自来水洗刷至无污物，再用合适的毛刷蘸洗液擦洗内壁，然后用清水冲洗干净；或浸泡在0.5%清洗剂中超声清洗(比色皿决不可超声清洗)，用自来水彻底洗净后，用蒸馏水洗2次，洗净的培养皿的盖子或底部全部向下，一个接一个压着皿边，扣在桌子上(图1-2-1)晾干备用。清洗后器皿内外不可挂有水珠，否则需用洗液浸泡数小时后，重新清洗。

如果器皿上沾有蜡或油漆等物质，可用加热的方法使之熔化后揩去，或用有机溶剂(二甲苯、丙酮等)擦拭。

⑤ 用过的吸管应及时浸泡在水中，进行清洗。清洗后的吸管，倒转使吸管顶尖向上，使吸管内的水分晾干，或放在烘箱中烘干。

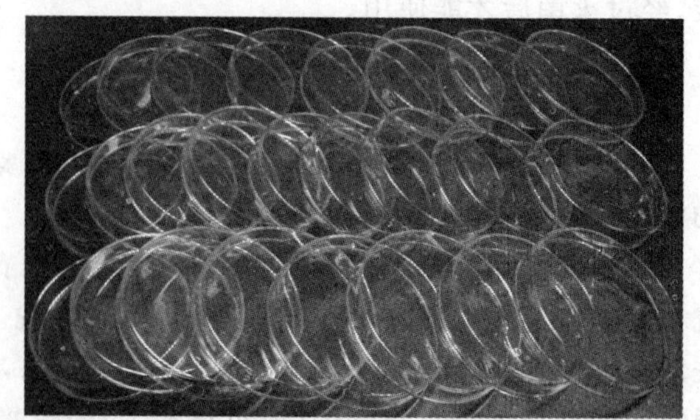

图1-2-1　洗后的培养皿叠放

2. 塑料器皿的清洗

硅胶塞：由于新购置的硅胶塞带有大量滑石粉，应先用自来水冲洗干净，再用2% NaOH溶液煮沸10～20 min，以除去胶塞上的蛋白质。自来水冲洗后，再用5%盐酸溶液浸泡30 min，最后用自来水冲洗干净。

二、包扎

包扎是为了防止器皿消毒灭菌后再次受到污染，常规的包扎应采用牛皮纸与报纸，尽量使包扎的物品不外露。

1. 培养皿的包扎：洗净晾干的培养皿，用旧报纸进行包扎，每包6～10套(图1-2-2)。包扎后的培养皿经过灭菌后才可使用。

2. 吸管的包扎：首先在吸管的上端塞上一小段棉花(非脱脂棉)，塞入的棉花应与吸管口保持5 mm左右的距离。然后将旧报纸撕成长条(一般竖截为8张纸条)，将试管的尖端放在纸条的一端，并呈45°角，折叠纸条，包住尖端。一手捏住管身，一手将吸管压紧在桌面上，向前滚动，以螺旋式进行包扎，剩余的纸条折叠打结(图1-2-3)。最后把包扎好的吸管成捆扎好，以备灭菌。

图1-2-2 培养皿的包扎

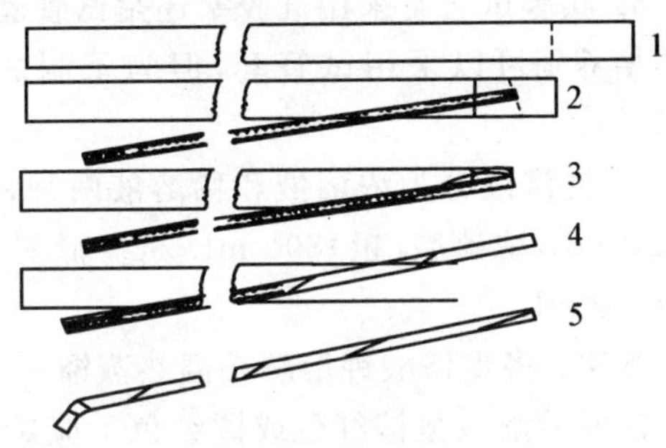

图1-2-3 吸管的包扎

3. 试管的包扎：先塞上合适的硅胶塞(塞子应有1/2～2/3进入试管)，或盖上合适的试管套，然后7～10支一捆用报纸包扎(图1-2-4)，灭菌。

4. 试剂瓶的包扎：用报纸或牛皮纸包扎后，灭菌。

5. 三角瓶的包扎：塞上合适的试管塞，或盖上8层纱布，外加一层报纸，用棉绳包扎后灭菌(具体见1-3 培养基的制备)。

6. 吸头与Eppendorf管：吸头根据不同的规格戴手套装入不同的盒子、Eppendorf管装入饭盒中后高压灭菌、50 ℃烘干后备用。

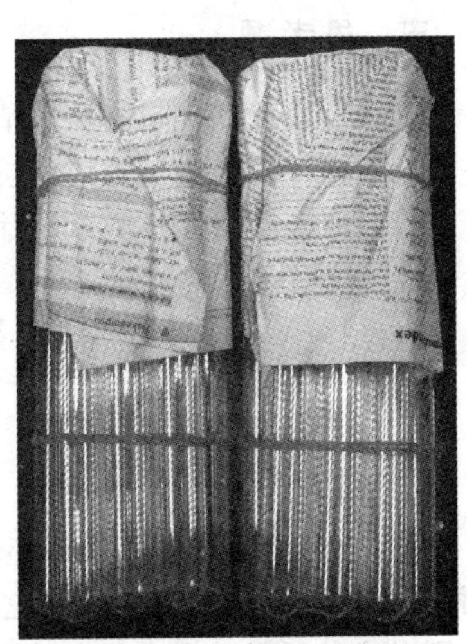

图1-2-4 试管的包扎

三、注意事项

1. 含有对人有传染性或非传染性致病菌的玻璃器皿，应先浸在5%石炭酸溶液内或经高压灭菌后再行洗涤。

2. 用过的器皿必须立即洗刷，放置太久会增加洗刷的困难。洗涤前应检查玻璃器皿是否有裂缝或者缺口，发现破裂以及有缺口则应弃去。使用洗涤液时，投入的玻璃器皿应尽量干燥，以避免稀释洗涤液。如需要去污作用更强，可将洗涤液加热至 40～50 ℃（稀铬酸洗液可以煮沸）。用洗涤液洗过的器皿，应立即用水冲洗至无色为止。

3. 任何洗涤方法都不应对玻璃器皿造成损伤。所以不能使用对玻璃器皿有腐蚀作用的化学试剂，也不能使用比玻璃硬度大的制品擦拭玻璃器皿。

4. 吸管接口端堵塞的棉花应与吸管接口保持 5 mm 左右的距离，若棉花露在管口外，造成手指堵塞不严、漏液，操作不方便。塞入的棉花全长不得短于 10 mm，并且松紧度要适宜，过松易脱落，过紧不透气，无法使用。

5. 比色皿决不可超声洗涤。

四、评议

1. 用水洗干净后的玻璃器皿应以不挂水珠为宜。

2. 涂棒除了包扎后进行灭菌外，还可以将其浸入 95%酒精中，使用前在酒精灯上点燃后离开火焰，等涂棒上的酒精烧完，火自然熄灭后就可以使用，但应注意冷却问题。

3. 实验试管是采用硅胶塞还是试管套应根据具体情况而定，如果是稀释菌液或者是短时间菌体培养则可以采用试管套，但为了制成斜面进行菌体的培养以及保存菌株用则应采用硅胶塞。

4. 洗涤液分为浓溶液和稀溶液两种，配方如下：① 浓配方：重铬酸钾（工业用）50 g，蒸馏水 150 mL，浓硫酸（粗）800 mL。② 稀配方：重铬酸钾（工业用）50 g，蒸馏水 850 mL，浓硫酸（粗）100 mL。

配法：将重铬酸钾溶解在温热蒸馏水中（可加热），待冷却后，再缓慢加入浓硫酸，边加边搅拌。配好的溶液呈棕红色或橘红色。应始终存储于有盖容器内，以防变质。此液可多次使用，直至溶液变成青褐色或墨绿色时失效。

五、思考题

1. 微生物常用玻璃器皿的清洁方法有哪些？
2. 怎样才算将玻璃器皿清洗干净？
3. 器皿包装的基本要求是什么？

1-3　培养基的制备

一、实验原理

微生物需要不断地从外部环境中吸收营养，合成细胞结构，提供机体所需的能量。一般微生物细胞化学元素的组成量与它们对营养元素的需求量是一致的，即细胞某种元素的含量较高，则对这种元素的需求量也较大，反之，需求量也少。从元素水平和营养要素水平看，微生物有六种营养要素：碳源、氮源、能源、生长因子、无机盐和水。

1. 碳源(carbon source)。菌体中碳元素约占50%,是构成菌体细胞和合成产物的碳架,也是供给机体生长所需能源的主要来源。常用的碳源包括:① 单糖,可以直接吸收;② 寡糖:蔗糖、麦芽糖、棉子糖、乳糖一般要经过酶的水解,再以单糖形式被吸收利用;③ 多糖:淀粉、纤维素、半纤维素、木质素、几丁质和果胶质都需要经过一系列酶的水解,最后形成单糖被利用;④ 烃类;⑤ 有机酸。不同微生物对各种含碳化合物的利用能力不同,有的微生物能广泛利用各种类型的碳源,如洋葱伯克霍氏菌(*Burkholderia cepacia*)能利用的碳源竟达100多种,而产甲烷菌的碳源仅局限于甲烷、甲醇。

2. 氮源(nitrogen source)。氮源是用于构成菌体细胞的蛋白质、核酸、酶及各种初级和次级代谢产物的含氮有机物,一般不作能源物质。只有少数的自养细菌利用铵盐、硝酸盐作为菌体的氮源与能源。某些厌氧菌在厌氧与糖类物质缺乏时,才利用氨基酸作为氮源与能源。

3. 能源(energy source)。能源分为光能和化学能。化学能来自有机物与无机物。大多数微生物依靠氧化各种化合物获得能量,化能自养菌能利用无机物(NH_4^+、NO_2^-、S、H_2S、H_2和Fe^{2+})氧化过程中释放的能量作为同化CO_2能源,如硝化细菌、硫化细菌、硫细菌、氢细菌和铁细菌等。只有少数微生物(如光能营养型微生物)可利用太阳能作为同化CO_2能源,如光合细菌、蓝细菌、红螺细菌等。其中嗜盐古菌利用紫膜(purple membrance)进行特殊的光能转化。化能异养菌利用有机物分解过程中释放的能量作为生命活动的能源。

4. 无机盐。无机盐为微生物生长提供除碳源、氮源以外的其他各种重要元素。根据微生物对无机盐的需求量,常用的无机盐有硫酸盐、磷酸盐、氯化物以及含有K、Na、Ca、Mg、Fe等金属元素的化合物。在配制细菌培养基时,对于大量元素来说,可以加入有关化学试剂,其中首选的是K_2HPO_4与$MgSO_4$,因为其可以提供四种需要量最大的元素,而其他少量元素可从天然水、一般化学试剂或其他成分中获得。

5. 生长因子(growth factor)。生长因子是指对微生物正常代谢必不可少的、不能用普通的碳源、氮源自行合成的、必须另外加入少量才能满足机体生长需要的有机物质。狭义的生长因子是指维生素;而广义的生长因子则根据其化学结构和它们在机体内的生理作用可分为维生素、氨基酸、嘌呤(嘧啶)碱基、甾醇、胺类、C5-C6分支或直链脂肪酸等。含有生长因子的原料有酵母提取物(yeast extract)、玉米浆(cornsteep liquid)、肝浸液(liver infusion)、麦芽汁(malt extract)或其他新鲜动植物组织浸液,如心脏、肝、番茄和蔬菜的浸液。

6. 水。水是微生物最基本的营养要素,除了少数微生物如蓝细菌能利用水中氢作为CO_2的还原剂外,其他微生物都不利用水作为营养原料,但其在微生物的生存中起着重要作用。

微生物生长的环境中水的有效性常以水活度值a_w(water activity)来表示,水活度值是指在一定的温度和压力条件下,溶液的蒸汽压与同样条件下纯水的蒸汽压之比。纯水a_w为1,溶液中溶质越多a_w越小。微生物一般在a_w为0.6～0.99的条件下生长(表1-3-1),a_w过低时,微生物生长的延迟期延长。一般来说,细菌生长最适a_w较高,而真菌(酵母菌和霉菌)的最适a_w较低,嗜盐微生物生长最适a_w也很低。

培养基(medium)是人工配制的适合于不同微生物生长繁殖和积累代谢产物的营养物质。在配制培养基时应充分考虑上述六大要素的配比与平衡。目前培养基的种类很多,估计约有数千种,可根据不同的使用目的、营养物质的来源以及培养基的物理状态进行归类。

表 1-3-1　各种微生物最适水活度值 a_w

微生物	a_w
细菌	0.91
酵母菌	0.88
霉菌	0.80
嗜盐细菌	0.76
嗜高渗酵母	0.60

按组成成分分：① 合成培养基(synthetic medium)：由各种纯化学物质按一定比例配制而成，如培养放线菌的高氏 1 号培养基(Gause's No. 1 medium)，培养霉菌用的查氏培养基(Czapck's medium)等。一般用于营养代谢、分类鉴定、菌种选育、遗传分析等。② 半合成培养基(semi-synthetic medium)：有一部分纯化学物质和另一部分天然物质配制而成，如用于培养基因工程菌株大肠杆菌(*Escherichia coli*)的 LB 培养基(Luria Broth medium)。③ 天然培养基(complex medium)：利用天然来源的有机物(马铃薯、麦芽汁、豆芽汁、牛肉膏、蛋白胨、血清)配制而成，如肉汤培养基。这些复杂天然有机物质的成分不完全了解，每次所用的原料，其中各成分的数量也不恒定。蛋白胨(peptone)的主要组分是朊类、氨基酸、无机盐和维生素。胰蛋白胨(tryptone)是蛋白胨的一种，是酪蛋白的胰蛋白酶水解物，色氨酸含量高。

按培养基特殊用途分：① 基础培养基(minimum medium)：含有一般微生物生长繁殖所需的基本营养物质，如牛肉膏蛋白胨培养基。② 加富培养基(营养培养基，enriched medium)：是指在基础培养基中加入血、血清、动植物组织液或其他营养物质的一类营养丰富的培养基，用于培养某种或某类营养要求苛刻的异养型微生物。如培养百日咳博德氏菌(*Bordetella pertussis*)须在培养基中加入血液。③ 选择培养基(selective medium)：是根据某种微生物的特殊营养要求或对某化学、物理因素的抗性而设计的培养基，如马丁氏培养基(Martin's medium)，其中的去氧胆酸钠为表面活性剂，可防止霉菌菌丝蔓延，孟加拉红(Rose bengal)与链霉素(streptomycin)对多数的革兰氏阴性菌具有抑制作用，可以抑制细菌和放线菌的生长。④ 鉴别培养基(differential medium)：主要用于不同类型微生物的快速鉴定，如用于检查细菌能否产生硫化氢的醋酸铅培养基；用于检查乳制品和饮用水是否污染肠道菌的伊红美蓝(EMB)培养基(eosin-methylene blue medium)，当大肠杆菌发酵乳糖产生混合酸时，细菌带正电荷与酸性染料伊红染色，再与碱性染料美蓝结合，生成紫黑色化合物。在 EMB 培养基上生长的大肠杆菌呈紫黑色、带绿色金属光泽的小菌落。而产气杆菌形成棕色的大菌落，不能发酵乳糖的细菌产碱性物质较多，带负电荷，与美蓝结合，被染成蓝色菌落。

按培养基的物理状态可分为：① 液体培养基(liquid medium)：不加凝固剂的液体状态培养基。② 固体培养基(solid medium)：在液体培养基中加入 1.5%～2%凝固剂的固体状态的培养基或农副产品培养基。③ 半固体培养基(semi-solid medium)：在液体培养基中加入少量凝固剂(如 0.2%～0.7%琼脂)而成的半固体状培养基。

实验用的凝固剂有琼脂、明胶(表 1-3-2)和硅胶。琼脂(agar)又名洋菜，是一种来自海藻的多糖类化合物，主要成分是半乳糖胶。对于多数微生物来说琼脂最为合适，通常的使用量为

1.5%～2%。而硅胶用于配制自养微生物的固体培养基。

表 1-3-2 琼脂与明胶的对比

比较项目	琼 脂	明 胶
常用浓度	1.5%～2%	5%～12%
熔点	96℃	25℃
凝固点	45℃	20℃
pH	微酸	酸性
氮含量	0.4%	18.3%
耐热性	强	弱
来源	植物	动物
化学本质	多糖	蛋白质
微生物利用能力	绝大多数微生物不能利用	许多微生物能利用

固体培养基可用于微生物的分离、鉴定、检验(杂菌)、计数、保藏菌种、生物测定及产生大量菌体等;液体培养基的组分均匀、用途广泛,特别是工业化大生产绝大多数都采用液体培养基,此外在菌种鉴定和生理代谢等基本理论的研究中也广泛应用;半固体培养基可用于细菌运动力的观察和菌体保存、噬菌体制剂的制备等。

微生物的生长繁殖除需要一定的营养物质外,还要求适当的 pH 范围。不同微生物对 pH 的要求不一样,霉菌和酵母菌的培养基 pH 是偏酸性的,而细菌和放线菌的培养基 pH 为中性或微碱性。所以配制培养基时要根据不同微生物对象用稀酸或稀碱将培养基的 pH 调到合适的范围。

二、实验试剂

1. 牛肉膏蛋白胨培养基:牛肉膏 0.3 g,蛋白胨 0.5 g,NaCl 0.3 g,琼脂 2 g,自来水 100 mL,pH 7.2～7.4。

2. 高氏 1 号培养基:可溶性淀粉 2.0 g,KNO_3 0.1 g,K_2HPO_4 0.05 g,$MgSO_4 \cdot 7H_2O$ 0.05 g,NaCl 0.05 g,$FeSO_4 \cdot 7H_2O$ 0.001 g,琼脂 2 g,自来水 100 mL。

3. 马铃薯蔗糖培养基:去皮马铃薯 20 g,蔗糖 2 g,自来水 100 mL,琼脂 2 g,pH 自然。

4. 马丁氏培养基:葡萄糖 1 g,蛋白胨 0.5 g,KH_2PO_4 0.1 g,$MgSO_4$ 0.05 g,0.1%孟加拉红溶液 0.33 mL,琼脂 1.5 g,蒸馏水定容至 100 mL,pH 自然。2%去氧胆酸钠溶液 2 mL(预先灭菌,临用前加入),10 mg/mL 链霉素 0.33 mL(临用前加入)。

5. 伊红美蓝(EMB)培养基:半乳糖 1g,胰蛋白胨 0.5g,NaCl 0.5g,K_2HPO_4 0.2g,2%伊红 Y 水溶液 2～3 mL,0.65%美蓝水溶液 1～1.5 mL,琼脂 1.5g,蒸馏水定容至 100 mL,pH 7.2。

6. 1 mol/L HCl 溶液;1 mol/L NaOH 溶液。

三、实验器具

试管、培养皿、移液管、试管塞、管套、玻璃涂棒、天平、药匙、电炉、pH 试纸、刻度搪瓷杯、量筒、漏斗、漏斗架、玻棒、带玻璃珠的三角瓶、吸管、包装纸、绳索、标签。

四、实验操作

(一) 液体培养基的配制

1. 称量：按配方计算培养基各成分的需要量，利用0.1～0.01 g的天平进行准确称量，依次加入培养基各成分于烧杯中。

2. 溶解：在烧杯中加水至总容量的4/5左右，慢慢搅拌使其溶解；如果需要可放在电炉的石棉网上小火加热，并用玻棒搅拌。

3. 调pH值：培养基溶解均匀并冷却至室温时用pH试纸测pH，然后根据要求以1 mol/L HCl溶液或1 mol/L NaOH溶液调节培养基pH值，要缓慢少量且多加搅拌。必要时亦可用酸度计测量。再加水到所需要的量。如果培养基配方为自然pH时，不用酸碱调节。

4. 将配好的培养基分装于三角瓶中，分装量一般三角瓶不超过其容积的一半。

5. 盖上6～8层纱布的瓶口布，在瓶口布外包一层牛皮纸或双层报纸，用棉绳捆扎(图1-3-1)。

图1-3-1 三角瓶捆扎

6. 做好标记(培养基名称、日期等)，放入高压灭菌锅中120 ℃灭菌20 min。

7. 冷却后接种，或暂时放在冰箱中或清洁的橱内备用。

(二) 平板培养基的配制

1. 按比例称取一定量的琼脂粉(1.5%～2%)，放入三角瓶中。

2. 按液体培养基配制方法的1～3步骤进行操作，并调整好pH，定容。

3. 将配好的培养基分装于装有琼脂粉的三角瓶中，分装量一般不超过三角瓶容积的一半。

4. 盖上6～8层纱布的瓶口布，在瓶口布外包一层牛皮纸或双层报纸，用棉绳捆扎。

5. 做好标记(培养基名称、日期等)，放入高压灭菌锅中120 ℃灭菌20 min。

6. 灭菌后放入55 ℃烘箱或水浴中，当温度降至55 ℃，进入无菌室倒平板。

7. 倒平板：在超净台的酒精灯火焰旁的无菌区内进行操作，右手拿装有培养基的三角瓶，拔出试管塞，左手将培养皿的盖在酒精灯火焰旁打开一条缝，让三角瓶口深入，倒入培养基(图1-3-2)，盖好后顺着超净台边缘将平板推入，平放在超净台上(具体见实验1-5)。

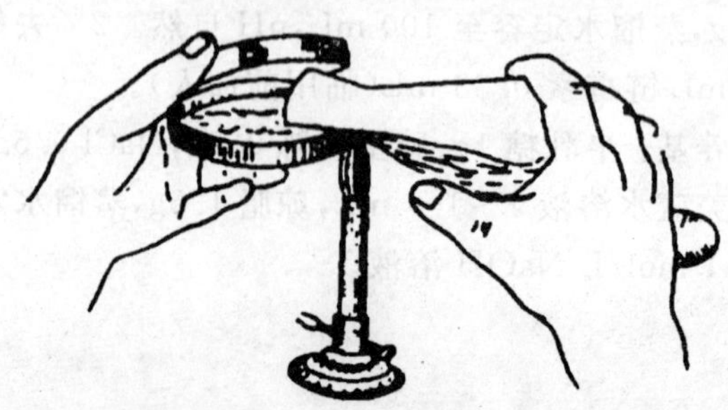

图1-3-2 倒平板

8. 等冷却至培养基凝固后，倒置平板(图 1-3-3)并装入保鲜袋中扎好，放入 4℃冰箱中保存备用。

图 1-3-3 倒好培养基的平板

(三) 斜面培养基的配制

1. 按液体培养基配制方法的 1～3 步骤进行操作，并调整好 pH、定容。

2. 称取一定量的琼脂粉(1.5%～2%)，加到已溶解的药品中，加热熔化。熔化琼脂时，应注意控制火力，防止培养基溢出或烧焦，并要不断地搅拌，最后补足所失的水分。

3. 分装：将调整好 pH 的培养基趁热分装于试管内，分装量试管一般不超过其高度的 1/5～1/4 为宜(图 1-3-4)，注意不要污染试管塞。此外也可直接用 5 mL 微量移液器进行分装。

4. 加试管塞，在 7 支成一捆的试管塞外包一层牛皮纸，挂上标签，标明培养基名称。

5. 灭菌：除特殊情况外一般高压蒸汽灭菌的条件为 121 ℃灭菌 20 min，具体见实验 1-4。

6. 当温度降至 55 ℃左右，将灭菌后的斜面培养基，趁热放于玻璃棒或移液管上，调整斜度使其培养基的斜面不超过试管长度的 1/2(实验 1-3-5)。

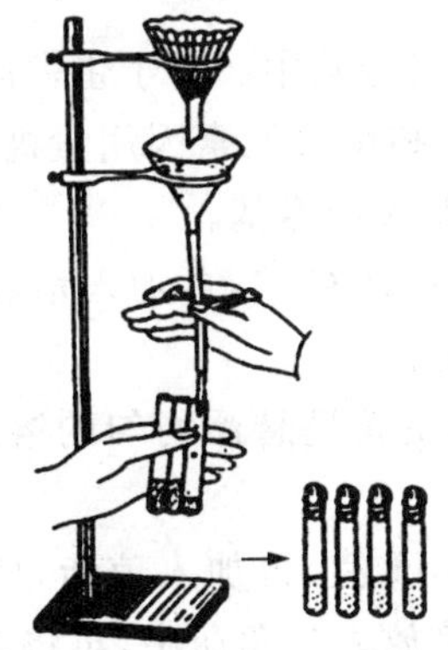

图 1-3-4 斜面培养基的分装

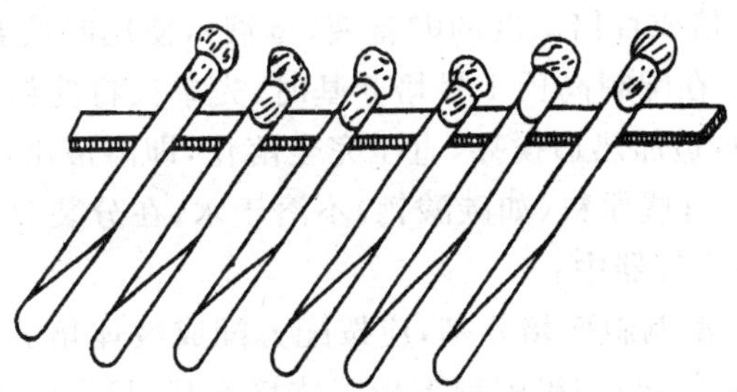

图 1-3-5 斜面的搁置

7. 冷却后，制备好的斜面装入保鲜袋中扎好，放入 4 ℃冰箱中保存备用。

(四) 半固体培养基的配制

1. 同固体培养基，只是琼脂粉量减为 0.7%左右。

2. 包扎、灭菌，备用。

（五）无菌水（或0.9%生理盐水）的准备

1. 100 mL三角烧瓶（装有玻璃珠），装双蒸水45.0 mL。

2. 试管装4.5 mL双蒸水。

3. 塞上管塞或盖上塑料盖子，包扎、灭菌，备用。

五、注意事项

1. 称药品用的药匙不要混用，以免污染药品，称完的药品应及时盖紧瓶盖。

2. 在调整培养基pH时要小心操作，注意逐步滴加，勿使过酸或过碱而破坏培养基中某些组分，防止回调或反复调整pH。有的培养基灭完菌后pH会发生改变，特别是用于确定菌株最适pH的不同培养基在低pH和高pH的情况下改变的幅度会更大，所以要特别注意检测灭菌后的pH情况。

3. 琼脂的熔化要注意：① 待液体培养基煮沸后，再加入琼脂，以防琼脂沉淀；② 要用玻璃棒不断地搅拌，否则容易结底烧焦。

4. 培养基是各种营养物质的混合液，大部分具有黏性。在分装时很容易粘到试管口或三角瓶口，造成试管塞或瓶口布被粘住，使杂菌，特别是霉菌在其上面滋生，进而污染管内或瓶内的培养基。在分装时，要特别注意避免培养基粘到管口或瓶口上。如果不小心粘上了培养基，应立即擦干净。

5. 培养基配制后应立即进行灭菌，否则杂菌微生物会生长繁殖，引起营养成分的损失以及改变培养基的酸碱度。如确实无法立即灭菌的应将配制好的培养基暂时放在4 ℃的冰箱中保存，但应尽早进行灭菌。

6. 灭菌后制斜面与平板的培养基温度不宜太高，一般在60 ℃左右，否则在培养基表面会出现很多冷凝水，影响微生物的培养、分离。

六、评议

1. 称取牛肉膏等黏胶状物质时可用小烧杯，以便用水移入培养基中。对于蛋白胨等极易吸潮物质，在称取时动作要迅速，并立即盖回原料盖子。生长因子和微量元素因用量极少，可预先配成千倍或百倍浓度的贮备液（母液），使用时按要求取一定量加入培养基。

2. 在配制高氏1号培养基时，先单独将淀粉用少量的冷水调成糊状，再加入培养基的其他成分中，边加热边搅拌，直至完全溶化，即溶液由浑浊转变为清亮。

3. 有些原料（如碳酸钙）不溶于水，在分装时要不断地搅拌使其呈悬浮均匀的溶液，才可分装到各个容器中。

4. 配制斜面培养基，应按配方配成液体培养基，先调整好pH值，再加入琼脂，使其完全熔化，灌制斜面；如果配制平板固体培养基，只要将称好的琼脂直接放入三角瓶中，再将调好pH的液体培养基倒入装有琼脂的三角瓶中，包扎，灭菌后倒平板。

5. 测定培养基的pH，一般事先将pH试纸条剪成一小段一小段，装在培养皿内（图1-3-6），用时用镊子取出，用洗净的玻璃棒蘸一滴培养基，点在小段的试纸条上，进行比色测定。

6. 一般培养好氧微生物，配好的培养基分装于三角瓶中，则用8层纱布做瓶口布（通气塞），外面再加一层牛皮纸，进行灭菌。对于接种后培养好氧菌时，应将牛皮纸去掉，有利于通风培养。工业大生产中为了防止污染，可以在8层纱布中间夹一层绒布。

7. 在试管中短时期培养好氧微生物，如过夜培养，其试管可用试管帽。但如果是长时间培养，最好使用硅胶塞。但斜面培养基的试管须用硅胶塞，否则培养基很容易干裂，并且可能会引起菌种的污染。

8. 试管用硅胶塞的大小和松紧度要合适，应四周紧贴管壁不留缝隙，才能起到防止杂菌侵入和有利通气的作用。一般硅胶塞总长的1/2～2/3应塞入试管口内，以防硅胶塞脱落或操作困难。

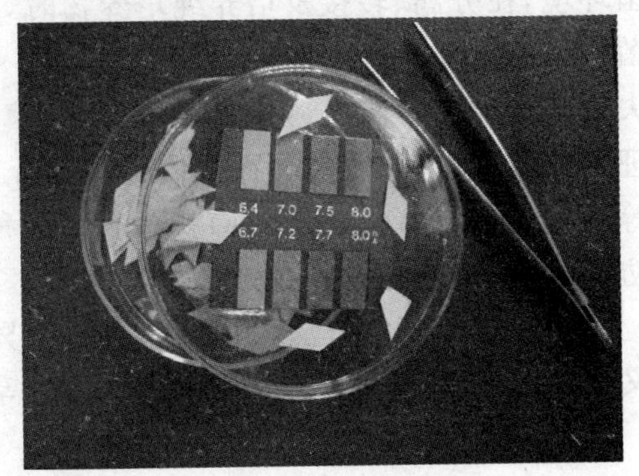

图 1-3-6 pH试纸条

9. 液体培养时，分装入三角瓶内的培养基量一般为1/5～1/3，不应超过其容积的一半。

10. 斜面培养基的装量约为试管高度的1/5～1/4，灭菌后制成斜面的长度不超过1/2，如每支15 mm×150 mm的试管装5 mL；半固体培养基以试管高度的1/3为宜，且灭菌后垂直待凝。而制作平板时一般100 mL倒5～6个平板，即一个平板大约15～20 mL培养基，以铺满皿底高1.5～2 mm为宜（图1-3-7）。

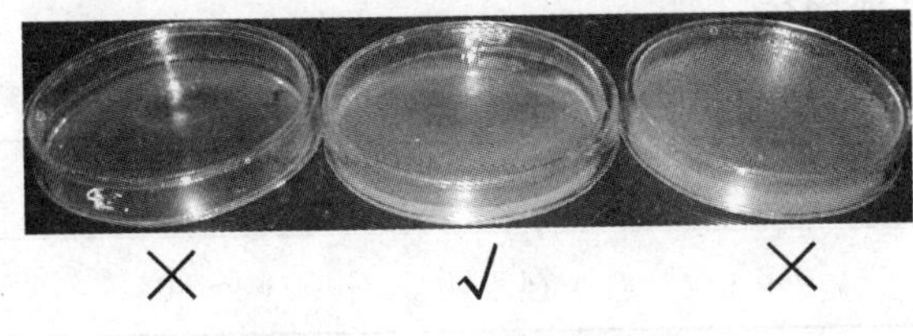

× √ ×

图 1-3-7 平板培养基

七、思考题

1. 请说明琼脂的化学性质、熔化与凝固温度以及配制固体培养基时常用的浓度。
2. 将固体培养基分装时应如何操作，注意什么问题？
3. 如何正确使用电子秤？
4. 固体培养基中的琼脂加热熔化过程应注意什么？
5. 培养基为什么要调整pH值？四大类微生物的最适pH值各为多少？
6. 微生物实验所用的管口、瓶口为什么都要塞上试管塞（或盖上瓶口布）？
7. 分析高氏1号培养基中的各种成分所起的作用。
8. 培养基配制完成后为什么必须立即灭菌，若不能及时灭菌应如何处理？

1-4 灭菌与消毒

一、实验原理

要真正揭开微生物世界的奥秘，深入研究微生物，必须创造一个没有其他微生物干扰的无菌环境，在分离、转接及培养纯培养物时，防止被其他微生物污染(contamination)的技术即为无菌技术(aseptic technique)。其中，灭菌(sterilization)是指采用强烈的理化因素，使微生物永远失去其生长繁殖能力，如 121 ℃高压灭菌 20 min。而消毒(disinfection)是指采用一种较温和的理化因素，仅杀死物体表面或内部一部分对人体有害的病原菌，如用 70%的酒精进行皮肤表面等的消毒。防腐(antisepsis)就是利用某种理化因素完全抑制霉腐微生物的生长繁殖，从而达到防止食品等发生霉腐的措施。

消毒与灭菌的方法因物品的不同而异，主要有物理、化学与生物等方法。物理消毒灭菌法又包括射线、紫外线、干热、湿热、过滤法等。

1. 干热灭菌法

干热灭菌(dry heat sterilization)是利用高温使微生物细胞内的蛋白质凝固变性而达到灭菌的目的，其包括火焰烧灼灭菌和热空气灭菌两种。火焰烧灼灭菌适用于接种环、接种针和金属用具(如镊子)等。干热灭菌是在电烘箱内灭菌，此法适用于玻璃器皿如吸管和培养皿等的灭菌。与湿热灭菌相比，干热灭菌法所需温度要高(160～180 ℃)，时间要长(2 h)。

2. 湿热灭菌法

湿热灭菌(moist heat sterilization)是利用高温能使原生质中的蛋白质变性或凝固、破坏酶的活性，从而使微生物死亡。菌体细胞蛋白质的凝固温度与其含水量有关(表 1-4-1)。湿热灭菌中常用的是高压蒸汽灭菌法。

表 1-4-1 菌体蛋白质的凝固温度与其含水量的关系

蛋白质含水量(%)	50	25	16	6	0
凝固温度(℃)	56	74～80	80～90	145	160～170

高压蒸汽灭菌法(high pressure steam sterilization)是将待灭菌的物品放入高压灭菌锅内，通过加热使灭菌锅隔套间的水沸腾产生蒸汽，并将锅内的冷空气排出，随后灭菌锅内的蒸气压不断增加，从而使沸点增高(表 1-4-2)。一般培养基灭菌的蒸汽温度是 121℃，即蒸汽压为 1 kg/cm^{2}或 15 磅/英寸^2、0.1 MPa 20 min 可达到完全灭菌的目的。适用于培养基(包括固体、液体)、无菌水、工作服、玻璃器皿等。

表 1-4-2 高压蒸汽灭菌时压力与温度的关系

压力	kg/cm^2	0	0.25	0.35	0.50	0.75	1.00	1.50	2.00
	磅/英寸^2	0	3.75	5.00	7.50	11.25	15.00	22.50	30.00
	MPa	0	0.025	0.03	0.05	0.074	0.10	0.15	0.20
温度	℃	100	107.0	108.8	112.0	115.5	121.3	128.0	134.5

1 kg/cm^2=98 066.5 Pa；1 磅/英寸^2=6 894.76 Pa。

3. 紫外线灭菌法

波长为 200～300 nm 的紫外线(ultraviolet，UV)具有杀菌能力，其中以 260 nm 的杀菌力最强。在波长一定的条件下，紫外线的杀菌效率与强度和时间的乘积成正比。紫外线杀菌(ultraviolet sterilization)机理主要是因为它诱导了胸腺嘧啶二聚体的形成和 DNA 链的交联，从而抑制了 DNA 的正常复制。另一方面，辐射能使空气中的氧电离成[O]，再使氧气氧化生成臭氧(O_3)，或使水氧化生成过氧化氢(H_2O_2)，O_3 和 H_2O_2 均有杀菌作用。紫外线虽有较强的杀菌力，但穿透力弱，即使一张薄纸、玻璃或水层就能将大部分紫外线滤除。紫外线灭菌只适用于空气及表面杀菌，如无菌室、超净台、手术室内的空气及物体表面的灭菌。

4. 过滤除菌

过滤除菌(filtration)是通过机械作用滤去液体或气体中细菌的方法，适用于不能采用加热方法灭菌的液体物质，如维生素、血清、抗生素、酶液等，否则会发生高温变性，丧失其功能。一般可用过滤膜进行除菌。

微孔滤膜过滤器是由上下两个分别具有出口和入口连接装置的塑料盖盒组成，出口处可连接针头，入口处可连接针筒，使用时将滤膜装入两塑料盖盒之间，旋紧盖盒(图 1-4-1)。滤膜(filter membrane)由混合纤维素(醋酸纤维酯和硝酸纤维酯混合物)制成，有 1.00 μm、0.60 μm、0.45 μm、0.30 μm、0.22 μm、0.10 μm 等规格。实验室中常用滤膜孔径为 0.22 μm，可过滤一般溶液。当溶液从针筒注入滤器时，此滤器将各种微生物阻留在微孔滤膜上面，从而达到除菌的目的。此法的最大优点是可以不破坏溶液中各种物质的化学成分。由于滤量有限，一般只适用于实验室中小量溶液(20 mL以下)的过滤除菌。

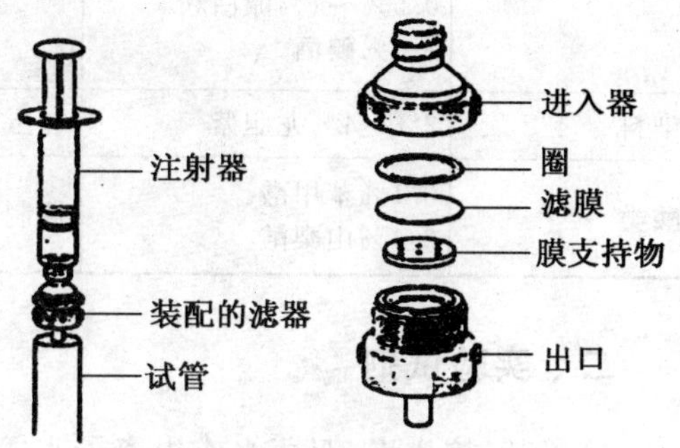

图 1-4-1 微孔滤膜过滤

5. 化学药剂消毒灭菌

微生物实验室中常用的化学杀菌剂有升汞、甲醛、高锰酸钾、酒精、碘酒、龙胆紫、石炭酸、漂白粉、新洁尔灭、来苏儿等(表 1-4-3)，有的是杀菌剂，有的是抑菌剂。常用的化学消毒剂有来苏儿、10%新洁尔灭、过氧乙酸和 70%的酒精。过氧乙酸的消毒能力很强，在 0.5%的浓度下 10 min就可以灭杀芽孢。此外还有生物消毒法，包括抗生素等。

表 1-4-3 常用的消毒、防腐剂

类 型	名称及使用方法	作用原理	应用范围
醇类	70%～75%乙醇	脱水、蛋白质变性	皮肤、器皿、超净台表面的消毒以及温度计、小型器械只需要在酒精中浸泡 10～15 min
醛类(烷化剂)	0.5%～10%甲醛 2%戊二醛(pH 8)	蛋白质变性	熏蒸，用于厂房、无菌室或传染病患者家具、物品消毒(不适用于食品厂)
酚类	3%～5%石炭酸 2%来苏儿(lysol) 3%～5%来苏儿	破坏细胞膜，蛋白质变性	地面、器具(空气喷雾消毒) 皮肤 地面、器具
氧化剂类	0.1%～1%高锰酸钾 3%过氧化氢 0.2%～0.5%过氧乙酸	氧化蛋白质活性基团，酶失活	皮肤、水果、蔬菜 皮肤(清洗伤口)、物品表面 水果、蔬菜、塑料等

续 表

类 型	名称及使用方法	作用原理	应用范围
重金属盐类	0.05%～0.1%升汞 2%红汞 0.1%～1%硝酸银 0.1%～0.5%硫酸铜	蛋白质变性、酶失活变性、沉淀蛋白质	非金属器皿 皮肤、黏膜、伤口 皮肤、新生儿眼睛 防治植物病害
表面活性剂	0.05%～0.1%新洁尔灭 0.05%～0.1%杜灭芬	蛋白质变性、破坏细胞膜	皮肤、黏膜、手术器械 皮肤、金属、棉织品、塑料
卤素及化合物	0.2%～0.5mg/L 氯气 10%～20%漂白粉 0.5%～1%漂白粉 2.5%碘酒	破坏细胞膜、蛋白质变性	饮水、游泳池水 地面 水及游泳池的消毒、空气(喷雾) 外科手术前的皮肤消毒
染料	2%～4%龙胆紫	与蛋白质的羧基结合	皮肤、伤口消毒
酸类	0.1%苯甲酸 0.1%山梨酸	抑制微生物	食品防腐 食品防腐

二、实验试剂

培养基、抗生素、双蒸水或去离子水等。

三、实验器具

高压灭菌器、恒温干热灭菌箱、细菌过滤器、紫外线杀菌灯、三角烧瓶、试管、培养皿、吸管、小离心管、微量移液器、吸头等。

四、实验操作

(一) 干热灭菌法(利用电热烘箱)

1. 将包装完毕、待灭菌的物品(如培养皿、试管、吸管等)放入电烘箱中,关好箱门。

2. 打开电烘箱排气孔,接通电源,打开开关加热。

3. 旋动恒温调节器绿灯亮,使温度不断上升至 160 ℃,关闭通气孔。

4. 160 ℃恒温 1.5～2 h。

5. 切断电源,自然降温至 60～70 ℃以下,方可打开箱门取物品。

(二) 高压蒸汽灭菌法

1. 在高压灭菌锅内加入一定量水,将包扎好的物品放入物品框里。

2. 接通电源,进行加热。

3. 将排气阀打开,待排出大气后关闭排气阀;或关闭排气阀,待压强上升到 0.5 kg/cm^2 时再打开排气阀,待压强回复到 0 时再关闭排气阀。

4. 当压强达 1 kg/cm^2 时,灭菌器内的温度为 121 ℃,维持 20～30 min。

5. 灭菌时间一到,切断电源,待压强降至零时打开排气阀,然后打开灭菌器盖,取出物品。

（三）过滤除菌

1. 将孔径为 0.22 μm 的滤膜装入干净的塑料滤器中，旋紧压平、包装，与针头、注射器一起进行灭菌。

2. 利用无菌小离心管称取适量的抗生素，如氨苄青霉素等。

3. 按比例加入一定量的无菌水，通过上下颠倒混匀，使其成分溶解。

4. 将需过滤样品吸入灭菌的注射器内，然后注射器与滤器入口连接，出口与针头连接。

5. 将注射器内的样品缓慢压入滤器，到无菌试管(离心管)内。

6. 过滤完毕后，将过滤样品放置在−20 ℃冰箱中保存备用。

7. 弃去塑料滤器中的滤膜，清洗塑料滤器。

（四）无菌室、超净台灭菌

1. 清洁无菌室、超净台，取出与实验无关的物品。

2. 打开紫外灯，照射 20～30 min。

3. 将牛肉膏蛋白胨平板盖打开 15 min，然后盖上皿盖，置 37 ℃培养 24 h，共做三套。

4. 检查每个平板上生长的菌落数。如果不超过 4 个，说明灭菌效果良好，否则，需延长照射时间或同时加强其他措施。

五、注意事项

1. 干热灭菌物品不要摆得太挤，以免妨碍热空气流通；灭菌物品不要接触电烘箱内壁的铁板，以防包装纸烤焦起火。干热灭菌过程中，要严防恒温调节的自动控制失灵，灭菌过程中最好不要离人，干热灭菌温度不能超过 180 ℃，否则包器皿的纸或试管塞就会烧焦，甚至引起燃烧。干热灭菌后，须待电烘箱内温度降到 70 ℃以下才能取出灭菌物品，否则骤然降温会导致玻璃器皿炸裂。

2. 高压灭菌时应注意：加上锅底水，防止干烧；消毒器内物品之间留有间隙，按顺序堆放在消毒器内的筛板上，这样有利于蒸汽的穿透，可提高灭菌效果；尽可能排出锅内的冷空气；升温过程中注意适量的排气。高温灭菌结束后要缓慢放气降压，尤其是进行液体培养基灭菌时，切勿突然打开排气阀降压，一定要等到锅内的气压降到零以后再开锅，否则会因压力突然下降引起瓶子爆破或培养基沸腾而冲出容器，污染试管塞、瓶口布等。

3. 已灭菌的培养基当温度降至 50～60 ℃时倒平板。如果温度过高，会在培养皿的盖子上形成过多的凝结水，妨碍实验结果的观察。

4. 分装灭菌后的斜面培养基，应在高于 50 ℃时进行斜面的搁置，斜面的长度大约是试管的一半，切勿使斜面过长，否则易干燥，还很容易引起污染。

5. 过滤除菌时，注意施加的压力要适当，不可太猛太快，应避免各连接处出现渗漏现象。特别是容量比较多的物品，过滤的速度一定要缓慢，以免细菌被挤压通过边缘空隙，出现除菌效果差、染菌的情况。

六、评议

1. 无菌室一般为 4 m^2，并附带有 2～3 个缓冲间或缓冲走廊。在无菌间与缓冲间里面都装有紫外灯。使用前应进行清扫，每次实验前应开紫外灯照射杀菌 20 min。但不可过长，否则产生的臭氧污染空气，对人体也有害。

2. 培养基制备好、灭菌后，在使用前应做无菌抽样检查。一般将其放于 37 ℃恒温箱内培养 24～48 h，确认无菌后方可使用。

3. 灭过菌的培养基应及时使用，不宜过久保存，否则会发生水分蒸发、降低营养成分或起化学反应，还可能因吸收空气中的二氧化碳，发生反应而变为酸性。用储存过久的糖发酵液做生理生化实验，就可能无法得出真实的结果。

4. 利用过滤灭菌的样品进行微生物培养，最好设一个不接菌种对照，一起进行培养，以确定过滤的效果。

七、思考题

1. 简述接种环和涂棒的灭菌方法。
2. 简述吸量管和培养皿的包扎方法。
3. 干热灭菌、高压蒸汽灭菌和间歇灭菌各在什么场合使用？
4. 如何检查培养基灭菌是否彻底？
5. 制备试管斜面时，其试管中的培养基量多少为宜？
6. 在高压蒸汽灭菌开始以前，为什么要将灭菌锅内的冷空气排尽？
7. 过滤除菌应注意哪些问题？如果过滤除菌经培养检查有杂菌生长，请分析其原因。
8. 如果需要配制一种含有某抗生素的牛肉膏蛋白胨培养基，其抗生素的终浓度（或工作浓度）为 50 μg/mL，你将如何操作？

1－5 微生物的无菌操作与检查

一、实验原理

若要对特定微生物进行研究，培养基、实验用具都须经过灭菌处理，除去其他杂菌，使其处于一个无菌的状态。然后再通过无菌操作接入特定的微生物进行培养，保证目的微生物的转移过程中不会被环境中的杂菌微生物所污染。

由于微生物存在自然界的各个角落，如空气中布满了灰尘、孢子、细菌等，并且空气中的杂菌在气流小的时候，会随着灰尘落下可能掉在你的工作区域、试剂瓶或吸头上。而靠近火焰周围则是一个无菌的区域。所以接种一般都是在无菌室的超净台上进行，且打开培养皿、试管塞的开口要小，时间应尽量缩短，尽可能在酒精灯火焰周围的无菌范围内进行操作，并应避免由于动作幅度过大导致大范围的气流运动而增加污染的机会。用于接种的器具必须事先经过干热或火焰等灭菌。

二、实验试剂

斜面培养基、平板培养基、培养皿、液体培养基。

三、实验器具

接种环、涂棒、培养皿、试管、酒精灯、移液管、微量移液器、吸头。

四、实验操作

（一）实验前无菌室的紫外线灭菌

在接种前，先对无菌室与超净台进行紫外线照射灭菌 20～30 min。再打开超净台空气开关吹风 5～10 min，然后超净台表面用 70%酒精擦拭一遍，再进行无菌操作。实验完毕后，将实验物品带出工作台，以 70%酒精擦拭无菌操作台面。每次无菌室用完后应开紫外灯照射 20～30 min进行杀菌。最后还原。

（二）倒平板

1. 超净工作台紫外线灭菌后，实验操作前先洗手，再用 70%酒精消毒。

2. 在超净台上将灭过菌的培养皿的包装纸打开，取出培养皿，放在酒精灯附近。

3. 在酒精灯旁，将装有培养基的三角瓶盖打开，右手拿三角瓶。

4. 左手取无菌培养皿，利用拇指与中指在酒精灯旁打开培养皿一条缝隙，迅速将 15～20 mL 左右的培养基倒入培养皿中(图 1-5-1)。

图 1-5-1 倒平板

5. 盖好盖子，顺着超净台边缘将平板推入，稍许轻摇，使培养基均匀地分布在培养皿底部。

6. 等凝固后即为制成的平板(plate)。

（三）涂棒涂布(spread-plate)

1. 在超净工作台的酒精灯旁利用微量移液器装上合适的灭菌吸头，取菌液 0.1～0.2 mL，加到凝固好的培养基上。

2. 将涂棒浸入酒精中，取出后在火焰上过一下，涂棒点燃酒精后，就离开火焰。

3. 等涂棒上的酒精燃烧完毕后，在火焰边上，涂棒在培养皿盖内侧稍做停留。

4. 涂棒放在平板上不接触细胞的地方进一步冷却后均匀涂布菌液(图 1-5-2)。

5. 在平板上缓慢旋转涂布细胞。不要将涂棒往下压，只需要利用涂棒本身的重量产生的压力涂布细胞。

图 1-5-2 涂平板

6. 涂布完毕后，在适当的温度(如 25～37 ℃)条件下倒置培养。

（四）接种环接种

1. 通常接种环在酒精灯火焰的外焰上充分烧红，然后金属棒部分亦须转动着通过火焰 3 次。

2. 在火焰边上打开菌种试管或培养皿，在培养基上或玻璃管壁上稍作冷却。

3. 挑取菌体，迅速接种到新的培养基上（固体、液体），具体见图 1-5-3 和图 1-5-4。

4. 将接种环通过火焰烧红灭菌，复原。

5. 接种物在适当的条件下培养。

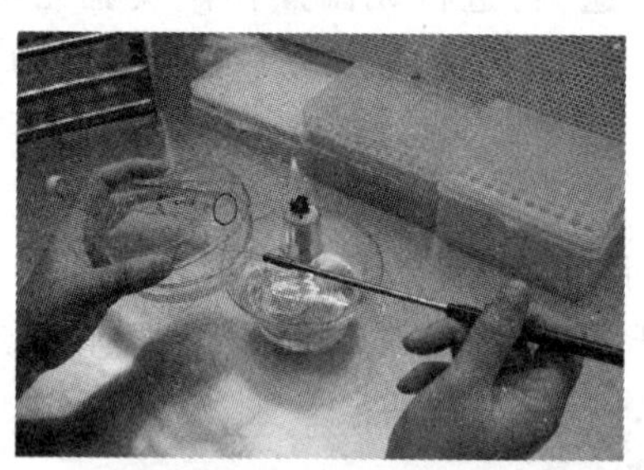

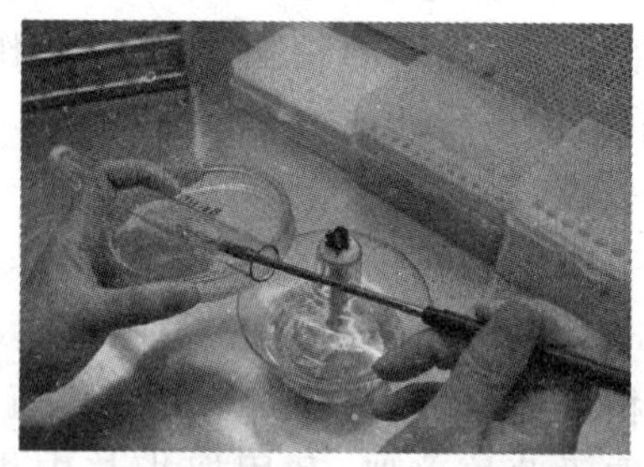

图 1-5-3　挑菌落接入试管培养基

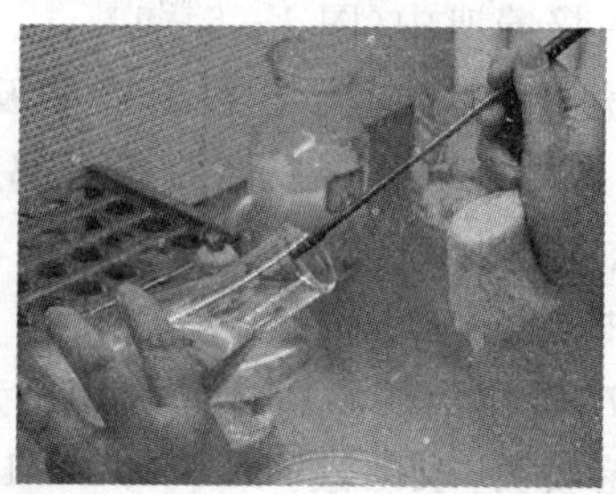

图 1-5-4　挑菌落接入三角瓶培养基

（五）移液器接种

1. 将微量移液器的容量调节到所需要的数值，竖直装上合适吸头。

2. 在酒精灯旁，左手拿培养液，右手小指与手掌夹住、打开培养液的盖子，吸取一定量的样品，盖回培养液的盖子。

3. 取装有新鲜培养基的试管或三角瓶，同上在酒精灯旁打开盖子，将样品接种到其中，盖回盖子。

4. 轻轻混匀后，放入合适温度的摇床或培养箱中培养。如果是摇床，要调节合适的转速。

（六）斜面菌种接种斜面培养基

1. 左手平托两支试管，外侧是菌种试管，内侧是待接的空白斜面，两支试管的斜面同时向上（图 1-5-5），右手将试管塞旋松。

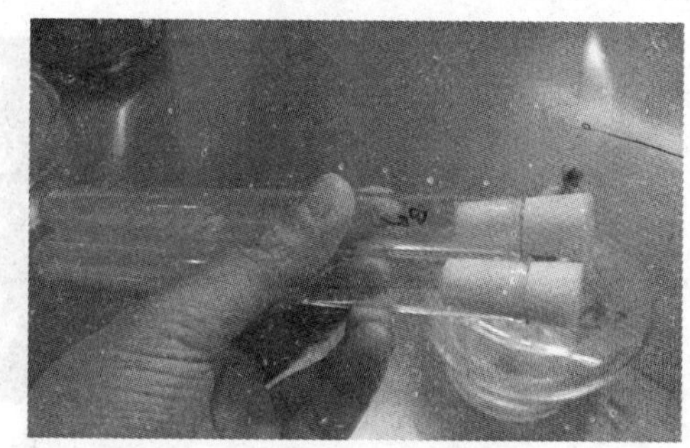

图 1-5-5 斜面试管的拿法

2. 右手拿接种环，在火焰上先将环端烧红灭菌，然后将有可能伸入试管的部位也过火灭菌。

3. 将两支试管的管口端平齐，靠近火焰，用右手小指和掌心将两支试管的试管塞一并夹住拔出，试管塞仍夹在手中，然后让试管口缓缓过火焰。

4. 将已灼烧过的接种环伸入外侧的菌种试管内，须先冷却后，再用环沾取一定量的菌苔（防止烫死微生物），将沾有菌苔的接种环抽出试管。

5. 迅速将沾有菌种的接种环伸入另一支待接斜面试管的底部，轻轻向上划线（直线或曲线）。

6. 接好种的斜面试管口再次过火焰，试管塞底部过火焰1～2次后，立即塞入试管内。

7. 将沾有菌苔的接种环在火焰上烧红灭菌。先在内焰中烧灼，使其干燥后，再在外焰中烧红，以免菌苔骤热，使菌体爆溅，造成污染（图1-5-6）。

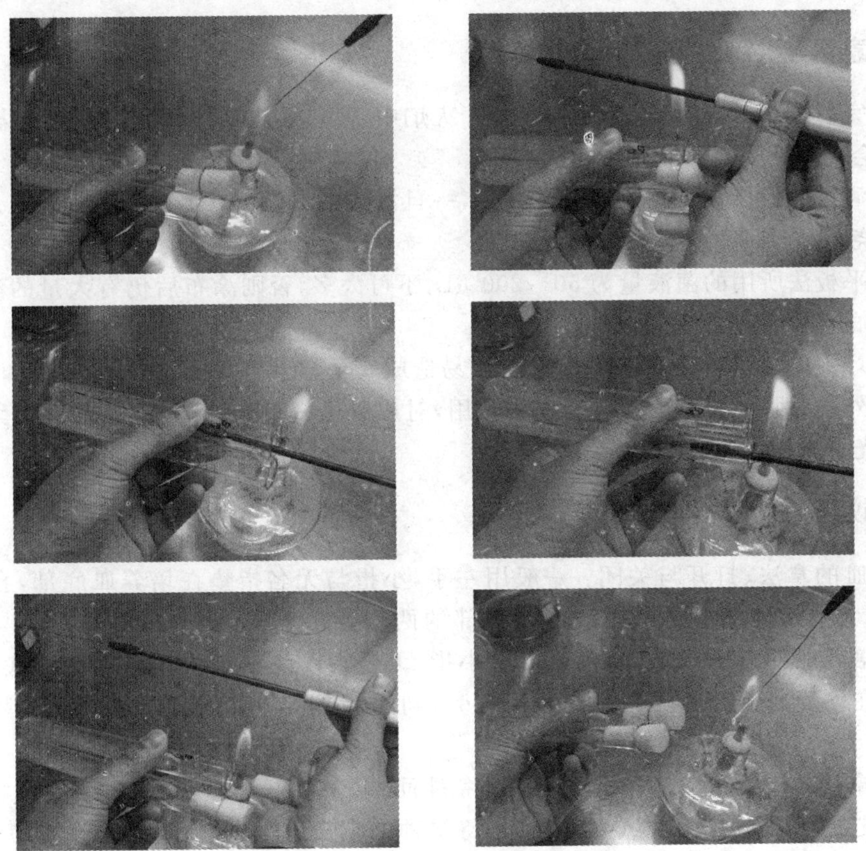

图1-5-6 斜面接种

8. 放下接种环后，再将试管塞旋紧，做好标记，28～37 ℃恒温培养适当的时间。

9. 培养完毕后，放4 ℃冰箱保存备用。

（七）从平板上挑单菌落到斜面培养基

1. 左手拿平板与试管，即先旋松斜面的试管塞，将斜面试管叠放在平板上，试管管口端与平板的边缘平齐，且斜面朝上。

2. 在酒精灯旁，用右手小指和掌心将试管的试管塞夹住拔出，试管塞仍夹在手中。

3. 右手拿接种环，在火焰上先将环端烧红灭菌，然后将有可能伸入平板或试管的其余部位也过火灭菌。

4. 左手打开平板，已灼烧过的接种环伸入平板，在盖子上或无菌的培养基上稍作冷却，在需要接种的菌落表面轻轻沾一下，然后将沾有菌苔的接种环抽出平板，伸入待接斜面的试管底部，轻轻在斜面上划线(直线或曲线)。

5. 试管塞底部过火焰 1～2 次后，立即塞入斜面试管内。

6. 将沾有菌苔的接种环在火焰上烧红灭菌。

7. 放下接种环后，再将试管塞旋紧，做好标记，28～37 ℃恒温培养适当的时间(如放置过夜)。

8. 培养完毕后，放 4 ℃冰箱保存备用。

五、注意事项

1. 接种完后烧灼时，先将近环处镍丝置于火焰中，使热导向接种环。如果直接烧灼，则环上残余的菌液会因突然受高温而爆裂四溅。

2. 沾有酒精的涂棒只要在火焰上过一下，一旦涂棒的酒精点燃后，就离开火焰。不要一直在火焰上燃烧，否则涂棒会被烧裂。

3. 涂布平板法所用的菌液量为 50～200 μL，不可太多，否则涂布后仍有大量的液体留在表面，影响菌落的生长而形成菌苔。

4. 酒精灯中的酒精装量不超过 2/3，否则易造成安全隐患。酒精灯用完后应及时盖灭。

5. 因紫外线对眼结膜及视神经有损伤作用，对皮肤也有刺激作用，故不能直视紫外线灯及在紫外线灯光下工作。

六、评议

1. 培养皿的拿法、打开与关闭：一般用左手，小指与无名指垫在培养皿底部，食指放在培养皿的盖上，大拇指与中指则卡在培养皿盖部的两侧。在酒精灯旁，利用大拇指与中指可以打开和关闭培养皿的盖子。此外，也可以将小指、无名指以及中指垫在培养皿的底部，而大拇指与食指卡在培养皿盖部的两侧。在酒精灯旁，利用大拇指与食指可以打开和关闭培养皿的盖子。

2. 斜面拿法与试管塞的打开与塞入：先将斜面试管塞旋松，以便在接种时容易拔出。然后左手平托两支试管，外侧是菌种试管，内侧是待接种的空白斜面，且两支试管的斜面同时向上。将两支试管的前端平齐，靠近火焰，用右手小指和掌心将两支试管的试管塞一并夹住拔出，试管塞仍夹在手中。进行接种，接好种的斜面试管口过火焰，试管塞底部过火焰 1～2 次后，立即塞入试管内。

3. 三角瓶瓶口布的打开与盖回：在酒精灯旁，左手拿培养液，右手的小指与手掌夹住瓶盖，打开三角瓶的盖子，取样或接种完毕后，将瓶盖盖好，并进行捆扎。

4. 无菌操作工作区域应保持清洁及宽敞，必要物品，例如试管架、微量移液器或吸头盒等可以暂时放置，其他实验用品用完即应移出，以利于气流流通。

5. 小心取用无菌实验物品，避免造成污染。勿碰触吸管、吸头的尖头部或容器瓶口，也不要在打开的容器正上方操作实验。容器打开后，用手夹住瓶盖并握住瓶身，倾斜约 45°角取用，尽量勿将瓶盖盖口朝上放置于桌面。

6. 超净台应定期更换紫外线灯管及高效空气过滤器(high efficiency particulate air filter, HEPA)过滤膜、预滤网(300 h/预滤网,3000 h/HEPA)。

七、思考题

1. 什么是无菌操作?如何进行无菌操作?

2. 无菌操作过程中,可否将试管塞、瓶盖等直接放在桌面上,为什么?

1-6 微生物的接种与培养

一、实验原理

要使微生物在大规模生产中良好地生长或积累代谢产物,必须考虑一些最合理的培养装置或有效的工艺条件,并且还要在整个过程中采用纯种培养技术,严防其他微生物的干扰,防止杂菌污染。

(一) 接种

接种(inoculation)就是将一定量的纯种微生物在无菌操作条件下转移到另一已经灭菌并适合于该微生物生长繁殖所需要的培养基中的过程。为了获得微生物的纯培养(pure cultivation),要求一切接种必须严格进行无菌操作,一般应在无菌室内超净台上的火焰旁进行。

常用的接种工具有接种环、接种针、移液管和微量移液器等。常用的接种方法有斜面接种(inoculation on agar slant)、液体接种(borth transfer)、试管深层固体培养基的穿刺接种(stab inoculation)和平板接种(inoculation on agar plate)等。

(二) 培养

微生物的培养(cultivation)方法主要可分为好氧培养与厌氧培养两大类。

1. 好氧培养:大多数微生物在培养过程中都是需要氧气的。其培养方法包括平板培养、斜面培养、浅层液体培养、液体振荡培养或通气搅拌培养等。为了使微生物得到充分的氧气,可将其培养在固体培养基的表面,如斜面与平板的表面。而液体培养的方法有:① 浅层静止培养,以增加液体与空气的接触面积,有利于氧气在水中的溶解和扩散。② 振荡培养,培养基装入带有硅胶塞或帽盖的试管(如 3~5 mL 培养基)或用 8 层纱布包扎的三角瓶中(培养基的装量为 1/5~1/3 体积),接种后利用摇床进行振荡培养,使之通气,增加液体培养基中的溶解氧。摇床一般有往返式和回转式两种。往返式摇床每分钟振荡 120 次左右,振幅为 80~120 mm。回转式摇床每分钟旋转 160~180 次左右。③ 深层培养,一种大规模的工业生产方法,往往采用十几吨甚至上百吨的发酵容器进行培养。培养时,必须连续不断地通入经过净化的无菌空气,并且还需要不断地搅拌,以确保培养液中有足够的溶解氧。

2. 厌氧培养:除了最简便的深层液体培养以外,可以采用物理、化学或生物学的方法来排除培养容器中的空气,创造厌氧条件。① 在培养基中加入还原剂,如半胱氨酸(cysteine)、D 型维生素 C、硫化钠(Na_2S)等。操作时以最快的速度进行,并立即置于事先已抽真空密闭的容器内(充 CO_2 或 N_2),于适温培养。② 化学方法,利用焦性没食子酸(pyrogallic acid)吸收容器中的氧气，即焦性没食子酸与碱溶液（NaOH，Na_2CO_3 或 $NaHCO_3$）作用后形成易被氧化的碱性没食子盐(alkaline pyrogallate)，通过氧化作用形成黑褐色的焦性没食子橙从而除掉密封容器中的氧。③ 物理方法，常用真空泵抽出密封干燥器内的空气或再充入其他惰性气体，以保证厌氧条件。抽气前，容器内放入指示剂和培养物。一般为达到严格厌氧目的，对于严格厌氧的微生物，要采取化学和物理并用的方法。目前培养厌氧微生物的简便而又有效的技术有以下几种。

1) 厌氧罐法(anaerobic jar)：厌氧培养罐(图 1－6－1)以某种气体取代培养容器中空气，并添加还原剂，如利用镁与氯化锌遇水后发生反应产生氢气，以及碳酸氢钠加柠檬酸溶液后产生 CO_2。

$$Mg + ZnCl_2 + 2H_2O \longrightarrow MgCl_2 + Zn(OH)_2 + H_2\uparrow$$

$$C_6H_8O_7 + 3NaHCO_3 \longrightarrow Na_3(C_6H_5O_7) + 3H_2O + 3CO_2\uparrow$$

厌氧罐中使用葡萄糖-美蓝指示剂，其根据美蓝在氧化态时呈蓝色，而在还原态时呈无色的原理设计的。

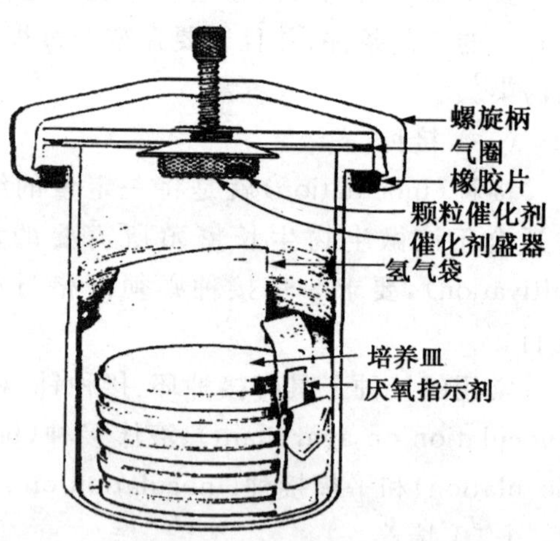

图 1－6－1　厌氧培养罐

2) 厌氧袋(bio-bag)：塑料袋透明而不透气，内装气体发生管(有硼氢化钠的碳酸氢钠固体以及 5% 柠檬酸安瓿)、美蓝指示剂管、钯催化剂管、干燥剂。放入已接种好的平板后，尽量挤出袋内空气，然后密封袋口。先折断气体发生管，后折断美蓝指示剂管，使袋内在半小时内造成无气环境。

3) 焦性没食子酸(pyrogallic acid)法：焦性没食子酸和 NaOH 互相反应除去氧气。即先将焦性没食子酸放在容器中，把含有厌氧菌样品的培养皿架空放入容器内，然后加入 NaOH 溶液，立即盖上盖子，并用石蜡或凡士林密封，造成一个封闭空间，置于室温下培养。要除去 100 mL 空气中的氧气需要焦性没食子酸固体 1 g 和 10% NaOH 溶液 10 mL。该法用于厌氧不严格的厌氧菌的培养，操作方法较简单。

4) 亨盖特厌氧滚管技术(Hungate roll-tube technique)：具体见实验 3－9。

5) 厌氧手套箱(anaerobie glove box)：这是迄今为止国际上公认的培养厌氧菌的最佳仪器之一。它是一个密闭的大型金属箱，箱的前面有一个有机玻璃做的透明面板，板上装有两个手套，可通过手套在箱内进行操作。具体见实验 3－11。

微生物培养时应注意培养时间与温度，不同的菌株其培养温度有差异，代时也不同，所以培养时间也不相同。如大肠杆菌(*E. coli*)的代时为 20 min，酿酒酵母(*Saccharomyces cerevisiae*)的代时为 2 h(表 1－6－1)。

表 1-6-1 若干微生物的代时及每日增殖率

微生物名称	代时	每日分裂次数	温度(℃)
乳酸链球菌(*Streptococcus lactis*)	38 min	38	25
大肠杆菌(*Escherichia coli*)	20 min	80	37
枯草杆菌(*Bacilius subtilis*)	30 min	46	30
金黄色葡萄球菌(*Staphylococcus aureus*)	30 min	46	30
铜绿假单胞菌(*Pseudomonas aeruginosa*)	35 min	41	35
水生栖热菌(*Thermus aquaticus*)	50 min	29	70
嗜酸热硫化叶菌(*Sulfolobus acidocaldarius*)	4 h	6	90
酿酒酵母(*Saccharomyces cerevisiae*)	120 min	12	30
光合细菌(Photosynthetic bacteria)	150 min	10	30
根瘤菌(*Rhizobium*)	110 min	13	25
小球藻(*Chlorella*)	7 h	3.4	25
硅藻(*Fragillaria sublinearis*)	17 h	1.4	20
草履虫(*Paramecium*)	10.4 h	2.3	26

二、实验试剂

斜面培养基、液体培养基(试管、三角瓶)、平板培养基、半固体培养基。

三、实验器具

无菌室、恒温培养室、恒温培养箱、摇床、厌氧培养罐、接种环、接种针、玻璃涂棒、微量移液器、吸头。

四、实验操作

(一) 微生物斜面接种法

斜面接种方法如图 1-6-2 所示,具体见实验1-5。

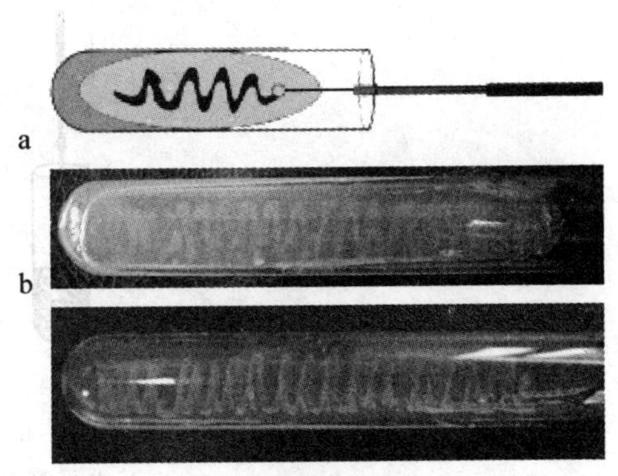

图 1-6-2 斜面接种示意图及实物

(二) 液体接种法

包括从斜面菌种接入培养液,或从液体菌种接入液体培养液,两种情况都可以用接种环接种。但在培养量比较大的情况下,液体接种宜采用移液管(或移液器)接种,同时要求无菌操作。

斜面菌种接入培养液(少量接种)

1. 将接种环在酒精灯火焰上烧红后,在试管壁上或空白培养基上冷却。

2. 在酒精灯旁用接种环取少量菌苔，移入液体培养基容器（试管或三角瓶）中，将接种环在液体表面的器壁上轻轻摩擦，使接种环上的菌体研开，进入培养基内。

3. 将接种环在酒精灯火焰上灭菌后复原。

4. 将接种后的培养基放在摇床上，在适当的温度条件下振荡培养一定的时间。

5. 进行转接培养或放在 4 ℃冰箱中保存。

液体菌种接入液体培养液

1. 在火焰边于顶端撕开包扎、灭菌后的吸管，或用移液器装上灭菌的吸头。

2. 吸取适量的菌液（1%～10%接种量）接种。

3. 转接入培养基中，摇匀后放在摇床上，在适当温度（25～37 ℃）、一定转速（如 180～220 r/min）条件下进行振荡培养。

4. 一定时间（如过夜）后，进行下一步实验，或放在 4 ℃冰箱中保存。

（三）平板接种

平板接种的目的是观察菌落形态、分离纯化菌种、活菌计数以及在平板上进行各种试验时采用的一种接种方法，可分为下面几种：

1. 斜面接平板

1）划线法（streak-plate）：具体见平板划线分离法（实验 2－3）。

2）点种法：一般用于观察霉菌和酵母细胞，轻轻点在平板的表面。

2. 平板接斜面：一般是将经平板分散培养得到的单菌落接种到斜面，以便作鉴定或扩大培养、保存之用。

（四）穿刺接种法

1. 取新鲜半固体柱状培养基，做好标记，在酒精灯旁拔出管塞。

2. 挺直的接种针经火焰灭菌后，沾取少量菌种，移入半固体深层培养基试管中，自培养基中心垂直穿入，直到接种管底部，但不要穿透（图 1－6－3）。

3. 然后沿着原接种线将接种针慢慢拔出。操作时要做到手稳，动作轻巧迅速，这样可使接种整齐，易于观察。

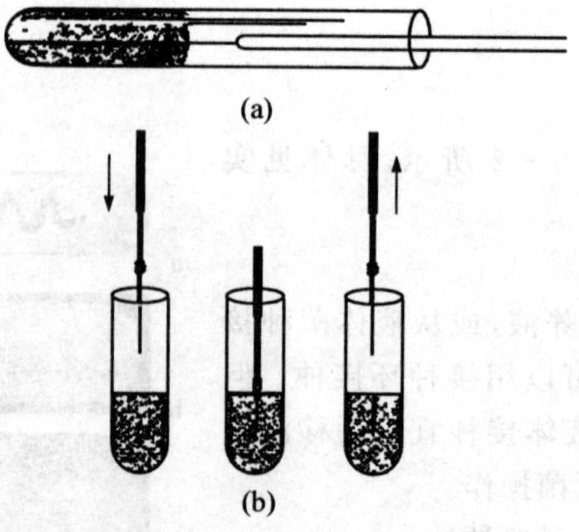

图 1－6－3 穿刺接种示意图

（a）水平穿刺接种；（b）垂直穿刺接种

4. 最后塞上试管塞,再将接种针上残留的菌体在火焰上灼烧。

5. 接种后 30~37 ℃恒温培养,24 h 后观察,观察菌体的生长结果。

五、注意事项

1. 接种环每次使用前后,都需要灼烧灭菌。特别是接种形成芽孢的菌株,最好采用高压灭菌后的接种环,以免交叉污染。

2. 在用吸管吸取溶液时,不要用嘴吸,因为此方法不卫生,且很危险。应使用辅助设备、洗耳球或直接使用微量移液器进行操作。

3. 可见与不可见辐射都会对眼睛和皮肤造成严重伤害,要做好保护工作,防止暴露于直射或反射的辐射波中。

4. 夏天培养时应注意观察培养箱的实际温度,防止培养温度过高。

5. 从培养基或试管培养物中沾取样品时,培养瓶口、试管口在打开后及关闭前,应在火焰上通过 1~2 次,以杀死可能从空气中落入的杂菌和由培养物而来的菌体。打开瓶塞或试管塞时,应将试管塞上端夹于手指间适当的位置,不得将试管塞任意放在操作台处。

六、评议

1. 接种前一定要在试管、三角瓶上贴上标签,注明菌种、接种日期,且标签应贴在斜面向上的部位。

2. 平板倒置培养的原因是:① 培养基的水分在储存或培养过程中发生蒸发,倒置可以防止培养基过分失水干裂或缩小。不倒置可能会有水滴掉下来,也容易污染。② 防止污染,因为空气中细菌会沉降。③ 有利于菌落出现,倒置后,琼脂表面不会残留水分,否则有水的话,细菌在表面生长成菌膜,菌落难以出现。④ 方便取拿,正放拿起来很容易只拿盖子,会增加污染机会。

3. 接种后的培养基应在适当的条件下培养一定时间后(如菌体进入生长对数期后期或稳定期)及时从培养箱或摇床上取出,进行下一阶段的实验或放入 4 ℃冰箱中短期保存备用。

七、思考题

1. 好氧培养和厌氧培养的原理和方法有何异同?

2. 如何进行微生物接种?

2　微生物的形态特征

微生物的形态特征(morphological characteristics)包括菌落形态、菌体形态以及细胞结构在低渗处理下的状态特征,主要通过染色,在显微镜下对其形状、大小、排列方式、细胞结构(包括细胞壁、细胞膜、细胞核、鞭毛、包涵体、芽孢等)及革兰氏染色特性进行观察,直观地了解细菌在形态结构上的特性,并且还要观测其群体(如斜面、穿刺、平板菌落、液体等培养)的状态、菌落颜色、直径和形状。此外,还可利用电镜直接观察菌体的鞭毛、芽孢的着生情况,根据形态结构上的不同来区别、鉴定微生物的种类。

2-1　光学显微镜的使用

一、实验原理

栖居于自然界中的微生物用肉眼难以分辨,在显微镜(microscope)问世之前,人们无法目睹这个丰富多彩的世界。1676 年微生物学的先驱列文虎克(A. van Leeuwenhoek)自制了单式显微镜,首次观察到了细菌。1870 年德国的阿贝(E. Abbe)提出了显微镜理论,1878 年发明了油浸物镜(油镜),设计出了阿贝式聚光器,使得显微镜的分辨率在倍数上取得了突破性提高。20 世纪以来,光学显微镜相继出现了相差(phase-contrast)、暗视(dark-field)和荧光(fluorescence)等新附件,加上良好的制片和染色技术,大大推动了微生物形态、解剖和分类等研究。1933 年德国人鲁斯卡(E. Ruska)制成了世界上第一台电子显微镜(透射电子显微镜),使微生物学的研究从细胞水平逐渐向亚细胞和分子水平迈进。光学显微镜的诞生,将肉眼的分辨率提高到微米(μm)级水平;而电子显微镜的出现,使分辨率达到纳米(nm)级水平(具体见实验 2-14)。

1. 普通光学显微镜(light microscope)由机械装置和光学系统两大部分组成(图 2-1-1)。

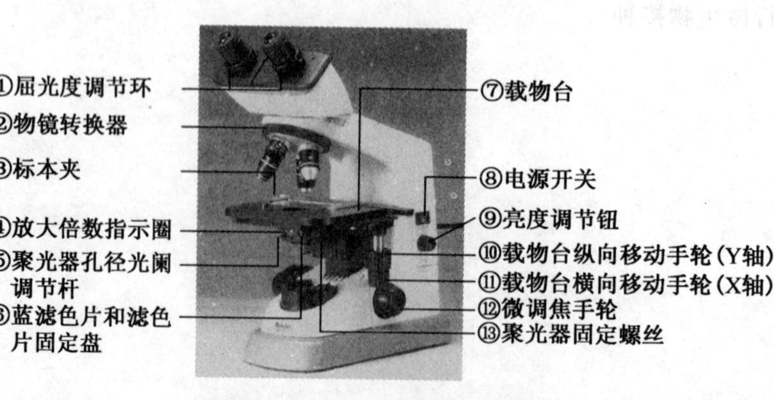

图 2-1-1　光学显微镜的构造

1）机械装置包括镜座、支架、载物台、调焦螺旋等部件。① 镜座（base）和镜臂（arm）：镜座位于显微镜底部，呈马蹄形，支持全镜。镜臂支持镜筒。② 镜筒（body tube）：上接目镜，下接转换器。双筒镜筒倾斜 45°。③ 转换器（nosepiece）：为两个金属碟所合成的一个转盘，可装 3～4 个物镜，使每个物镜通过镜筒与目镜构成一个放大系统。④ 载物台（stage）：又称镜台，中心有一个通光孔。载物台上装有标本夹，用以固定标本；有刻度的标本推动器，能向前后左右推动标本固定，便于变换视野。⑤ 调焦装置：有粗调节器（coarse adjustment）和细调节器（fine adjustment），利用它们使镜筒或镜台上下移动，当物体在物镜和目镜焦点上时，则得到清晰的图像。总之，机械装置保证光学系统的准确配置和灵活调控，一般是固定不变的。

2）光学系统由物镜、目镜、聚光器等组成。普通光学显微镜利用目镜和物镜两组透镜系统来放大成像，被称为复式显微镜。① 物镜（objective）：又称接物镜，安装在镜筒下端的转换器上，将物体作第一次放大，决定成像质量和分辨能力。物镜上通常标有数值孔径、放大倍数、镜筒长度、焦距等主要参数。② 目镜（ocular lens）：装于镜筒上端，由两块透镜组成，上面标有放大倍数。目镜把物镜的成像再次放大，但不增加分辨力，一般可按与物镜放大倍数的乘积为物镜数值孔径的 500～700 倍，最大不超过 1 000 倍进行选择，因为目镜的放大倍数过大，反而影响观察效果。③ 聚光器（condenser）：光源射出的光线通过聚光器汇聚成光锥照射标本，增强照明度和造成适宜的光锥角度，提高物镜的分辨力。聚光器由聚光镜和虹彩光圈（iris diaphragm）组成，聚光镜由透镜组成，虹彩光圈由薄金属片组成，中心形成圆孔，推动把手可随意调整透进光的强弱。调节聚光镜的高度和虹彩光圈的大小，可得到适当的光照和清晰的图像。④ 光源（light source）：较新式的显微镜其光源通常是安装在显微镜的镜座内，通过按钮开关来控制。⑤ 滤光片（filter）：有紫、青、蓝、绿、黄、橙、红等各种颜色，可根据标本本身的颜色，在聚光器下加相应的滤光片，以提高分辨力，增加影像的反差和清晰度。光学系统直接影响显微镜的性能，是显微镜的核心。一般的显微镜都可配置多种可互换的光学组件，通过这些组件的变换可改变显微镜的功能，如明视野、暗视野、相差等。

显微镜的物镜通常有低倍物镜（16 mm，10×）、高倍物镜（4 mm，40～45×）和油镜（1.8 mm，95～100×）三种。油镜是三者中放大倍数最大的。根据使用不同放大倍数的目镜，可使被检物体放大 1 000～2 000 多倍。除了放大倍数外，决定显微观察效果的还有分辨率和反差。反差是指样品区别于背景的程度，与显微镜的自身特点有关，也取决于进行显微观察时对显微镜的正确使用及良好的标本制作和观察技术。而分辨率（resolution or resolving power）是指能辨别两点之间最小距离的能力，即分辨的距离数值越小，代表分辨率越高。

$$分辨率（最小可分辨距离）= \frac{0.5\lambda}{n\sin\theta} = \lambda/(2NA)$$

式中：λ 为所用光源波长；θ 为最大入射角的半数，物镜镜口角的半数，它取决于物镜的直径和工作距离（图 2-1-2）；n 为玻片与物镜间介质的折射率。

显微观察时可根据物镜的特性选用不同的介质，例如空气（n=1.0）、水（n=1.33）、香柏油（n=1.52）、玻璃（n=1.515）等。如果玻片与物镜之间的介质为空气，由于空气的折射率不同，光线会受到折射发生散射现

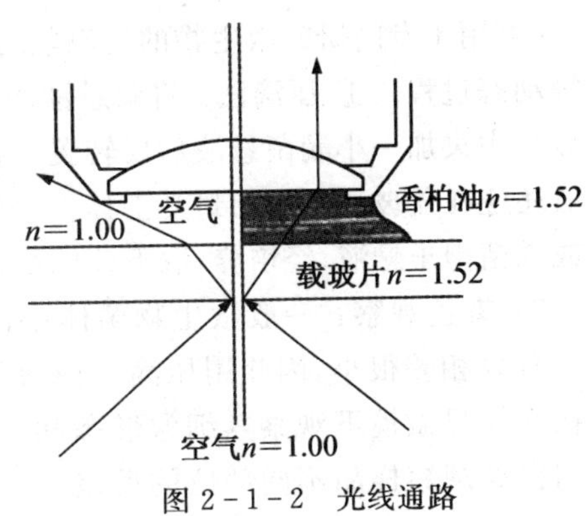

图 2-1-2　光线通路

象，不仅使进入物镜的光线减少，降低视野的照明度，而且会减少镜口角。如果使用油镜，香柏油的折射率 $n=1.52$，与玻璃相同，当光线通过载玻片后，可直接通过香柏油进入物镜而不发生折射，不仅增加视野的照明度，更重要的是通过增加数值孔径达到提高分辨率的目的，使被检物体的细微结构也愈能明晰地区别出来。

数值孔径(NA)是光线投射到物镜上的最大角度(称为镜口角)一半的正弦，乘上玻片与物镜间介质的折射率所得的积，即 $NA=n\sin\theta$。从上式可看出，缩短光波长和增大数值孔径都可提高分辨率。可见光的波长平均为0.55 μm，当使用放大率为40倍的高倍物镜(NA=0.65)时，它能辨别两点之间的距离为0.42 μm；而使用放大率为100倍的油镜(NA=1.25)时，能辨别两点之间的距离则为0.22 μm。如果光学显微镜使用最短波长的可见光(λ=450 nm)作为光源时，在油镜下可以达到其最大分辨率0.18 μm(表2-1-1)。由于肉眼的正常分辨能力一般为0.25 mm左右，光学显微镜有效的最高总放大倍数只能达到1 000～1 500倍，在此基础上进一步提高显微镜的放大能力对观察效果的改善并无帮助。

表2-1-1 不同显微镜物镜的特性比较

特性	物镜			
	搜索物镜	低倍镜	高倍镜	油镜
放大倍数	4×	10×	40～45×	90～100×
数值孔径	0.10	0.25	0.55～0.65	1.25～1.4
焦深	40 mm	16 mm	4 mm	1.8～2.0 mm
工作距离	17～20 mm	4～8 mm	0.5～0.7 mm	0.1 mm
蓝光(450 nm)达到的分辨率	2.3 μm	0.9 μm	0.35 μm	0.18 μm

2. 显微观察样品的制备

样品制备是显微技术的一个重要环节，在利用显微镜观察、研究生物样品时，除要根据所用显微镜的特点采用合适的制样方法外，还应考虑生物样品的特点，尽可能地使被观察样品的生理结构保持稳定，并通过各种手段提高其反差。光学显微镜的制样有活体直接观察和染色观察两种基本方法。

1) 活体观察：可采用压滴法、悬滴法及菌丝埋片法等在明视野、暗视野或相差显微镜下对微生物活体进行直接观察。其特点是可以避免一般染色制样时的固定作用对微生物细胞结构的破坏，并可用于专门研究微生物的运动能力、摄食特性及生长过程中的形态变化，如细胞分裂、芽孢萌发等动态过程。① 压滴法：将菌悬液滴于载玻片上，加盖玻片后进行显微镜观察。② 悬滴法：在盖玻片中央加一小滴菌悬液后反转置于特制的凹载玻片上进行显微镜观察，为防止液滴蒸发变干，一般还应在盖玻片四周加封凡士林。③ 菌丝埋片法：将无菌小块玻璃纸铺于平板表面，涂布放线菌或霉菌孢子悬液，经培养，取下玻璃纸置于载玻片上，用显微镜对菌丝的形态进行观察。

2) 染色观察：一般微生物菌体小而无色透明，在光学显微镜下，细胞体液及结构的折光率与其背景相差很小，因此用压滴法或悬滴法进行观察时，只能看到其大体形态和运动情况。若要在光学显微镜下观察其细致形态和主要结构，一般需要对其进行染色，从而借助颜色的反衬作用提高观察样品不同部位的反差。

二、实验试剂

香柏油、二甲苯、擦镜纸、吸水纸、细菌三种形态的染色标本、双球菌、四联球菌以及菌体运动示范标本。

三、实验器具

显微镜、盖玻片、凹玻片、接种环、酒精灯。

四、实验操作

1. 置显微镜于平稳的实验台上，镜座距实验台边沿约 3～5 cm。

2. 接通电源，打开主开关。

3. 先用低倍物镜去发现目标和确定检查的位置，调节照明度，使亮度适中。

4. 把检查的标本固定在载物台的标本夹中，移动推动器，使观察对象处在物镜正下方。

5. 旋转粗调节器将载物台调至最高。

6. 调节双目镜筒间距和视度差。

7. 适当调节照明度，旋转粗调节器向下调节载物台，直至物像出现。再用细调节器进行对焦至物像清楚为止，然后移动标本，认真观察标本各部位，找到合适的目的物，并将其移至视野中心。

8. 依次进行中倍、高倍镜观察。在转换物镜时，需用眼睛在侧面观察，避免镜头与玻片相撞。然后用目镜观察，并仔细调节光圈，使光线的明亮度适宜。

9. 油镜观察：在高倍镜下找到清晰的物像后，提升聚光镜，在标本中央滴一滴香柏油，使油镜镜头浸入香柏油中，从目镜内观察，进一步调节光线，使光线明亮，细调至看清物像为止。如油镜已离开油面而仍未见物像，必须再从侧面观察，将油镜降下，重复操作至物像清晰为止。

10. 另换新片，必须从第 3 步骤开始操作。

11. 观察完毕，下放载物台，先用擦镜纸擦去镜头上的油，然后再用擦镜纸沾取少量二甲苯擦去残留的油，立即用擦镜纸擦去残留的二甲苯，防止对镜头的损伤。

12. 最后将镜体全部复原。将物镜转成“八”字形，反光镜垂直于镜座，同时把聚光镜降下，以免物镜与聚光镜发生碰撞。

五、注意事项

1. 不准擅自拆卸显微镜的任何部件，以免损坏。镜面只能用擦镜纸擦，不能用手指、粗布或其他纸去擦，以保证光洁度。清洗镜头不得用力擦拭，否则会划伤、损坏镜头。用擦镜纸擦镜头时，只能向一个方向擦。

2. 观察标本时，必须依次用低、中、高倍镜，最后用油镜。当目视目镜时，特别在使用油镜时，切不可使用粗调节器，以免压碎玻片或损伤镜面。观察时，两眼睁开，养成两眼能够轮换观察的习惯，以免眼睛疲劳，并且能够在左眼观察时，右眼注视绘图。

3. 拿显微镜时，一定要右手拿镜臂，左手托镜座，不可单手拿，更不可倾斜拿。并将显微镜存放在阴凉干燥处，以免镜片滋生霉菌而腐蚀镜片。

4. 用二甲苯除去镜头上残留的香柏油，但二甲苯的用量要少，用后应立即用擦镜纸擦去残留的二甲苯，以防对镜头造成损伤。此外，二甲苯用量太多会影响身体的健康。

六、评议

1. 显微镜操作时，眼睛从侧边观察，用粗调节器将低倍物镜调至贴近载玻片的位置，然后眼观目镜，以离开载玻片的方向聚焦调节，此时调节的速度一定要非常缓慢，待出现模糊视野时，改用细调节器进行适当的调节，即可看到所要观察的样品。

2. 平行光线通过集光器透射过被检物体进入物镜，被检物体经过物镜与目镜连续两次放大，在人眼视网膜上形成倒置放大的实像。在移动玻片标本时需注意：观察到的物像与实际移动方向相反。

3. 观察细菌时要用油镜，先用低倍镜找好视野，然后在样品涂布位点加上香柏油，再转动物镜，将油镜转到视野中，然后用细调节器进行微调。

4. 寻找适当视野时，应注意观察普遍现象。如果是个别情况往往可能是污染。仔细观察，认真画出观察到的微生物形态，并做好标记与注释。

5. 所有镜头表面必须保持清洁，落在镜头表面的灰尘，可用吹风球吹去，也可用软毛刷轻轻地掸去。

6. 光学玻璃表面生霉后，光线在其表面发生散射，使成像模糊不清，严重者将使仪器报废。消除霉斑可用0.1%～0.5%的乙基含氢二氯硅烷与无水酒精配制的清洗剂清洗，潮湿天气还需掺入少量的乙醚，或用环氧丙烷、稀氨水等清洗。

7. 显微镜日常维护与保养

1）镜头表面沾有油污或指纹时，可用脱脂棉蘸少许3∶7无水乙醇和乙醚的混合液轻轻擦拭，对于塑料零件，则不能用有机溶液，可用软布蘸少量中性洗涤剂轻擦。从镜头中心向外做圆周运动。切忌将镜头浸泡在清洗剂中清洗。

2）在任何情况下操作者不能用棉团、干布块或干镜头纸擦拭镜头表面，否则会刮伤镜头表面，严重损坏镜头；也不要用水擦拭镜头，否则会在镜头表面残留水迹，导致霉菌滋生，严重损坏显微镜。

3）仪器工作的间歇，为了防止灰尘进入镜筒或透镜表面，可将目镜留在镜筒上。仪器使用完毕，必须用防尘罩盖上，并放置在干燥的工作橱内，在其附近不得存放有挥发性的化学药品，以防仪器锈蚀。

4）显微镜移动时应轻拿轻放，避免碰撞。不允许拆卸仪器，特别是物镜、目镜和中间光学系统或重要的机械部件，以免降低仪器的使用性能。如仪器发生故障，可请有关代理商处理。

七、思考题

1. 镜检标本时，为什么要先用低倍物镜观察，而不直接用高倍物镜或油镜？

2. 油镜与普通物镜在使用方法上有何不同？应注意些什么？

3. 在使用高倍镜和油镜进行调焦时，应将载物台徐徐上升还是下降？为什么？

4. 在明视野显微镜下，观察细菌形态时，你认为用染色标本好，还是用未染色的活标本好，为什么？

2-2 微生物的单染色

一、实验原理

由于微生物细胞含有大量水分(70%～90%),对光线的吸收和反射与水溶液的差别不大,与周围背景没有明显的明暗差,所以难以看清细胞的形态与结构。而经过染色就可以借助颜色的反衬作用,在光学显微镜下清晰地观察到微生物的形状和结构,并且还可以通过不同的染色反应来鉴别微生物的类型,区分死活菌体。

微生物的染色借助以下因素的作用:① 物理因素,如细胞对染料的毛细现象、渗透吸附作用,使染料进入细胞内而被溶解吸收;② 化学因素,根据细胞和染料的不同性质而发生各种化学反应,如正负离子之间的相互吸引等使细菌着色,酸性物质对碱性染料较易吸附且吸附作用稳固,同样,碱性物质对酸性染料较易吸附;③ 其他因素,如细胞膜的通透性、膜孔的大小、菌龄等都是影响细菌着色的因素。

染色剂按其所带电荷的性质分为:① 酸性染料(acid dye),如酸性复红(acid fuchsin)、刚果红(Congo red)、伊红(eosin)、藻红(erythrosin)、苯胺黑(nigrosin)等;② 碱性染料(basic dye),如碱性复红(basic fuchsin)、中性红(neutral red)、孔雀绿(malachite green)、番红(沙黄,safranine)、结晶紫(crystal violet)、美蓝(甲基蓝,methyl blue)、甲基紫(methyl violet);③ 中性(复合)染料,如 Wright 染料和 Gimsae 染料等(用于细胞核染色);④ 单纯染料,这类染料的化学亲和力低,大多是偶氮化合物,不溶于水,但溶于脂肪溶剂中,如苏丹类染料。

由于在中性、碱性或弱酸性溶液中,细菌细胞通常带负电荷,所以常用碱性染料进行染色。

细菌的染色方法通常分以下两种。① 单染色(simple stain)法:用一种染色液染菌体后,就可以观察微生物的大小、形状和细胞排列状况,但不能鉴别微生物及其特殊构造等。单染色过程如图2-2-1所示。② 复染色(counter stain)法:用两种或两种以上染色液进行染色,有协助鉴别微生物的作用,故也称鉴别染色法,常用的有革兰氏染色法、抗酸染色法、芽孢染色法等。

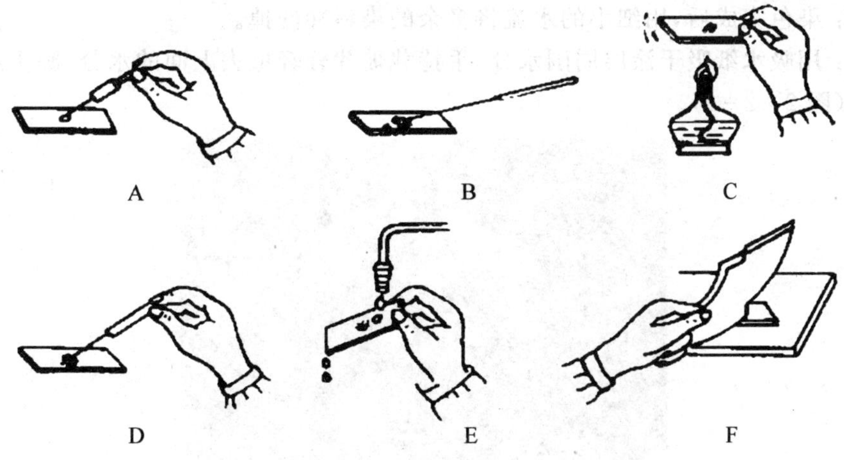

图 2-2-1 单染色过程

复染色过程：涂片→干燥→固定→染色→媒染→脱色→复染→水洗→干燥→镜检。

染色前须先对涂在载玻片上的样品进行固定，其目的一是杀死细菌并使菌体黏附于玻片上，二是增加其对染料的亲和力。常用酒精灯火焰加热和化学固定两种方法。固定时应注意尽量保持细胞原有形态，防止细胞膨胀和收缩。

二、实验试剂

1. 涂片染色用的细菌培养物：大肠杆菌（*E. coli*）24 h 斜面培养物、枯草芽孢杆菌（*B. subtilis*）12～16 h 斜面培养物或金黄色葡萄球菌（*S. aureus*）。

2. 示范片：苏云金芽孢杆菌（*B. thuringiensis*）的芽孢；胶质芽孢杆菌（*B. mucillaginosus*）的荚膜；枯草芽孢杆菌（*B. subtilis*）的鞭毛。染色剂：美蓝、番红、结晶紫。

三、实验器具

载玻片、接种环、镊子、酒精灯、各种染色液、火柴、无菌牙签、记号笔、蒸馏水、显微镜、香柏油、擦镜纸、吸水纸、二甲苯等。

四、实验操作

1. 取出一片浸于酒精中的干净载玻片，在酒精灯火焰上过一下后，立即离开酒精灯火焰，让其酒精燃完自然熄灭。

2. 涂片：在载玻片上滴加一小滴蒸馏水。用接种环挑取少量培养物，置载玻片的水滴中，与水混合成悬液，并涂布成直径 1 cm 的薄层。

3. 干燥：涂片最好在室温下让其自然干燥。若要干得快些，可手持载玻片一端的两侧，小心地在酒精灯火焰上方微微加热，使水分蒸发。

4. 固定：在酒精灯火焰外层尽快来回通过 3～4 次，并不时以载玻片背面加热触及皮肤，以不觉烫为宜（不超过 60 ℃）。

5. 染色：在固定后的涂层滴加染色液覆盖涂膜，如美蓝、番红等，染色 1 min。

6. 水洗：染色完成后，用细小的水流将多余的染料冲洗掉。

7. 干燥：用吸水纸吸干涂层周围水分，手持载玻片轻轻甩去上面的水分，晾干或微热烘干。

8. 镜检（图 2－2－2）。

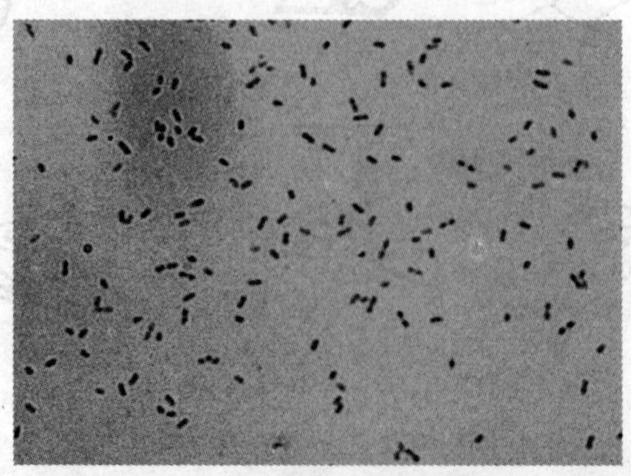

图 2－2－2 番红染色的菌体

五、注意事项

1. 载玻片要洁净无油迹，滴生理盐水和取菌不宜过多，涂片时量应少而薄，并且要涂抹均匀，但不要反复涂布，防止菌体变形。

2. 固定时应注意防止温度过高，以玻片背面不烫手为宜，否则会改变甚至破坏细胞形态。也可以用手持载玻片进行操作，这样可以感知温度。

3. 用水冲洗时，不要直接冲在样品涂布面上，而应使水从载玻片的一端流下，且水流要缓慢，不宜过急、过大，以免涂片薄膜脱落。冲洗要干净。

4. 加染色液只要覆盖住样品涂布的位置，不要加得太多，否则会污染桌子、手等。

5. 干燥时，可以轻轻甩掉水分，然后用吸水纸擦拭样品周围的水分，再在酒精灯火焰上过几遍，让水分蒸发。

六、评议

1. 染色的第一步是制作涂片。涂片时，先取1小滴生理盐水于玻片上，用接种针挑取菌落，在盐水中涂布。涂片时必须注意应轻轻操作，猛烈的动作会改变菌体细胞原有的排列形式，或造成细菌鞭毛脱落，影响结果的准确性。

2. 固定过程可杀死微生物、凝固细胞质和其他细胞结构，以固定细胞形态，增加细菌细胞对染料的通透性，还可使菌体涂层牢固粘在载玻片上，不被流水冲洗脱落。

3. 染色过程中，为了促使染料与菌体的结合，可在染料中加入酚、明矾，或者在染色过程中加碘液，可起到媒染的作用，也有用加热法促进着色。

4. 涂片必须完全干燥后才能用油镜观察。

七、思考题

1. 染色制片的关键是什么？尤其应该注意哪些环节？

2. 单染色法中各步骤的注意事项是什么？

3. 为什么要求涂片完全干燥后才能用油镜观察？

4. 如果涂片未经热固定，将会出现什么问题？如果加热温度过高、时间太长，又会怎样？

2-3 革兰氏染色

一、实验原理

革兰氏染色法是由丹麦医生 C. Gram 于1884年发明的，是细菌学中最重要的鉴别染色法。其根据细菌细胞壁的构成不同，通过一些化学染色试剂的染色、脱色、复染等过程对细菌细胞壁加以区别，即先用初染剂结晶紫进行染色，再用碘液媒染，然后用乙醇（或丙酮）脱色，最后用复染剂（如番红）复染。经此方法染色后，细胞保留初染剂蓝紫色的细菌为革兰氏阳性菌；如果细胞中初染剂被脱色剂洗脱而使细菌染上复染剂的颜色（红色），该菌属于革兰氏阴性菌。

细胞固定 → 初染 → 媒染 → 脱色 → 复染 → 紫色 G^+ / 红色 G^-

（结晶紫） （碘液） （95%乙醇） （番红或沙黄）

革兰氏染色法将细菌分为革兰氏阳性菌和革兰氏阴性菌，这是由这两类细菌细胞壁的结构和组成不同决定的。实际上，当用结晶紫初染后，像单染色法一样，所有细菌都被染成初染剂的蓝紫色。碘作为媒染剂，它能与结晶紫结合形成深紫色的不溶于水的结晶紫-碘的大分子复合物，从而增强了染料与细菌的结合力。当用脱色剂处理时，两类细菌的脱色效果是不同的，革兰氏阳性菌细胞壁较厚，尤其是肽聚糖含量较高，网格交联结构紧密，再加上含脂量又低，当用乙醇脱色时，细胞壁脱水使肽聚糖层的网状结构孔径缩小，透性降低，从而使结晶紫-碘的复合物不易被洗脱而保留在细胞内，经脱色和复染后仍保留初染剂的深紫色；反之，革兰氏阴性菌因其细胞壁薄，肽聚糖含量又低，且交联松散，当用乙醇处理后，肽聚糖网孔不易收缩，再加上它的类脂含量高，当用乙醇把类脂溶解后，细胞壁透性加大，这样结晶紫-碘的复合物就被抽提出来，用复染剂复染后，细胞被染上复染剂的红色。

二、实验试剂

1. 结晶紫溶液

A液：结晶紫 2 g、95%乙醇 20 mL；

B液：草酸铵 0.8 g、蒸馏水 80 mL。需在用前 24 h 将 A 液、B 液混合，过滤后装入试剂瓶内备用。

2. 碘液：碘 1 g、碘化钾 2 g、蒸馏水 300 mL，即碘与碘化钾混合并研磨，加入几毫升水，使其逐渐溶解，然后研磨，继续加入少量蒸馏水至完全溶解，最后补足水量。也可用少量蒸馏水，先将碘化钾完全溶解，再加入碘片，待完全溶解后，加水至 300 mL。

3. 脱色液：95%乙醇。

4. 复染液

A. 贮存液：沙黄 2.5 g、95%乙醇 100 mL；

B. 应用液：A 液 10 mL、蒸馏水 90 mL。

三、实验器具

载玻片、接种环、镊子、酒精灯、各种染色液、记号笔、蒸馏水、显微镜、香柏油、擦镜纸、吸水纸、二甲苯等。

四、实验操作

1. 取一洁净载玻片，在中央加一小滴无菌水，用接种环按无菌要求取菌至水滴中，均匀涂布成薄层后，自然晾干。

2. 将涂片在灯焰上缓慢通过 2～3 次进行固定。

3. 初染：在涂面上滴加草酸铵结晶紫染液，染 1 min，倾去染液，流水冲洗至无紫色。

4. 媒染：先用新配的碘液冲去残水，而后用其覆盖涂面 1 min，水洗。

5. 脱色：除去残水后，滴加 95%乙醇进行约 30 s 脱色，立即用流水冲洗。

6. 复染：滴加番红染色液，染 1 min，水洗后用吸水纸吸干。

7. 镜检：观察染色结果并绘图。阳性反应的细菌被染成紫色，阴性反应的细菌被染成红色（见彩图 2-3-1）。

五、注意事项

1. 要使用处于活跃生长期的培养物作革兰氏染色，涂片要均匀，不宜过厚，以免脱色不完全造成假阳性；在实验中应同时放入阳性以及阴性对照菌株一起进行革兰氏染色。

2. 乙醇脱色是革兰氏染色操作的关键环节，要认真掌握好脱色的时间，一般约 30 s，避免脱色不足或脱色过度。

六、评议

1. 观察细菌形态一般应在其生长活跃阶段，这时菌体呈现特定的形态、生长正常而整齐。如进入衰亡期，菌体形态会发生多变。

2. 革兰氏染色时阳性对照菌可采用金黄色葡萄球菌（*S. aureus*），阴性对照菌可采用大肠杆菌（*E. coli*），利用阳性菌与阴性菌同时进行操作，可以进行正确的判断。

3. 一般用乙醇、丙酮与酸类作为脱色剂，脱色剂可以显示细菌与染料结合的牢固程度，应适当掌握脱色时间以获得良好的效果。

4. 复染液一般与初染液的颜色不同，以形成鲜明对比，复染可使脱色的细菌重新着色。

七、思考题

1. 为什么要用培养 24 h 内的菌体进行革兰氏染色？用老龄细菌染色会出现什么问题？
2. 要得到正确的革兰氏染色结果需注意哪些操作？最关键的环节是什么？为什么？
3. 革兰氏染色涂片过厚会出现什么结果？
4. 革兰氏染色乙醇脱色后复染之前，革兰氏阳性菌和革兰氏阴性菌应分别是什么颜色？

2-4 鞭毛染色与运动观察

一、实验原理

运动性微生物细胞表面着生有一根或数根由细胞内伸出的细长、波曲、毛发状的丝状体结构，即为鞭毛（flagellum）。鞭毛从质膜和细胞壁伸出，长度往往超过菌体的若干倍。细菌鞭毛很细，直径为 10～20 nm，如果不做特殊处理，一般光学显微镜下是难以看见的，所以必须借助于特殊的染色方法，使其鞭毛上沉积染剂或银盐加粗后才能看到。由于染料也可以在载玻片上沉积，如果载玻片上沉积染料太多，就会影响鞭毛染色（flagella staining）效果。为此，所用载玻片一定要用特殊方法严格洗涤，并掌握好染料处理时间，若处理时间太短，鞭毛上没有足够的沉积物导致看不清楚；若处理时间太长，玻片上沉积物太多，也看不清楚。此外，菌龄也十分重要，培养时间不足，或培养时间太长都不易染色成功。

鞭毛染色时可以直接从平板上挑选菌落，或从斜面上刮菌苔涂片，但必须注意动作尽量轻，以免鞭毛从菌体上脱落,并且菌落应是生长在营养较好的琼脂平板(如血平板、营养琼脂)上的过夜培养物。不可采用有抑制剂的选择性培养基,如中国蓝、麦康凯、SS琼脂等。观察鞭毛时,应耐心寻找整个涂片上的菌体细胞,因为并不是涂片上每个细菌细胞上的鞭毛特性及数量都一样,应以鞭毛数量最多的菌细胞为准(图2-4-1)。

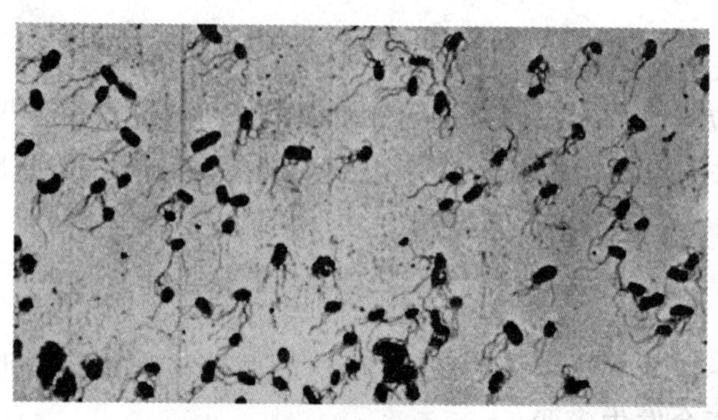

图2-4-1　鞭毛染色后的镜检

鞭毛染色用于观察菌体上有无鞭毛、鞭毛在菌体上的位置以及鞭毛的数量,在细菌鉴定中,特别是非发酵菌的鉴定中很重要。鞭毛染色的方法很多,大致可分为两类,第一类是碱性品红染色法——赖夫生(Leifson)染色法;第二类是银盐沉积法(银染法),一般银盐沉积法效果比较好。

此外,可采用暗视野显微镜观察水浸片,或用悬滴法(hanging drop method)和半固体琼脂穿刺培养(stab culture),根据运动性以及平板培养基菌落形状判断菌体有无鞭毛,如从穿刺线上细菌群体的生长状态以及有无扩散现象可以判断该菌的运动能力。

二、实验试剂

1. 枯草芽孢杆菌(*B. subtilis*)的鞭毛。

2. 银盐沉积法试剂

甲液:称取单宁酸(鞣酸)5 g、$FeCl_3$ 1.5 g,溶于100 mL蒸馏水中,待溶解后加入1% NaOH溶液1 mL和15%甲醛溶液2 mL。配后应当日使用,若第二天使用则出现鞭毛色浅。第三天一般不能再用。

乙液:称取硝酸银2 g,溶于100 mL蒸馏水中。

取出乙液10 mL备用,然后向剩下的90 mL乙液中滴加浓氨水溶液,至出现很浓厚的沉淀后,继续滴加氨水使溶液变为澄清,然后用其余10 mL乙液小心滴加至澄清液中,至出现轻微雾状为止(此为关键性操作,应特别小心),但轻摇后又消失。继续滴入硝酸银直到摇动后仍呈轻微而稳定的薄雾状即可。一周内如雾重,是银盐沉淀,则不宜使用。滴加氨水和用剩余乙液回滴时,要边滴边充分摇荡,染液当天配,当天使用,2~3 d后基本无效。

3. 碱性品红染色法——赖夫生(Leifson)染色法:

A液:NaCl 1.5 g、蒸馏水100 mL。

B液:单宁酸(鞣酸)3 g、蒸馏水100 mL。

C液:碱性复红1.2 g、95%乙醇200 mL。

临用前将A、B、C三液等量混合。分别保存的染液可在冰箱中保存几个月,室温保存几个星期仍可有效，但混合染液应立即使用。

4. 改良 Ryu 法试剂

A 液：5%石炭酸 10 mL、鞣酸 2 g、饱和硫酸铝钾液 10 mL。

B 液：结晶紫酒精饱和溶液。

应用液：A 液 10 份，B 液 1 份，混合，室温存放。

三、实验器具

载玻片、接种环、镊子、酒精灯、记号笔、显微镜、香柏油、擦镜纸、吸水纸、二甲苯等。

四、实验操作

（一）银盐沉积法染色

1. 供染色用的菌种，用前每隔 1～2 d 转移一次，连续转移几次进行活化，增强细菌的活性。在已活化并在 16～28 ℃恒温箱中培养 16～18 h 的菌斜面上加 3～5 mL 先在恒温箱中经预热的无菌水，静置 10～20 min，使细菌游出配成稀薄的菌悬液，注意静置的时间不能太长，因为时间长了鞭毛可能脱落。染色固定前可在镜下观察其游动性。

2. 要求用新的载玻片，用前须在 95%酒精中浸泡 24 h 以上。用时从酒精中取出，在酒精灯上燃一下，然后离开火焰，让其自然熄灭。

3. 用接种环取配好的菌悬液 2～3 环于洁净的载玻片上，立即将载玻片直立，使菌液流下展开，在载玻片上遗留并形成菌悬液膜，在空气中自然干燥固定，勿用火焰固定。

4. 在风干的载玻片上滴加甲液，3～6 min 后用蒸馏水轻轻冲洗干净，再加乙液，缓缓加热至冒汽，维持约半分钟（加热时注意勿使出现干燥面）。在菌体多的部位可呈深褐色到黑色，停止加热，用水轻轻冲洗干净，空气中自然干燥后镜检，菌体及鞭毛为深褐色到黑色。注意鞭毛数目及着生方式。

（二）碱性品红染色法——赖夫生（Leifson）染色法

1. 同银盐沉积法染色的步骤 1～2。

2. 在洁净载玻片上用尖蜡笔划 4 个 1.3 cm×2.0 cm 的长方形小格，将载玻片斜放，用移液器在每小格顶端加一滴菌悬液，流下的菌悬液用纸吸去。

3. 干燥后，在第一个小格加 5 滴染剂，经过 5 s，10 s，15 s 后，分别在第二、三、四格中加 5 滴染剂，仔细观察染剂中有很细的沉淀物（铁锈色云雾状物）产生。

4. 当第一、第二小格已产生沉淀时，立即用水洗去染剂，室温下使载玻片干燥，然后直接在油镜下镜检。

（三）改良 Ryu 法

1. 要求用新的载玻片，用前须在 95%酒精中浸泡 24 h 以上。用时从酒精中取出，在酒精灯上燃一下，然后离开火焰，让其自然熄灭。

2. 在载玻片上滴蒸馏水 2 滴，用接种环挑取菌落少许，将细菌点在载玻片上的蒸馏水滴的顶部。一般只需点一下，仅允许极少量细菌进入水滴，不可搅动，以免鞭毛脱落。

3. 载玻片置室温自然干燥，滴加改良 Ryu 法试剂于载玻片上，染色约 10～15 min。

4. 用自来水轻轻冲洗干净，应避免使染液表面的金属光泽液膜滞留在载玻片上，影响镜检。

5. 载玻片自然干燥后,镜检时应从涂片的边缘开始,逐渐移向中心。寻找细菌较少的视野,鞭毛容易观察,细菌密集的地方,鞭毛被菌体挡住,不易观察。

(四) 悬滴法观察细菌运动性

1. 菌种应在新鲜的培养基上连续传接3～5代。

2. 取洁净盖玻片,在四周涂少许凡士林。

3. 在盖玻片中央滴一小滴菌液。

4. 将凹玻片的凹窝向下,使凹窝中心对准盖玻片中央的菌液,轻轻地盖在盖玻片上,使凹玻片与盖玻片粘在一起(注意液滴不得与凹玻片接触)(图2-4-2)。

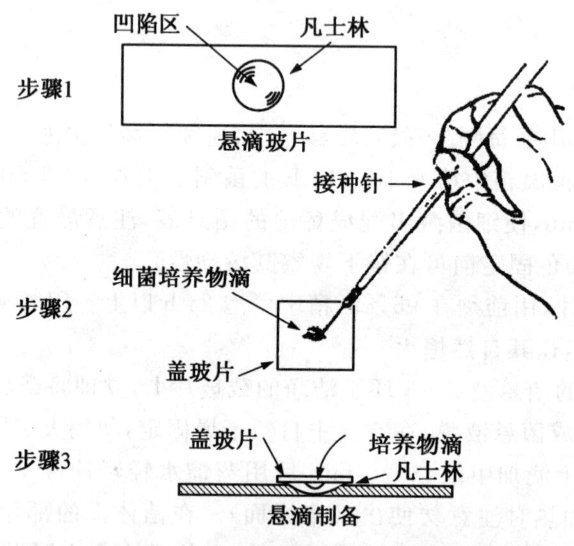

图2-4-2　悬滴法观察细菌运动性

5. 小心将玻片翻转过来,使菌液正好悬在窝的中央,再用火柴棒轻压盖玻片四周使封闭,以防菌液干燥。

6. 镜检:将光线适当调暗,先用低倍镜找到悬滴的边缘,再将菌液移至视野中央,换用高倍镜观察细菌的形态及运动。

(五) 半固体琼脂穿刺

1. 液体培养基中加入0.3%～0.7%琼脂。

2. 直线穿刺接种菌株,37 ℃培养1～2周。

3. 每天观察结果:生长物若由穿刺线向四周云雾状扩散,其边缘呈云雾状,则有运动性(见彩图2-4-3)。

五、注意事项

1. 鞭毛染色的细菌需新鲜的培养物,且其培养基表面要湿润,斜面界面含有冷凝水。切不可用选择培养基培养!

2. 有鞭毛的细菌在幼龄时具有较强的运动性,衰老的细菌其鞭毛容易脱落,应选用对数生长期的幼龄菌观察运动性和做鞭毛染色。

3. 鞭毛染色过程中要用蒸馏水,不要用生理盐水,蒸馏水不要加太多,否则干燥时间较长

(尤其是低温环境),且一定要自然干燥。整个过程动作要温柔,冲洗时切不可直接对准染色部位,要小水流冲玻片一端。取菌量要少,否则细菌重叠在一起,不易观察鞭毛;要从菌落边缘取菌,观察时要从染色斑边缘开始,逐渐向里。细菌多数集中在边缘。

4. 涂片的制作不可用接种环转动涂抹,应将细菌轻轻加在玻片上,防止鞭毛脱落。

5. 观察细菌的运动,载玻片要求高度洁净,无油腻(要求碱洗,酒精泡),否则会影响细菌的运动。有些细菌,温度太低时也不能运动。

六、评议

1. 鞭毛菌液的制备及涂片:① 传代:菌种应预先连续传代5～6代。② 接种:先在斜面底部加入0.5～1 mL无菌水,取活化的枯草杆菌1～2环菌苔,接种于无菌水中,30 ℃培养15～18 h。③ 制备菌液:挑取斜面底部近水面处菌苔数环,移入1 mL与菌种同温的无菌水中,在28 ℃温箱中保温10 min。④ 鞭毛涂片:先用悬滴法观察其运动性,若运动性很强,即可涂片。

2. 半固体培养基状态介于固液之间,用于观察细菌的动力和生化反应。一般对细菌进行穿刺培养,即将灭菌穿刺针沾取细菌后,垂直刺入半固体培养基中央直达近管底处,在原穿刺线抽出,培养一定时间后,观察菌体生长情况,若无动力则菌体只沿着穿刺线生长,形成细而整齐的菌条,还能看出那根线。具有运动能力的菌体就会沿着穿刺线扩散,形成的菌条粗且边缘不整齐。

3. 镜下观察时,活菌往往在不断运动,但有些运动是细菌本身的运动,而有些是由于水分子运动而引起的布朗运动。细菌运动如鱼在水里游泳,各有一定的前进方向,且可以改变运动方向,并且细菌细胞间有明显位移;布朗运动则只是由于液体流动而引起的细菌在原来位置上稍有变化的摇摆颤动。

七、思考题

1. 如何区别视野中的微生物是处于布朗运动、随水流动还是自主运动?

2. 鞭毛染色时为什么须用培养12～18 h的菌体?为什么要连续多次地进行传代?并且要采用幼龄菌种?

2-5　荚膜染色

一、实验原理

荚膜(capsule)是细菌在新陈代谢过程中形成的、分泌于细胞壁外的黏液状物质,一般具有外缘,主要成分是多糖,有的也含有多肽、蛋白质、脂类以及它们所组成的复合物。大多数细菌荚膜是一种聚合物,以多糖为骨架,多肽填充其间。如炭疽芽孢杆菌(*B. anthracis*)的荚膜为多聚-D-谷氨酸。由于荚膜的折光率低,与染料的亲和性差,不易着色,但其通透性较好,某些染料可以通过荚膜使菌体着色,所以常用碳素墨水等进行负染色(negative staining,Welch法)使背景着色而菌体不着色而将它们衬托出来,即用有色的背景来衬托无色的荚膜;或采用特殊的荚膜染色(硫酸铜法),可在光学显微镜下清楚地观察到荚膜。

产荚膜细菌因为具有黏液物质，在固体培养基上形成表面湿润、有光泽、黏液状的光滑型菌落(smooth，S型)，而无荚膜细菌形成表面干燥的粗糙型菌落(rough，R型)。

二、实验试剂

1. 胶质芽孢杆菌(*B. mucillaginosus*)的荚膜。

2. 蜡样芽孢菌(*B. cereus*)约2 d营养琼脂斜面培养物，球形芽孢杆菌(*B. sphaericus*)1～2 d营养琼脂斜面培养物。

3. 1%结晶紫染色液：结晶紫乙醇饱和液5mL加水95mL。

4. 20%硫酸铜；2%刚果红水溶液；0.01%～0.1%明胶水溶液；1%盐酸溶液。

5. 吕氏美蓝：2%乙醇美蓝饱和液30 mL，0.01% KOH水溶液100 mL。

三、实验器具

载玻片、接种环、镊子、酒精灯、木夹子、试管架、无菌牙签、记号笔、显微镜、香柏油、擦镜纸、吸水纸、二甲苯等。

四、实验操作

(一) 黑氏(Hiss)荚膜染色法

1. 取斜面培养72 h左右的胶质芽孢杆菌涂片，自然干燥，自然固定。

2. 染色：在已自然晾干的涂面上，滴加1%结晶紫染色液染色2 min，以20%硫酸铜冲洗数次，再用自来水冲洗1次，晾干。

3. 镜检：在低倍镜下寻找有荚膜的菌体细胞。找到后，转换油镜观察，并绘图(菌体紫色，荚膜为淡紫色或无色)。

(二) 墨汁负染色法

1. 墨汁染色：用接种环取一环菌液，放在洁净载玻片上。

2. 在相距2～3 mm处放已稀释2～3倍的绘图用墨汁一接种环。

3. 覆盖盖玻片后镜检。

4. 结果：背景呈灰色，菌体较暗，在菌体周围呈现透亮的透明圈。

(三) 刚果红负染色法

1. 将刚果红水溶液和明胶水溶液各一滴滴于干净载玻片上。

2. 用接种环蘸取细菌培养液或悬浮液在载玻片上，与上述两滴溶液混匀，自然干燥。

3. 滴加1% HCl溶液冲洗，使涂片呈蓝色。

4. 用蒸馏水漂洗，除去HCl。

5. 用美蓝复染1 min，水洗，自然干燥后镜检。

6. 镜检：菌体蓝色，荚膜不着色，背景蓝紫色；由于干燥菌体收缩，菌体四周也可能有一圈狭窄的不着色环，但这不是荚膜。荚膜不着色的部分宽。

五、注意事项

1. 荚膜薄，含水量在90%以上，易变形，在制片过程中不能用加热方法固定，以免荚膜皱缩变形。

2. 在片子上做记号以示正反面，墨汁负染色法中加盖玻片时不要有气泡，否则会影响观察。

六、评议

常规工作可以用墨汁或墨水代替，但应注意颗粒不能太粗，否则影响观察结果。有人用5%黑色素(nigrosin)水溶液做染料，效果较好，可见背景成黑褐色，菌体无色。

七、思考题

1. 荚膜为什么要用负染色法?

2. 荚膜染色过程中应注意什么?

2－6 芽孢染色

一、实验原理

芽孢又叫内生孢子(endospore)，是某些细菌生长到一定阶段在菌体内形成的休眠体，具有致密的多层次外壁，壁厚，含水量极低，抗逆性强，结构复杂，在光学显微镜下表现为折光性很强的小体，通常呈圆形或椭圆形。细菌能否形成芽孢以及芽孢的形状、大小、芽孢在芽孢囊内的位置、芽孢是否膨大等特征是细菌分类、鉴定中重要的指标。

由于芽孢含水量少而脂肪含量较高，芽孢壁较厚、对染料的透性差、不易着色，但一旦着色后又难以脱色，所以当用石炭酸复红、结晶紫等进行单染色时，菌体和芽孢囊着色，而芽孢囊的芽孢不着色或仅见很淡的颜色，游离的芽孢呈淡红或淡蓝紫色的圆或椭圆形的圈。为了使芽孢着色便于观察，也可使用特殊的芽孢染色法——Schaeffer-Fulton染色法，即用弱碱性染料孔雀绿蒸汽加热进行染色(Malachite green heating stain)，可以看到芽孢被染成绿色。芽孢染色法的基本原理是：用着色力强的染色剂孔雀绿或石炭酸复红，在加热条件下染色，使染料不仅进入菌体也进入芽孢内，进入菌体的染料经水洗后被脱色，而芽孢一经着色难以被水洗脱，当用对比度大的复染剂如番红染色后，芽孢仍保留初染剂的颜色，而菌体和芽孢囊被染成复染剂的颜色，使芽孢和菌体更易于区分。

二、实验试剂

1. 苏云金芽孢杆菌(*B. thuringiensis*)的芽孢。

2. 5%孔雀绿水溶液，0.5%番红水溶液，

3. 石炭酸复红染色液

A液：碱性复红0.3 g，95%乙醇10 mL；

B液：石炭酸(苯酚)5 g，蒸馏水95 mL。

先将染料溶解于乙醇，将苯酚溶于水，A、B两液混合即可。

三、实验器具

接种环、酒精灯、小试管、载玻片、显微镜。

四、实验操作

(一) Schaeffer-Fulton 染色法——孔雀绿芽孢染色法

1. 按常规方法将待检细菌(老龄菌,或营养琼脂上诱导芽孢产生的菌)制成涂片。

2. 待涂片晾干后在酒精灯火焰上通过 2～3 次加热固定。

3. 加 5%孔雀绿水溶液于涂片处(染料以铺满涂片为度),然后将涂片放在铜板上,用酒精灯火焰加热至染液冒蒸汽时开始计算时间,约维持 5～10 min。加热过程中要随时添加染色液,切勿让标本干涸或沸腾(加热时温度不能太高)。

4. 待载玻片冷却后,用水轻轻地冲洗,直至流出的水中无染色液为止。

5. 用番红液复染色 5 min,水洗、晾干。

6. 镜检：芽孢呈绿色,菌体为红色。

(二) 改良的 Schaeffer-Fulton 染色法

1. 制备菌悬液：取一支洁净的小试管,加 2～3 滴水于小试管中,用接种环挑取 1～2 环菌苔于试管中,搅拌均匀,制成浓的菌悬液。所用菌种应掌握菌龄,以大部分细菌已形成芽孢囊为宜;取菌不宜太少。

2. 染色：在菌悬液中加孔雀绿溶液 2～3 滴,使其与菌液混合均匀,然后将试管置于沸水浴烧杯中,加热染色 15～20 min。

3. 涂片固定：用接种环挑取试管底部菌液数环于洁净载玻片上,涂成薄膜,然后将涂片通过火焰 3 次,温热固定。

4. 脱色：用自来水冲洗,直至流出的水无绿色为止。

5. 复染：用番红染液染色 2～3 min,水洗,自然晾干。

6. 镜检：芽孢呈绿色,芽孢囊及营养体呈红色(见彩图 2-6-1)。

(三) 弱碱性染料—碱性复红(basic fuchsin)染色法

1. 取两支洁净的小试管,分别加入 0.2 mL 无菌水,往小试管中加入 1～2 接种环的菌苔,充分混合成浓厚的菌悬液。

2. 在菌悬液中分别加入 0.2 mL 苯酚复红溶液,充分混合后,于沸水浴中加热 3～5 min。

3. 用接种环分别取上述混合液 2～3 环于两片载玻片上,涂片,风干。

4. 将载玻片稍倾斜于烧杯上,用 95%乙醇冲洗至无红色液流出。

5. 再用自来水冲洗,滤纸吸干。

6. 取 1～2 接种环黑色素溶液于涂片处,立即展开涂薄,自然干燥。

7. 在油镜下观察,在淡紫灰色背景衬托下,菌体为白色,菌体内的芽孢为红色。

五、注意事项

1. 用孔雀绿水溶液加热染色时,小心勿使其干涸。

2. 观察细菌芽孢应采用其生长后期的菌体。

六、评议

1. 改良的 Schaeffer-Fulton 染色法与 Schaeffer-Fulton 染色法的区别在于孔雀绿染色过程在试管中进行。Schaeffer-Fulton 染色法是滴加 3～5 滴孔雀绿染液于已固定的涂片上，用木夹夹住载玻片在火焰上加热，使染液冒蒸汽但勿沸腾，切忌使染液蒸干，必要时可添加少许染液。加热时间从染液冒蒸汽时开始计算约 4～5 min。

2. 碱性品红(basic fuchsin)在加热条件下进行染色时，此染料不仅可以进入菌体，而且也可以进入芽孢，进入菌体的染料可经水洗脱色，而进入芽孢的染料则难以透出，再用衬托溶液(如黑色素溶液)处理，则菌体和芽孢易于区分。

七、思考题

芽孢染色为什么要加热或延长染色时间？

2-7 细菌的异染颗粒

一、实验原理

异染颗粒(metachromatic granules)又称迂回体，是以无机偏磷酸盐聚合物为主要成分的贮备物，异染颗粒嗜碱性或嗜中性较强，用美蓝或甲苯胺蓝等染色后不呈蓝色而呈紫红色，故称异染颗粒。如美蓝染色可使白喉杆菌的异染粒染成鲜红色，位于菌体两端，可作为白喉棒杆菌(*Corynebacterium diphtheriae*)的鉴定标志。异染颗粒发现于迂回螺(*Spirillum volutans*)，在白喉棒杆菌(*C. diphtheriae*)和结核分枝杆菌(*Mycobacterium tuberculosis*)中极易见到。异染颗粒一般在富含磷的环境下形成，功能是贮藏磷元素和能量，并可降低细胞的渗透压。

用于白喉棒状杆菌染色，异染颗粒可明显地被显示出来。标本直接涂片或细菌涂片均可用改良阿伯特(Albert)法和奈瑟(Neisser)法染色来观察异染颗粒。

二、实验试剂

1. 阿伯特(Albert)法异染颗粒试剂

A 液：甲苯胺蓝 0.15 g、孔雀绿 0.2 g、冰醋酸 1 mL、95%乙醇 2 mL、蒸馏水 100 mL，将各染料先溶于乙醇，然后加入水与冰醋酸的混合液中，充分混匀。静置 24 h 后过滤备用。

B 液：碘 2 g、碘化钾 3 g、蒸馏水 300 mL，先将碘化钾加少许蒸馏水(约 2 mL)，充分振摇，待完全溶解，再加入碘，使完全溶解后，加蒸馏水至 300mL。

2. 奈瑟(Neisser)法异染颗粒试剂

A 液：亚甲蓝 100 mg 溶于 2 mL 无水乙醇中，加入 5%冰醋酸 98 mL，充分混合，过滤。

B 液：俾斯麦褐 1 g 溶于 10 mL 无水乙醇后，加水至 100 mL，充分混匀。

三、实验器具

载玻片、酒精灯、接种环。

四、实验操作

(一) 阿伯特(Albert)法

1. 涂片经火焰固定,加A液,染3～5 min,水洗。
2. 滴加B液,染1 min,水洗。
3. 晾干后镜检,菌体呈绿色,异染颗粒呈蓝黑色。

(二) 奈瑟(Neisser)法

1. 细菌涂片上加A液,染色30～60 s,水洗。
2. 滴加B液,染色30～60 s,水洗。
3. 晾干后镜检,菌体呈淡黄褐色,异染颗粒呈深蓝色。

五、思考题

什么是异染颗粒?

2-8 细菌类脂粒 PHB

一、实验原理

类脂粒聚-β-羟基丁酸颗粒(poly-β-hydroxybutyric acid,PHB)为一些细菌所特有的脂类物质,它是D-3-羟基丁酸的直链聚合物。在细胞内的羟基丁酸呈酸性,而当其聚合为大分子时就成为中性脂肪酸,这样就能维持细胞内的中性环境,从而避免内源性酸性的抑制或自毁。聚-β-羟基丁酸是一种碳源和能源的贮藏物。用革兰氏染色时,这类物质不着色,但易被脂溶性染料如苏丹黑(Sudan black)着色,在光学显微镜下可见。PHB于1929年被发现,至今已发现60属以上的细菌能合成并贮藏。当巨大芽孢杆菌(*B. megaterium*)在含有乙酸或丁酸的培养基中生长时,细胞内的PHB可达其干重的60%。近年来从一些细菌中发现有多种与PHB相似(PHB上的甲基被其他基团所取代)的化合物,统称为聚羟链烷酸(polyhydroxyalkanoate,PHA)。由于PHB和PHA无毒、可塑、易降解,故被认为是生产医用塑料(器皿和外科用的手术针及缝线)、生物降解塑料(塑料袋)的良好材料。

二、实验试剂

1. 0.3%苏丹黑:0.3 g苏丹黑B、100 mL 70%的乙醇,混合后用力振荡,放置过夜备用。
2. 脱色剂:二甲苯。
3. 复染液:0.5%番红水溶液。
4. 1%(v/v)尼罗蓝A;8%醋酸。

三、实验器具

载玻片、酒精灯、接种环。

四、实验操作

(一) 方法一

1. 按常规制成涂片。
2. 用0.3%苏丹黑染10 min。
3. 用水洗去染剂,将水吸干。
4. 用二甲苯冲洗涂片至无色素洗脱。
5. 用0.5%番红水溶液复染1～2 min。
6. 水洗,吸干。
7. 镜检：类脂粒染成蓝黑色,菌体其他部分红色。

(二) 方法二

1. 按常规制成涂片。
2. 用1%(v/v)尼罗蓝A(Nile blue A)溶液在55 ℃染色10 min。
3. 用水洗去染剂。
4. 8%醋酸染色1 min。
5. 水洗、干燥、荧光显微镜镜检(436 nm)。
6. 结果：菌体橙色。

五、参考文献

Anthony G, Ostle, JG Holt. Nile Blue A as a fluorescent stain for poly-β-hydroxybutyrate. AEM, 1982, 44(1): 238-241.

2-9 放线菌的观察

一、实验原理

放线菌(actinomycetes)是一类呈丝状生长,以孢子繁殖,陆生性很强的革兰氏阳性的原核生物,其介于细菌与丝状真菌之间,又接近细菌。按放线菌菌丝的形态和功能可分为：① 基内菌丝(营养菌丝,vegetative hypha),伸入培养基内,向内四处伸展并形成色淡、较细的菌丝。② 气生菌丝(aerial hypha,二级菌丝)：是基内菌丝体发育到一定时期,长出培养基外并伸向空间的菌丝,它叠生于营养菌丝上,以至可覆盖整个菌落表面,其直径比基内菌丝粗(直径约为1～1.4 μm),且菌丝颜色较深。③ 孢子丝：当菌丝成熟时,气生菌丝分化成孢子丝,并通过横割分裂的方式产生成串的分生孢子(conidia)。孢子丝在气生菌丝上排列方式有交替生长、丛生或轮生的差别。孢子丝形态多样,有直形、波曲、螺旋形等。螺旋状的孢子丝的螺旋转数、松紧和转向都较稳定,是菌种的特征,螺旋数目一般为5～10转,旋转方向多为逆时针(左旋)的。孢子丝形成的孢子其形态、大小、结构都是有特征的,由于孢子含有不同色素,成熟的孢子堆也表现出特定的颜色,而且在一定条件下比较稳定,也是放线菌种鉴定的重要依据。

为了观察放线菌的形态特征,人们设计了各种培养和观察方法,常用方法有;① 插片法：将放线菌接种在琼脂平板上，插上灭菌盖玻片后培养，使放线菌菌丝沿着培养基表面与盖玻片的交接处生长而附着在盖玻片上。观察时，轻轻取出盖玻片，置于载玻片上直接镜检。这种方法可观察到放线菌自然生长状态下的特征，而且便于观察不同生长期的形态(图2-9-1)。② 搭片法：用无菌打孔器在凝固后的平板培养基上打洞数个，将菌接种至洞内边缘，在接种后的洞面上放一无菌盖玻片，轻轻取出盖玻片观察。③ 玻璃纸法：玻璃纸是一种透明的半透膜，将灭菌的玻璃纸覆盖在琼脂平板表面，然后将放线菌接种于玻璃纸上，经培养，放线菌在玻璃纸上生长形成菌苔。观察时，揭下玻璃纸，固定在载玻片上直接镜检。这种方法既能保持放线菌的自然生长状态，也便于观察不同生长期的形态特征。④ 印片法：将要观察的放线菌的菌落或菌苔，先印在载玻片上，经染色后观察。这种方法主要用于观察孢子丝的形态、孢子的排列及其形状等，方法虽简便，但形态特征可能有所改变。

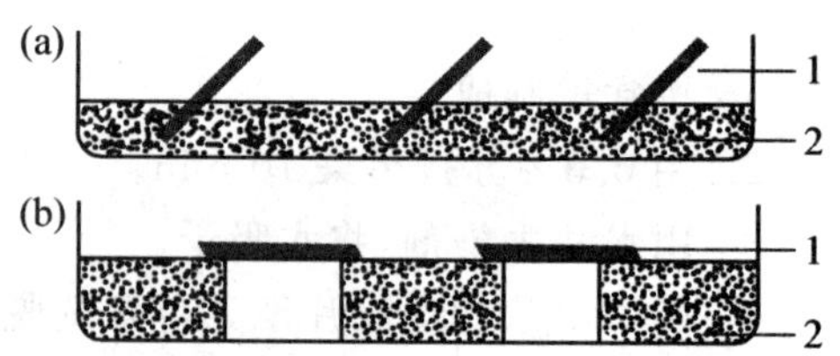

图2-9-1 插片法(a)与搭片法(b)
1. 盖玻片；2. 培养基

注意辨认放线菌的营养菌丝、气生菌丝、孢子丝以及孢子的形态。在显微镜下直接观察时，气生菌丝在上层，基内菌丝在下层，气丝色暗，基丝较透明。在油镜下观察，放线菌的孢子有球形、椭圆形、杆状或柱状。能否产生菌丝体及由菌丝分化产生的各种形态特征是放线菌分类的重要依据。

二、实验试剂

1. 细黄链霉菌(*Streptomycs micuoflavus*，又称5406)的培养平皿。
2. 棘孢小单孢菌(*Micromonospora echinospora*)的玻璃纸培养平皿。
3. 高氏1号琼脂培养基：可溶性淀粉2 g，KNO_3 0.1 g，K_2HPO_4 0.05 g，NaCl 0.05 g，$MgSO_4$ 0.05 g，$FeSO_4$ 0.001 g，琼脂1.5～2 g，蒸馏水定容至100 mL。
4. 0.1%美蓝染色液、石炭酸复红染色液。

三、实验器具

盖玻片、载玻片、镊子、接种环、显微镜、涂布器、玻璃纸、打孔器。

四、实验操作

(一) 高氏一号培养基的配置

1. 取2/3左右的水，加热至水沸，称取可溶性淀粉置于另一小杯中，加入少量冷水，将淀粉调至糊状，然后倒入沸水中，继续加热，使淀粉完全熔化。
2. 分别将其他成分逐一加入水中。
3. 用1 mol/L NaOH调节pH至7.4，加水定容。
4. 加琼脂，边搅拌边加热，使其融化。
5. 分装、加塞、包扎，灭菌。

(二) 插片法培养和观察放线菌

1. 用冷却至约50 ℃的高氏1号琼脂培养基倒平板(每皿约20 mL)。
2. 接菌：先接种后插片，冷凝后用接种环挑取少量斜面上的5406菌孢子，用平板培养基的一半面积作来回划线接种(接种量可适当加大);或先插片后接种,用平板培养基的另一半面积进行。

3. 插片及培养:用无菌镊子取无菌盖玻片,在已接种平板上以45°角斜插入培养基内,插入深度约占盖玻片1/2长度(图2-9-1a)。同时,在另一半未经接种的部位以同样方式插入数块盖玻片,然后接种少量5406菌孢子至盖玻片一侧的基部,且仅接种于其中央位置约占盖玻片长度的一半,以免菌丝蔓延至盖玻片的另一侧。

4. 将插片平板倒置于28 ℃,培养3～7 d。

5. 用镊子小心取出用插片法培养的5406菌培养皿中的一张盖玻片,将其背面附着的菌丝体擦净。

6. 将长有菌的一面向上放在洁净的载玻片上,用低倍镜、高倍镜观察。

7. 找出3类菌丝及其分生孢子,并绘图。注意放线菌的基内菌丝、气生菌丝的粗细和色泽差异。链霉菌的孢子丝如图2-9-2所示。

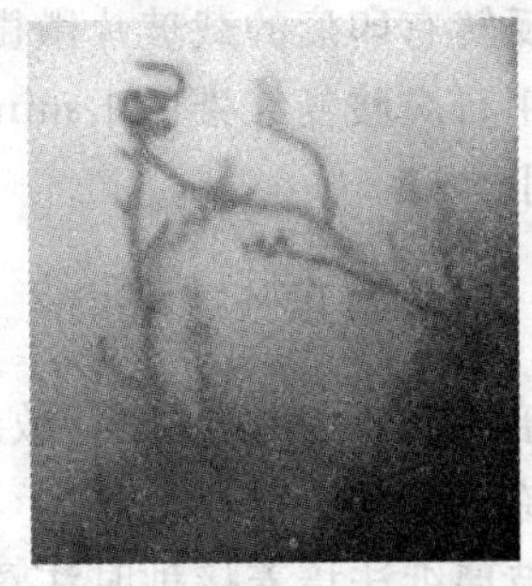

图2-9-2　链霉菌的孢子丝

8. 或采用水封片观察

1) 取一滴美蓝染色液置于载玻片中央。

2) 将用搭片法培养棘孢小单孢菌培养皿中的盖玻片取出,并将有菌面朝下,放在载玻片上,浸在染色液中,制成水封片。

3) 用高倍镜观察其单个分生孢子及其基内菌丝,并绘图。

(三) 搭片法培养放线菌

1. 开槽及接种:用无菌打孔器在凝固后的平板培养基上打洞数个,并将棘孢小单孢菌孢子划线接种至洞内边缘。

2. 搭片:在接种后的洞面上放一无菌盖玻片(图2-9-1b)。

3. 培养:平板倒置于28 ℃,培养3～7 d。

4. 具体观察自然生长状态的放线菌见实验操作(二)步骤6-8。

(四) 玻璃纸法培养和观察5406菌和棘孢小单孢菌

1. 玻璃纸灭菌:将玻璃纸剪成比培养皿直径略小的片状,将滤纸剪成培养皿大小的圆形纸片并稍润湿,并借滤纸将玻璃纸隔开放在培养皿中,灭菌后备用。

2. 制平板及铺玻璃纸:取高氏1号培养基平板,用无菌镊子将灭菌的玻璃纸平铺至平板培养基表面,铺玻璃纸时可用无菌涂棒将玻璃纸与培养基之间的气泡除去。

3. 涂布菌液:取0.1 mL孢子悬液涂布在铺有玻璃纸的平板培养基表面。

4. 培养:接种平板倒置于28 ℃,培养5～7 d。

5. 直接玻璃纸观察：

1）于载玻片上放一小滴蒸馏水，将含菌玻璃纸片小心剪下一小块，移至载玻片上，并使有菌面向上。避免玻璃纸与载玻片间产生气泡，以免影响观察。

2）将制片置于显微镜下观察，先用低倍镜观察菌的立体生长状况，再用高倍镜仔细观察。注意区分5406菌的基内菌丝、气生菌丝和弯曲状或螺旋状的孢子丝。观察棘孢小单孢菌时注意把视野调暗，其基内菌丝纤细发亮，其单个分生孢子发暗，直接生长在基内菌丝长出的小梗上。绘图。

6. 或采用印片染色法观察：

1）用镊子取洁净载玻片并微微加热。

2）将这微热载玻片盖在长有5406菌或棘孢小单孢菌的平皿上，轻轻压一下，注意将载玻片垂直放下和取出，以防载玻片水平移动而破坏放线菌的自然形态。

3）反转有印痕的载玻片微微加热固定。

4）用石炭酸复红染色1 min，水洗，晾干。用油镜观察，绘图。注意比较两种菌的形态特征有何不同。

五、注意事项

1. 培养放线菌时要注意，放线菌的生长速度较慢，培养期较长，在操作中应特别注意无菌操作，严防杂菌污染。

2. 玻璃纸法培养接种时注意玻璃纸与平板琼脂培养基间不宜有气泡，以免影响其表面放线菌的生长。

六、评议

放线菌的菌丝有基内菌丝（营养菌丝）、气生菌丝和孢子丝。基内菌丝匍匐生长于培养基内，向内四处伸展并形成色淡、较细的菌丝。气生菌丝的直径比基内菌丝粗，且菌丝颜色较深。孢子丝形态多样。注意区别各类菌丝的粗细、色泽差异以及孢子丝的卷曲状况。

七、思考题

1. 在高倍镜或油镜下如何区分放线菌的基内菌丝和气生菌丝？

2. 用插片法和搭片法如何制备放线菌样本，其主要优点是什么？可否用此法观察其他微生物，为什么？

3. 如何区别放线菌和细菌的菌落？

2-10 霉菌的观察

一、实验原理

霉菌(mould)是丝状真菌(fungus)，个体大且结构复杂，其细胞的直径为3～10 μm，用低倍镜和高倍镜就可以清楚看到霉菌的形态结构。根据真菌的形态结构，菌丝有两类：① 无隔菌丝

(nonseptate hypha)：如根霉(*Rhizopus*)、毛霉(*Mucor*)和水霉(*Saprolegnia*)等。② 有隔菌丝(septate hypha)：如青霉(*Pencillium*)、曲霉(*Aspergillus*)、白地霉(*Geotrichum candidum*)和镰刀霉(*Fusarium*)等。根据菌丝的分布和功能，将伸入培养基内吸收养料的部分称为营养菌丝(vegetative hypha)；而伸展到空气中的菌丝称为气生菌丝(aerial hypha)，气生菌丝发育到一定阶段分化成繁殖菌丝。在一定的条件下，菌丝还可以分化成特殊的结构或组织。如有的营养菌丝可以产生假根(rhizoid)，专性寄生菌丝可特化成吸器(haustorium)进入寄主细胞吸收养料。其繁殖丝形成的孢子、着生部位和排列状况以及是否形成有性孢子等是鉴别霉菌的重要依据。

酵母菌和细菌制片时，用水作菌悬液。但是水对于大多数霉菌是不适用的。水分蒸发很快，菌丝常因渗透作用而膨胀，细胞会发生变形；水分还易使菌丝、孢子和气泡混合成团，难以观察。所以，霉菌菌丝制片时常采用乳酚液(乳酸-苯酚液，lacto-phenol)作为介质。

二、实验试剂

1. 马铃薯葡萄糖培养基(PDA)：去皮马铃薯 20 g，蔗糖 2 g，水 100 mL，琼脂 1.5～2 g，pH 自然。

2. YEPD 培养基：酵母粉 1%，蛋白胨 2%，葡萄糖 2%，1.5%琼脂粉。

3. 产黄青霉(*Penicfillium chrysogenum*)、黑曲霉(*Aspergillus niger*)、黑根霉(*Rhizopus nigrians*)、总状毛霉(*Mucor racemosus*)等斜面菌种。

4. 乳酸石炭酸棉蓝染色液(用于真菌固定和染色)：石炭酸(结晶酚)20g，乳酸 20mL，甘油 40mL，棉蓝 0.05 g，蒸馏水 20 mL。将棉蓝溶于蒸馏水中，再加入其他成分，微加热使其溶解，冷却后备用。

三、实验器具

透明胶带、剪刀、培养皿、载玻片、口形玻棒搁架、盖玻片、圆形滤纸片、细口滴管、镊子、显微镜、接种环、电炉。

四、实验操作

(一) 马铃薯蔗糖培养基的配制

1. 取去皮马铃薯 40 g，切成小块，加水 200 mL，置于电炉上加热煮沸 10 min。用 4～6 层纱布过滤，滤液加水补足至 200 mL。

2. 加蔗糖 4 g，琼脂 4 g，边加热边搅拌，直至琼脂完全熔化。

3. 分装、加塞、包扎、灭菌。

(二) 霉菌的载玻片湿室培养与镜检观察

1. 准备湿室：在培养皿底铺一张圆形滤纸片，其上放一“门”形载玻片搁架，在搁梁上放一块载玻片和两块盖玻片，盖上皿盖，外用纸包扎。

2. 经 121 ℃湿热灭菌 30 min 后，置 60 ℃烘箱中烘干，备用。

3. 接种：用接种环挑取少量待观察的霉菌孢子至湿室内的载玻片上，每张载玻片可接同一菌种的孢子两处。接种时只要将带菌的接种环在载玻片上轻轻碰几下即可(务必记住接种的位置)。

4. 加培养基：用无菌细口滴管吸取少量约 60 ℃融化的培养基，滴加到载玻片的接种处，培养基应滴得圆而薄，直径约为 0.5 cm（滴加量一般以 1/2 小滴为宜）。

5. 加盖玻片：在培养基未彻底凝固前，用无菌镊子将皿内盖玻片盖在琼脂块薄层上，用镊子轻压，使盖玻片和载玻片间的距离相当接近，但不能压扁，否则不透气。

6. 倒保湿剂：每皿倒大约 3 mL 20%无菌甘油，使皿内的滤纸完全润湿，以保持皿内湿度，皿盖上注明菌名、组别和接种日期。

7. 将制成的载玻片湿室置 28 ℃恒温培养 3～5 d。

8. 湿室培养霉菌镜检载玻片：从培养 16～20 h 开始，通过连续观察，可了解孢子的萌发，菌丝体的生长分化和子实体的形成过程。将湿室内的载玻片取出，直接置于低倍镜和高倍镜下观察曲霉、青霉、毛霉、根霉等霉菌的形态，重点观察菌丝是否分隔，曲霉和青霉的分生孢子形成特点，曲霉的足细胞，根霉和毛霉的孢子囊和孢囊孢子，绘图。

9. 粘片观察：取 1 滴棉蓝染色液置于载玻片中央，取一段透明胶带，打开霉菌平板培养物，粘取菌体，粘面朝下，放在染液上。镜检。

10. 假根观察：将培养根霉的平皿打开，取出皿盖内的载玻片样本，在附着菌丝体的一面盖上盖玻片，置显微镜下观察。只要用低倍镜就能观察到假根及从根节上分化出的孢囊梗、孢子囊、孢囊孢子和两个假根间的匍匐菌丝，观察时注意调节焦距以看清各种构造。

11. 制成永久装片：把观察到霉菌形态较清晰、完整的片子，制成标本作长期保存。制备方法是，轻轻揭去盖玻片，如果载玻片上有琼脂，仔细挑去，然后滴加少量乳酸苯酚固定液，盖上清洁盖玻片，在盖玻片四周滴加树胶封固。

（三）黑根霉假根的培养与观察

1. 将融化的 PDA 培养基，冷却至 50 ℃倒入无菌平皿，其量约为平皿高度的 1/2。

2. 冷凝后，用接种环沾取黑根霉孢子，在平板表面划线接种。

3. 将平皿倒置于 28 ℃培养 3～5 d 后，可见黑根霉的气生菌丝倒挂成胡须状，有许多菌丝与载玻片接触，并在载玻片上分化出假根（rhizine）和匍匐菌丝等结构。

4. 取黑根霉 5 d 平板培养物，用附有黑根霉生长物的平板培养皿的皿盖，在低倍镜下观察霉菌的假根、匍匐菌丝、孢囊梗及孢子囊等。

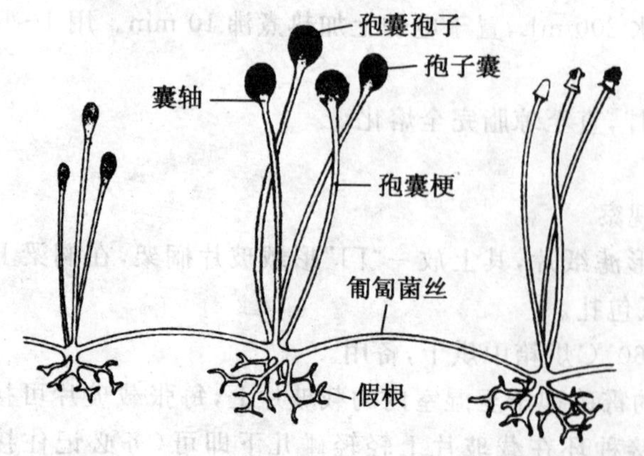

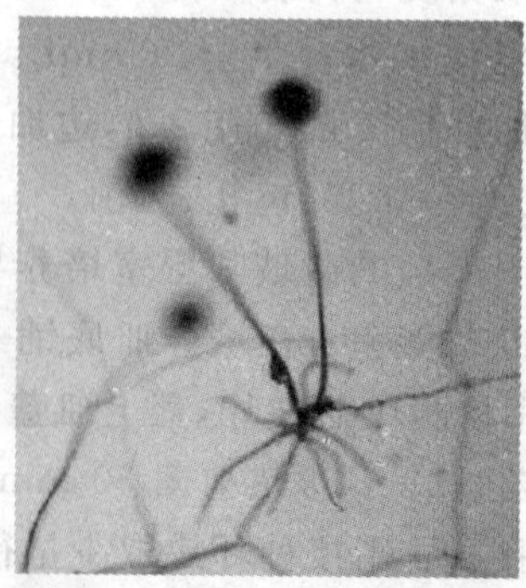

图 2-10-1　霉菌的假根、匍匐菌丝、孢囊梗及孢子囊

(四) 制水浸制片观察青霉与黄曲霉的菌丝与分生孢子

1. 在载玻片上滴加一滴乳酸石炭酸棉蓝染色液,用解剖针从生长有霉菌的平板中挑取少量带有孢子的霉菌菌丝。

2. 用50%的乙醇浸润,再用蒸馏水将浸过的菌丝洗一下。

3. 然后放入载玻片上的液滴中,仔细地用解剖针将菌丝分散开来。

4. 盖上盖玻片(勿使产生气泡,且不要再移动盖玻片),先用低倍镜,必要时转换高倍镜镜检并记录观察结果。

5. 观察青霉的菌丝有无分隔、分生孢子梗、小梗以及分生孢子的排列方式(图 2-10-2)。

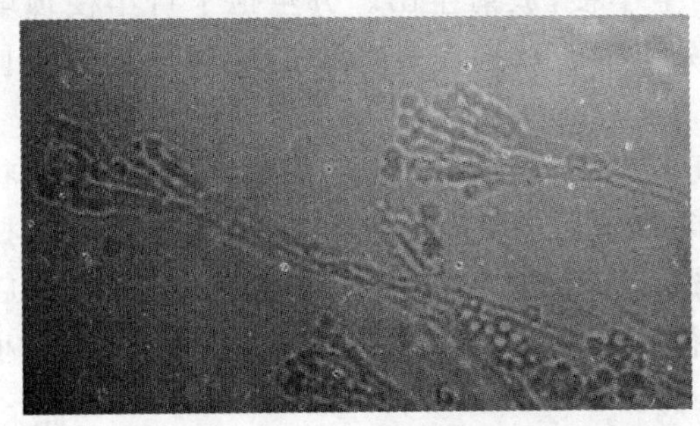
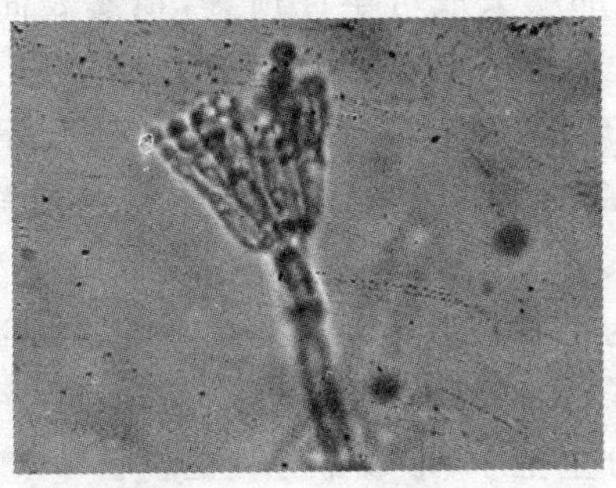

图 2-10-2 青霉菌(*Penicillium*)

6. 观察黄曲霉的顶囊、分生孢子梗、小梗以及分生孢子的排列方式(图 2-10-3)。

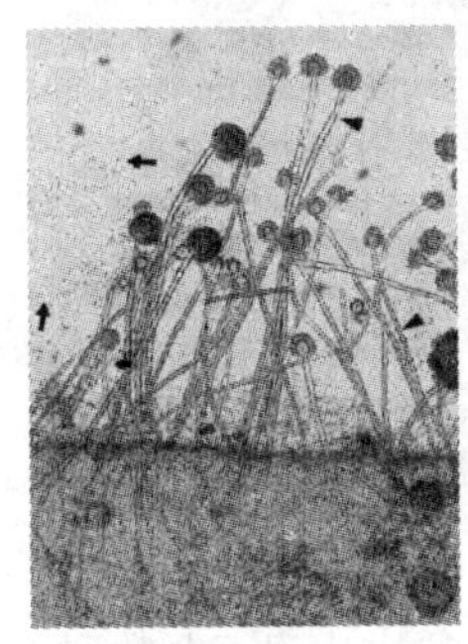
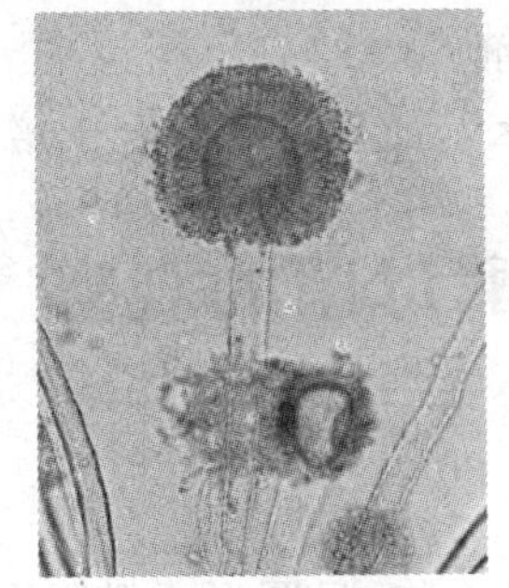
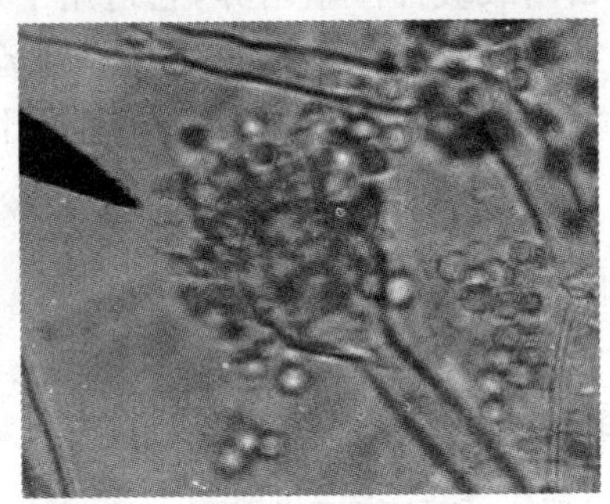

图 2-10-3 黄霉菌(*Aspergillus flavus*)

五、注意事项

1. 载玻片湿室培养时,盖玻片不能紧贴载玻片,要彼此有极小缝隙,一是为了通气,二是使各部分结构平行排列,易于观察。

2. 霉菌菌丝较粗大,细胞易收缩变形,且孢子容易飞散,所以制标本时常用乳酸石炭酸棉蓝染色液。此染色液制成的霉菌标本片的特点是:细胞不变形,具有杀菌防腐作用,且不易干燥,能保持较长时间,溶液本身呈蓝色,有一定染色效果。

六、评议

1. 根霉由营养菌丝体产生匍匐菌丝向四周蔓延,并由匍匐菌丝生出假根接触培养基,与假根相对方向上生长出孢囊梗，在其顶端形成孢子囊，内生孢囊孢子。根霉的菌丝内部无横隔，只有在匍匐菌丝上形成厚垣孢子时才发生横隔。孢子囊成熟后破裂，在孢子囊的囊轴明显呈球形或近似球形。囊轴基部与柄相连形成囊托。

2. 毛霉的菌丝体大多数为单细胞，在基物上或基物内能广泛蔓延，无假根和匍匐菌丝。孢囊梗直接由菌丝体生出，一般单生，分枝或较少不分枝的。分枝顶端都产生孢子囊，孢子囊呈球形、椭圆形。大多数种类孢子囊成熟后，其壁易消失或破裂，但留有残迹，囊内部有囊轴。

3. 曲霉的营养菌丝体由具横隔的分枝菌丝构成，无色或有明亮的颜色。分生孢子梗是从特化了的厚壁、膨大的菌丝细胞（足细胞）生出，并略垂直于足细胞的长轴。分生孢子梗大多无横隔，常在顶部膨大成可孕性顶囊，顶囊表面产生小梗，放射生出。分生孢子自小梗顶端相继形成，最后成为不分枝的链。由顶囊、小梗以及分生孢子链构成分生孢子头，具有各种不同的颜色和形状，如球形、放射形、棍棒形或直柱形等。

4. 青霉的营养菌丝体呈无色、淡色或鲜明的颜色，具横隔，气生菌丝密毡状、松絮状或部分结成菌丝索。分生孢子梗由埋伏型或气生型菌丝生出，稍垂直于该菌丝，其先端生有扫帚状的分枝轮称为帚状枝。帚状枝是由单轮或二次到多次分枝系统构成，对称或不对称，最后一级分枝产生孢子的细胞称为小梗。着生小梗的细胞称为梗基，支持梗基的细胞称为副枝。小梗用断离法产生分生孢子，形成不分枝的链。

七、思考题

1. 什么叫载玻片湿室培养，它适用于观察怎样的微生物，有何优点？
2. 湿室培养时为何用 20%甘油作保湿剂？
3. 本实验中观察假根的设计原理是什么？此设计还适合于培养哪类菌？

2－11 酵母菌的观察

一、实验原理

酵母菌（yeast）是不运动的单细胞真核微生物，呈圆形或椭圆形，多边出芽，少数种可形成假菌丝（pseudomycelium），其大小通常比常见细菌大几倍甚至十几倍。代表种是酿酒酵母（*S. cerevisiae*），生活史主要分三个主要阶段：① 子囊孢子在合适条件下发芽成为单倍体（haploid）细胞，具有 a 和 α 两种性别不同的交配型。② 两个性别不同的营养细胞经其细胞壁上特定的凝聚因子诱导，进行交配接合，在质配后立即发生核配形成二倍体（diploid）营养细胞。③ a/α 二倍体细胞在营养缺乏等特定的条件下（培养在醋酸钠培养基、石膏块上）形成子囊（ascus），产生四分子的子囊孢子（ascospore）。

微生物在生长过程中，可合成脂肪、淀粉、肝糖（糖原）等颗粒，储藏于细胞内。如酵母在糖类较多的培养基上生长时，细胞内可贮存较多的肝糖颗粒。当环境中营养物质缺乏时，这些颗粒可作碳源、能源利用。而肝糖颗粒遇碘呈现红色。脂肪粒可被苏丹黑氧化成蓝黑色。

美蓝是一种无毒性的染料，它的氧化型呈蓝色，还原型呈无色。用美蓝对酵母的活细胞进行染色时，由于细胞的新陈代谢作用，细胞内具有较强的还原能力，能使美蓝由蓝色的氧化型变为无色的还原型。因此，具有还原能力的酵母活细胞是无色的，而死细胞或代谢作用微弱的衰老细胞则呈蓝色或淡蓝色，借此即可对酵母菌的死细胞和活细胞进行鉴别。

二、实验试剂

1. 酿酒酵母(*S. cerevisiae*)、热带假丝酵母(*Candida tropicalis*)斜面菌种。

2. YEPD培养基：1%酵母粉，2%蛋白胨，2%葡萄糖，2%琼脂。

3. 麦氏(McClary)培养基(醋酸钠培养基)：葡萄糖 0.1 g、酵母粉 0.25 g、醋酸钠 0.82 g、KCl 0.18 g、琼脂 1.5 g、蒸馏水 100 mL。115 ℃灭菌 15 min。

4. 0.05%美蓝染色液(以 pH 6.0 的 0.02 mol/L 磷酸缓冲液配制)、0.04%中性红染色液、5%孔雀绿、0.5%番红、95%乙醇、苏丹黑-B染液、碘液。

三、实验器具

显微镜、载玻片、盖玻片、擦镜纸、接种环、“V”形玻璃棒、放置一个三角形玻璃棒支架的培养皿。

四、实验操作

(一) 酵母菌活体染色观察(水浸片法)

1. 从斜面上挑数环酿酒酵母放在装有 1～2 mL 无菌水的试管中，制成轻度混浊的菌悬液。

2. 取 0.05%美蓝染色液 1 滴置于干净的载玻片中央，用接种环取酵母菌悬液与染色液混匀。

3. 染色 2～3 min 后，用镊子夹一干净盖玻片，先使其一边接触菌液，然后轻轻地放下盖玻片，将水滴压开(注意防止产生气泡)(图 2-11-1)。

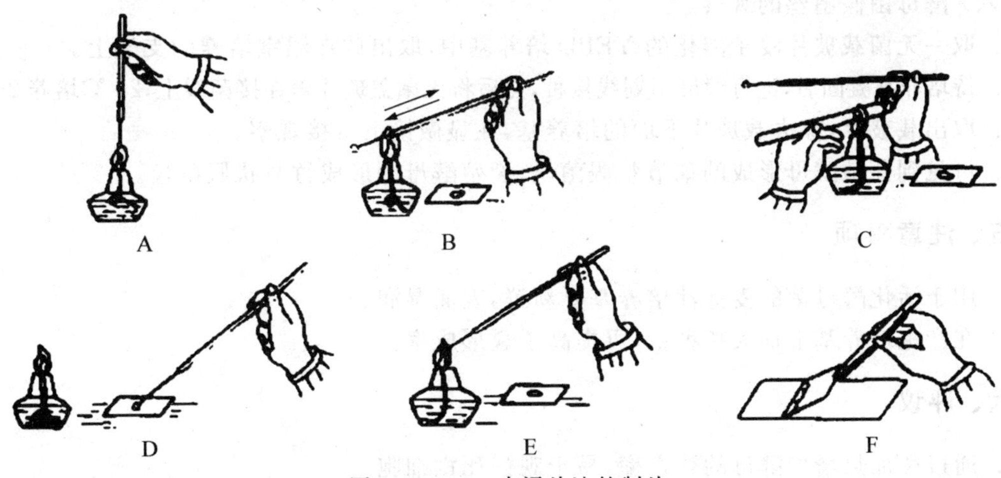

图 2-11-1 水浸片法的制片

4. 将光线适当调暗，用低倍镜确定位置。再换中倍镜、高倍镜观察酵母菌个体形态。

5. 区分其母细胞与芽体，区分死细胞(蓝色)与活细胞(不着色)。

（二）酵母菌液泡的观察

1. 于洁净载玻片中央加1滴中性红染色液，取少许上述酵母菌悬液与之混合。

2. 染色5 min后加盖玻片在显微镜下观察，细胞无色，液泡呈红色。

（三）酵母菌细胞中肝糖颗粒的观察

1. 将1滴碘液置于载玻片中央，接入酵母菌悬液，混匀，盖上盖玻片。

2. 用显微镜观察，细胞内的贮藏物质肝糖颗粒呈深红色，酵母菌体呈淡黄色（见彩图2-11-2）。

（四）酵母菌细胞中脂肪粒的观察

1. 涂片、固定。

2. 加苏丹黑-B染液染色5 min，水洗，干燥。

3. 用二甲苯洗脱至透明，干燥。

4. 0.5%番红再染30 s，水洗，干燥。

5. 镜检：酵母细胞质呈粉红色，脂肪粒呈蓝黑色。

（五）酵母菌子囊孢子的观察

1. 活化酿酒酵母：将酿酒酵母接种至新鲜的麦芽汁培养基上，置28 ℃培养2～3 d，然后再移植2～3次。

2. 将活化的酿酒酵母转接至醋酸钠产孢培养基上，置30 ℃恒温培养14 d。

3. 观察：挑取少许产孢菌苔于载玻片的水滴上，涂片，热固定。

4. 加数滴孔雀绿，染色1 min后水洗，加95%乙醇30 s，水洗，最后用0.5%番红复染30 s，用水洗去染色液。

5. 最后用吸水纸吸干，制片干燥。

6. 镜检：子囊孢子呈绿色，子囊为粉红色。注意观察子囊孢子的数目、形状和子囊的形成率（见彩图2-11-3）。

（六）酵母菌假菌丝的观察

1. 取一无菌载玻片浸于溶化的YEPD培养基中，取出放在温室培养的支架上。

2. 待培养基凝固后，进行酵母菌划线接种，然后将无菌盖玻片盖在接菌线上，28 ℃培养2～3 d。

3. 取出载玻片，擦去载玻片下面的培养基，在显微镜下直接观察。

4. 可见到芽殖酵母形成的藕节状假菌丝，裂殖酵母则形成竹节状假菌丝。

五、注意事项

1. 用于活化酵母菌的麦芽汁培养基要新鲜，表面湿润。

2. 在产孢培养基上加大接种量，可提高子囊形成率。

六、评议

1. 通过微加热增加酵母的死亡率，易于观察死亡细胞。

2. 自然状态下的酵母菌观察：取1滴美蓝染色液于载玻片中央，春夏秋季取酱油或腌菜上的白膜，冬季取腌酸菜汤上的白膜，将其置于载玻片染色液中，盖上盖玻片，显微镜下仔细观察酵母菌形态、出芽生殖、假菌丝等。

七、思考题

1. 如何区别酵母菌的死细胞和活细胞？
2. 酵母细胞和细菌细胞在大小、细胞结构上有何区别？
3. 酵母菌的假菌丝是怎样形成的，与霉菌的真菌丝有何区别？
4. 如何区别营养细胞和释放出的子囊孢子？

2－12　噬菌斑及效价

一、实验原理

噬菌体是比细菌更小的微生物，它不能独立地在培养基上生长，必须依靠活菌繁殖。

噬菌体在自然界中分布很广，凡是有寄主的地方，都可以发现相应的噬菌体。如在生活污水中可以分离出人体肠道细菌的噬菌体；在土壤中可以分离出许多土壤微生物的噬菌体；在被噬菌体污染的发酵液中，可以分离出该发酵菌株的噬菌体。噬菌体的分离是根据其对寄主细菌的高度专一性从而利用敏感菌株，其琼脂平板上出现肉眼可见的噬菌斑(图 2－12－1)来进行的。

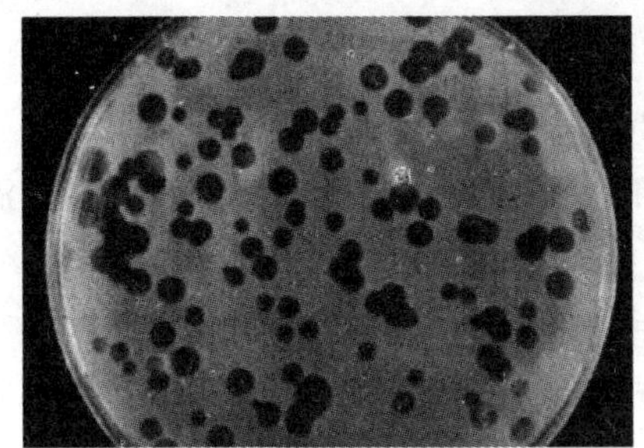

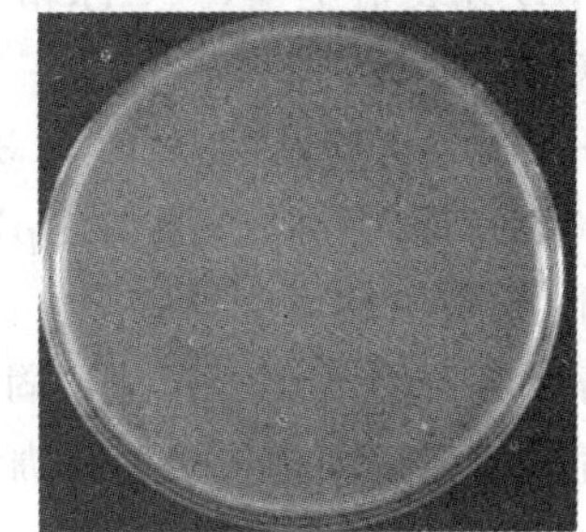

图 2－12－1　噬菌斑

分离噬菌体的方法有两种：双层法与单层法。① 双层法的底层是固体培养基，上层为 0.7%琼脂，其中混以噬菌体和敏感菌；② 单层法是利用 1%琼脂肉汤培养基，其中混以噬菌体和敏感菌。最常用的是双层平板法，其基本操作是在培养皿中先倒入底层培养基，凝固后，表面上再倒一层含敏感的宿主细菌和噬菌体的上层半固体培养基。表层凝固后经过夜培养后，宿主菌就在上层半固体培养基中生长，使其表面长出一层菌苔。每一个噬菌体又在这菌苔上生长，形成噬菌体克隆，结果大量的细菌被裂解，在菌苔表面形成一个个透明的区域，即噬菌斑(plaque)。如果稀释适当，每个噬菌体在菌层中形成一个噬菌斑，可用作噬菌体的记数，即根据噬菌斑数算出每毫升培养液中含有的噬菌体数量。双层平板法可以进行噬菌体的分离、纯化、记数、增殖和寄主范围测定等。

噬菌体效价：每毫升试样中所含的侵染性的噬菌体粒子数，也即噬菌斑形成单位数，通常以 U/mL 表示。

二、实验试剂

1. LB液体培养基;LB固体培养基。
2. 肉汤液体培养基：牛肉膏5 g,蛋白胨10 g,NaCl 5 g,蒸馏水1 000 mL,pH 7.0～7.2。
3. 肉汤固体琼脂：肉汤液体培养基中加入2%的琼脂。
4. 半固体琼脂：LB培养基,0.7%的琼脂,用蒸馏水配制。
5. 大肠杆菌菌种斜面;10%麦芽糖;10 mmol/L $MgSO_4$溶液。

三、实验器具

培养皿、三角瓶、移液管(1 mL、5 mL、10 mL)、离心机、离心管、恒温水浴。

四、实验操作

(一) 宿主菌的准备

1. 20 mL LB培养基中添加200 μL 10%麦芽糖。
2. 接种相应的宿主大肠杆菌细胞,37 ℃培养一个晚上。
3. 4 000 r/min离心10 min,倒去上清液。
4. 用7 mL 10 mmol/L $MgSO_4$悬浮菌体。
5. 100 μL分装宿主菌,4 ℃冰箱中保存。

(二) 噬菌斑平板的制备

1. 制备LB培养基平板,将平板37 ℃保温2 h以上。

2. 取100 μL宿主细胞,添加6 μL稀释10^3的基因文库(1×10^6 pfu),37 ℃保温20 min,促使噬菌体吸附到宿主菌上。

3. 在培养皿中倒入15 mL LB固体培养基作为下层平板。

4. 将宿主菌与噬菌体混合液添加到6 mL熔化的(50 ℃中保温)上层软胶中,迅速混匀后,铺到预先准备的LB培养基平板上。

5. 室温静止20～30 min。

6. 将平板移至37 ℃培养箱中倒置培养一个晚上。

7. 观察噬菌斑在平板上的分布情况,进行记数与计算。

计算方法：效价(U/mL=二皿平均斑数×稀释倍数×取样品折算数)。

五、注意事项

1. 每个培养皿中噬菌体的数量不可太多,过多时皿中的细菌将全部溶解,看不出空斑,尤其是能形成大空斑的噬菌体。

2. 细菌和噬菌体混入上层培养基时的温度要在55 ℃左右,温度不能太高,操作动作要快。

3. 培养基表面不能有冷凝水,否则空斑会连成片。

六、评议

1. 所用细菌对要测定的噬菌体必须是敏感的,细菌吸附噬菌体需要钙、镁离子。

2. 培养基中的琼脂浓度明显影响噬菌斑的大小，一般上层培养基的琼脂浓度为0.7%。

3. 实验中如果无法看清或确定噬菌斑，不妨考虑加大噬菌体的稀释度进行实验。有时往往是由于噬菌体浓度过高，噬菌斑连成一起而导致无法确认。

七、思考题

1. 是否可用培养基培养噬菌体，为什么？

2. 测定噬菌体效价的原理是什么？要准确地测定效价在实验中应注意什么？

2－13　微生物的群体特征

一、实验原理

微生物的群体特征是指微生物在固体培养基上、半固体和液体培养基中生长后所表现出的群体形态特征。固体培养基又分平板与斜面两种形式。群体培养特征可以作为微生物分类鉴定的重要依据之一，并能为识别纯培养是否被污染提供参考。

1. 平板培养基上群体形态

将单个细胞或一些细胞接种到固体培养基上，如果条件适宜，细胞就会以母细胞为中心迅速生长繁殖，形成一堆肉眼可见的并具有一定形态结构的子细胞群体，称为菌落(colony)。如果这种菌落是由单一细胞繁殖而来的，即为一个纯种细胞，也称为克隆(clone)。菌落若连成片，则称为菌苔(lawn)(见彩图2－13－1)。

不同微生物在某种培养基中生长繁殖，所形成的菌落特征有很大差异，而同一种微生物在一定条件下的培养特征却有一定的稳定性和专一性。菌落特征包括：① 大小(大、中、小、针尖状)；② 形态(圆形、假根状、不规则等)；③ 隆起状况(扁平、隆起、凹陷等)；④ 边缘情况(整齐、波状、锯齿状等)；⑤ 表面状态(干燥、湿润、黏稠等)；⑥ 光泽度；⑦ 质地；⑧ 颜色(黄色、金黄色、灰白色、乳白色、红色、粉红色等)；⑨ 透明程度(透明、半透明、不透明等)、边缘特征及迁移性等等。菌落的大小可量取其直径；形状指圆形或不规则形等；表面指凸起或平展、有无光泽以及是否光滑等；质地指黏、脆而言，是否可用接种针容易挑取菌落(图2－13－2)。

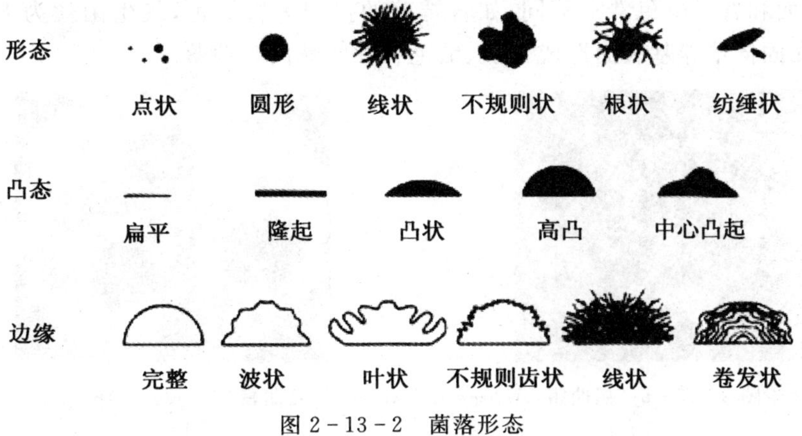

图2－13－2　菌落形态

不同的微生物形成的菌落特征如下：

1）细菌（bacterium）的培养特征：细菌细胞小，形成的菌落较小、薄、透明，且不同的细菌会产生不同的色素，出现不同颜色的菌落（图 2－13－3）。细菌菌落常表现为湿润、黏稠、光滑、较透明、易挑取、质地均匀以及菌落正反面或边缘与中央部位颜色一致等。但也有的细菌形成的菌落表面粗糙、有褶皱感等特征。细菌的菌落特征因种而异，但环境条件的改变也会引起菌落性状的改变。因此在不同条件下，菌落特征所出现的微小差异不能误认为菌株发生变异。

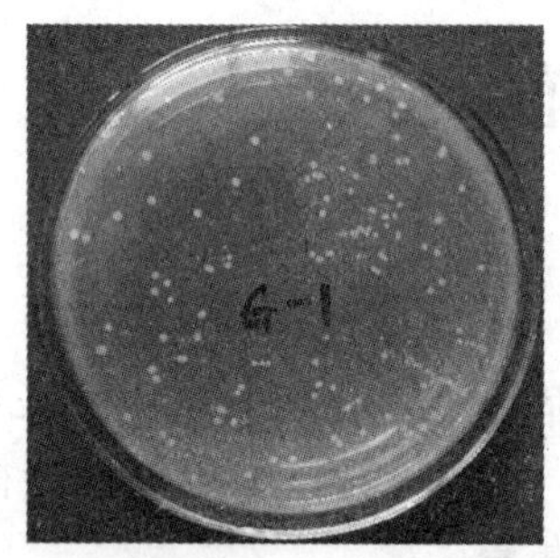

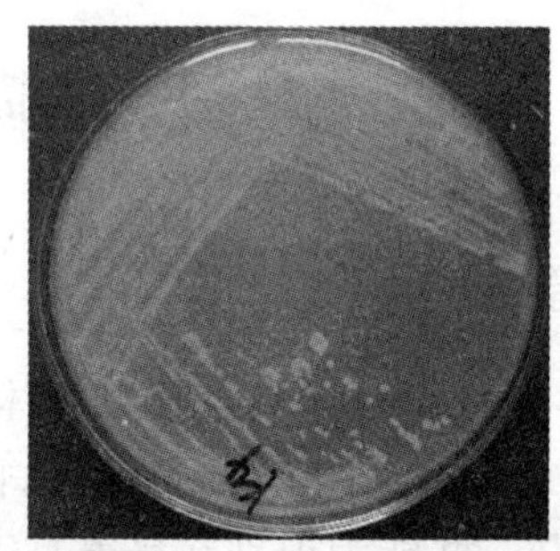

图 2－13－3　细菌的菌落

细菌菌落形态是细胞表面状况、排列方式、代谢产物、好气性和运动性的反映，并受培养条件、培养基成分、培养时间等的影响。由于菌落就是微生物的巨大群体，个体细胞形态上的种种差别必然会极其密切地反映在菌落的形态上，这对产鞭毛、荚膜和芽孢的种类来说尤为明显。无鞭毛细菌形成的菌落较小、较厚、边缘圆整；有鞭毛细菌形成的菌落就大而扁平、形状不规则和边缘缺刻；有荚膜细菌菌落光滑、透明、较大；产芽孢细菌形成的菌落表面粗糙、有褶皱感等。

2）放线菌（actinomycete）的培养特征：菌落较小，表面呈干燥、紧密的粉质状或茸毛状，出现不同的颜色，许多种类具有特殊的土腥味（见彩图 2－13－4）。用接种环易刮去表面的粉末或茸毛，但仍留下紧密坚实的基质菌丝。

3）霉菌（mold）：有分支的丝状体，菌丝粗长，在条件适宜的培养基里，菌丝无限伸长沿培养基表面蔓延（图 2－13－5）。霉菌的基内菌丝、气生菌丝和孢子丝都常带有不同颜色，因而菌落边缘和中心、正面和背面颜色常常不同，如青霉菌的孢子为青绿色，气生菌丝为无色，基内菌丝为褐色。霉菌在固体培养基表面形成絮状、绒毛状和蜘蛛网状菌落。

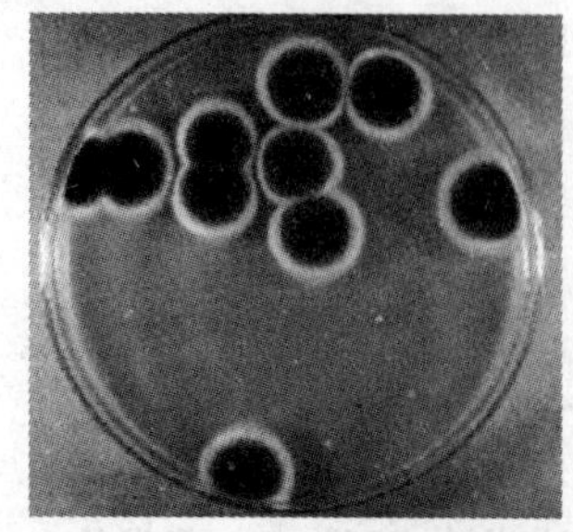

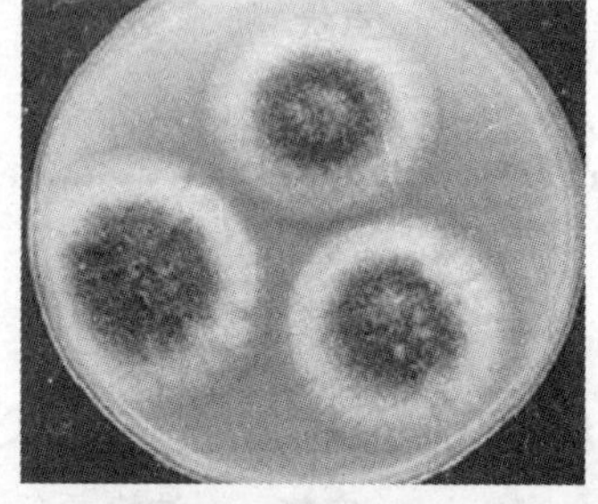

图 2－13－5　黑曲霉（*Aspergillus niger*）与黄曲霉（*A. flavus*）菌落

4）酵母菌（yeast）的培养特征：大多数酵母菌没有丝状体，在固体培养基上形成的菌落与细菌的很相似，只是比细菌菌落大、厚而透明度较差，菌落常伴有酒香味（图 2－13－6b）。而少数假丝酵母因形成假菌丝，形成的菌落大而扁平，边缘不整齐。酵母菌的液体培养也和细菌相似，有均匀生长、沉淀或在液面形成菌膜。

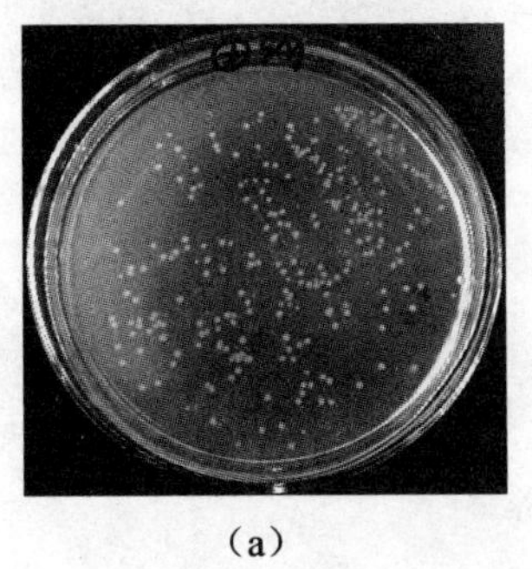

（a）

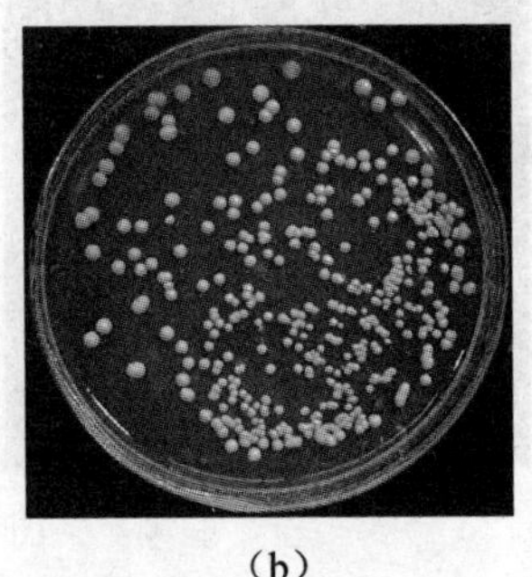

（b）

图 2－13－6　细菌（a）与酵母菌（b）菌落

区分和识别各大类微生物通常包括菌落形态（群体形态）和细胞形态（个体形态）两方面的观察。

菌落形态：菌落表面湿润时，细菌——薄而小（图 2－13－6a），酵母菌——厚而大（图 2－13－6b）；菌落表面干燥时，放线菌——密而小（彩图 2－13－4），霉菌——松而大（图 2－13－5，彩图 3－3－3）。

细胞形态：细菌是小而分散，酵母菌是大而分散，放线菌的丝状是细的，霉菌的丝状是粗的。

2. 斜面培养基上的群体形态

在斜面培养基上，微生物可以呈丝线状、刺毛状、念珠状、疏展状、树枝状或假根状（图 2－13－7）。

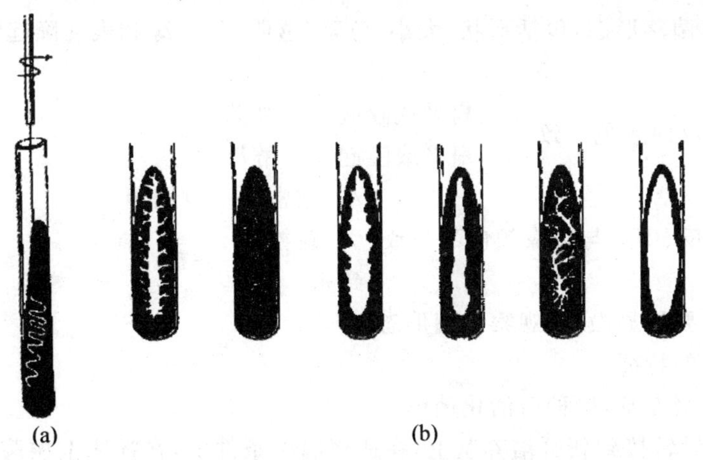

(a)　(b)

图 2－13－7　斜面划线法（a）和不同细菌直线接种长出的菌苔形态（b）

3. 液体培养基上的群体形态

细菌在液体培养基中生长会因菌种的重力、需氧情况形成不同的特征，如菌膜、沉淀、浑浊等。生长在液体培养基内，可以呈混浊、絮状、黏液状、形成菌膜、上层清晰而底部显沉淀状（见彩图2－13－8）。

4. 穿刺培养

穿刺培养在半固体培养基中，可以沿接种线向四周蔓延或仅沿线生长；也可上层生长很好，甚至连成一片，底部很少生长或底中长得好，上层甚至不生长（图 2－13－9）。

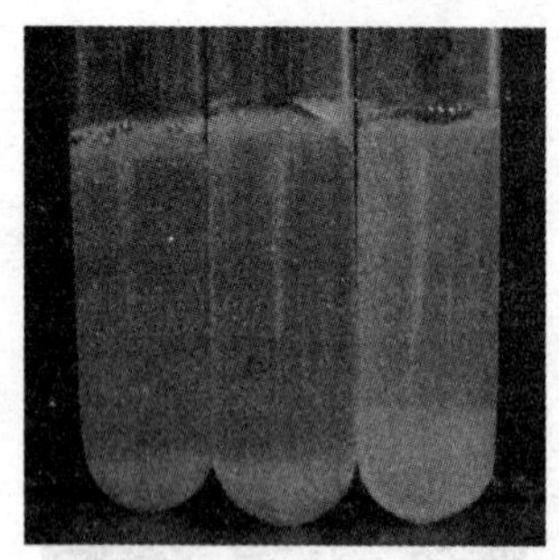

图 2－13－9　穿刺培养

二、实验试剂

各种微生物的固体培养基。

三、实验器具

接种针、接种环、试管培养皿、显微镜。

四、实验操作

（一）固体培养基上菌落特征

1. 在合适的固体平板上分别划线或涂平板，在适当的温度条件下培养 3～7 d。
2. 分别观察单菌落形态，包括形状、大小、色素、透明度、边缘和表面隆起情况、表面结构等。
3. 肉眼观察

菌落
- 湿润，正反面颜色一致
  - 小、扁平或隆起——细菌
  - 大、扁平或隆起——酵母菌
- 干燥，正反、中央与边缘颜色不一致
  - 小、致密——放线菌
  - 大、疏松 / 致密——霉菌

4. 细致区分还要用显微镜，观察细菌形态。

（二）液体培养的特征

1. 配制适当的培养基，接种后活化菌体。
2. 以 1%接种量转接到新鲜培养基上，在适当温度条件下，在摇床上振荡培养一定的时间。
3. 观察液体培养基中的生长情况。

五、注意事项

1. 适合各类菌体培养的培养基以及培养温度与时间是不同的，应选择适当的培养基以及培养、观察时间。

2. 细菌与酵母菌的菌落看起来比较湿润、光滑，有光泽，但菌落大小以及隆起方面有差异，酵母菌的菌落比较大，隆起比较高，乳白色菌落，常有酒香味。

六、评议

1. 一些细菌由于具有特殊的结构，在菌落形态上也不一样，如直径大且扁平、边缘不是很整齐的细菌菌落预示着该细菌是有鞭毛的细菌。如果运动能力特强，则菌落会更大、更扁平，其边缘从不规则、缺刻状直至出现迁移性的菌落；而菌落较大，隆起较高，看上去很湿润、光滑、透明，边缘非圆周形的菌落，预示着该细菌可能是有荚膜的细菌。荚膜较厚的细菌其菌落甚至呈现透明的水珠状；细菌菌落比较粗糙、不透明、多褶皱的可能是有芽孢的细菌，因为具有芽孢的细菌具有较强的折光率。

2. 大多数酵母菌的菌落特征与细菌相似，但比细菌菌落大而厚，菌落表面光滑、湿润、黏稠，容易挑起，菌落质地均匀，正反面和边缘、中央部位的颜色都很均一，菌落多为乳白色，少数为红色，个别为黑色并且闻起来有酒香味。

3. 由于霉菌的菌丝较粗而长，因而霉菌的菌落较大，有的霉菌的菌丝蔓延，没有局限性，其菌落可扩展到整个培养皿，有的种则有一定的局限性，直径 1～2 cm 或更小。菌落质地一般比放线菌疏松，外观干燥，不透明，呈现或紧或松的蛛网状、绒毛状或棉絮状；菌落与培养基的连接紧密，不易挑取；菌落正反面的颜色和边缘与中心的颜色常不一致。

4. 进行酵母分离的时候，一般加 50 μg/mL 青霉素和 30 μg/mL 链霉素两种抗生素联用，一般来说没有细菌菌落长出来。

七、思考题

1. 从菌落形态上如何区别细菌、放线菌、酵母菌以及霉菌等四类微生物？
2. 一个好氧的具周生鞭毛的菌株分别在半固体和液体培养基中培养的特征是怎样的？
3. 如何从液体培养的情况来区别各类细菌？

2-14 电子显微镜

一、实验原理

由于显微镜的分辨率取决于所用光的波长，从 20 世纪初开始人们尝试用波长更短的电磁波取代可见光来放大成像。1933 年德国人鲁斯卡(E. Ruska)制成了世界上第一台以电子作为“光源”的显微镜——透射电子显微镜。为此，鲁斯卡与后来 1982 年发明扫描电子显微镜的宾尼(G. Binning)和罗雷尔(H. Rohrer)共同获得了 1986 年诺贝尔物理学奖。

电子显微镜是利用电子枪发射的电子流代替光学显微镜的光束使物体放大成像。电子枪由发射电子的“V”形钨丝及阳极板组成。在高真空中，钨丝被加热到白炽程度，其尖端便发射出电子，射出的电子受到阳极很高的正电压的吸引，使电子得到很大的加速度而到达样品。电压越高，电子流速度越快，波长越短，其分辨能力也越强。一般用 50～100 kV 电压时，电子波长在 0.54～0.37 nm，所以电子显微镜的分辨力极高，可达 0.2 nm 左右(表 2-14-1)，此分辨力比光学显微镜提高了近 1 000 倍。由于在电子流的通路上不能有游离的气体分子存在，否则会因气体分子与电子的碰撞而造成电子的偏转，导致物像散乱不清，所以电子显微镜除需要高电压外，还需要高真空的装置。

表 2-14-1 电子显微镜与光学显微镜的比较

显微镜	光学显微镜		电子显微镜
光源	可见光(400～700 nm)	紫外光(约 200 nm)	电子束(0.01～0.9 nm)
分辨本领	200 nm	100 nm	0.1 nm
透镜	玻璃透镜	玻璃透镜	电磁透镜
真空	非真空	非真空	真空 $1.33\times10^{-5}\sim1.33\times10^{-3}$ Pa
成像原理	利用样品对光的吸收形成明暗反差和颜色变化		利用样品对电子的散射和透射形成明暗反差

电子显微镜的放大率是由透镜决定的，其透镜是由看不见的电磁场构成的，称为电磁透镜(磁透镜)。由电子枪发射出的电子流通过电磁透镜的电磁场吸引发生偏折而放大物体，并且电子显微镜的成像系统由多个电磁透镜组成，利用多个电磁透镜的组合而得到逐级放大的电子像。此外，通过改变这些电磁透镜的磁场强度也可提高放大率，磁场越强，焦距越短，放大倍数也就越大。所以现代电子显微镜的成像物镜大多数采用短焦距的强磁透镜，放大倍数可达 300 万倍以上，相当于将一个直径 2 m 的气球放大到地球那么大。电子显微镜的分辨率由最初的 500 nm 提高到现在的 1 埃(十亿分之一米)。

1. 电子显微镜的成像原理：任何一个物体都是由原子组成的，原子则是由原子核与轨道电子组成的。当电子束照射到样品上的时候，一部分电子能从原子与原子之间的空隙中穿透过去，其余的电子有一部分会与原子核或原子的轨道电子发生碰撞被散射开来；另一部分电子从样品表面被反射出来；还有一些电子被样品吸收以后，样品激化而又从样品本身反射出来等。根据收集通过样品的电子成像还是收集从样品表面反射出来的电子成像，将电子显微镜分为透射电子显微镜与扫描电子显微镜。

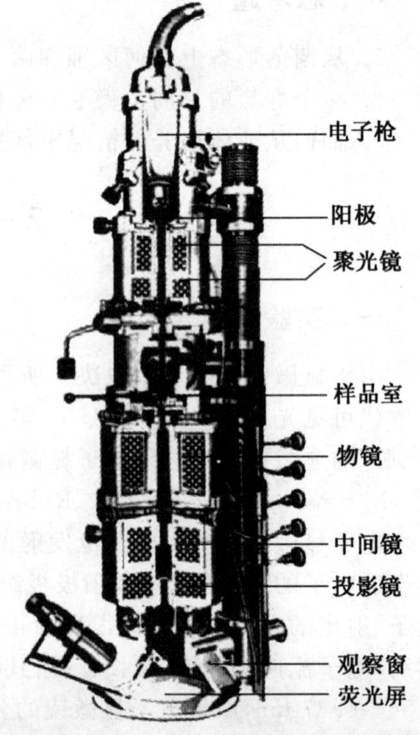

图 2-14-1 电子显微镜的基本构造

1) 透射电子显微镜(transmission electron microscope, TEM)收集的是透过样品的电子，物像的形成主要来自电子的散射与干涉作用。散射作用分“弹性散射”和“非弹性散射”两种。弹性散射指电子和原子核发生碰撞，电子基本上不损失能量，而只是改变运动方向。如果电子是与轨道电子发生碰撞，电子不仅会改变原来运动的方向，而且还会损失一部分能量，这时电子便发生了“非弹性散射”作用。由于物体上不同部位的结构不同，它们散射电子的能力也各不相同，结果使透过样品的电子束发生疏密的差别，在散射电子能力强的地方，透过去的电子数目少，因而打在荧光屏上所发出的光就弱，显现为暗区，反之就显现为亮区，这样，便在终极图像上造成了有亮有暗的区域，出现了反差。散射作用形成的反差造成强度上的变化，称为“振幅反差”。此外，电子的干涉作用也能造成反差，在电子发生非弹性碰撞的时候会失去一部分能量，使它前进的速度变慢，而速度减慢的这部分电子会和速度不变的电子发生干涉作用，结果造成电子相位上的变化，从而引起所谓的“相位反差”。在低倍观察时，振幅反差是主要的反差来源，而在高倍观察时，即在辨别极小的(如 1 nm 大小)细微结构时，相位反差则起主要作用。

2）扫描电子显微镜(scanning electron microscope，SEM)是把从样品表面反射出来的电子收集起来并使其成像，又称反射电子显微镜。扫描电子显微镜的成像原理与电视或电传真照片的原理相似，由电子枪产生的电子束经过三个电磁透镜的作用，形成一个很细的电子束，称为电子探针。电子探针经过透镜聚焦到样品表面上，按顺序逐渐地通过样品，即对样品扫描，然后把从样品表面发射出来的各种电子(二次电子、反射电子等)用探测器收集起来，并转变为电流信号，经放大后再送到显像管转变成图像。扫描电子显微镜主要用来观察样品的表面结构，分辨力可达 10 nm，放大范围很广，可从 20 倍到几十万倍。透射电子显微镜的分辨力虽然很高，但是一般只能观察切成薄片后的二维图像，扫描电子显微镜能够直接观察样品表面的立体结构，具有明显的真实感。许多电子无法透过的较厚样品，只能用扫描电子显微镜才能看到。

3）扫描隧道显微镜(scanning tunneling microscope，STM)的横向分辨率可以达到 0.1～0.2 nm，纵向分辨率可以达到 0.01 nm，是目前分辨率最高的显微镜，足以对单个的原子进行观察。此外，由于 STM 在扫描时不接触样品，又没有高能电子束轰击，原则上讲可以避免样品的变形，而且它可以在真空、保持样品生理条件的大气及液体环境下工作。目前，人们已利用 STM 直接观察到 DNA、RNA 和蛋白质等生物大分子及生物膜、古菌的细胞壁、病毒等结构。

2. 电子显微镜的制样：生物样品在进行电镜观察前必须进行固定和干燥，否则镜筒中的高真空会导致其严重脱水，失去样品原有的空间构型。此外，由于构成生物样品的主要元素对电子的散射与吸收的能力均较弱，在制样时一般都需要采用重金属盐染色或喷镀，以提高其在电镜下的反差，形成明暗清晰的电子图像。

1)透射电镜的样品制备：透射电镜采用覆盖有支持膜的载网来承载被观察的样品。最常用的载网是铜网，也有用不锈钢、金、银、镍等其他金属材料制备的载网。而支持膜可用塑料膜(如火棉胶膜、聚乙烯甲醛膜等)，也可以用碳膜或者金属膜(如铍膜等)。

① 负染(negative staining)技术：是用电子密度高、本身不显示结构且与样品几乎不反应的物质(如磷钨酸钠或磷钨酸钾)来包围样品，这些重金属盐不被样品成分所吸附，而是沉积到样品四周，如果样品具有表面结构，这种物质还能进入表面上凹陷的部分，这样，在有染液的重金属元素沉积的地方，散射电子的能力强，样品四周表现为暗区；反之，表现为亮区。通过散射电子能力的差异便能把样品的外形与表面结构清楚地衬托出来。负染技术简便易行，病毒、细菌(特别是细菌鞭毛)、离体细胞器、蛋白质和核酸等生物大分子等的形态大小和表面结构都可以采用这种制样方法进行观察。实际操作时，既可把样品和重金属染料混匀后滴加到支持膜上，也可将样品用贴印或喷雾的方法加到载网上后再用染料进行染色。而对于核酸分子，为避免其结构在进行制样时遭到破坏，通常采用蛋白质单分子膜技术。

② 投影技术：在真空蒸发设备中将铂或铬等对电子散射能力较强的金属原子，由样品的斜上方进行喷镀，提高样品的反差。样品上喷镀上金属的一面散射电子的能力强，表现为暗区，而没有喷镀上金属的部分散射电子的能力弱，表现为亮区，从而了解样品的高度和立体形状。投

影法可用于观察病毒、细菌鞭毛、生物大分子等微小颗粒。

③ 超薄切片技术：尽管微生物的个体通常都极其微小，但除病毒外，微弱的电子束仍无法透过一般微生物(如细菌)的整体标本，需要制作成 100 nm 以下厚度的超薄切片，超薄切片技术是生物学中研究细胞及组织超微结构最常用、最重要的电镜样品制备技术，其基本操作步骤如下：取样→固定→脱水→浸透与包埋→切片→捞片→染色→观察。

2) 扫描电镜的样品制备：它比透射电镜的样品制备要简单，要求样品干燥，并且表面能够导电。对大多数生物材料来说，细胞含有大量的水分，表面不导电，所以观察前必须进行处理，去除水分，对表面喷镀金属导电层。为了保持样品不变形，关键是样品干燥。干燥方法有自然干燥、真空干燥、冷冻干燥和临界点干燥等。其中临界点干燥的效果最好，其原理是利用许多物质，如液态 CO_2，在一个密闭容器中达到一定的温度和压力后，气液相面消失(即所谓的临界点状态)的性质，使样品在没有表面张力的条件下得到干燥，很好地保持样品的形态。干燥、喷镀金属层后的样品便可用于观察。

二、实验试剂

1. 大肠杆菌(*E. coli*)斜面；0.1 mol/L PBS。
2. 醋酸戊酯；浓硫酸；无水乙醇；无菌水；2%磷钨酸钠(pH 6.5～8.0)水溶液。

三、实验器具

铜网若干张、瓷漏斗、无菌镊子、无菌滴管、大头针、载玻片、细菌计数板、普通光学显微镜、透射电镜、扫描电镜。

四、实验操作

(一) 制作支持膜

1. 铜网的处理：

1) 用醋酸戊酯浸漂若干小时后，用蒸馏水冲洗数次。

2) 将铜网浸漂在无水酒精中进行脱水。

3) 将洗净的铜网放入瓷漏斗或小培养皿内，漏斗下面套上乳胶管，用止水夹控制水流。

4) 然后缓缓向漏斗内放入无菌水，其量为 1 cm 左右，用无菌镊子尖轻轻排除网上的气泡，并将其均匀地摆在瓷漏斗的中心区域。

2. 配制火棉胶：将 1.5 g 火棉胶溶于 100 mL 醋酸戊酯中。

3. 制膜：

1) 用无菌滴管取上述火棉胶液滴在瓷漏斗的水面上。

2) 待醋酸戊酯蒸发，火棉胶则由于水的表面张力随即在水面上形成一层薄膜(勿振动)。

3) 用镊子将薄膜除掉，如此操作两次以清除水面上的杂质。

4) 然后再滴 1 滴火棉胶液以形成支持膜(火棉胶液滴的量与膜的厚薄关系很大，要适量控制)。

5) 松开止水夹，缓缓放掉漏斗中的水，使膜自然下沉，并紧贴在铜网上，在此过程中切勿使膜皱折。最后在瓷漏斗上覆盖一洁净的纸，让膜自然干燥。

6) 将干燥后的膜用大头针的针尖在铜网周围划破，再用无菌镊子小心地将铜网膜移到载玻片上，置普通光学显微镜下用低倍镜检查，挑选无皱折、完整无缺、厚薄均匀的铜网膜备用。

(二) 透射电镜样品处理与观察

1. 将适量无菌水(约 1 mL)加入新鲜生长的菌株斜面内，用吸管轻轻拨动菌体，反复轻柔地将斜面上的菌苔冲洗下来，制成菌悬液。用无菌滤纸过滤，并调整滤液中的细胞浓度为每毫升10^8～10^9个。

2. 取等量的上述菌悬液与等量 2%磷钨酸钠水溶液混合，制成混合菌悬液。

3. 用无菌毛细吸管吸取混合菌悬液滴在铜网膜上，经 3～5 min 后，用滤纸吸去余水。

4. 用醋酸双氧铀复染，用滤纸吸去余水。

5. 待样品干燥后，先置低倍光学显微镜下检查，挑选膜完整、菌体分布均匀的铜网膜置透射电子显微镜 JEM-1330 下观察细胞形态、大小和鞭毛(图 2-14-2)。

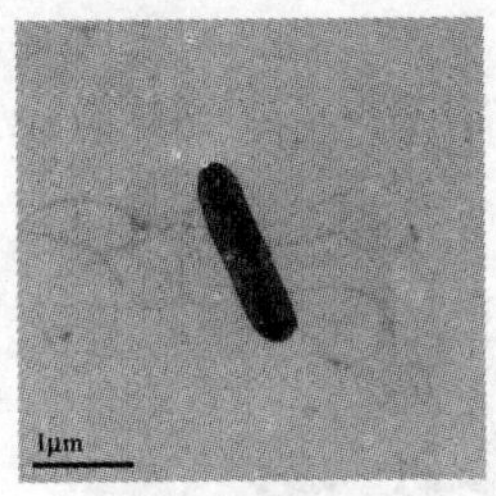

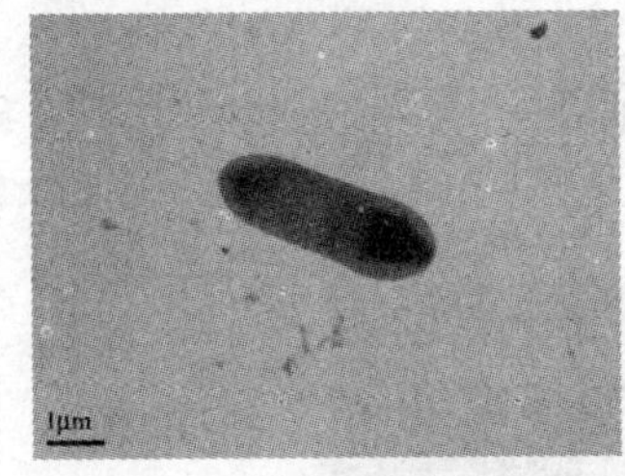

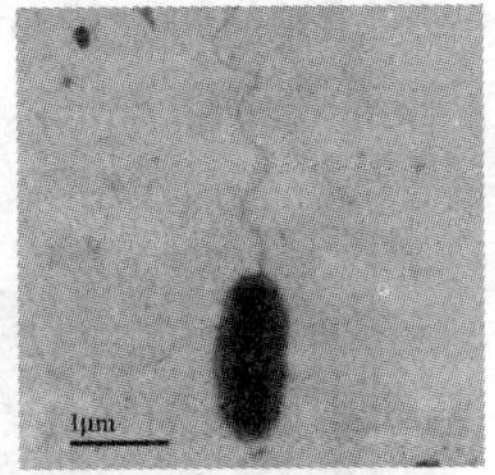

图 2-14-2 透射电镜显微照片

(三) 细胞超薄切片的制备与透射电镜的观察

1. 玻璃棒刮取适量的平板培养物，悬浮于 2.5%戊二醛溶液中 4 ℃固定过夜。

2. 去固定液，用 0.1 mol/L 磷酸缓冲液(pH 7.0)漂洗三次，每次 15 min。

3. 1%锇酸固定 1～2 h，去固定液。

4. 用 0.1 mol/L 磷酸缓冲液(pH 7.0)漂洗三次，每次 15 min。

5. 梯度浓度(50%，70%，80%，90%，95%)的乙醇脱水，每种浓度处理 15 min；100%乙醇处理 20 min，纯丙酮处理 20 min。

6. 包埋剂与丙酮混合液(1∶1，v/v)处理 1 h。

7. 包埋剂与丙酮混合液(3∶1，v/v)处理 3 h。

8. 纯包埋剂处理过夜；70 ℃加热过夜即得到包埋好的样品。

9. Reichert 超薄切片机切片(70～90 nm)。

10. 切片经柠檬酸铅和醋酸双氧铀(50%乙醇饱和液)各染 15 min。

11. 投射电子显微镜 JEM-1230 观察，显微照片示意图见图 2-14-3。

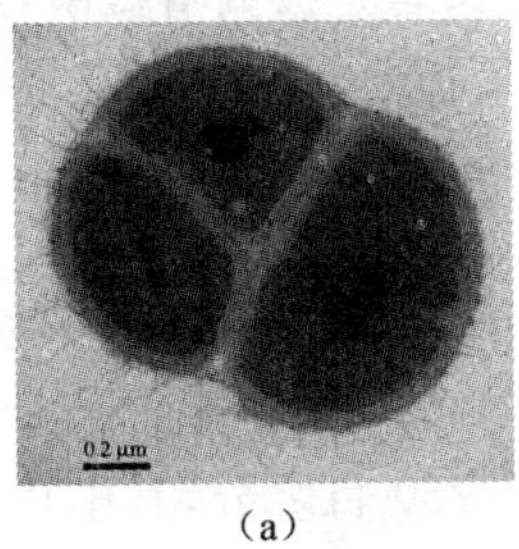

(a)

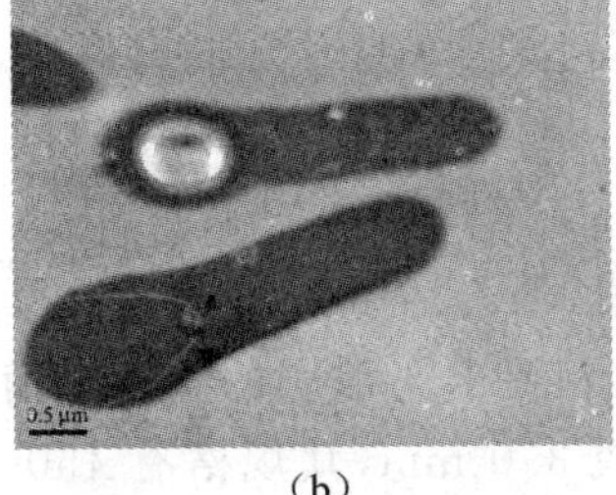

(b)

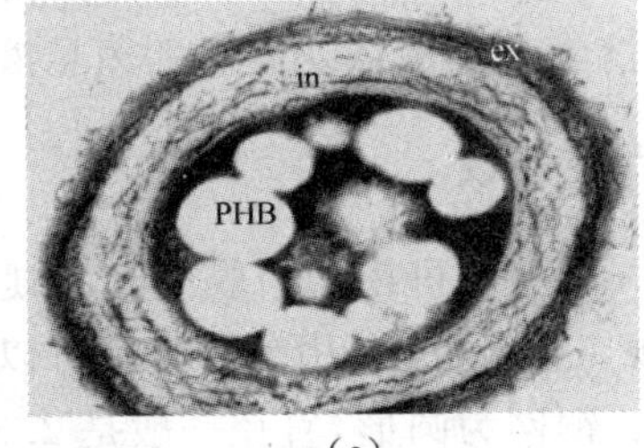

(c)

图 2-14-3 超薄切片后的透射电镜照片

a. 四联球菌；b. 芽孢；c. 细胞内含物 PHB

（四）扫描电镜的样品制备与观察

1. 液体培养的菌体，离心成团。

2. 2.5%戊二醛 4 ℃，固定 2 h 至 1 周（细菌一般 2 h 即可）。

3. 0.1 mol/L PBS 洗 3 次，每次 15 min。

4. 1%锇酸（OsO_4）固定 1～2 h。

5. 0.1 mol/L PBS 洗 3 次，每次 15 min。

6. 丙酮系列（30%、50%、70%、80%、90%、95%）脱水，每次 15 min，最后用 100%丙酮洗脱三次。也可用酒精系列（15min；50%、70%、80%、90%）依次脱水各 15 min，最后用 100%丙酮脱水 50 min。

7. 100%乙酸异戊酯 15 min。

8. CO_2临界点干燥，粘台、喷金、Cambridge S260 镜检。扫描电子显微镜显微照片示意图如图 2－14－4。

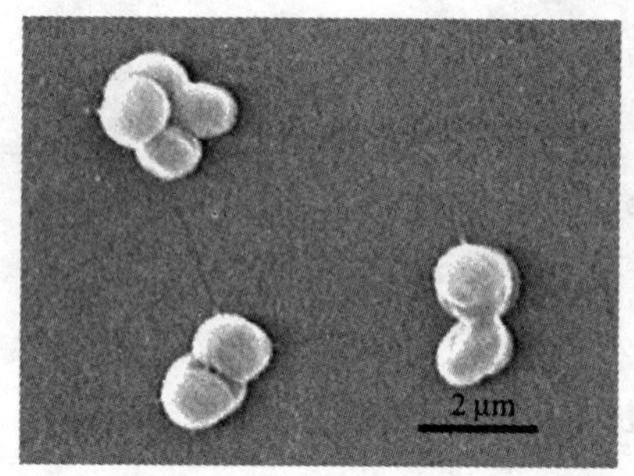

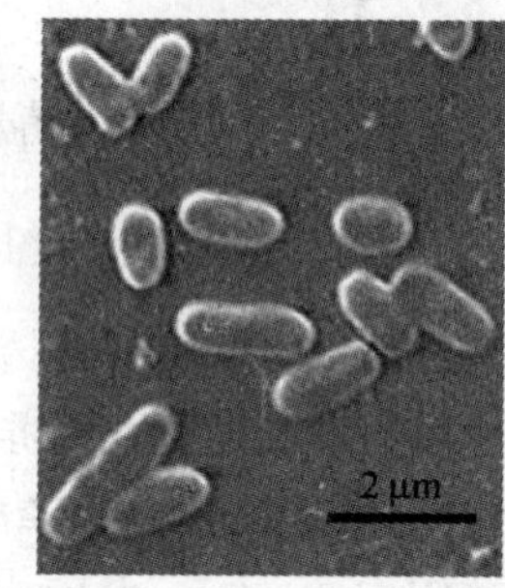

图 2－14－4 扫描电子显微镜显微照片

五、注意事项

1. 由于电子显微镜的整个操作都需要在高真空中进行，所以被观察的微生物标本必须是干燥的，否则就会引起菌体细胞收缩变形。同时又因为电子流的穿透能力很弱，不能透过载玻片或较厚的标本，所以需要将标本放在由金属网作支架的火棉胶膜或聚乙烯甲醛膜上观察，此膜又称载膜或支持膜（扫描电子显微镜可用盖玻片）。

2. 支持膜的厚度一般在 15 nm 左右，太薄会影响它的机械支持力，太厚又会影响成像的分辨力。

3. 如果在无菌水中细胞会破胞，可添加少量 NaCl 维持细胞形态；若是极端嗜盐菌，用 20% NaCl 溶液悬浮菌体。制备的菌悬液不可太浓，否则会影响观察。

六、评议

1. 支持膜可用塑料膜（如火棉胶膜、聚乙烯甲醛膜等），也可以用碳膜或金属膜（如铍膜等）。在常规工作条件下，用塑料膜就可以达到要求。常用的金属网有铜网和不锈钢网。

2. 铜网为圆形，直径一般是 2.3 或 3.0 mm，其规格有 150、200、250 目之分，其中比较常用的是 200 目（200 个孔）。铜网在制膜前要清洗、脱水，否则会影响膜的质量和标本照片的清晰度。若铜网经处理仍不干净，则可用稀释的浓硫酸（1∶1）处理 1 min 左右，立即用无菌蒸馏水冲洗数次，然后放入无水酒精中脱水。

3. 透射电镜样品的另一处理方法：新鲜斜面用无菌水悬浮菌体，用已经处理过的铜网吸附菌悬液，用滤纸移去多余液滴；加2%醋酸双氧铀溶液复染，用滤纸移去多余液滴，或用铂蒸汽以20°角投射。

4. 为了保持形状，常用戊二醛、甲醛、锇酸蒸汽等试剂小心固定后再进行染色。

七、思考题

1. 比较透射电子显微镜与普通光学显微镜的主要异同点。

2. 利用透射电子显微镜来观察的样品为什么要放在金属网作为支架的火棉胶膜(或其他膜)上？而扫描电子显微镜则可以将样品固定在盖玻片上？

3. 在用负染色法制片时，磷钨酸钠起什么作用？

3 微生物菌种的自然选育

自然界含微生物的样品极其丰富，每种微生物对碳源、氮源的需求也不一样，有的对营养还有特殊的要求。因此，事先了解目标微生物的营养要素以及培养条件，设计一种合理快速的分离培养基，能够收到事半功倍的效果。

1. 营养要求：研究表明，微生物的营养需求和代谢类型与其生长环境有关。如森林土有较多枯枝落叶和腐烂的木头等，适合纤维素酶产生菌的生长；在肉类加工厂附近和饭店排水沟的污水、污泥中，含有大量腐肉、豆类、脂肪，可以分离蛋白酶和脂肪酶的产生菌；在面粉加工厂、糕点厂、酒厂及淀粉加工厂等场所，容易分离产生蛋白酶、糖化酶的菌株。若要筛选以糖为原料的酵母菌，通常到蜂蜜、蜜饯、甜果及含糖浓度高的植物汁液中采样。在筛选果胶酶产生菌时，由于柑橘、草莓及山芋等果蔬中含有较多的果胶，可从上述样品的腐烂部分及果园土中获取。若需要筛选代谢合成某种化合物的微生物，则从大量使用、生产或处理这种化合物的工厂附近采样容易得到满意的结果。在油田附近的土壤中就容易筛选到利用碳氢化合物为碳源的菌株。当然，也可将一种需要降解的物质作为样品中微生物的唯一碳源或氮源进行富集，然后分离筛选。此外，不少微生物对碳源的利用是不完全专一的，如以油脂为碳源的某些脂肪酶产生菌同样也可以分解淀粉或其他糖类物质获得能源而生长，以石油等碳氢化合物为碳源的油田微生物，也可以利用一些糖类为碳源。

2. 培养条件：各种微生物的培养条件如培养温度、培养 pH 是不同的。

根据生长温度的不同，微生物可分为三类：① 高温微生物，最适温度在 50～60 ℃。一般可将分离培养基置于 50～60 ℃温度下培养，能抑制一些嗜冷、中性微生物生长，有效地分离到高温菌类。② 中温微生物，最适生长温度是 20～40 ℃，超过 50 ℃，就停止生长。工业发酵微生物绝大多数都属于此类。其中细菌、放线菌最适温度为 25～37 ℃，霉菌和酵母菌最适温度为 20～28 ℃。③ 低温微生物，最适温度为 15 ℃或更低，如海洋中就存在此类微生物。筛选不饱和脂肪酸产生菌，由于细胞膜中所含的不饱和脂肪酸含量越高，其凝固点越低，即细胞在较低温度下仍能表现出活力，在低于正常温度 10 ℃下分离效果最好。

培养基的 pH 要结合营养成分和培养条件来考虑。微生物在代谢过程中会产生酸性或碱性产物，pH 发生变化，微生物生长受到抑制。一般培养基中碳氮比（C/N）高者，培养后倾向于酸性，反之则倾向于碱性。无机盐的性质也会影响 pH 变化，$(NH_4)_2SO_4$是生理酸性无机氮源，其中 NH_4^+ 被菌体利用，留下 SO_4^{2-}，培养液变成酸性。而 $NaNO_3$是生理碱性氮源，其中 NO_3^- 被菌体分解利用后，剩余 Na^+，使培养液变成碱性。如果发酵过程缺氧，则代谢向有机酸合成方向进行，pH 下降。为了维持培养基的 pH，一般加磷酸盐缓冲对如 K_2HPO_4、KH_2PO_4，使培养基具有一定的缓冲能力。如果培养液中的酸碱度变化很大，磷酸盐的缓冲容量不足以调节 pH 变化，则可适当加入碳酸钙，以不断中和菌体代谢过程中产生的酸类，使培养基的 pH 保持在恒定的范围内。此外，在分离霉菌时，加几滴乳酸不仅可以维持一定的酸碱度，而且可以抑制细菌的生长。

总之，要根据不同的微生物特性与要求来设计不同的分离培养基与方法。

3－1　自然界微生物的采样与保藏

一、实验原理

采集微生物样品应首先参考前人的实践经验，根据所要分离微生物的分布特点，有针对性地确定取样的地点，收集那些有可能存在的微生物样品，如土壤、污泥、河水、空气等，最理想的方法是从山野、农田、沼泽、湖泊、海洋等不同地理条件的地点采样，并且还要根据微生物的生理生化特点以及所处的特殊环境进行采样。

（一）从土壤中采样

土壤具备微生物所需的营养、空气和水分，是微生物最集中的地方，并且空气、水中的微生物也都来源于土壤，所以土壤样品往往是首选的采集目标。一般情况下，土壤中含细菌数量最多，且每克土壤的含菌量大体有如下的递减规律：细菌（10^8）＞放线菌（10^7）＞霉菌（10^6）＞酵母菌（10^5）＞藻类（10^4）＞原生动物（10^3），其中放线菌和霉菌指其孢子数。但各种微生物由于生理特性不同，在土壤中的分布也随着地理条件、养分、水分、土质、季节而有很大的变化，微生物存在的种类和数量与土壤的类型、深度以及所处环境中有机物、氧、温度、水分、pH 值、光线等各种因素有关。

1. 土壤有机质含量和通气状况：一般耕作土、菜园土和近郊土壤中有机质含量丰富，营养充足，且土壤成团粒结构，通气保水性能好，因而微生物生长旺盛，数量多，尤其适合于细菌、放线菌生长。山坡上的森林土，植被厚，枯枝落叶多，有机质丰富，且阴暗潮湿，适合霉菌、酵母菌生长繁殖。从土层的纵剖面看，5 cm 的表层土由于阳光照射，蒸发量大，水分少，且有紫外线的杀菌作用，因而微生物数量比 5～25 cm 土层少；25 cm 以下土层则因土质紧密，空气量不足，养分与水分缺乏，含菌量也逐步减少。因此，采土样最好的土层是 5～25 cm。

2. 土壤酸碱度和植被状况：偏碱（pH 7.0～7.5）的土壤环境，适合于细菌、放线菌生长。反之在偏酸（pH 7.0 以下）的土壤环境下，霉菌、酵母菌生长旺盛。由于植物根部的分泌物有所不同，因此植被对微生物分布也有一定的影响，如葡萄或其他果树在果实成熟时，其根部附近土壤中酵母菌数量增多，豆科植物的植被下，根瘤菌数量比其他植被下占优势。

3. 地理条件：南方土壤比北方土壤中的微生物数量和种类都要多，特别是热带和亚热带地区的土壤。许多工业微生物菌种，如抗生素产生菌，尤其是霉菌、酵母菌，大多从南方土壤中筛选出来，原因是南方温度高，温暖季节长，雨水多，相对湿度高，植物种类多，植被覆盖面大，土壤有机质丰富，造成得天独厚的微生物生长环境。

4. 季节条件：不同季节微生物数量有明显的变化，冬季温度低，气候干燥，微生物生长缓慢，数量最少。到了春天随着气温的升高，微生物生长旺盛，数量逐渐增加。但在南方，春季往往雨水多，土壤含水量高，通气不良，即使有微生物所需的温度、湿度，也不利于其生长繁殖。随后经过夏季到秋季，约有 7～10 个月处在较高的温度和丰富的植被下，土壤中微生物数量比任何时候都多，因此，秋季采土样最为理想。

（二）水中采样

地球表面有 71％为海洋，储存了地球上 97％的水，其余 2％的水储存于冰川与两极，

0.009%存在于湖泊中，0.00009%存在于河流中，还有少量存在于地下水中，水体微生物是第二大微生物资源。从海洋中采样时，可参考其中不同种类微生物的分布规律：表层多为好气异养菌，海面 0～10 m 微生物较少，主要为光合藻类，如绿藻、硅藻等。海洋 10～50 m 以上微生物较多，一般为兼性厌氧菌；50 m 以下微生物的数量随海洋深度增加而减少。在海底沉积有丰富的有机质，微生物数量增加，但溶解氧缺乏，硫化氢含量高，兼性厌氧菌、厌氧异养菌和硫酸盐还原菌较多，表层与海底两层中则多为紫硫菌。

海洋是一个特殊的局部环境，尽管许多微生物也是经河水、污水、雨水或尘埃等途径而来，但由于海洋独特的高盐度、高压力、低温及光照条件，使海洋微生物具备特殊的生理活性，相应也产生了一些不同于陆地来源微生物的特殊产物。

总之，在筛选一些具有特殊性质的微生物时，需根据该微生物独特的生理特性到相应的地点采样。如筛选高温酶产生菌时，通常到温度较高的南方，或温泉、火山爆发处及北方的堆肥中采集样品；分离低温酶产生菌时可到寒冷的地方，如南北极地区、冰窖、深海中采样；分离耐压菌则通常到海洋底部采样，因为深海中生活的微生物能耐很高的静水压。

二、实验器具

小铲子、塑料袋、采样瓶、冰箱。

三、实验操作

（一）土样

1. 确定采样的地点，了解该土样的酸碱度、有机质含量以及周围的生态环境。

2. 采样的方式：用取样铲，将表层 5 cm 左右的浮土除去，取 5～25 cm 处的土样 10～25 g，装入事先准备好的塑料袋内扎好。北方土壤干燥，可在 10～30 cm 处取样。

3. 写明每个土样所取的地点，周围环境的情况。给塑料袋编号并记录地点、土壤质地、植被名称、时间及其他环境条件。

4. 所采样品一般要求立即进行实验研究，或置于 4 ℃冰箱中保存。

（二）水样

1. 确定采样的位置以及周围的环境条件。

2. 先将灭菌带有塞子的空瓶浸入水中距水面 10～15 cm 的深度，然后打开盖子，水样即流入瓶中，装满后，将塞子塞好，再从水中取出。

3. 水样取出后最好立即进行分离与检测或放入冰箱 4 ℃保存备用。

4. 测定水样的盐度、pH 值，作为培养基的配制的参考条件。

5. 滤膜过滤：将适量的水样通过一定孔径的滤膜（如 0.22 μm 或 0.45 μm）过滤器过滤，使水中的细菌截留在滤膜上，然后将滤膜直接进行培养，或将滤膜放在合适的液体培养基上进行富集培养。

（三）生物体上的样品

对于生物体上的微生物样品的采集，通常要求取下一定量的组织，用无菌溶液把其中的微生物洗涤下来。所采样品一般要求立即进行实验研究，或置于冰箱中保存。

四、注意事项

1. 样品的保存：一般样品采集后，应及时进行分离工作，否则应在4℃条件下保存，但随着保存时间的延长分离效果可能会受到影响。

2. 由于水中的微生物含量比较少，需用经过生物富集器过滤、浓缩后再进行分离，这样可以提高分离的效果。生物富集器是将一定体积的水样通过一定面积的细菌滤膜，然后进行滤膜培养分离。但滤膜法不能用于悬浮物含量高的水样。此外，水体样品采集用的容器或过滤用滤纸、滤膜等过滤器要求是无菌的，并应进行无菌操作。

3. 深水微生物取样一般使用一种泥芯提取装置在要求的深度采样，然后剥去样品表面污染层，尤其要防止空气中微生物的污染。由于样品取自深层厌氧层，所以运输、保存时应该在厌氧环境中进行，且要尽可能及时进行分离。为使微生物细胞从样品中释放游离出来，要对样品进行浸泡或振摇处理。0.1%过磷酸钠($Na_2P_2O_7 \cdot 10H_2O$，pH 7.0)往往作为细胞分散剂。

五、评议

1. 采土的季节以春秋两季为宜，这时土壤中的养分、水分和温度都较适宜，微生物数量最多。土壤采样时，应先从地表向下挖除5 cm的表土，取离地面5～20 cm处的土壤，且最好用防水纸袋取样，如果是分离厌氧菌，取样量应多一些，如50～250 g左右，然后将样品编号记录，注意并详细记录采土时间、地点、周围环境、植被状况。

2. 一般样品取回后应马上分离，以免微生物死亡。但有时样品较多，或到外地取样，路途遥远，难以做到及时分离，则可事先用选择性培养基做好试管斜面，随身带走。到一处将取好的土样混匀，取3～4粒撒到试管斜面上，可避免菌株因不能及时分离而死亡。

3. 水样的采集应取距水面10～15 cm的深层样品。

4. 土壤与污泥的样品因为其中的微生物含量比较高，可以直接进行稀释分离，也可以通过富集培养后再进行分离，但相对来说后者培养后分离的情况会使优势种的含量越来越多，而劣势种有可能含量进一步降低甚至消失，最后分离出来的微生物菌体多样性会受到影响。

六、思考题

1. 土样的采集过程中应注意什么？

2. 如何进行水样采集与处理？

3-2 目标微生物的富集

一、实验原理

采集的样品中含有多种微生物，有时其中的目标微生物数量很少，这就需要进行富集(enrichment)培养。富集就是根据微生物的生理特点，设计一种选择性培养基(selective medium)，创造有利的生长条件，使目标微生物在最适的环境下迅速地生长繁殖，由自然条件下的劣势种变成人工环境下的优势种，以便有效地分离所需要的目标菌株。一般利用选择性培养基创造一些有利于目标微生物生长的最适宜条件，或加入某种抑制剂造成只利于目标微生物生长，而抑制其他微生物生长的环境，从而淘汰一些其他微生物。一般可从以下几个方面着手。

1. 控制营养条件：如富集产纤维素酶或几丁质酶的微生物，可以将样品接种到以纤维素或几丁质为唯一碳源的培养基中进行培养。能分解利用该底物的菌类得以繁殖，而其他微生物因得不到碳源而无法生长，菌数逐渐减少。此外，根据微生物对环境因子的耐受范围具有可塑性的特点，通过连续富集培养的方法分离降解高浓度污染物的环保菌。如以苯胺为唯一碳源对样品进行富集培养，然后再以一定接种量转接到新鲜的含苯胺的富集培养液中，如此连续移接培养数次，同时将苯胺浓度逐步提高，便可得到降解苯胺占优势的菌株培养液。

2. 控制培养条件：通过微生物对 pH、温度以及通气量等其他一些条件的特殊要求加以控制培养，达到有效的分离目的。① 控制酸碱度和培养温度：已知霉菌和酵母菌要求偏酸的环境(pH 4.5～6)，酵母菌甚至在 pH 3.5～3.8 之间尚能生长繁殖。细菌和放线菌通常要求中性和偏碱性的环境(pH 7.0～7.5)。再从温度来看，酵母的最适繁殖温度为 20～25 ℃，而细菌则在 25～37 ℃之间。② 控制通气条件：富集某些厌氧微生物，作试管深层液体培养，使底部培养基不与空气接触，再将试管上部的空气抽去；或用化学药品焦性没食子酸与氢氧化钠反应吸收掉氧气等，均可造成厌氧条件。

3. 添加抑制剂：采取调节 pH 等培养条件的方法来抑制非目的微生物的生长，虽然能起到一定的作用，但并不是对所有的菌类都有效。有些细菌和放线菌同样可以在酸性环境下生长，而个别的霉菌，也同样可以在中性或偏碱的培养基中生长。为了更有效地抑制非目的微生物的生长，还要加入一些专一性的抑制剂减少其他微生物的数量，使目标微生物的比例增加，同样能够达到富集的目的。

(1) 分离细菌，在培养基中加入浓度为 30～50 U/mL 的制霉菌素(Nystatin)或者 20 U/mL 的灰黄霉素(Griseofulvin)以及 10 μg/mL 丙酸钠(Sodium Propionate)能抑制真菌而不抑制细菌的生长；从土壤中分离芽孢杆菌时，由于芽孢具有耐高温特性，100 ℃很难杀死，所以可先将土样加热到 80 ℃或在 50%乙醇溶液中浸泡 1 h，杀死不产芽孢的菌种后再进行分离。在富集培养基中加入适量的胆盐和十二烷基磺酸钠(SDS)可抑制革兰氏阳性菌的生长，对革兰氏阴性菌无抑制作用。

(2) 分离放线菌，在样品中加入 0.05% SDS 不仅可以抑制细菌的生长，还能激活放线菌孢子的萌发。加入氟哌酸(5 mg/L)、制霉菌素(50 mg/L)与青霉素(0.8 mg/L)也可以有效地抑制细菌和真菌，而不影响放线菌的生长。由于酚可抑制细菌和霉菌的生长，在富集培养时，在样品悬浮液中加入 10 滴 10%的酚，可以分离放线菌；另据报道，重铬酸钾对土壤真菌、细菌有明显的抑制作用，加入 0.1%～0.15%重铬酸钾可用于选择分离放线菌。而分离除链霉菌以外的放线菌时，则先将土样在空气中干燥，再加热到 100 ℃保温 1 h，可减少细菌和链霉菌的数量。

(3) 分离霉菌和酵母菌，在培养基中加入青霉素(抑制革兰氏阳性菌)、链霉素(抑制革兰氏阴性菌)和四环素各 30～50 U/mL，可以抑制细菌和放线菌生长。分离耐高浓度酒精和高渗酵母菌时，可分别将样品在高浓度酒精和高浓度蔗糖溶液中处理一段时间，杀死非目的微生物后再进行分离。

(4) 分离根霉和毛霉时，由于这些微生物的菌丝易蔓延成片，难以得到纯化的菌落，所以通常在培养基中添加 0.1%去氧胆酸钠或山梨醇防止菌丝蔓延，使菌落长得小而紧密。筛选霉菌时，在培养基中加入 30 U/mL 的链霉素、四环素或者 3 万分之一孟加拉红可抑制细菌的生长，使霉菌在样品中的比例提高；在培养基中加入 5 万分之一～20 万分之一的结晶紫，可抑制多数真菌或革兰氏阴性菌的生长。

二、实验试剂

1. 蒸馏水；0.2% K_2HPO_4；几丁质或壳聚糖；0.9%生理盐水。

2. 厌气分解纤维素细菌培养液：$Na(NH_4)HPO_4$ 2 g、$MgSO_4 \cdot 7H_2O$ 0.5 g、KH_2PO_4 1 g、$CaCl_2 \cdot 6H_2O$ 0.3 g、$CaCO_3$ 5.0 g、蛋白胨 1.0 g，用水定容至 1 000 mL。每管装成高 7～10 cm 深层，放入 1cm×6cm 滤纸一条。

3. 脂肪酸分解菌富集培养基：1%橄榄油、0.3% $(NH_4)_2SO_4$、0.2% K_2HPO_4、0.1% $MgSO_4$、0.05%NaCl、0.1%酵母膏，pH 7.2（细菌）或 pH 5.8（真菌）。

4. 果胶酶富集培养基：牛肉膏 3 g、蛋白胨 3 g、NaCl 5 g、果胶 2～4 g，用水定容至 1 000 mL。115 ℃灭菌 20 min，pH 7.0～7.2。

三、实验器具

试管、吸管、摇床、培养箱、移液器、吸头、小离心管。

四、实验操作

（一）几丁质或壳聚糖分解菌的富集培养

1. 将 3～5 g 样品放入大试管（约 1 cm 的高度）。

2. 添加 4 倍量的蒸馏水，剧烈振荡，使微生物进入水层。

3. 静止一段时间后，取上清液 1 mL，加入 10 mL 0.2% K_2HPO_4。

4. 再添加 0.2 g 几丁质或壳聚糖。

5. 30 ℃ 振荡培养 1 周，观察培养液的状态及颜色变化。如果产生混浊，可以进行下一步的分离。

（二）产纤维素酶菌株的富集培养

1. 取水稻田泥土或阴沟泥 2～5 g 接种到厌气分解纤维素细菌培养液中。

2. 套上试管套，再用塑料纸及橡皮筋将管口扎紧。

3. 放入 30～37 ℃条件下静止培养 7～15 d。

4. 观察培养液中有无分解，如有空洞或滤纸边缘有破碎现象，表示厌氧菌已大量繁殖（图 3-2-1）。具体的分离见实验 3-10 厌氧微生物的分离与培养。

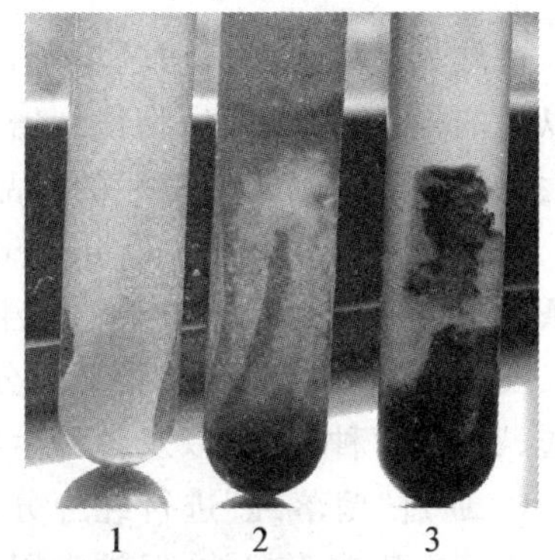

图 3-2-1 滤纸空洞或破碎

1. 对照；2. 滤纸有空洞；3. 滤纸条破碎

（三）脂肪酸分解菌富集

1. 将 2～5 g 样品放入装有 18～45 mL 生理盐水的三角瓶中，摇床振荡 10 min。

2. 静止一段时间后，取上清液 2～5 mL，接入 10 mL 的脂肪酸分解菌富集培养基中，30～37 ℃振荡培养 5～7 d。

3. 与空白做对照，观察培养液的状态。如果产生混浊，可以进行下一步的分离（实验 3－3）。

（四）果胶酶产生菌

1. 将亚麻原茎经去土、去杂处理，放入六孔水浴锅中，按照麻：水＝1：10 的比例加自来水到水浴锅中，在 30 ℃条件下浸渍 1 h，然后将水倒出。

2. 倒出之后仍然按照麻：水＝1：10 的比例加入自来水。在 35 ℃条件下开始沤麻 30～50 h。

3. 沤麻液样品分别接种在含 100 mL 富集培养液的三角瓶中，30 ℃静止培养 24 h，连续转接 2～3 次，所加的果胶量随转接次数增加最后达 0.4%，进行下一步微生物的分离（实验 3－3）。

五、注意事项

富集培养过程中要随时注意对培养液中微生物生长情况的观察，以便适时进行分离。

六、评议

1. 如果样品中目标菌类本来就多，可直接进行分离。

2. 对样品中未知培养条件的菌种分离，特别是要进行微生物多样性分析时，最好不要进行富集培养。为了既反映环境的微生物类群，又要分离微生物新的种类，一般可以采用富集分离与直接分离相结合的方法。

3. 由于水样中微生物含量较少，所以应先将 50～100 mL 的水样用 0.22 μm 的滤膜进行过滤，然后将带菌的滤膜放入富集培养基中进行富集培养。

七、思考题

如何进行目标微生物的富集？

3－3 微生物的分离、纯化

一、实验原理

自然界是微生物群居的场所，要想获得其中各种微生物就需要进行纯种分离。而经富集培养以后的样品，目标微生物得到增殖，占了优势，其他种类的微生物在数量上相对减少，但并未死亡。因此经过富集培养后的样品，也需要进行分离、纯化。

纯种分离（isolation of pure culture）和选育技术是揭开微生物奥秘的重要手段，要揭示在自然条件下杂居混生状态中某一微生物的特点，必须采用无菌技术基础上的纯种分离方法。柯赫等人发明了利用培养皿琼脂平板分离和纯化微生物，这种方法至今仍广泛应用于微生物菌种的筛选、鉴定、育种、计数以及各种生物测定中。

1. 通过“菌落纯”进行纯种分离：菌落纯的分离，如划线分离法、稀释涂布法、混匀法、组织分离法等方法较为粗放，但较常用。

（1）划线分离法（streak plate method）：用接种环取少量样品或菌体，在事先准备好的培养基平板上划线，当单个菌落长出后，将菌落移入斜面培养基上培养后备用。该方法操作简便、快捷,效果较好。划线分离法有连续划线法(continuous streak method)和区分划线法(quadrate section streak method)。

(2) 平板稀释法(dilution method):把样品以10倍的级差,用无菌水或生理盐水进行稀释,制成菌悬液,使微生物细胞充分分散为单细胞(图3-3-1)。

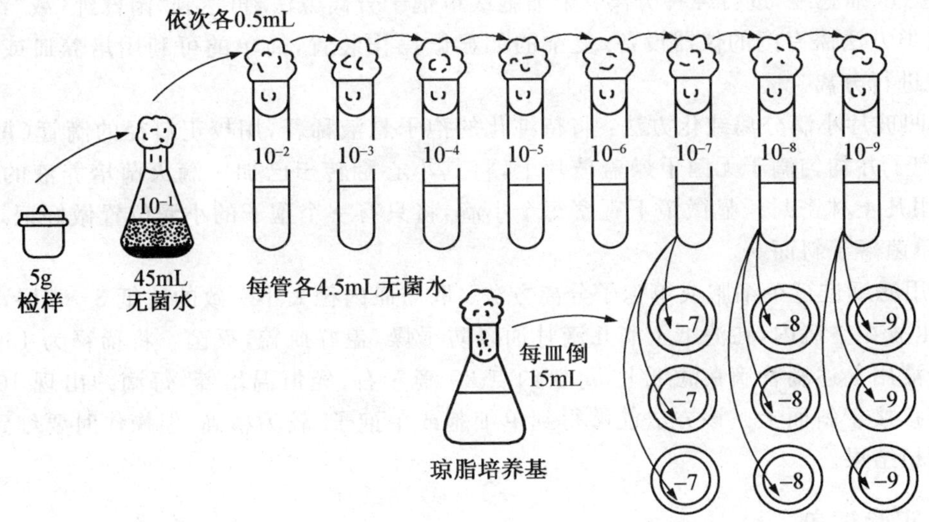

图3-3-1 菌液的稀释

平板稀释法又可分为涂布法与混匀法。① 涂布法:取一定量的某一稀释度悬浮液,用无菌涂棒涂抹于分离培养基的平板上,经过培养,长出单个菌落,挑取需要的菌落移到斜面培养基上培养备用(图3-3-2)。样品的稀释程度,要看样品中的含菌数多少,稀释涂布法在平板培养基上得到单菌落的机会较大。② 混匀法(倾注法,pour-plate):将样品按10倍法稀释后,选取适当的稀释度,取1 mL左右的样品,与在50 ℃保温的培养基混合后,倾注平板。

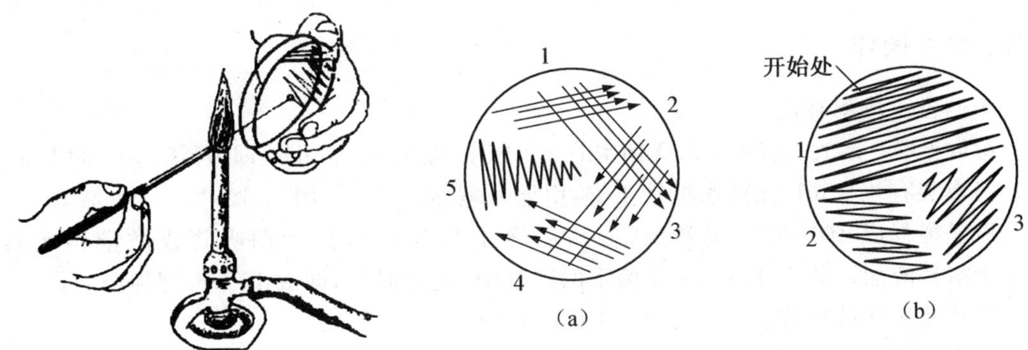

图3-3-2 平板划线操作示意图

(a)为分区划线,(b)为连续划线

(3) 组织分离法:通常是从有病或特殊组织中分离菌株,切出小块含菌组织,用干净水洗去组织表面污物。以10%漂白粉或0.1%升汞浸泡2~5 min进行表面消毒,无菌水冲洗。将消毒后的组织移到平皿培养基上,置于适宜温度培养一定时间,即可在组织周围长出微生物。由这种方法挑选的菌株往往不纯，必须在琼脂平板上再分离纯化。如豆科植物的根瘤菌分离：取新鲜健壮的根瘤，经漂白粉或升汞溶液等进行表面消毒后，用无菌镊子将根瘤压破，取出汁液少许与分离培养基混合倒入平皿中，摊平，培养后在平板上长出菌落，经镜检观察后确认典型菌落，移入斜面。

2. 通过“细胞纯”进行纯种分离：单细胞或单孢子分离方法，可达到“菌株纯”或“细胞纯”的水平。这类方法需专门的仪器设备，复杂的如显微操作装置，简单的可利用培养皿或凹玻片做分离小室进行分离。

(1) 凹玻片小滴分离纯化方法：将待纯化的孢子悬液稀释，用校正口径的滴管（每毫升 400 滴）吸取孢子并均匀滴于无菌干燥盖玻片上，将其小心翻转于已加一滴灭菌培养液的凹玻片的孔穴上，用凡士林密封。显微镜下观察每个小滴，将只有一个孢子的小滴位置做好记录，恒温培养，挑取单菌落于斜面。

(2) 用滤纸进行单细胞或单孢子分离方法：取与皿内径大小一致的滤纸 3～4 层，浸在培养液中，取出放在空皿内，在滤纸上滴几滴甘油以防干燥，盖好皿盖，灭菌。将稀释为 1500 个/mL 的孢子悬液用上述滴管滴在滤纸上，每皿约点 20 滴左右，经恒温培养，每滴约出现 10 个菌落，将单菌落移接于斜面上。该方法能够得到单细胞或单孢子，较为精确，但操作时要细致，否则不易得到理想结果。

二、实验试剂

1. 新鲜土壤或富集后的样品；5 000 U/mL 链霉素液；0.5%重铬酸钾溶液。

2. 灭菌后的牛肉膏蛋白胨琼脂培养基、淀粉琼脂培养基、马铃薯蔗糖培养基（10 mL 装）。

3. 无菌水：带有玻璃珠装有 45 mL 无菌水的三角瓶、3～5 支装有 4.5 mL 无菌水的试管。

三、实验器具

无菌培养皿、无菌吸管、记号笔、接种环、微量移液器、吸头、酒精灯、标签纸、水浴锅。

四、实验操作

（一）制备土壤稀释液

1. 称取土壤 5 g，放入有 45 mL 无菌水的三角瓶中，振荡 5～10 min，即为稀释 10^{-1} 的土壤悬液。

2. 另取装有 4.5 mL 无菌水试管 4 支，用记号笔标上 10^{-2}、10^{-3}、10^{-4}、10^{-5}。

3. 取已稀释成 10^{-1} 的土壤悬液，振荡后静止 0.5 min，用无菌吸管或微量移液器吸取 0.5 mL土壤悬液加入装有 4.5 mL 无菌水的试管中，充分混匀，即成 10^{-2} 土壤稀释液。

4. 同法依次连续稀释至 10^{-3}、10^{-4} 土壤稀释液。

（二）平板混菌法（每组取培养皿 2 付，即每个同学做一只）

1. 先在无菌培养皿底部贴上标签，注明分离菌名、稀释度、操作者。

2. 按无菌操作法吸取 10^{-4} 或 10^{-5} 土壤稀释液 0.5 mL，加在无菌培养皿的一边，在皿的另一边加入 2 滴 5 000 U/mL 链霉素液。此时两液严防相混。

3. 取已熔化的在水浴锅中保温 50 ℃左右的马铃薯蔗糖培养基 2 管，分别倒入上述培养皿中，轻轻转动培养皿，使菌液、链霉素液、培养基充分混匀铺平，但不沾湿皿的边缘，放在平坦的桌面上。

4. 凝固后，倒置于 28～30 ℃恒温培养 5～6 d。观察真菌菌落形态以及计数菌落（见彩图 3-3-3），并计算出每克土壤中真菌的数量。

5. 挑取单个菌落，接种到斜面培养基上作纯化和性能测定，若不纯，需要继续分离。

（三）平板涂布法（每组取无菌培养皿 2 付，在皿底贴上标签）

1. 以无菌操作法先在培养皿中加入 0.5％重铬酸钾溶液 2 滴，取已熔化的淀粉琼脂培养基 2 管，分别倒入培养皿，使培养基与重铬酸钾充分混匀，铺平，制成平板。

2. 凝固后，吸取 10^{-3} 或 10^{-4} 的土壤稀释液 0.2 mL 放在平板上。

3. 用无菌涂棒将稀释液在平板表面涂抹均匀（图 3-3-4）。

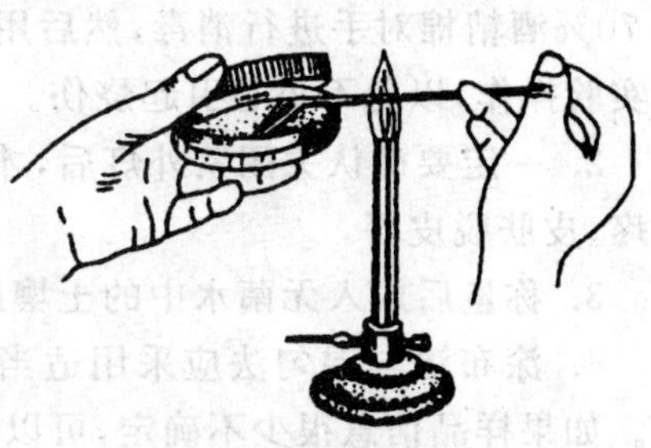

图 3-3-4 平板涂布

4. 倒置于 28～30 ℃条件下培养 6～7 d，观察放线菌菌落形态及计数菌落（图 3-3-5），并计算出每克土壤中放线菌的数量。

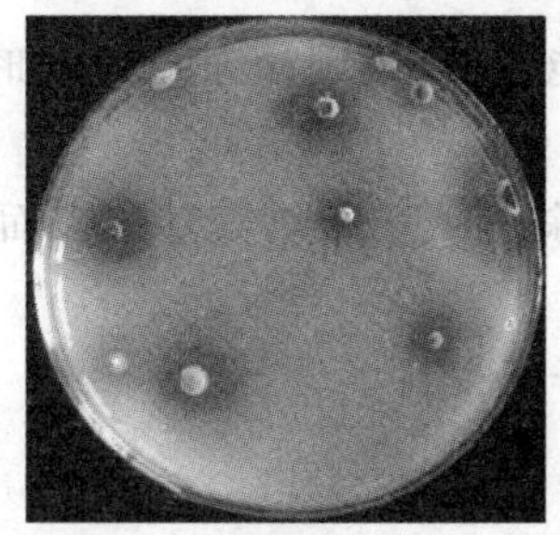

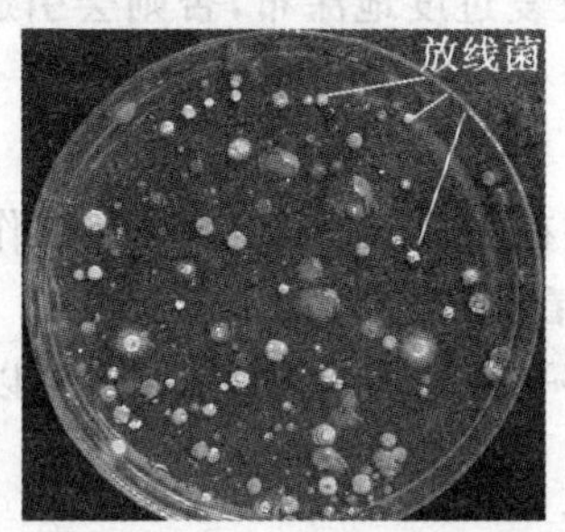

图 3-3-5 分离的放线菌菌落

5. 挑取单个菌落，接种于相应的斜面培养基上，如果不纯，再移植纯化，至最后得到纯培养为止。

（四）平板划线法（每组取无菌培养皿 2 付，在皿底贴上标签）

1. 取已熔化的牛肉膏蛋白胨培养基，倒入平皿，制成平板。

2. 凝固后，用接种环取相应的菌液一环（10^{-5} 或 10^{-6}）在平板上划线。

3. 分区划线法：用接种环以无菌操作法挑取土壤稀释液 1 环，先在培养基的一边做第一次平行划线 3 条，再转动培养皿约 60°角，并将接种环上的剩余物烧掉，待冷却后通过第一次划线部分作第二次划线，同法依次作第三次和第四次划线。划线完毕，倒置于 28～30 ℃温室培养（图 3-3-6）。

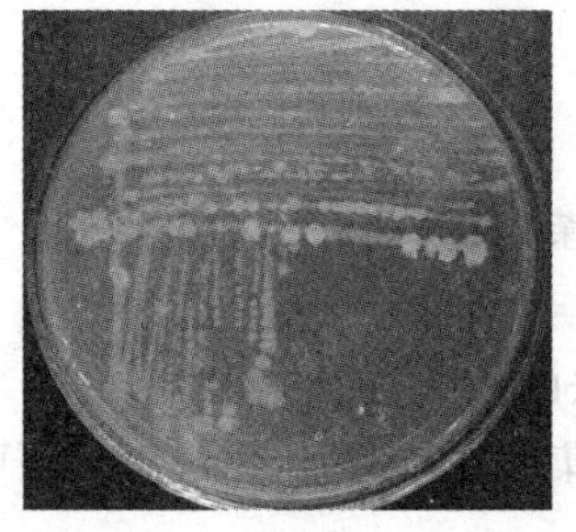

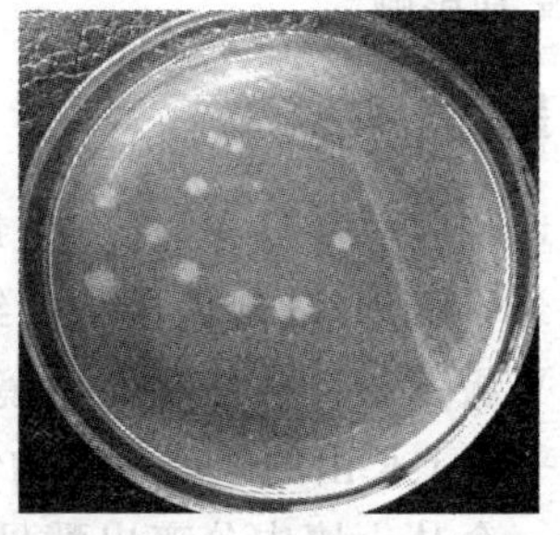

图 3-3-6 分离的细菌菌落

4. 挑取单个菌落接种于斜面培养基上，如果不纯，再移植纯化，最后得到纯培养。

五、注意事项

1. 超净台上尽量少放杂物，使用前应打开超净台上的紫外灯照射 20 min。实验操作前，先用 70%酒精棉对手进行消毒，然后用酒精棉擦拭台面。注意一定要等手上的酒精蒸发后，再进行实验操作，以免不小心引起烧伤。

2. 一定要确认关闭紫外灯后，才能进入无菌室，否则会损伤眼睛与皮肤，引起眼睛的红肿、刺疼、皮肤脱皮等。

3. 称量后放入无菌水中的土壤最后是分散的土样，如果是颗粒状的土壤最好先碾细。

4. 涂布法与混匀法应采用适当稀释度的微生物样品，具体的稀释度要根据具体的样品而定。如果样品信息很少不确定，可以先做一个预实验，选用各相隔百倍的三个稀释度（如 10^{-5}、10^{-7}、10^{-9}）涂布平板。分离时一般都是取 3 个连续稀释度，每个稀释度做 3 个平行样实验。

5. 采用涂布法进行分离时，菌体的涂布应在酒精灯旁的无菌区内进行，防止污染。涂布要均匀，但不能反复过度地涂布，否则会引起菌体的损伤。

6. 稀释涂布法所用的样品量为 0.1～0.2 mL，不能太多，否则涂布后培养时会引起样品四处流淌。

7. 接种环在平板或斜面上划线，动作要轻、勿划破斜面或平板培养基的表面。一般划完线，以仔细看才能看到痕迹为宜。

8. 在观察平板培养物时，一般不可以完全打开盖子观察。

六、评议

1. 涂棒浸在酒精（95%以上）中，使用时取出，在酒精灯火焰上过一下，点燃涂棒上的酒精后就离开火焰，等到火熄灭、冷却后，即可使用。不要将涂棒直接在酒精灯火焰上烧烤，否则易断裂。涂棒的冷却可在盖子上或没有样品的培养基上进行。

2. 分离不同类型的微生物应采用不同的稀释度来进行，如分离细菌时，要取较高的稀释度，否则菌落连成一片不能计数。一般 9 cm 平板上分布 100～300 个菌落比较合适，便于观察与计数。

3. 放线菌的培养时间较长，故制平板的培养基用量可适当增多。

4. 土壤与污泥样品中微生物的含量相对较高，既可直接进行稀释分离，也可通过稍许培养后再进行分离，但后者的情况会使优势种的含量越来越多，而劣势种含量下降甚至消失，微生物菌体多样性会受到影响。

七、思考题

1. 记录土壤稀释分离结果，计算出每克土壤中细菌、放线菌和霉菌的数量。

2. 分别记录平板划线、斜面接种的结果，并进行自我评价。

3. 试比较平板菌落计数法和显微镜下直接计数法的优缺点及应用。

4. 当你的平板上长出的菌落不是均匀分散的而是集中在一起时，你认为问题可能出在哪里？

5. 试设计一个从土壤中分离出酵母菌的实验。

3-4 目标微生物的初筛

一、实验原理

分离、纯化只能将样品中的微生物以单菌落的形式分开，而要获得目标微生物还应采用适当的方法从中进行筛选。一般微生物的筛选采用两步进行，即初筛与复筛。首先进行以量为主的大范围的初筛，以便获得大量的具有潜在应用价值的微生物，然后再通过以质为主的复筛确定获得活性较高的优质菌株。

1. 初筛、纯培养：根据目的微生物特殊的生理特性或利用某些代谢产物生化反应来设计分离培养基，对大量混杂微生物进行初步分离。初筛过程中应把握好三点：① 快速，要尽快预测或预见所筛选的目的微生物；② 敏捷，迅速处理好众多的样品(采样)；③ 经济，通过一次筛选要得到具有广泛目标的有用微生物。

将富集培养的样品进行适当稀释后，涂布接种到特定的琼脂培养基上进行培养，使其形成单菌落，并观察微生物各种代谢产物在琼脂平板上的典型反应(表 3-4-1)。

表 3-4-1 微生物代谢产物的快速检测方法

代谢物	检测方法
淀粉酶	以碘着色，显示淀粉溶解与消化情况
蛋白酶	以酪素(1%脱脂牛奶)的溶解度来检测
脂肪酶	在橄榄油琼脂中加入 0.05～0.25% O_sO_4溶液，显出消除乳化的变化
果胶酶	果胶(1.5%聚甲胶钠)的液化，聚糖的沉淀
核酸酶	用盐酸湿润可见无水核苷酸的沉淀或用丫啶橙在紫外光下检测荧光，以 DNA 改变联甲苯胺蓝的荧光
磷酸脂酶 C	可由水溶性溶血卵磷脂形成，卵磷脂琼脂的浑浊区
纤维素酶	从纤维素琼脂中清除滤纸纤维，形成清除区
脂酶	在培养基中从吐温-20 和 $CaCl_2$脱掉月桂酸后形成月桂酸钠的沉淀。或通过水解 7-羟基-4-甲基伞形酮产生的 7-羟基-4-甲氧基香豆素形成荧光
过氧化物酶	喷雾，p-茴香胺-H_2O_2
酶抑制剂	用含有酶的琼脂，通过酶的抑制反应区域进行筛选
有机酸	以 pH 指示剂反映呈色变化，或在琼脂中放入 $CaCO_3$通过其溶解程度来观察

(1) 透明圈法(水解圈)：在平板培养基中加入溶解性较差的底物如碳酸钙等，使培养基呈浑浊状态。能分解底物的微生物便会在菌落周围形成肉眼可见清晰的透明圈，圈的大小初步反映该菌株利用底物的能力。该法在分离水解酶(几丁质酶、壳聚糖酶、脂肪酶、淀粉酶、蛋白酶、核酸酶)产生菌时常采用。如在分离淀粉酶产生菌时，培养基以淀粉为唯一碳源，根据淀粉遇碘变蓝色的特性，培养后滴加碘液，菌落周围出现透明圈的大小可以初步判断淀粉酶活性的高低。在分离乳酸产生菌时，由于乳酸是一种较强的有机酸，在培养基中加入的碳酸钙不仅有鉴别作

用(菌落周围清晰地观察到碳酸钙溶解),还有酸中和作用。

(2) 变色圈法:对于一些不易产生透明圈的菌株,可在底物平板中加入指示剂或显色剂,如筛选果胶酶产生菌时,用含0.2%果胶为唯一碳源的培养基平板,对含微生物样品进行分离,待菌落长成后,加入0.2%刚果红溶液染色4 h,具有分解果胶能力的菌落周围便会出现绛红色水解圈。在分离谷氨酸产生菌时,可在培养基中加入酸碱指示剂溴百里酚蓝(变色范围在pH 6.2~7.6),当pH在6.2以下时为黄色,pH 7.6以上时为蓝色。若平板上出现产酸菌,其菌落周围会变成黄色,可以从这些产酸菌中筛选谷氨酸产生菌。分离内肽酶产生菌,除了用酪蛋白作底物平板产生透明圈进行鉴别外,还可以用吲羟乙酸酯为底物加到分离培养基中,产生蛋白酶的菌落由于水解吲羟乙酸酯为3-羟基吲哚,后者能氧化生成蓝色产物,根据呈色圈便可选出平板上产蛋白酶的菌落。

在进行解脂微生物的分离时,多采用固体平板的变色圈法,以吐温为底物,尼罗蓝(Nile blue)作为指示剂,根据变色圈大小来判断脂肪酶活性的高低;也可用甘油三丁酸酯为底物,罗丹明B为指示剂,以荧光圈的大小来测定。还可以将采集的含菌样品用含橄榄油的培养基进行富集,再用含溴甲酚紫的平板进行分离和初筛,选出产酶菌株。最常使用的方法是把维多利亚蓝和脂类底物混合,制成维多利亚蓝乳脂琼脂培养基平板,起始培养基调为中性,当具有脂解能力的菌落产生的脂肪酶水解油脂底物,使pH值由中性下降到微酸性或酸性时,阳性解脂反应显示粉红到蓝色的变化。如培养基起始pH值为碱性,则阳性解脂反应从咖啡色到蓝绿色,能使脂类底物和解脂后的脂肪酸区别开来。

(3) 抑菌圈(zone of inhibition)法:琼脂块培养法,常用于抗生素产生菌的分离筛选。据估计,筛选1万个菌株才能得到1株有用的生产菌。因此设计一个准确、迅速的筛选模型十分重要。抑菌圈法是常用的初筛方法,指示菌采用抗生素的敏感菌。若被检菌能分泌某些抑制菌生长的物质,如抗生素等,便会在该菌落周围形成指示菌不能生长的抑菌圈。采用该方法已经得到很多有用的抗生素,如春雷霉素和青霉素等。

(4) 生长圈法:利用某些具有特殊营养要求的微生物作为指示菌,要分离的微生物能在一般培养条件下生长而合成该营养物而使指示菌能生长,形成生长圈。生长圈法通常用于分离筛选氨基酸、核苷酸和维生素的生产菌。指示菌是一些相对应的营养缺陷型菌株。将待检菌涂布于含高浓度的指示菌并缺少所需营养物的平板上进行培养,若某菌株能合成平板所需的营养物,在该菌株的菌落周围便会形成一个混浊的生长圈。如嘌呤营养缺陷型大肠杆菌与不含嘌呤的琼脂混合倒平板,在其上涂布含菌样品保温培养,周围出现生长圈的菌落即为嘌呤产生菌。同样,只要是筛选微生物所需营养物的产生菌时,都可采用生长圈法。

2. 复筛:分离出的微生物经过初筛鉴定、生产菌株的性状试验以后,要进行复筛,用液体培养基进行摇瓶培养、小型发酵罐培养以及提取试验等。另一方面进一步考察供试菌株的生产水平,同时摸索、确定筛选菌株的最佳发酵工艺条件。

总之,设计一种简便、快速、有效的菌种分离与筛选模式是有效地从自然界中获取目的微生物的重要步骤。

二、实验试剂

1. 0.9%生理盐水;碘液。

2. 几丁质或壳聚糖分解菌筛选培养基。

1) A1 液：75 mL 0.4 mol/L HCl 溶液中加入 2 g 壳聚糖，用玻棒将其搅匀（或者 4 ℃条件下搅拌一晚上），使其成均一的胶状物质，然后用 2 mol/L NaOH 溶液缓慢将其调 pH 至 5.0。最后定容至 200 mL。

2) A2 液：5 g 几丁质中加入 50 mL 浓盐酸，搅拌 30 min 后加入 250 mL 冰蒸馏水，搅匀，4 ℃静置，待分层后弃去上清液，重新加入冰蒸馏水，重复以上操作至溶液 pH 为 5.0 左右。真空抽滤去掉几丁质中的水分，即制成胶体几丁质。

3) B 液：K_2HPO_4 2.0g，KH_2PO_4 1.0 g，$MgSO_4 \cdot 7H_2O$ 0.7 g，NaCl 0.5 g，KCl 0.5 g，$CaCl_2$ 0.1 g，酵母抽提粉 0.5 g，琼脂粉 15 g，加水定容至 1 000 mL。

A1 液与 B 液 120 ℃灭菌后等量混合，倒平板即为胶体壳聚糖平板。

A2 液与 B 液 120 ℃灭菌后等量混合，倒平板即为胶体几丁质平板。

3. 淀粉水解培养基：可溶性淀粉 0.2%、蛋白胨 1%、牛肉膏 0.3%、NaCl 0.5%、琼脂 1.5%，pH 7.4～7.8。

4. 牛奶培养基：蛋白胨 1%、牛肉膏 0.5%、NaCl 0.5%、1.5%的牛奶、琼脂 1.5%、pH 7.2。脱脂奶粉用水溶解后单独灭菌，灭菌后混合，铺板。

5. 酪素培养基：牛肉膏 0.3%、酪素 1%、NaCl 0.5%、琼脂 1.5%，pH 7.6。即先将酪素用少量的 2% NaOH 溶液湿润，用玻璃棒搅动，再加适量蒸馏水，在沸水浴中加热并搅拌至完全溶解，加入其他成分，定容，调整 pH。

6. 脂肪酸分解菌筛选培养基：橄榄油 1%、聚乙烯醇 0.1%、$(NH_4)_2SO_4$ 0.3%、K_2HPO_4 0.2%、$MgSO_4 \cdot 7H_2O$ 0.1%、NaCl 0.05%、琼脂 1.5%，pH 7.2，调好 pH 后，1 000mL 培养基中加入 12 mL 0.4g/L 溴甲酚紫作指示剂，灭菌。

7. 油脂培养基：蛋白胨 1%、牛肉膏 0.5%、NaCl 0.5%、香油或花生油 1%、琼脂 1.5%、pH 7.2。调好 pH 后，1 000 mL 培养基中加入 1 mL 1.6%中性红。

8. 纤维素分解菌筛选培养基：KH_2PO_4 0.2%，$(NH4)_2S0_4$ 0.14%，$MgSO_4$ 0.03%，$CaCl_2$ 0.03%，$FeSO_4$ 0.0005%，$MnSO_4$ 0.00016%，$ZnCl_2$ 0.00017%，$CoCl_2$ 0.0002%，羧甲基纤维素钠 CMC 2%，琼脂 1.5%，Na_2CO_3 1%（分开灭菌），适当 pH。

9. 果胶酶产生菌分离培养基：果胶 4 g、蛋白胨 3 g、NaCl 5 g、琼脂 15～20 g、pH 7.0～7.2 定容 1 000 mL，115 ℃，灭菌 20 min。

三、实验器具

无菌培养皿、无菌吸管、记号笔、接种环、微量移液器、吸头、酒精灯、水浴锅。

四、实验操作

（一）几丁质或壳聚糖酶菌株的分离纯化

1. 观察富集样品（菌液相对混浊、壳多糖颗粒似溶化）。

2. 将富集样品稀释 100～1 000 倍。

3. 各取 10^{-2}、10^{-3}、10^{-4} 样品 0.2 mL（每个稀释度两个平板）涂胶体几丁质或胶体壳聚糖平板，放入培养箱 28～30 ℃培养 2～7 d。

4. 观察平板上微生物的生长情况以及透明圈的形成情况(图 3-4-1)。

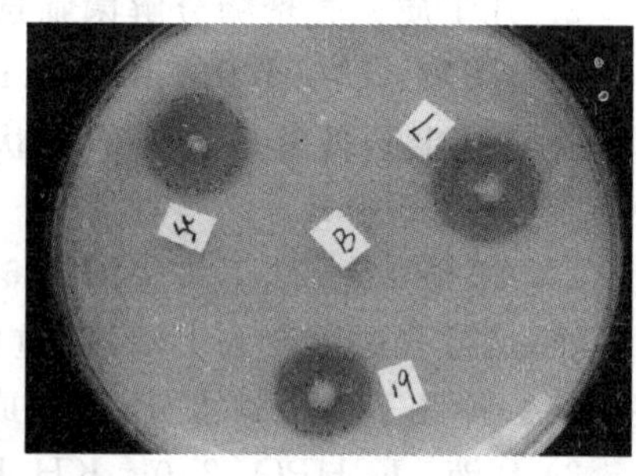

图 3-4-1　壳聚糖分解菌以及透明圈

5. 选取透明圈与菌落直径比值比较大，且菌落生长状况较好的菌株，接入斜面培养基，4 ℃保存。

6. 接入液体培养基中培养适当时间，然后测定酶活并进行复筛(具体见实验 8-1)。

(二) 淀粉酶产生菌

1. 样品进行适当稀释后，取 0.2 mL 涂布淀粉水解培养基平板。

2. 放入培养箱 30～32 ℃培养 2 d 以上。

3. 在菌落周围滴加碘液，观察水解圈的形成情况(见彩图 3-4-2)，测定水解圈直径与菌落直径的比值。

4. 移植并进一步纯化水解圈与菌落直径比值较大的菌株，培养后 4 ℃冰箱保存。

5. 接入液体培养基中培养适当时间，测定酶活复筛(实验 8-2)。

(三) 蛋白酶产生菌

1. 取少量土样加入生理盐水中，梯度稀释到适当的浓度。

2. 取 0.1～0.2 mL 稀释样涂布于酪素培养基平板或牛奶培养基平板上，放入 30～37 ℃培养箱中倒置培养 2～7 d。

3. 观察平板上菌落周围的蛋白水解圈的形成情况，测定水解圈直径与菌落直径，选择水解圈直径与菌落直径比值大的菌株进行编码。

4. 转接到斜面培养基中，培养后 4 ℃冰箱保存。

5. 接入液体培养基中培养适当时间，然后测定酶活并进行复筛(实验 8-3)。

(四) 脂肪分解菌

1. 将混浊的富集样品进行适当的稀释(10^2～10^4)。

2. 各取 10^{-2}、10^{-3}、10^{-4}样品 0.2 mL(每个稀释度两个平板)涂布脂肪分解菌筛选培养基平板，放入培养箱 30～37 ℃培养 2～7 d。

3. 观察平板上菌落周围变色圈的形成情况(图 3-4-3)。如有变色圈形成，说明该菌株能分解利用培养基中的脂肪。

4. 测定变色圈直径和菌落直径，计算两者之间的比值作为初筛依据，选出酶活性较高的菌株接入斜面培养基，培养后 4 ℃保存。

5. 接入液体培养基培养适当时间，测定酶活并进行复筛(实验 8-4)。

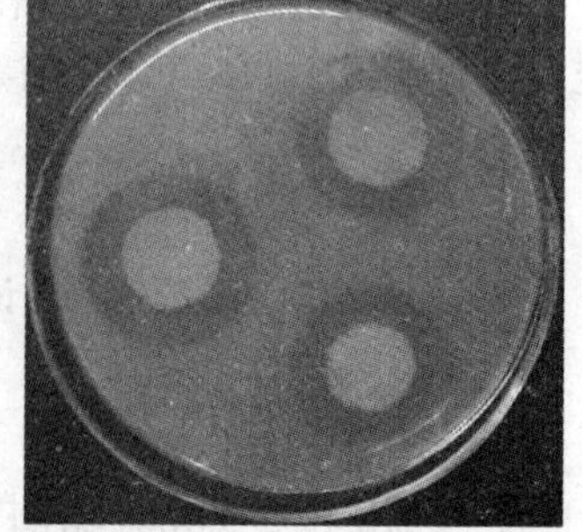
图 3-4-3　脂肪分解菌

(五) 纤维素酶菌株

1. 将混浊的富集样品进行适当的稀释(10^{-2}～10^{-4})。

2. 各取 10^{-2}、10^{-3}、10^{-4}样品 0.2 mL(每个稀释度两个平板)涂布纤维素分解菌筛选培养基平板，放入培养箱 30～37 ℃培养 2～6 d。

3. 加入适量 0.1%刚果红溶液染色 1 h。

4. 弃去染液，加入适量 1 mol/L NaCl 溶液，洗涤 1 h。若细菌产生纤维素酶，则在菌落周围会出现清晰的水解圈(见彩图 3-4-4)。

5. 依据水解圈的直径大小选择产酶菌株，接入斜面培养基，培养后置 4 ℃保存。

6. 将所选菌株进行液体发酵，测定酶活并进行复筛(实验 8-5)。

(六) 果胶酶产生菌

1. 样品进行适当稀释后，取样品 0.2 mL 涂布果胶酶产生菌分离培养基筛选平板。

2. 放入 30～37 ℃培养箱中，倒置培养 2～5 d。

3. 观察透明圈生成情况。

4. 测定其酶活并进行复筛。

五、注意事项

1. 在配制胶体几丁质平板时，先用研钵将胶体几丁质的块状物研磨成分散的糊状物，再加水稀释到适当浓度。

2. 在用盐酸溶解壳聚糖后，回调 pH 时操作一定要缓慢，即边搅拌边加 NaOH，防止结块。

3. 配制培养基过程中不能使用已变质的油，分装或倒培养基时需要不断地搅拌，使油脂均匀分布于培养基中。

4. 配制油脂培养基时，应使油和琼脂及水先加热，调节好 pH 后再加入中性红使培养基稍呈红色为止。

六、评议

1. 有的培养基还兼有选择性和鉴别性两种性能，如胶体几丁质培养基即可有效地抑制非产生几丁质酶菌株的生长，又能使产几丁质酶菌株很好生长并形成有透明圈的菌落。

2. 在实验中往往可以通过设计合适的培养基将微生物的分离与筛选工作结合起来进行，这样既可以减少工作量，使目的微生物的获取更有效率。此外，初筛获得的菌株应进一步进行液体发酵条件的实验，然后通过测定酶活来确定菌株产酶的效率。

3. 同一平板上菌株酶活性可根据菌落直径与透明圈(变色圈)直径的比值得到初步的确定，一般筛选菌菌落直径较大，且水解圈直径与菌落直径的比值较大的菌株具有较强的繁殖能力和水解底物的能力。但在不同的平板上因培养基的厚度等影响有时无法进行比较。

4. 在平板培养基上，三氯醋酸能与未被分解的酪蛋白产生沉淀，产酶菌株水解酪蛋白，菌落周围出现透明圈，产酶越多，透明圈越大。所以在菌落形成后，在平板上滴加 0.4 mol/L 三氯醋酸溶液，以铺满菌落为度。

5. 可以用 0.4% 微晶纤维素钠(Microcrystalline Cellulose，MCC)代替羧甲基纤维素钠(Carboxymethylcellulose Sodium，CMC)。

七、思考题

1. 如何分离具有各种酶活性的细菌？

2. 如果要分离产各种酶类的真菌，实验方案应该做哪些变动？

3－5 苯酚降解菌的分离

一、实验原理

苯酚及其衍生物是一类天然的或人工合成的芳香族化合物，是重要的化工原料，被广泛应用于酚醛树脂、杀虫剂、染料、农药和医药的生产中。苯酚是一种常见的水溶性有机污染物，广泛存在于化工、造纸、钢铁等工业废水中。苯酚本身是有毒的有机化合物，具有使蛋白质变性的作用，对皮肤黏膜有腐蚀性；含酚污水的排放污染水源，毒死鱼虾，危害庄稼，此外，它还可以作用于中枢神经而引起痉挛，严重危害人类的健康。美国环保局和我国相继把苯酚列入有毒污染物名单。

在工业废水的生物处理中，常可选育特定的高效菌种进行处理。这些高效菌具有处理效率高、耐受毒性强等优点。从废水中分离到的苯酚降解菌能在以苯酚为单一碳源和能源的无机培养基上生长。通过筛选酚降解微生物来掌握特定高效菌种的常规分离方法。

二、实验试剂

1. 酚降解菌富集培养基：蛋白胨 0.5 g、K_2HPO_4 0.1 g、$MgSO_4$ 0.05 g，定容至 1 000 mL，pH 7.2～7.4，115 ℃灭菌 30 min。制备平板时加适量苯酚(50 mg/L)。

2. 分离培养基：$(NH_4)_2SO_4$ 1 g、K_2HPO_4 0.2 g、$MgSO_4$ 0.05 g，定容至 1 000 mL，pH 7.2～7.4，115 ℃灭菌 30 min。

三、实验器具

摇床、恒温培养箱、250 mL 锥形瓶、微量移液器、吸头。

四、实验操作

(一) 富集培养

1. 采集工业废水的生物处理的活性污泥样品。

2. 将采集的样品分别接种在富集培养基中，加适量苯酚(50 mg/L)，在 30 ℃摇床(140 r/min)上振动培养 3～5 d。

3. 待菌长出后，用无菌移液管吸取 0.15 mL 菌液转至另外装有 100 mL 液体培养基的三角瓶中培养 24 h。

4. 如此连续 4～5 次，所加苯酚浓度随着转接次数逐渐适量增加(200、300、400、500、600、800 mg/L)。

(二) 单菌株分离

1. 在无菌培养皿中加入数滴浓酚液，再将加热熔化并冷却至 50 ℃左右的分离培养基倾入平皿内，使培养基内最终酚浓度为 100 mg/L 左右。

2. 将富集样品稀释分离，倒置平皿，在 30 ℃下培养 48 h 和 72 h，分别挑取单菌落至分离培养基固体斜面上，28 ℃培养 48 h。

3. 将斜面培养物再次在含有酚液的分离培养基平板上作划线分离，培养后长出单菌落证明无杂菌后，接入斜面，培养后置于冰箱中待测。

4. 用四氨基安替比林比色法测定培养液中残留酚的浓度，并算出酚的去除率(实验 8-7)。

五、注意事项

苯酚是有腐蚀性的物质，使用过程中应注意安全。

六、评议

凡酚分解能力较强且又能形成菌胶团的菌株其分解效果较好。菌胶团形成能力试验方法如下：

1) 将已选得的酚分解能力较强的斜面菌株，分别接种在盛有 50 mL 灭菌的尿素培养基和蛋白胨培养基的容量为 250 mL 的锥形瓶内。

2) 28 ℃摇床上振荡培养 12～16 h，凡能形成菌胶团的菌株，培养物形成絮状颗粒，静置后沉于瓶底，液体澄清。

七、思考题

要分离形成菌胶团能力强的菌种，应在何处取样最为妥当？

3-6 表面活性剂降解菌的分离

一、实验原理

随着人民生活水平的不断提高，洗衣机日益普及，合成洗涤剂消耗量迅速上升。洗涤用品中所用的表面活性剂以阴离子型为主，其中直链烷基苯磺酸盐(linear sodium alkylbenzenesulfonate, LAS)用量最大，其次为脂肪醇硫酸盐、脂肪醇聚氧乙烯醚硫酸盐、烷基磺酸盐等。肥皂是最古老的阴离子表面活性剂，迄今仍然是重要的洗涤用品。近年来，非离子型表面活性剂如脂肪醇聚氧乙烯醚等的用量有较大的增长。

表面活性剂 LAS 作为阴离子表面活性剂具有良好的去污、乳化、渗透等能力，得到广泛的应用，其产量约占洗涤剂总用量的 40%左右。但 LAS 本身有一定的毒性，在使用过程中并未真正耗去，而是随着生活污水或工业废水进入到城市污水处理厂中，造成曝气池泡沫增多，影响到充氧效果并可因飞沫增多而影响周围的环境卫生。表面活性剂还难以被污泥微生物所降解，从而影响到废水的处理效果。

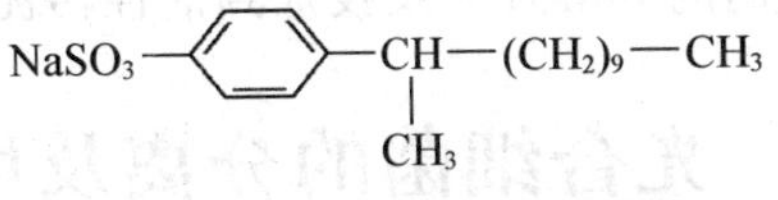

$$NaSO_3-C_6H_4-\underset{\displaystyle CH_3}{\underset{|}{CH}}-(CH_2)_9-CH_3$$

图 3-6-1 表面活性剂直链烷基苯磺酸盐的结构

已从土壤、污水和活性污泥中分离能以表面活性剂为唯一碳源和能源的微生物，主要是假单胞菌属(*Pseudamonas*)、邻单胞菌属(*Plesiomonas*)、黄单胞菌属(*Xanthomonas*)、产碱杆菌属(*Alcaligenes*)、微球菌属(*Micrococcus*)、诺卡氏菌属(*Nocardia*)等，固氮菌属除拜氏固氮菌(*Azotobacter bezerinkii*)外，都是表面活性剂的积极分解者。在含去垢剂的污水中培养固氮菌是很有意义的，因为固定了大气中的氮，水中含有机氮化物，就可促进其他微生物生长，从而提高去垢剂的降解速率。

微生物对去垢剂的降解能力依赖于降解质粒的存在，与LAS降解有关的酶如脱磺基酶和芳香环裂解酶的编码基因均位于质粒上。

二、实验试剂

1. 表面活性剂分解菌培养基：$Na_2HPO_4 \cdot 12H_2O$ 0.07 g，NH_4NO_3 6 g、KCl 0.1 g、KH_2PO_4 1 g、K_2HPO_4 1 g、$MgSO_4 \cdot 7H2O$ 0.5 g、$CaCl_2 \cdot 2H_20$ 0.05 g、表面活性剂(LAS) 0.03 g、蒸馏水 1 000 mL，pH 7.0。

2. 1 mol/L NaOH溶液；1 mol/L H_2SO_4溶液；氯仿；亚甲蓝试剂；LAS标准浓度溶液。

三、实验器具

摇床、锥形瓶、玻璃珠、石英砂、分光光度计、滤光光度计、分液漏斗、酚酞指示剂。

四、实验操作

1. 采样：从洗涤剂生产厂下水道的泥、土壤、城市污水处理厂曝气池活性污泥及其他洗涤剂耗量较多的印染厂、毛纺厂的废水生物处理构筑物中采集分离源样品，置于无菌小瓶内，并注明采样地点、来源、日期等。

2. 富集：将样品分别加入含表面活性剂的培养液500 mL锥形瓶内，接种量为1～5 g，视样品中细菌数量多少而定。培养液中表面活性剂量可为原配方含量的2～5倍。将锥形瓶置于摇床上，在28 ℃振荡培养3～5 d，以富集表面活性剂分解菌。

3. 单菌株分离：按常规平板分离法，将富集培养物在表面活性剂分解菌琼脂培养基平板上划线或稀释分离，经培养后挑取单菌落接入斜面培养基，然后进行纯化。

4. 表面活性剂分解能力的测定：在锥形瓶中加入表面活性剂分解菌培养液，然后接入斜面中保存的编号菌株，在28 ℃振荡培养一段时间后，采用“亚甲基蓝法”测定培养前后培养液中表面活性剂LAS的含量(实验8-8)。

5. 挑取表面活性剂分解能力较强的菌株，经扩大培养后投加到泡沫较多的活性污泥处理系统曝气池中，观察泡沫量的减少程度及COD去除率的提高程度，以考察入选菌株对表面活性剂的分解性能。

五、思考题

分析分离的菌株对表面活性剂的分解效果及投加到活性污泥中后对处理效果的影响。

3-7 光合细菌的分离及培养

一、实验原理

光合细菌(photosynthetic bacteria)是地球上最古老的细菌之一，由一大类具有光合色素，能在厌氧、光照条件下进行不放氧光合作用的原核生物组成，其广泛存在于水沟、湖、海等自然水体，几乎存在于所有光能可供利用的地球生物圈的各处。目前所知的光合细菌可分为着色杆菌科（又称红色硫细菌，Chromatiaceae），红螺菌科（紫色非硫细菌，Rhodospirillaceae）、绿色硫细菌（Chlorobiaceae）、滑行丝状绿硫菌（Chloroflexaceae）、含细菌叶绿素的专性好氧菌（Aerobichemotrophic Bacteria with bchl）等几大类。在不同环境中，光合细菌表现出固氮、脱氮、固碳、有机物和硫化物氧化等多种不同的功能，在自然界碳、氮、硫循环中起着重要的作用。

光合细菌不仅对多种有机物有较强的分解能力，而且能耐受高浓度的盐分，对氰、酚等有毒物质的耐受性较强。如光合细菌中紫色非硫细菌在光照厌氧或黑暗好氧条件下，都具有降解高浓度有机物的能力，它们既不像好氧的活性污泥微生物那样受污水中溶解氧浓度的限制，又不像严格厌氧的甲烷细菌等对氧的存在非常敏感，即使生境中氧量增加，其降解有机物的活性也不受抑制，产生的菌体又可作为重要的资源加以利用。

自20世纪60年代起日本首先开展了光合细菌法处理有机废水的试验研究，先后成功地用光合细菌对粪尿、食品、淀粉、皮革、豆制品等废水进行处理，并建立了一大批大中型实用系统。目前，光合细菌在废水处理方面的研究大致包括有机物、营养盐、重金属、含硫化合物和其他污染物如亚硝胺等的降解和转化，利用光合细菌进行产氢、合成生物可降解塑料——聚β-羟基烷酸（Polyhydroxyalkanoates，PHAs）、合成单细胞蛋白（single cell protein，SCP）等资源化方面的研究。

二、实验试剂

1. 球形红假单胞菌（*Rhodopseudomonas sphaeroides*）与沼泽红假单胞菌（*R. palustris*）。

2. Molisch琼脂培养基：蛋白胨 10 g，甘油（或糊精）5 g，$MgSO_4$ 0.5 g，KH_2PO_4 0.5 g，$FeSO_4$痕量，琼脂 18 g，pH 7.2，0.1 kPa 灭菌 15 min。

3. 范尼尔氏（van Niel）液体培养基：酵母膏 1～2 g，NH_4Cl 1 g，$MgCl_2$ 0.2 g，K_2HPO_4 0.5 g，NaCl 1 g，$NaHCO_3$ 5 g，蒸馏水 1 000 mL，pH 中性，如要高压灭菌，$NaHCO_3$应另作抽滤除菌后添加。

三、实验器具

厌氧培养缸、灭菌的具塞 100 mL 与 250 mL 锥形瓶、200 mL 烧杯、100 mL 量筒、真空泵、焦性没食子酸、碳酸钠、石蜡。

四、实验操作

（一）光合细菌的菌种培养

1. 取球形红假单胞菌和沼泽红假单胞菌原种培养物，分别在 Molisch 琼脂培养基琼脂柱中进行穿刺接种，每种接 2 支。

2. 把经过穿刺接种的试管，每种取 1 支，加入混合石蜡液（由液体石蜡和固体石蜡 1：1 比例，加热后混合配制而成）于试管顶部，作为与氧隔离的封盖，置于 28 ℃下，在 2000～5000 lx 的光照下进行培养。

3. 另取 2 支接种的试管放入厌氧缸内，用焦性没食子酸和碳酸钠反应来吸氧，一般 1 g 焦性没食子酸一个大气压下，具有吸收 100 mL 空气中的氧气的能力，据此可推算出不同大小厌氧缸中吸氧剂的加量。立即将厌氧缸缸盖紧闭，用真空泵抽气 5 min 左右，使厌氧缸内空气减压至 1/3 左右。有条件的还可将过滤除菌的氮气或氩气充入厌氧缸内，使厌氧缸内造成一个理想的厌氧环境。

4. 与石蜡封盖试管相同，置于 28 ℃，光照培养 4～5 d，观察在沿穿刺线上长出鲜紫红色或橘红色的菌苔，即为已生长成功，对两种方法的结果加以比较。

在厌氧缸中的培养管琼脂顶部，加入 1～2 mL 灭菌的液体石蜡，进行保种。

（二）光合细菌的增殖培养

1. 用范尼尔液体培养基加至已灭菌的磨口具塞 250 mL 锥形瓶内，使之接近瓶颈部。

2. 取上述穿刺培养的光合细菌菌种，用接种环挑取部分培养物，转接入瓶内。每种菌各接一瓶，然后再用液体培养基加满至瓶颈口，小心用瓶盖轻轻盖紧，使多余培养液溢出。注意加塞时不要使瓶内留有气泡。

3. 将上述锥形瓶在 28 ℃、2 000～5 000 lx 光照下培养，逐日观察瓶内光合细菌生长情况和出现的颜色变化。

4. 挑取菌种管中部分剩余的培养物，制成涂片，在简单染色后视察，比较两种菌株形态上的差别，并结合穿刺培养和液体培养上的特征，列表记录。

五、思考题

光合细菌对高浓度有机废水的净化作用与其他细菌相比有什么优势？

3-8 抗生素产生菌的分离

一、实验原理

抗生素(antibiotic)是一类由生物在其生命活动过程中产生的次生代谢产物或与之相类似的人工合成衍生物质，在低浓度时就可抑制其他一些生物（主要是微生物）的生命活动。目前发现的抗生素有 70％以上是由放线菌产生的。

放线菌是一类具有菌丝或类菌丝的革兰氏阳性的原核微生物，主要生活在较干燥、偏碱性、有机质丰富的土壤中，特别是我国南方热带及亚热带地区肥沃的土壤中。通常，随着地理分布、植被及土壤性质的不同，放线菌的种类、数量和拮抗性也各不相同，水田土壤由于氧气含量低，放线菌数量少；森林土壤因 pH 值低，耐酸的链霉菌成为优势菌；在碱性土壤中链霉菌的数量较少而游动放线菌属（*Actinoplanes*）和链轮丝菌属（*Streptoverticillium*）等稀有放线菌则较多。若以常规方法进行分离，得到的几乎全部是链霉菌，据报道仅由链霉菌产生的抗生素到 1984 年已发现 3 477 种，获得的有关专利达 4 607 件。因此，人们通常将除链霉菌以外的其他放线菌统称为稀有放线菌。

海洋是新抗生素的重要来源。许多海洋生物体内都含有微生物，这些微生物为宿主抵御病害起着关键作用。因此，从鱼组织和虾消化道里分离筛选抗癌药物和抗炎症药物是一个有效途径。目前，人们除了从一些特殊的地方如极端环境中采样分离抗生素的产生菌，也采用一些特殊的筛选方法，其中检验菌的选择十分重要，如在筛选抗细菌抗生素时，传统上常用金黄色葡萄球菌（*S. aureus*）和枯草芽孢杆菌（*B. subtilis*）作为检验菌。采用联合检验菌，如枯草芽孢杆菌和绿色产色链霉菌（*S. viridochromogenes*）和巴氏梭菌（*Clostridium pasteurianum*），可分离出抗菌活性低、对其他试验菌活性高的新抗生素，如黄色霉素族的抗生素，而这些抗生素在单独使用枯草杆菌时无法检出。

在筛选抗霉菌抗生素时，需根据其特点进行筛选，因霉菌与哺乳动物细胞都是真核细胞，为减少药物对人体的副作用，需挑选对霉菌有抗性但对人体安全的抗生素。由于哺乳动物不含几丁质，因此可先筛选抑制几丁质合成酶的生理活性物质，再从中筛选所需抗生素。抗病毒抗生素及抗肿瘤药物的筛选则可通过敏感细菌培养平板的噬菌斑来判断。

从土壤中分离放线菌的方法很多，其中包括稀释法、弹土法、混土法和喷土法等。由土壤中分离出的放线菌需进一步鉴别是否为需要的抗生菌。首先应根据筛选目的确定试验模型，然后利用培养基平板进行拮抗性测定，常用的方法有琼脂块法和滤纸片法，其主要依据是扩散原理，即观察在抗生菌周围是否会出现明显的抑菌圈，抑菌圈的大小和透明度则表明该菌株抗菌活性的强弱。

二、实验试剂

1. 旱地土壤样品、湖泊底泥样品和海洋沉积物。

2. 高氏 1 号琼脂：可溶性淀粉 2.0%，KNO_3 0.1%，K_2HPO_4 0.05%，$MgSO_4 \cdot 7H_2O$ 0.05%，NaCl 0.05%，$FeSO_4$ 0.001%，琼脂 2.0%，pH 7.2～7.4，0.1 MPa 灭菌 20 min。

3. 250 mL 三角瓶分装 45 mL 无菌水(含 30 粒玻璃珠)，18 mm×180 mm 试管分装 4.5 mL 无菌水。

4. 0.1% $K_2Cr_2O_7$ 母液。

三、实验用具

高压灭菌锅、恒温培养箱、培养皿、移液管、三角瓶、试管、量筒、天平、酒精灯、接种环、涂棒、研钵、采土铲、细目筛、试管架、记号笔、pH 试纸(pH 5～9)、打孔器、游标卡尺、镊子、圆滤纸片、无菌漏斗。

四、实验操作

1. 选取较干燥、有机质丰富的土壤，铲去表层杂草及土粒，采取 5—20 cm 深度的土壤数十克，装入塑料袋内带回实验室分离。

2. 分离培养基的制备、倒平板：将上述经灭菌并冷却到 55 ℃的培养基倒入已灭菌的培养皿中，每皿倒入 20 mL 左右，凝固备用。

3. 接种：采用稀释法。称取分离土样 5 g，加入盛有 45 mL 无菌水的三角瓶中，充分振荡，制成 10^{-1}浓度的土壤悬浮液。待土粒沉淀后，吸取 0.5 mL 上清液，移入装有 4.5 mL 无菌水的试管中，制成 10^{-2}浓度的土壤悬浮液。依此类推，制成 10^{-3}和 10^{-4}浓度的土壤稀释液。吸取 10^{-3}和 10^{-4}两个浓度的稀释液 0.1～0.2 mL，加到分离培养基平板上，用刮刀涂匀。

4. 培养和纯化：将上述接种完毕的培养皿，于 28 ℃恒温箱内倒置培养。若分离嗜热放线菌，则应于 45～50 ℃培养。3～4 d 后可开始挑菌，挑取放线菌菌落，在相应的培养基平板上划线纯化。纯化后的菌体应及时转接到高氏 1 号琼脂斜面上保存。若细菌、霉菌干扰不严重，可延长平板的培养时间，以便挑取生长速度较慢的放线菌。纯化时培养时间可适当延长(7～14 d)，使菌丝成熟，孢子形成。

5. 挑菌时应依据放线菌的菌落特征尽量挑取不同类型的菌落。一般地说，链霉菌的菌落大，气生菌丝丰茂，色泽多种多样；而小单孢菌、诺卡氏菌、流动放线菌等菌落小，光秃，无气生菌丝，色泽鲜艳。应注意选留后几类放线菌。

五、注意事项

1. 土样采集后，应及时进行分离，否则宜将土样放在通风干燥处，使其风干，保藏备用，但保藏时间不宜过长。湖泊底泥样品若不能及时分离，应放于冰箱保存；若在较长的一段时间内不能分离，可将样品放于20%甘油中，−20 ℃冷冻保藏。

2. 分离放线菌的平板应相对厚一些，避免因培养时间过长而干掉。

3. 土样保藏时间不宜过长，因为土样是被破坏了的土壤自然体，原来土壤中的水、热、气等状况改变了，如果时间稍长，一些罕见的“娇气”放线菌容易死亡。

六、评议

1. 若要分离稀有放线菌，如小单孢菌属（*Micromonospora*）、小双孢菌属（*Microbispora*）、游动放线菌属（*Actinoplanes*）或嗜热放线菌等，则可将土样研碎后作干热处理（120 ℃干燥箱中处理 1 h）。在分离时可大大地降低细菌、霉菌以及链霉菌的数量，使稀有放线菌出现的比例提高。

2. 稀释分离时，应根据土样中放线菌的数量来决定稀释倍数。因此，最好在分离前做一次预备分离试验，找出适当的稀释比。通过预备试验，初步测算土样中放线菌、细菌和霉菌的数量关系，以便找出控制细菌和霉菌的对策。若土样中细菌和霉菌过多，可考虑在分离培养基中添加相应的抑菌剂，如可用制霉菌素（50 mg/L）或放线菌酮（50 mg/L）来抑制霉菌；可用链霉素（25～50 U/mL）、卡那霉素（20 mg/L）或诺氟沙星（20 mg/L）来抑制细菌。

3. 由于放线菌生长较慢（一般 4～5 d），与细菌、霉菌相比处于劣势，可利用放线菌孢子耐热的特性，将采回的土样放置于表面皿中于室温下自然风干 5 d，碾碎过筛，并于 50 ℃下烘焙 1 h，将有效杀死一些营养细胞。在处理过的土样中添加 SDS 杀死营养细胞，添加蛋白胨或酵母膏激活土样中的放线菌孢子，从而富集放线菌。

七、思考题

在分离过程中，如何进行土样的预处理和添加抑菌剂？

3-9 厌氧微生物的分离与培养

一、实验原理

呼吸是指生物体进行氧化作用的过程中，最终把氢传递给分子氧形成水或者传递给其他氧化型化合物的过程。如果氢传递给分子氧就叫做有氧呼吸，传递给其他氧化型化合物，例如硝酸盐、硫酸盐、碳酸盐等则称为无氧呼吸，无氧呼吸亦称厌氧呼吸。在厌氧呼吸中，作为最终电子受体的物质是 NO_3^-、NO_2^-、SO_4^{2-}、$S_2O_3^{2-}$、CO_2 等外源含氧无机化合物以及金属和少数有机分子（如 Fe^{3+}、$HAsO_4^{2-}$、SeO_4^{2-}）。

根据接受传递来的氢的化合物的不同，无氧呼吸可分为硫酸盐呼吸、硝酸盐呼吸和碳酸盐呼吸等（图 3-9-1）。

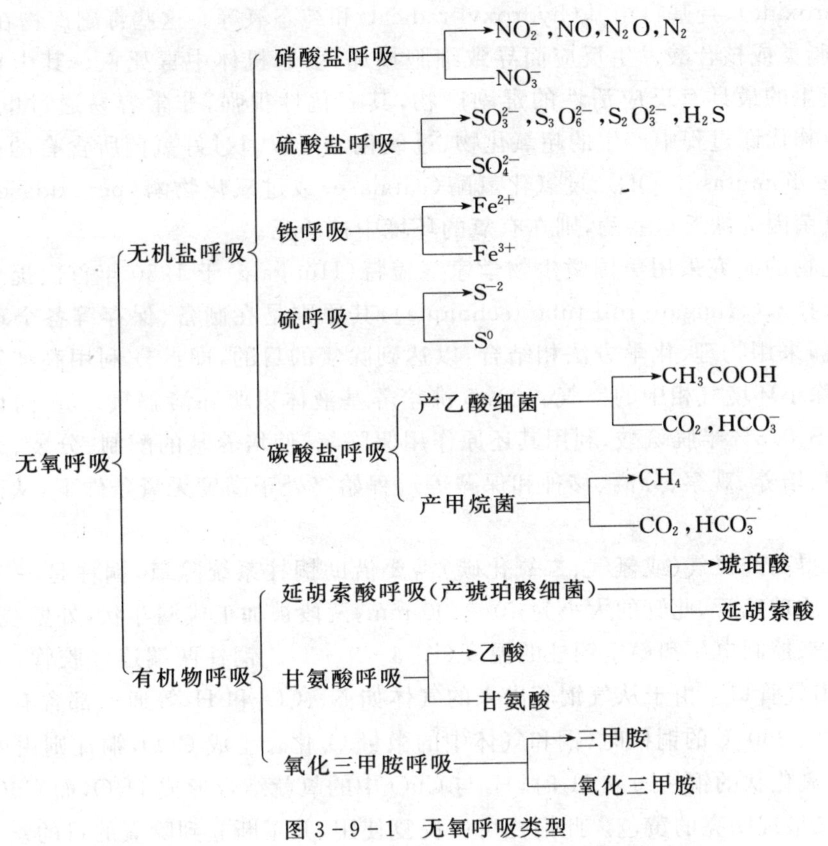

图 3-9-1 无氧呼吸类型

① 硫酸盐呼吸又称硫酸盐还原作用，具有这种呼吸作用的是硫酸盐还原菌，它们严格厌氧。硫酸盐还原形成的主要产物之一 H_2S，不仅会污染大气和水环境，而且还会造成埋藏的金属管道与建筑构件的腐蚀。② 硝酸盐呼吸也称硝酸盐还原作用或反硝化作用，具有这种功能的是兼性厌氧微生物。硝酸盐还原作用又有同化还原和异化还原之分。同化还原的产物是含氨基的化合物，参与细胞中有机氮的合成（例如蛋白质的合成）；异化还原的最终产物是氮气，返回到大气中。③ 碳酸盐呼吸即碳酸盐还原作用，是在厌氧条件下进行的，分为两类，一类为产甲烷菌，产物为甲烷；另一类为产乙酸菌，产物主要或全部是乙酸。

与发酵不同，无氧呼吸也需要细胞色素等电子传递体，并在能量分级释放过程中伴随氧化磷酸化作用而生成 ATP（图 3-9-2）。但由于部分能量在没有充分释放之前就随电子传递给了最终电子受体，故产生的能量比有氧呼吸少。

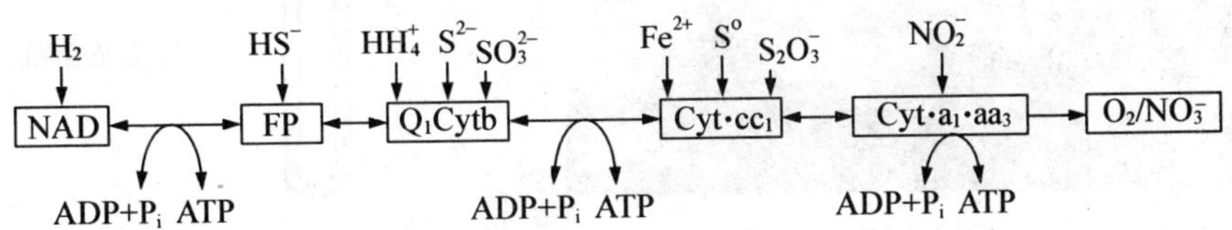

图 3-9-2 无机底物氧化时氢或电子进入呼吸链的部位

厌氧微生物在有氧条件下无法生存，因为氧气是一种反应活性非常高的分子，微生物在有氧条件下生长会产生某些有害的毒副代谢产物，如超氧阴离子自由基(O_2^-)、过氧化氢(hydrogen peroxide)、羟基自由基(hydroxyl radical)和纯态氧等。这些毒副产物在细胞内积累，并与蛋白质、脂类或核苷酸发生反应而导致细胞损坏，引起机体中毒死亡。其中羟基自由基是有氧呼吸中产生的最具有反应活性的毒副产物，其氧化性很强，非常容易通过电离辐射生成。通常好氧微生物代谢过程中产生的超氧化物、过氧化氢可以通过好氧菌所含有的超氧化物歧化酶(superoxide dismutase，SOD)、过氧化氢酶(catalase)或过氧化物酶(peroxidase)被消除而形成水。而厌氧菌因为缺乏这些酶，则在有氧的环境中被杀死。

厌氧微生物的研究采用美国微生物学家亨盖特(Hungate)于 1950 年首次提出并应用的亨盖特厌氧滚管技术(Hungate roll-tube technique)，其原则是在制备、保存等各个环节中驱除和避免接触氧气，采用物理、化学方法相结合，以达到除氧的目的，即：① 利用高纯氮气(或氢气、二氧化碳)驱除小环境气相中的空气。② 煮沸培养基液体以驱除溶解氧。③ 向培养基中加入还原剂如 Na_2S、0.3%半胱氨酸，利用其还原作用驱除氧，使培养基的配制、分装、灭菌和贮存以及菌种的接种、培养、观察、分离、移种和保藏等过程始终处于高度无氧条件下，从而保证严格厌氧菌的存活。

其中要获得高纯氮气(或氢气、二氧化碳)需要借助铜柱系统除氧，铜柱是一个内部装有铜丝或铜屑的硬质玻璃管，此管的大小为 40～400 mm，两段被加工成漏斗状，外壁绕有加热带，并与变压器相连来控制电压和稳定铜柱的温度(图 3-9-3)。铜柱两端连接胶管，一端连接气钢瓶，一端连接出气管口。由于从气钢瓶出来的气体如 N_2、CO_2 和 H_2 等通常都含有 O_2，故当这些气体通过温度约 360 ℃的铜柱时，铜和气体中的微量 O_2 化合生成 CuO，铜柱则由明亮的黄色变为黑色。当向氧化状的铜柱通入 H_2 时，H_2 与 CuO 中的氧就结合形成 H_2O，而 CuO 又被还原成了铜，铜柱则又呈现明亮的黄色。此铜柱可以反复使用，并不断起到除氧的目的。

另外亨盖特厌氧滚管技术中还要使用一种厌氧试管(图 3-9-4)，其管口有丁基橡胶塞，当把菌液稀释，接种到熔化的无氧琼脂培养基中，并用丁基橡胶塞严密塞住厌氧试管的管口、盖好盖子后，平放、并经过均匀滚动，使含菌培养基布满在试管的内表面上，长出许多菌落。

实验流程：铜柱除氧→预还原培养基→稀释用液制备→稀释样品→滚管→培养→记数。

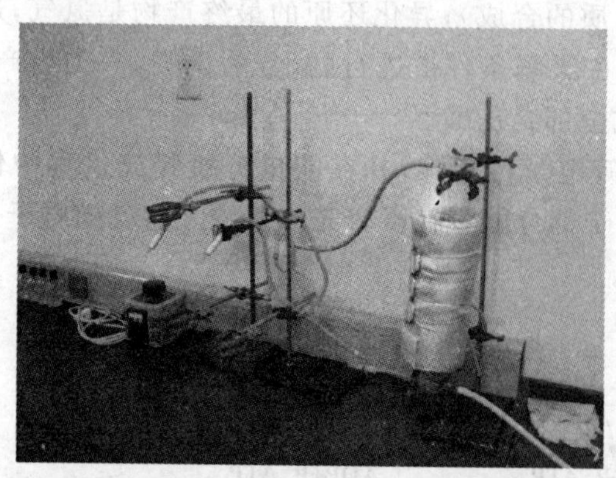

图 3-9-3 调压变压器、铜柱与加热套

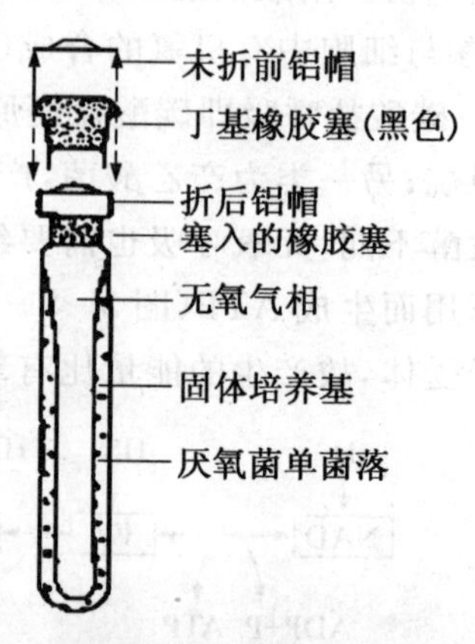

图 3-9-4 厌氧试管

二、实验试剂

1. 厌氧固氮菌培养基：KH_2PO_4 0.2 g、K_2HPO_4 0.8 g、NaCl 0.1 g、$MgSO_4 \cdot 7H_2O$ 0.2 g、$CaSO_4 \cdot 2H_2O$ 0.1 g、甘露醇 10.0 g、$FeCl_3$微量，用蒸馏水定容至 1 000 mL。

2. 厌氧纤维分解菌培养基：$Na(NH_4)HPO_4$ 2 g、K_2HPO_4 1 g、$CaCl_2 \cdot 6H_2O$ 0.5 g、$MgSO_4 \cdot 7H_2O$ 0.5 g、$CaCO_3$ 5.0 g、蛋白胨 1.0 g、纤维素粉 20 g、蒸馏水 1 000 mL。

3. 从土壤或污泥中分离厌氧固氮菌以及厌氧纤维分解菌。

4. 0.1%刃天青(resazurin)母液(W/V)。

三、实验用具

装有分压表的氮气钢瓶、氢气钢瓶、调压变压器、铜柱和铜柱固定架、高压灭菌锅、15 mL 厌氧试管、厌氧瓶(50 mL)、异丁烯橡胶塞、电炉、圆底烧瓶(500 mL、1 000 mL)、各种规格的定量注射器(1 mL、2 mL、5 mL)、18＃针头、微量移液器、吸头、酒精灯等。

四、实验操作

(一) 高压钢瓶的使用

1. 钢瓶上装上配套的减压阀，检查减压阀是否关紧，逆时针旋转调压手柄至螺杆松动为止(图 3-9-5)。

2. 打开钢瓶总阀门，此时高压表显示出瓶内贮气总压力。

3. 慢慢地顺时针转动调压手柄，至低压表显示出实验所需压力为止。

4. 停止使用时，先关闭总阀门，待减压阀中余气逸尽后，再关闭减压阀。

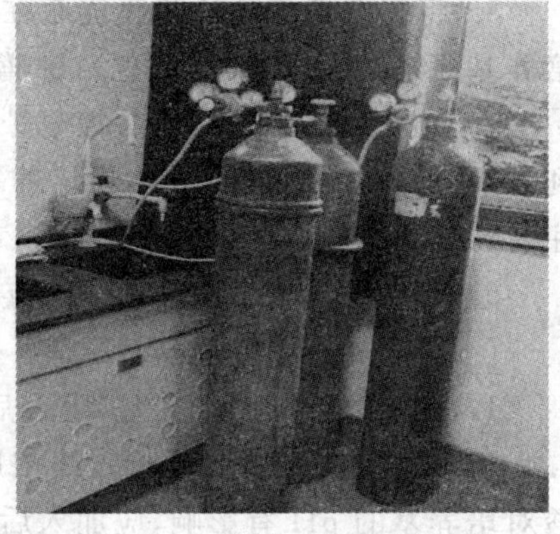

图 3-9-5 不同气体钢瓶与压力表

(二) 高纯无氧 N_2的制备

1. 接通电源：把输出电压缓缓地从 0 V 分级升到 50～90 V 之间，调电压的过程持续 5 s。大约 20 min 后，铜柱温度能达到 350 ℃左右。

2. 待铜柱温度升至 350 ℃左右时，加热套触摸起来比较烫，开启氢气钢瓶并形成气流，使铜柱内的铜丝还原。

3. 待铜丝被氢气还原呈现纯紫铜铮亮色，同时把里面的水蒸气也排出完全后，关闭氢气钢瓶，压力表指针降为零；打开氮气钢瓶，气流大小以把针头对准操作者手背 5 cm 距离明显感觉到气流为宜，并随时注意气流是否足够。

4. 使用完毕后，先关紧氮气钢瓶，使压力表的指示针回至零位，接着关闭电源，使变压器指示调回至 0 V 处。

(三) 无氧无菌水的配制

1. 将 500 mL 一定浓度的 NaCl 溶液沿玻璃棒倒入固定在铁架台上的 1 000 mL 圆底烧瓶中，最好放入几个防爆玻璃珠。向 500 mL 水中加入终浓度为 0.000 1%刃天青，即加入0.5 mL 0.1%刃天青母液(W/V)，并加入 0.25 g 半胱氨酸(L-cysteine)(终浓度 0.05%)。在烧瓶外壁溶液水平面处划一刻度后，加入适量水。

2. 视所加水总量而定煮沸 5～10 min，根据水中含氧量的下降刃天青经历紫色→红色→无色的颜色变化，当溶液变为无色后，再煮沸 5 min，然后通高纯氮气 1～2 min。

3. 分装的过程可以不用继续加热，用 10 mL 定量注射针筒抽进氮气流，再打出洗气(三次以上)，然后抽取 9 mL 无氧水注入已换气的 15 mL 厌氧管(或血清瓶)中；注厌氧管(或血清瓶)后，需要等待通气 5～10 s，以置换瓶中空气，在抽出氮气流针头的同时塞紧异丁烯橡胶塞，最后旋紧盖子。

4. 121 ℃高压蒸汽灭菌 20 min。

(四) 专性厌氧菌液体培养基配制(以制备 1 000 mL 为例)

1. 按照配方配制培养基，定容后，加入 1 mL 0.1%刃天青母液(W/V)(终浓度 0.0001%)，0.4 g 半胱氨酸(L-cysteine)(终浓度 0.04%)，用 NaOH 或 KOH 调节 pH 值(刃天青和半胱氨酸对培养基的 pH 有影响，故应加入后再测 pH)。

2. 制备高纯氮气，操作过程同(二)。

3. 将装有培养基的圆底烧瓶在电炉上加热；与制备无菌无氧水不同，培养基沸腾后即显示培养基原来的颜色(如淡黄色)，沸腾后即可往烧瓶中通氮气。

4. 通气大约 1 min 后，关掉电炉，培养基无需继续加热，但烧瓶中要继续通气；将厌氧管固定到铁架台的夹子上并通氮气，在培养基中加入 5% $Na_2S \cdot 9H_2O$ 溶液 10 mL(终浓度为0.05%)，用注射器吸取适量培养基注入厌氧管(或厌氧瓶)中，通气 10～20 s，塞上橡胶塞，旋紧盖子。

5. 厌氧试管用牛皮筋扎成 7 支或者 10 支一捆即可灭菌，121 ℃湿热灭菌 20 min。

(五) 厌氧菌固体培养基配制

1. 按照配方配制培养基，定容后，加入 1 mL 0.1%刃天青母液(W/V)(终浓度 0.0001%)，0.4 g 半胱氨酸(L-cysteine)(终浓度 0.04%)，用 NaOH 或 KOH 调节 pH 值(刃天青和半胱氨酸对培养基的 pH 有影响，应加入后再测 pH 值)。

2. 取上述培养基母液至圆底烧瓶中，再加琼脂粉和适量蒸馏水以弥补在煮沸过程中蒸发的损失量。然后煮沸 15～20 min，驱除培养基中的溶解氧。在接近沸腾时要把电炉移开。

3. 接下来同专性厌氧菌液体培养基配制的步骤 2～3。

4. 用 10 mL 的定量注射针筒取 4.5 mL 培养基注入 15 mL 已换气的厌氧试管中。

5. 灭菌后的培养基取出来就进行滚管操作。使灭完菌还未冷却的固体培养基在桌面匀速滚动，培养基会均匀固定在厌氧管壁上；也可以做成斜面状，但是如果是分菌的话应该是滚管更加好点，因为接触面积大。最后，管底会留有稍许冷凝水。

(六) 厌氧菌分离纯化

1. 高纯无氧的 N_2制备，操作过程同(二)。

2. 富集培养：用灭菌小铁铲取 0.5～2.5 g 样品至装有 20～25 mL 培养基的厌氧瓶内，充 N_2，塞紧塞子，然后振荡均匀，一定温度下暗中静置培养。培养几天后进行稀释涂布。

3. 直接涂布法

1) 样品梯度稀释：取含 9 mL 无氧无菌水的厌氧试管若干支，用无菌 1 mL 定量注射器以 10 倍稀释法稀释污泥菌悬液至合适浓度。由于没有经过富集，所以样品中含有的菌量较少，直接涂布法中菌悬液的稀释度做到 10^{-2}就可以了；而富集后的菌液为得到单菌落，稀释度一般要

做到 10^{-6}。

2）涂布：用无菌1 mL定量注射器取相应稀释度的污泥菌悬液0.2 mL于含4.5 mL固体培养基的厌氧试管中，立即滚管。然后再取出塞子，通无氧高氮气体，用无菌注射器与无菌针头将多余的液体吸出来，可防止过多的水滞留导致滚管模糊，菌落不清。

3）培养：培养温度以及培养时间根据菌的生长而定，有些只要两三天，长的需要十来天，这些可以查相关属菌株的条件来设定，一般如果条件合适，3 d左右会有菌落长出。

（七）厌氧菌菌落的观察和纯化

1. 培养4 d后，观察厌氧试管内壁上出现菌落（见彩图3-9-6）。

2. 挑选不同形态特征的菌落，在氮气封闭的条件下，用毛细管挑选不同形态特征、生长状态良好的单菌落，接入无氧灭菌水中制成菌悬液，再用无菌针头接入灭菌后的厌氧培养基螺旋管中，滚管后置入恒温培养箱培养。

3. 观察是否为纯菌，若不纯则继续涂布滚管分离纯化，直到螺旋管内菌落形态一致，单染色菌体形态相同方可接入液体和固体培养基中，再进行菌种鉴定。

五、注意事项

1. 钢瓶的使用：① 钢瓶应存放在阴凉、干燥、远离热源的地方。可燃性气瓶应与氧气瓶分开存放。② 搬运钢瓶时要小心轻放，钢瓶帽要旋上。③ 使用时应装减压阀和压力表。可燃性气瓶（如 H_2）的气门螺丝为反丝，不燃性或助燃性气瓶（如 N_2）的气门螺丝为正丝。各种压力表一般不可混用。④ 不要让油或易燃有机物沾染气瓶上（特别是气瓶出口和压力表上）。⑤ 开启总阀门时，不要将头或身体正对总阀门，防止万一阀门或压力表冲出伤人。⑥ 不可把气瓶内气体用光，以防重新充气时发生危险。⑦ 使用中的气瓶每三年应检查一次，装腐蚀性气体的钢瓶每两年检查一次，不合格的气瓶不可继续使用。⑧ 氢气瓶应放在远离实验室的专用小屋内，用紫铜管引入实验室，并安装防止回火的装置。

2. 铜柱使用时应注意温度不可过高，输出电压禁止长时间超过100 V以上，防止水溅到柱上，否则会导致铜玻璃柱变形直至破裂，甚至发生安全事故。

3. 氢气是一种易燃易爆气体，钢瓶应放在通风的室内，通氢气的时候最好打开窗户，并且一定熄灭操作台边上所有明火。

六、评议

1. 刃天青（resazurin）是深红色有绿色光泽的棱柱形晶体，溶于碱为蓝色溶液，溶于醇显示砖红色的荧光，不溶于水和醚。用作酸碱指示剂，pH值3.8（橙色）～6.5（深紫色）。

2. 刃天青在氧化态时呈绛紫色，在完全还原时为无色，它第一步不可逆地还原为Resorufin，呈现桃红色；然后再可逆性地还原为无色的二氢Resorufin。如果制备的培养基呈现桃红色，表明培养基已经被氧化，氧化还原电位已升高，其还原指示电位为－42 mV。将刃天青配成母液，母液浓度为0.1%（w/v），并且刃天青应随配随加，否则还原效果不好。一般在100 mL培养基中加入0.1%的刃天青溶液1 mL。如果是配制低还原电位菌株（如－330 mV甲烷菌）培养基，由刃天青所指示的培养基氧化还原电位还不能满足要求，还需要添加一定数量的硫化钠，使培养基进一步还原降低氧还电位。

3. 厌氧分离过程中有时会发现随着分离传代的进行，分离获得的菌落会越来越少，这种情况可能是合成的培养基对所要分离的微生物不太合适，可以考虑在合成培养基中添加采集样品的萃取液。

4. 分离厌氧微生物时，可以采用部分富集后分离、部分直接分离的方法。因为富集会使个别或小量菌形成优势种而得到分离，而绝大多数菌种会应培养条件的不合适而未能被分离，使分离微生物的多样性较差。

七、思考题

1. 简述厌氧微生物分离培养的特点。
2. 比较好氧纤维分解菌与厌氧纤维分解菌分离纯化的各自特点。
3. 实验中通过哪些措施和方法保持细菌的厌氧状态？

3-10　产甲烷菌分离和纯化

一、实验原理

自 1901—1903 年巴斯德研究所第一次观察到一种产甲烷的微球菌——马氏甲烷球菌(*Methanococcus mazei*)后，至今共发现了 50 多种甲烷细菌。产甲烷菌(*methanogen*)是一类严格厌氧、化能自养或化能异养的古菌，在自然界中分布极为广泛，在与氧气隔绝、而且无硫酸盐的环境中可能有甲烷菌的存在，如海底沉积物、河(湖)底层淤泥、沼泽地、水稻田以及反刍动物的瘤胃，甚至植物体内都有产甲烷菌的分布。产甲烷菌是唯一能够有效地利用氧化氢时形成的电子，并能在没有光或游离氧和诸如 NO_3^- 和 SO_4^{2-} 等外源电子受体的条件下，还原 CO_2 为 CH_4 的严格厌氧古菌。以 H_2/CO_2、甲酸盐、乙酸盐、甲基化合物(甲醇、甲基胺、甲基硫化物和甲基硒化物)、甲醇/H_2 或醇/CO_2 作为其碳源，以甲烷发酵和碳酸盐呼吸来取得生命活动所需的能量。产甲烷菌位于自然界碳循环厌氧食物链的末端，对自然界物质循环起着重要作用。

一般将产甲烷菌分为三个种群：氧化氢的产甲烷菌(HOM)、氧化氢利用乙酸产甲烷菌(HOAM)和非氧化氢利用乙酸产甲烷菌(NHOAM)。甲烷的生物合成途径有三种，分别以氢/二氧化碳、甲基 C1 化合物(甲醇、甲基胺、甲基硫)以及乙酸为原料，通过不同的反应途径都形成甲基辅酶 M，再在甲基辅酶 M 还原酶的催化下最终形成甲烷。其中乙酸为底物的甲烷合成占自然界甲烷合成的 60%以上，以氢和二氧化碳为底物的甲烷合成占 30%。

产甲烷菌是极端严格厌氧菌，只有在 −330mV 电位值(Eh)以下才能生长。为了消除培养基的溶解氧，需要往培养基里添加还原剂，如 Na_2S、半胱氨酸来消除培养基中的氧。此外，密封的培养容器常需要纯氮、纯氢、纯 CO_2 等气体去除其中的空气。H_2 和 CO_2 是甲烷菌可利用的合成甲烷的底物，可促进产甲烷菌的生长。一般向容器里充 H_2 和 CO_2 的比例为 70：30。此外，产甲烷菌含有独特的 F420，F420 氧化态时，在 420 nm 波长的紫外光照射时可发出蓝绿色或亮绿色荧光，利用这一特性可以检测在滚管琼脂上哪些菌落是产甲烷菌，作为初步鉴定分离物是否属产甲烷菌的依据。

二、实验试剂

1. 微量元素的组成(g/L)：$MnSO_4$ 0.5，$FeSO_4$ 0.1，$CoCl_2$ 0.1，$CuSO_4$ 0.01，$ZnSO_4$ 0.1，$AlK(SO_4)_2$ 0.11，$NaMoSO_4$ 0.01，H_3BO_3 0.01，$MgSO_4 \cdot 7H_2O$ 3.0，NaCl 0.1，$CaCl_2$ 0.1，蒸馏水 1 000 mL，pH 7.0。

2. 污泥浸出液：取 1 000 g 污泥加 3000 mL 蒸馏水，充分搅拌混匀，在室温 24 h 自然沉淀，取上清液用滤纸过滤，滤液在 121 ℃湿热灭菌 30 min 后备用。

3. 产甲烷菌培养基：酵母膏 2 g、NH_4Cl 1 g、HCOONa 5 g、K_2HPO_4 0.4 g、KH_2PO_4 0.4 g、CH_3COONa 5 g、$MgCl_2$ 0.1 g、微量元素 10 mL、污泥浸出液 300 mL，蒸馏水定容至1 000 mL。

三、实验用具

装有分压表的氮气钢瓶、氢气钢瓶、二氧化碳钢瓶、调压变压器、铜柱和铜柱固定架、铝盖手持密封器、高压灭菌锅、荧光显微镜、15 mL 厌氧试管、异丁烯橡胶塞、定量注射器、电炉和1 000 mL圆底烧瓶、pH 试纸、定量注射器(1 mL、10 mL 与 50mL)、青霉素、毛细管、微量移液器、吸头。

四、实验操作

(一) 高纯无氧的 N_2 制备与无氧无菌水的配制(参照实验 3-9)

(二) 产甲烷菌液体培养基的配制

1. 按配方配制培养基 1 000 mL；

2. 取产甲烷菌培养基母液 500 mL 于 1 000 mL 圆底烧瓶中，加入 0.1%刃天青 0.5 mL，培养基颜色为蓝紫色，并加入 20%～25%蒸馏水以弥补在煮沸过程中蒸发的损失量。然后煮沸 15～20 min，驱除培养基中的溶解氧。

3. 通入高纯无氧氮气流，去除气相中的空气约 10 min，然后再加入 2.5 mL 甲醇和 0.25 g 半胱氨酸，此后培养基的颜色逐渐褪成无色。同时用高纯氮气流通入 10 mL 厌氧试管 1 min 左右，去除厌氧试管中的空气。

4. 用 1 mol/L NaOH 或 1 mol/L HCl 液调节培养液的 pH 至 7.2～7.3。

5. 用 10 mL 定量注射针筒抽进氮气流，再打出，反复多次洗气，然后抽取 4.5 mL 产甲烷菌培养基注入 15 mL 已换气的厌氧试管中(抽取注射过程中应迅速利落，与空气接触时间应缩至最短)。

6. 注入试管后(培养基不呈红色)，在抽出氮气流针头的同时塞紧异丁烯橡胶塞。

7. 将灭菌用的夹板架夹住后，121 ℃湿热灭菌 30 min。

(三) 产甲烷菌固体培养基的配制

1. 配制产甲烷菌培养基母液 500 mL 并加入 2.3%琼脂，加热融化，然后移入 1 000 mL 圆底烧瓶中，再加入 0.1%刃天青 0.5 mL，培养基颜色为蓝紫色，并加入 20%～25%的蒸馏水以弥补在煮沸过程中蒸发的损失量。然后煮沸 15～20 min，驱除培养基中的溶解氧。

2. 接下来操作与产甲烷菌液体培养基的配制的 3～7 步相同。

(四) 产甲烷菌的分离

1. 高纯无氧的 N_2 制备。

2. 取含 45 mL 无氧无菌水的 100 mL 血清瓶，通入高纯无氧 N_2，再称取泥土 5g，加入到血清瓶中，然后塞紧异丁烯橡胶塞，振荡 5 mins，获得稀释 10 倍的污泥菌悬液。

3. 无菌洗气 1mL 定量注射器的制备：定时注射器抽进氮气流，再打出，反复三次。

4. 取含 9 mL 无氧无菌水的厌氧试管若干支，用无菌洗气 1 mL 定量注射器以 10 倍稀释法稀释至 10^{-8}的污泥菌悬液。

5. 用无菌洗气 1mL 定量注射器取 10^{-2}、10^{-3}、10^{-4}、10^{-5}、10^{-6}、10^{-7}和 10^{-8}的产甲烷菌悬液 0.5mL，加入到含 4.5 mL 已融化至 55 ℃，并加有 1% NaS_2和 5% $NaHCO_3$混合液和 0.1 mL 青霉素（80 万单位青霉素加入 5 mL 蒸馏水）产甲烷菌培养基，立刻滚管，每一个稀释度重复三次。

6. 滚管后每支试管再用无菌无氧氢气流通气 1 min，然后再加无菌无氧二氧化碳气体 3 mL，在 30 ℃培养 14 d。

（五）产甲烷菌菌落的观察和纯化

1. 培养 14 d 后，用荧光显微镜在 420 nm 处观察试管壁上的菌落，如菌落产荧光即是产甲烷菌。

2. 在无菌和无氧条件下用毛细管挑选产甲烷菌单菌落于产甲烷菌液体培养基中，进一步培养并纯化。

五、注意事项

产甲烷菌是专性厌氧菌，因而在整个操作过程中严格遵守厌氧操作规程，特别是在挑选产甲烷菌单菌落时，要在无菌和无氧环境中进行。

六、评议

1. 几乎所有的产甲烷菌都利用 H_2和 CO_2生成甲烷，绝大多数产甲烷菌都能利用甲醇、甲胺、乙酸，而不能直接利用除乙酸外的二碳以上的有机物。

2. 所有的产甲烷菌都能利用 NH_4^+，有的产甲烷菌需要酪蛋白的胰消化物。

3. 产甲烷菌在生活中需要某些维生素，尤其是 B 族维生素，而酵母中含 B 族维生素。此外还需要某些微量元素，如镍、钴、钼等。

七、思考题

1. 描述产甲烷菌和产甲烷菌菌落的特点。

2. 比较好氧固氮菌和厌氧固氮菌的分离特点。

3-11 厌氧培养箱的使用

一、实验原理

厌氧培养箱也称厌氧手套箱（anaerobie glove box），是一种在无氧条件下进行细菌培养及操作的专用装置（图 3-11-1）。它有一个密闭的大型金属箱，箱的前面有一个有机玻璃做的透明面板，板上装有两个手套，可通过手套在箱内进行操作。箱侧有一交换室（仓），具有内、外两扇门，内门通箱内先关着。欲放物入箱，先打开外门，放入交换室，关上外门进行抽气和换气（H_2、CO_2、N_2）达到厌氧状态，然后手伸入手套把交换室内门打开，将物品移入箱内，关上内门。箱内保持厌氧状态，也是利用充气中的氢在催化剂钯的催化下与箱中残余氧气合成水，从而除掉箱中的氧而造成厌氧环境。由于适量的 CO_2（2%～10%）对大多数的厌氧菌的生长有促进作用，在进行厌氧菌分离时可提高检出率，所以一般在供氢的同时还向箱内供给一定的 CO_2。

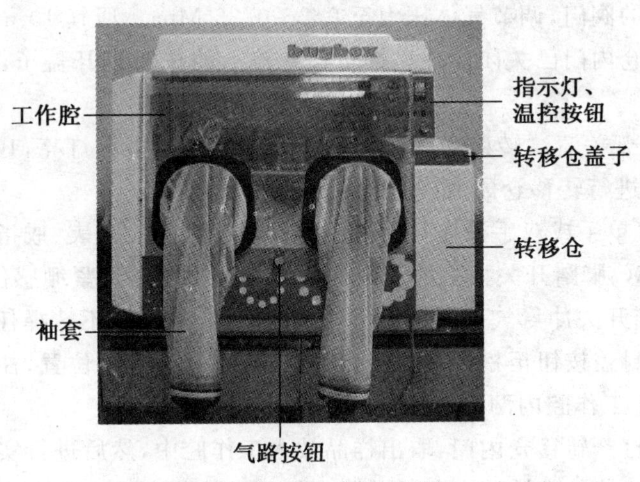

图 3-11-1 厌氧培养箱

厌氧培养箱可调节温度，本身是孵箱或孵箱即附在其内，还可放入解剖显微镜便于观察厌氧菌菌落。厌氧箱适于做厌氧细菌的大量培养研究，大量培养基可放入其内做预还原和厌氧性无菌试验。金属硬壁型厌氧箱的抽气、充气、厌氧环境和温度等均系自动调节。厌氧培养箱能提供严格的厌氧状态、恒定的温度培养条件和具有一个系统化、科学化的工作区域。因此是厌氧生物检测科研的理想工具。本装置也可改变操作方式，为微需氧菌的生长繁殖提供良好的生长条件。

二、实验试剂

美蓝指示纸、厌氧菌。

三、实验器具

Ruskinn 公司 Bugbox 厌氧箱、氮气、混合气体。

四、实验操作

（一）首次使用仪器或长期关机后重启

1. 检查平皿转移仓及其内门、袖套操作口及橡胶附件等处是否密封良好。
2. 将 1 000 g 钯催化剂放置在工作仓底部固定槽内，并关紧取样室内外门。
3. 左侧水槽水位加至 High 和 Low 之间，使用过程中应注意水位变化，及时加水。

4. 正确连接气体钢瓶：蓝色橡胶管连接纯氮气，红色橡胶管连接混合气（10%纯 H_2 +10%纯 CO_2 +80%纯氮气），将接口处的安全阀拧紧以免漏气。

5. 将脚踏开关放置在适于操作的位置。

（二）常规操作

1. 按使用要求放置好必要的附件和器具。

2. 通电源开照明灯，开温控仪，调节所需温度。

3. 打开气体钢瓶的阀门，调节气体压力至0.2～0.33 Mpa。通气10 min后即可进行操作。

4. 目视确认转移仓内门已关闭。往里推转移仓盖上的按钮打开盖子，放入样品架和样品，放下盖子关紧外门。

5. 踩LOCK脚踏开关清洁转移仓，此时Interlock Active指示灯亮，10秒钟后指示灯熄灭（这段时间仪器将自动进行转移仓的清理）。

6. 选择气路按钮（单手或双手操作），将裸手（卷起衣袖，除去手表、戒指等首饰，以免损伤袖套）深入袖套，踩下VAC脚踏开关抽去袖套内的空气直至手臂感到紧绷感位置。

7. 踩下GAS脚踏开关冲氮气至适量。将气路按钮调至中间（不选择任何气路）。

8. 逆时针旋转密封盖按钮至松动，抓住密封盖横杆旋转至水平位置，往里轻推打开密封盖，缓缓伸手将密封盖置于工作腔内两侧支架上。

9. 通过袖套操作打开转移仓内门，取出样品放入工作腔中，然后进行实验操作。

10. 实验完毕后，确认外部转移仓盖已盖紧，踩LOCK脚踏开关清洁转移仓，通过袖套操作打开转移仓内门，将样品转入转移仓中，关闭内门。

11. 缓缓伸手取下密封盖，将横杆水平方向对准袖套操作口轻轻外拉，旋转至垂直位置，松开横杆，顺时针旋转密封盖按钮，注意不可过紧。确认工作腔已密封后取出手臂。

12. 最后打开转移仓盖取出样品。

五、注意事项

1. 仪器尽可能地安装于空气清净、温度变化较小、操作方便的位置，应避免阳光直晒和远离采暖设备，放置平稳。

2. 将混合气瓶、氮气瓶安放平稳，并分别装好减压阀（含压力表），安置在适当位置；接上气路并检查气路，为防止漏气，必要时可在各接管处用密封胶黏合。调换气瓶时，注意要扎紧气管，避免流入含氧气体。

3. 开机前应全面熟悉和了解各组成配套仪器、仪表的使用说明，掌握正确使用方法。

4. 培养物必须是在操作室内达到绝对厌氧环境后放入，经常注意气路有无漏气现象。

5. 真空泵按要求使用，定期检查加油。如发生故障（停气等原因）操作室内仍可保持10 h厌氧状态（超过10 h则根据需要把培养物取出另作处理）。

六、评议

1. 厌氧箱中使用的厌氧指示剂一般都是利用美蓝在氧化态时呈蓝色，而在还原态时呈无色的原理设计的。

2. 厌氧指示管：取 0.5%美蓝水溶液 3 mL，用蒸馏水稀释至 100 mL；取 0.1 mol/L NaOH 溶液 6 mL，用蒸馏水稀释至 100 mL；称取 6g 葡萄糖加蒸馏水稀释至 100 mL。将上述三种溶液等量混合后取 2 mL 装入安瓿管，经沸水浴加热至无色后立即封口，即为厌氧度指示剂。

3. 厌氧培养箱由真空取样室、恒温厌氧操作室、气路、电路控制系统等部分组成，其特点如下：① 使用科学先进手段达到高精度的厌氧环境；② 培养箱温度采用微电脑控制，是一套有效的限温保护装置，确保培养物在安全温度环境条件下生长；③ 箱内装有紫外线杀菌灯，可有效地避免杂菌污染；④ 气路装置，可任意准确调节流量，能任意输入各种所需气体；⑤ 气路由微电脑控制，电磁阀启动或闭合操作灵活；⑥ 操作室前窗采用厚透明特种玻璃制作，能清晰直接地观察室内操作情况，操作时使用塑胶手套可靠舒适、灵活、使用方便；⑦ 室内装有除氧催化器。

4. 厌氧培养箱的主要技术指标：① 取样室形成厌氧状态时间小于 5 分钟；② 操作室形成厌氧时间小于 1 h(抽气充气置换)；③ 操作室在停止补充微量混合气体的情况下，厌氧环境维持时间大于 10 h；④ 使用温度：室温+3～50 ℃；⑤ 培养室温度波动≤±0.3 ℃；温度分布均匀性≤±1.0 ℃。

七、思考题

如何确定厌氧箱的无氧状态？

3-12 菌种保藏

一、实验原理

菌种是重要的生物资源，菌种保藏(preservation)一般采用低温、干燥和缺氧(隔绝空气)等方法来实现。首先要挑选典型菌种的优良纯种，最好采用其休眠体(如分生孢子、芽孢等)，使微生物代谢处于最不活跃或相对静止的状态；其次，还要创造一个适合长期休眠的环境条件，诸如干燥、低温、缺氧、避光、缺乏营养以及添加保护剂或酸度中和剂等。水分对一切生命活动至关重要，干燥在保藏中占有首要地位。而高度真空可同时达到驱氧和深度干燥的双重目的。除水分外，低温是保藏中的另一重要条件。微生物生长的温度底限约在−30 ℃，但在水溶液中能进行酶促反应的温度底限却在−140 ℃左右。有水分时，低温会使细胞内的水分形成冰晶，从而引起细胞结构尤其是细胞膜的损伤。如果放到超低温下进行速冻，可减小冰晶、降低对细胞的损伤。而当从低温下移出并开始升温时，冰晶又会长大，故快速升温也可减少对细胞的损伤。不同微生物的最适冷冻速度和升温速度是不同的，如酵母的冷冻速度以每分钟 10 ℃为宜。此外还使用保护剂，如牛乳、血清、糖类、甘油、二甲亚砜等。0.5 mol/L 左右的甘油或二甲亚砜等可透入细胞，防止因冷冻或水分不断升华对细胞的损害，并通过降低强烈的脱水作用而保护细胞。实践中发现用较低的温度进行保藏时效果更为理想，如液氮温度(−195 ℃)比干冰温度(−70 ℃)好，−70 ℃又比−20 ℃好。

具体的菌种保藏方法很多，主要有：传代培养保藏法、液体石蜡覆盖保藏法、载体保藏法、寄主保藏法、冷冻保藏法、液氮冷冻保藏法、冷冻干燥保藏法。

1. 传代培养保藏法(transplantation preservation)：如斜面培养、穿刺培养、疱肉培养基培养(保藏厌氧细菌用)等，培养后于 4～6 ℃冰箱内保存。保藏时间依微生物的种类而有不同，霉菌、放线菌及有芽孢的细菌保存 2～4 个月移种一次。酵母菌 2 个月移种一次，细菌最好每月移种一次。该法优点是操作简单，使用方便，不需特殊设备；缺点是容易产生变异、退化，污染杂菌的机会亦较多。

2. 液体石蜡保藏法(covered cultures by liquid paraffin)：是在斜面培养物和穿刺培养物上面覆盖灭菌的液体石蜡，一方面可防止因培养基水分蒸发而引起菌种死亡，另一方面可阻止氧气进入，以减弱代谢作用。主要适用于霉菌、酵母菌、放线菌、需氧型细菌等的保存。霉菌、放线菌、芽孢细菌可保藏 2 年以上不死，酵母菌可保藏 1～2 年，一般无芽孢细菌也可保藏 1 年左右。此法的优点是制作简单，无需特殊设备，且无需经常移种；缺点是保存时必须直立放置，所占位置较大，同时也不便携带。

3. 寄主保藏法：用于目前尚不能在人工培养基上生长的微生物，如病毒、立克次氏体、螺旋体等，它们必须在活的动物、昆虫、鸡胚内感染并传代，此法相当于一般微生物的传代培养保藏法。

4. 液氮冷冻保藏法：适宜于一般微生物的保藏外，对一些用冷冻干燥法都难以保存的微生物如支原体、衣原体、氢细菌、难以形成孢子的霉菌、噬菌体及动物细胞均可长期保藏，而且性状不变异。该法的缺点是需要特殊设备。

5. 甘油管冷冻保藏法：菌体添加终浓度为 15%甘油后进行保藏。可分低温冰箱(－30～－20 ℃，－80～－50 ℃)、干冰酒精快速冻结(约－70 ℃)和液氮(－196 ℃)等保藏法。本法是使用范围最广的微生物保存法。

6. 冷冻干燥保藏法：使微生物在冷冻、减压状态下利用升华现象除去水分(真空干燥)，使细胞的生理活动事实上停止，从而长期维持生活状态，此方法为菌种保藏方法中最有效的方法之一，适用于大多数微生物的保存，一般可保存数年至十余年，但设备和操作都比较复杂。冷冻真空干燥保存法，首先加一定保护剂的微生物，在低温条件下快速冷冻，然后在冷冻状态下抽真空予以真空干燥。

二、实验试剂

所要保存的微生物菌株(细菌、酵母菌、放线菌和霉菌)，牛肉膏蛋白胨斜面培养基，半固体及液体培养基，肉汤蛋白胨斜面，无菌脱脂牛乳，冰冷无菌水，2%与 10%盐酸，化学纯的液体石蜡，甘油，河沙，瘦黄土或红土，冰块，食盐，干冰，95%酒精。

三、实验器具

用于菌种保藏的小试管(10 mm×100 mm)、1 mL 与 5 mL 无菌吸管、无菌滴管、灭菌锅、真空泵、干燥器、筛子(40 目、120 目)、接种环、棉花、灭菌培养皿，管形安瓿管、泪滴形安瓿管(长颈球形底)、滤纸条(0.5 cm×1.2 cm)、干燥器、真空压力表、喷灯、L 形五通管、低温冰箱、液氮冷冻保藏器、长滴管、脱脂棉、干冰、离心机、冷冻真空装置。

四、实验操作

（一）斜面保藏

1. 取无菌的肉汤蛋白胨斜面数支，在斜面的正上方距离试管口2～3 cm处贴上标签。在标签纸上写明接种的细菌菌名、培养基名称和接种日期。

2. 将待保藏的细菌用接种环以无菌操作在斜面上作划线接种。

3. 置37 ℃恒温箱中培养24～48 h。

4. 斜面长好后，直接放入4 ℃的冰箱中保藏。这种方法一般可保藏3个月至半年。

（二）半固体穿刺保藏

1. 取无菌的半固体肉汤蛋白等直立柱数支，贴上标签，注明细菌、培养基名称和接种日期。

2. 用接种针以无菌方式从待保藏的细菌斜面上挑取菌种，朝直立柱中央直刺至试管底部，然后又沿原线拉出。

3. 置37 ℃恒温箱中培养24～48 h。

4. 半固体直立柱长好以后，放入4 ℃的冰箱中保藏。这种方法一般可保藏半年至1年。

（三）石蜡油封存

1. 将液体石蜡分装于三角烧瓶内，塞上橡胶塞，并用牛皮纸包扎，120 ℃灭菌30 min，然后放在40 ℃温箱中，使水汽蒸发掉，备用。

2. 将需要保藏的菌种，在最适宜的培养基中进行斜面培养和半固体培养，使得到健壮的菌体或孢子。

3. 无菌操作下用灭菌吸管吸取5 mL灭菌的液体石蜡油注入培养好的菌种斜面上面，其用量以超过斜面或直立柱1 cm高为宜，使菌种与空气隔绝。

4. 石蜡油封存以后，将试管直立，置4 ℃冰箱中保存，或室温下保存（有的微生物在室温下比冰箱中保存的时间还要长）。这种方法保藏期一般为1～2年。

（四）砂土管保藏

1. 选取过40目筛的黄砂，10%稀盐酸，加热煮沸30 min，以去除其中的有机质。再水洗至中性，烘干备用。

2. 另取非耕作层的不含腐殖质的瘦黄土或红土，加自来水浸泡洗涤数次，直至中性，烘干，碾碎，过120目筛；按1份土加4份砂的比例（或根据需要而用其他比例，甚至可全部用砂或全部用土）均匀混合后，装入10mm×100 mm的小试管中，装量1 cm左右（1 g左右），塞上棉塞，进行灭菌，烘干。

3. 高压灭菌，烘干。抽样进行无菌检查，每10支砂土管抽1支，将砂土倒入肉汤培养基中，37 ℃培养48 h，若仍有杂菌，则需全部重新灭菌，再作无菌试验，直至证明无菌方可备用。

4. 选择培养成熟的（一般指孢子层生长丰满的，营养细胞用此法效果不好）优良菌种，加3 mL无菌水至待保藏的菌种斜面中，用接种环轻轻刮下菌苔，制成孢子悬液。

5. 每支砂土管中加入约0.5 mL（一般以刚刚使砂土润湿为宜）孢子悬液，以接种环拌匀。

6. 把装好菌液的砂土管放入真空干燥器内用真空泵抽干水分，抽干时间越短越好，务使在12 h内抽干。

7. 每10支抽取1支，用接种环取出少数砂粒，接种于斜面培养基上，进行培养，观察生长情况和有无杂菌生长，如出现杂菌或菌落数很少或根本不长，则说明制作的砂土管有问题，尚需进一步抽样检查。

8. 经检查没有问题，用火焰熔封管口，放冰箱或室内干燥处保存。每半年检查一次活力和杂菌情况。

9. 需要使用菌种，复活培养时，取砂土少许移入液体培养基内，置温箱中培养。

（五）甘油冷冻保存法（10%～20%甘油、10%二甲亚砜）；

1. 挑取单菌落，无菌条件下接种到适当的培养基中，适当温度下振荡培养到对数生长后期。

2. 吸取 0.8 mL 培养液，添加 0.2 mL 80%无菌甘油，混合。

3. 直接放到－80 ℃低温冰箱中保存。

4. 如要进行菌种恢复培养，可直接从冰箱中取出，在平板上划线，然后培养，分离单菌落。

（六）液氮冷冻保藏法

1. 准备安瓿管：用于液氮保藏的安瓿管要求能耐受温度突然变化而不致破裂，因此需要采用硼硅酸盐玻璃制造的安瓿管，安瓿管的大小通常使用 75 mm×10 mm。

2. 加保护剂与灭菌：当保存细菌、酵母菌或霉菌孢子等容易分散的细胞时，将空安瓿管塞上棉塞，121 ℃灭菌 15 min；若作保存霉菌菌丝体用则需在安瓿管内预先加入保护剂，如 10%甘油溶液或 10%二甲亚砜溶液，加入量以能浸没加入的菌落圆块为限，121 ℃灭菌 15 min。

3. 接入菌种：将菌种用 10%甘油溶液制成菌悬液，装入已灭菌的安瓿管中；霉菌菌丝体则可用灭菌打孔器从平板内切取菌落圆块，放入含有保护剂的安瓿管内，然后用火焰熔封。浸入水中检查有无漏洞。

4. 冻结：将已封口的安瓿管以每分钟下降 1 ℃的慢速冻结至－30 ℃。若细胞急剧冷冻，则在细胞内会形成冰的结晶，从而降低存活率。

5. 保藏：将冻结至－30 ℃的安瓿管立即放入液氮冷冻保藏器的小圆筒内，然后再将小圆筒放入液氮保藏器内。液氮保藏器内的气相为－150 ℃，液态氮内为－196 ℃。

6. 恢复培养：保藏的菌种需要用时，将安瓿管取出，立即放入 37 ℃的水浴中进行急剧解冻，直到全部融化为止。再打开安瓿管，将内容物移入适宜的培养基上培养。

（七）冷冻干燥保藏法

准备安瓿管→准备菌种→准备脱脂乳→制菌悬液→分装→预冻→真空干燥→保藏→活化。

1. 安瓿管先用 2%盐酸溶液浸泡，再水洗多次，烘干。将标签放入安瓿管内，管口塞上棉花，121 ℃灭菌 30 min 备用。

2. 培养菌种，细菌要求培养 24～48 h；酵母需培养 3 天；形成孢子的微生物则宜保存孢子；放线菌与丝状真菌则培养 7～10 h。

3. 鲜奶经处理（或使用脱脂奶粉配兑）后灭菌，并做无菌试验后备用。

4. 将 2 mL 无菌牛奶直接加到待保藏的菌种斜面内，用接种环将菌种刮下，轻轻搅乱使其均匀地悬浮在牛奶内成悬浮液。

5. 用无菌长滴管将悬浮液分装入安瓿管底部，每支安瓿管的装量约为 0.2 mL（一般装入量为安瓿管球部体积的 1/3）。

6. 将分装好的安瓿管放在 4 ℃放置 30 min～1 h，然后－20 ℃低温冰箱中预冻 1 h，－80 ℃

预冻过夜。

7. 预冻以后，将安瓿管放入冷冻干燥机中，开动真空泵进行干燥。

8. 封管前将安瓿管装入歧管，真空度抽至 26.7 Pa(0.2 mmHg)后，用火焰熔封，封好后，要用高频电火花器检查各安瓿管的真空情况，如果管内呈现灰蓝色光，证明保持着真空。检查时高频电火花器应射向安瓿管的上半部。

9. 做好的安瓿管应放置在低温、避光处保藏。

五、注意事项

1. 菌种进行保种时采用对数生长后期或进入稳定期的菌种。防止菌种过多转接，否则会引起退化。

2. 关于严格厌氧菌的冷干保藏方法：相对于好氧菌来说，保藏严格厌氧菌最大的障碍是如何使菌体尽可能少地接触氧气。一般来说，厌氧菌菌液比较稀，要用很多个 50 mL 厌氧瓶培养，然后用 500 mL 大离心管离心获得菌体。离心后，在超净台上快速将上层液体倒掉，加入 10％脱脂牛奶，其他按好氧菌保种方法操作。

3. 严格厌氧菌甘油保藏方法。

1）厌氧甘油的配制：按照厌氧培养基的制备方法，在甘油中加入百万分之一的刃天青作为指示剂和 0.04％的半胱氨酸作为还原剂，通 N_2 大约 2 min，121 ℃灭菌 20 min，加了上述两种物质的甘油会变性变成黄色，并散发芳香气味。

2）菌液长至对数期，通氮气，向管中直接加入上述厌氧甘油，使终浓度为 20％左右，塞上塞子，盖上盖子，混匀甘油，－80 ℃保藏。

六、评议

1. 石蜡的处理：250 mL 三角瓶内装 100 mL 液体石蜡，0.1 MPa 高压灭菌 30 min，然后放在 105 ℃左右的烘箱中 1 h，使水分蒸发掉。

2. 用于冷冻干燥菌种保藏的安瓿管宜采用中性玻璃制造，形状可用长颈球形底的，亦称泪滴型安瓿管，大小要求外径 6～7.5 mm，长 105 mm，球部直径 9～11 mm，壁厚 0.6～1.2 mm。也可用没有球部的管状安瓿管。

3. 冷冻干燥法保藏菌种可达数年至十几年，为了防止出现差错，所用菌种要特别注意其纯度，不可有杂菌污染，并且需要在最适条件下培养出良好的培养物。细菌和酵母的菌龄要求超过对数生长期，若用对数生长期的菌种进行保藏，其存活率反而降低。

4. 将分装好的安瓿管放低温冰箱中冷冻，若无低温冰箱可用冷冻剂如干冰酒精或干冰丙酮液，温度可达－70 ℃。将安瓿管插入冷冻剂，只需冷冻 45 min 即可使悬液结冰。在真空干燥时使样品保持冻结状态，需准备冷冻槽，槽内放碎冰块与食盐，混合均匀，可冷至－15 ℃。一般若在 30 min 内能达到 93.3 Pa(0.7 mmHg)真空度，则干燥物不致熔化，以后再继续抽气，几小时内，肉眼可观察到被干燥物已趋干燥，一般抽到真空度 26.7 Pa(0.2 mmHg)保持压力 6～8 h 即可。封口抽真空干燥后，取出安瓿管，接在封口用的玻璃管上，可用 L 形五通管继续抽气，约 10 min即可达到 26.7 Pa(0.2 mmHg)。于真空状态下，以煤气喷灯的细火焰在安瓿管颈中央进行封口。封口以后，保存于冰箱或室温暗处。

5. 安瓿管的开启

1）复苏菌种前应准备适于该菌种生长的固体、液体培养基和培养设备。

2）紫外灭菌 30 min：镊子、液体培养基、斜面、酒精棉、无菌平皿、无菌水、枪、枪头盒。

3）戴防护镜，用 75%酒精棉擦拭消毒安瓿管外管。

4）安瓿管尖头部位在火焰上加热，下面垫一个无菌的平皿。

5）在加热的尖头部位滴加 2～3 滴无菌水，使外管破裂，或用镊子小心地敲掉尖端位置。

6）取出隔热纤维和里面的小管，在无菌条件下即火焰边用灭过菌的镊子取出内管棉塞，在小管管口灭菌。

7）加 0.5～1 mL 相应培养基至小管内，再盖上棉塞，让它溶解 30 min(或用吸管将 0.3 mL 左右液体培养基注入被开启的菌种安瓿管中并吹打，使安瓿管中的冻干菌种溶解成菌悬液）。

8）轻微振荡，直至均匀悬浮，将 900 μL 菌悬液移到一个液体试管中，在相应条件下振荡培养 18～24 h。

9）取 100 μL 置于斜面上或固体培养基上做划线分离，然后在相应温度下静置培养。

10）次日观察菌种的生长情况，如菌种未生长，应继续培养至 72 h。

11）复苏后的菌种在传 1～2 代后使用。

12）暂未开封的冷冻干燥管及复苏后需保藏的斜面应保存在 4 ℃冰箱中。

七、思考题

1. 试述菌种斜面冰箱保藏、石蜡封藏和砂土管保藏等方法的原理。

2. 实验室常用的是什么保存方法？

4 微生物的生长特征与计数

微生物与所处的环境之间具有复杂的相互影响和相互作用：一方面，各种各样的环境因素对微生物的生长和繁殖有影响；另一方面，微生物生长繁殖也会影响和改变环境状况。

影响微生物生长的外界因素很多，除了营养条件中的六个方面（C源、N源、能源、生长因子、无机盐、水）外，还涉及许多理化因素。① 物理因素有营养物质、水的活性、温度、pH、氧和渗透压等。加热、过滤、紫外辐射和电离辐射是最常用的控制微生物的物理方法。② 化学因素有表面消毒剂、抗代谢药物、抗生素等。

4-1 微生物大小的测定

一、实验原理

微生物细胞的大小是其重要的形态特征，是细菌分类鉴定的重要依据之一。由于微生物菌体很小，只能借助显微镜利用特殊的测量工具——显微镜测微尺（micrometer）进行测量。

显微镜测微尺是由镜台测微尺（stage mincrometer）和目镜测微尺（ocular micrometer）组成，镜台测微尺为一中央有精确等分线的专用载玻片，一般 1 mm 的直线分成 100 个小格，每小格长 10 μm，是专用于校正目镜测微尺每格长度的；目镜测微尺是一块可放入目镜内的圆形玻璃片，在玻片中央把 5 mm（或 10 mm）长度等分 50 份（或等分 100 份）。测量时将其放在目镜的隔板上，用以测量经显微镜放大后的细胞物像。由于目镜测微尺每格所代表的长度随目镜、物镜的放大倍数而改变，同一显微镜在不同的目镜、物镜组合下其放大倍数是不同的，目镜测微尺上的刻度只代表相对长度，因此使用前须用镜台测微尺进行标定，以求得一定放大倍数条件下，实际测量的目镜测微尺每格所代表的相对长度。然后根据细菌细胞相当于目镜测微尺的格数，计算出细胞的实际大小。

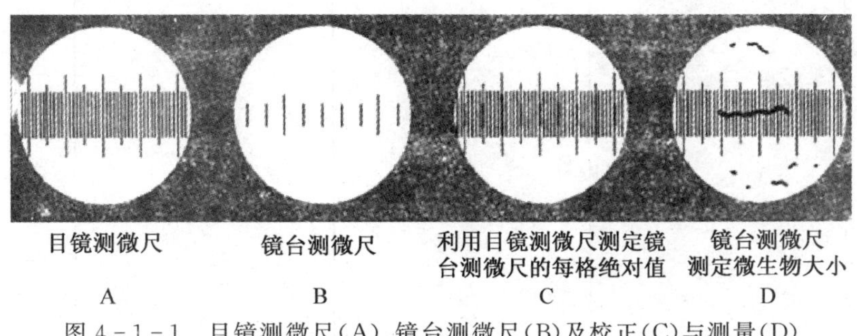

图 4-1-1 目镜测微尺(A)、镜台测微尺(B)及校正(C)与测量(D)

二、实验材料

球菌、杆菌和螺旋菌的细菌染色片。

三、实验器具

目镜测微尺、镜台测微尺、显微镜、擦镜纸、香柏油、二甲苯。

四、实验操作

（一）目镜测微尺的校正（标定）

1. 把目镜上的透镜旋开，安装目镜测微尺于目镜筒中，使有刻度的一面朝下。
2. 将镜台测微尺放在显微镜的载物台上，使有刻度的一面朝上。
3. 在低倍镜下找到镜台测微尺，然后在高倍镜下，看清镜台测微尺的刻度。
4. 转动目镜，使目镜测微尺的刻度与镜台测微尺的刻度相平行。
5. 移动推动器，使目镜测微尺的 0 点与镜台测微尺的某一刻度重合。
6. 仔细寻找两尺第二个完全重合的刻度。
7. 计算两对重合线之间目镜测微尺的格数和镜台测微尺的格数。

目镜测微尺每格长度（μm）=（重合线之间镜台测微尺格数×10）/目镜测微尺格数。

8. 用相同方法校正物镜为 100×（油镜）时，目镜测微尺的每小格所代表的长度。

（二）菌体大小的测定

1. 取下镜台测微尺，将细菌染色标本或细菌涂片置于载物台上。
2. 在低倍镜和高倍镜下找到目的物。
3. 在油镜下用目镜测微尺测量菌体的大小（直径×长）。先量出菌体的长和宽占目镜测微尺的格数，再以目镜测微尺每格的长度计算出菌体的长和宽。
4. 计算大小：目镜测微尺格数×相应放大倍数下每格标定长度。
5. 将细菌大小的测定结果填入表 4-1-1 中。

表 4-1-1 细菌大小的测定结果

菌 号	目镜测微尺格数		实际长度/μm	
	直 径	长 度	直 径	长 度
1				
2				
3				
4				
5				
6				
7				
8				
9				
10				
平均值				

五、注意事项

1. 微生物大小测定：① 应注意固定的温度不要太高，防止菌体变形。② 取样观察 10～20 个菌体，取其平均值。③ 注意测微尺的正确使用。

2. 镜台测微尺的玻片很薄，在标定油镜头时要格外小心，注意镜头和镜台测微尺的距离，以免压碎镜台测微尺或损坏镜头。

六、评议

1. 由于不同显微镜及附件的放大倍数不同，校正目镜测微尺必须针对特定的显微镜和附件（如特定的物镜、目镜、镜筒长度等）进行，而且只能在特定的情况下才可重复使用。

2. 镜台测微尺的刻度每格长 10 μm，如果目镜测微尺 20 个小格等于镜台测微尺 3 小格，3 小格的长度为 3×10＝30 μm，那么相应地在目镜测微尺上每小格长度为 3×10÷20＝1.5 μm。用以上计算方法分别校正低倍镜、高倍镜及油镜下目镜测微尺每格实际长度。

3. 菌体大小的写法是：直径×长度，如(1～2) μm×(3～5) μm。

4. 细菌的大小也可以通过电镜照片来确认，具体见实验 2-14。

七、思考题

1. 采用微生物大小的快速测定方法应注意什么？

2. 为何更换不同放大倍数的目镜和物镜必须重新用镜台测微尺对目镜测微尺进行标定？

3. 若目镜不变，目镜测微尺也不变，只改变物镜，那么目镜测微尺每格所测量的镜台上的菌体细胞的实际长度（或宽度）是否相同？为什么？

4. 给出目镜测微尺在低倍镜、高倍镜以及油镜下标定每格长度。

4-2 微生物的显微直接计数法

一、实验原理

微生物计数方法很多，常采用的方法有：① 活菌计数法，即利用平板菌落计数法测量样品中的活菌量；② 总菌计数法，采用血细胞计数板直接进行微生物计数，即将少量待测样品的悬浮液置于一种特别的具有确定面积和容积的载玻片上（又称计菌器），在显微镜下直接计数。

目前国内外常用的计菌器有血细胞计数板，罗夫-霍瑟（Peteroff-Hauser）计菌器以及 Hawksley 计菌器等，它们都可用于酵母、细菌、霉菌孢子等悬液的计数。后两种计菌器由于比较薄，盖玻片和载玻片之间的距离只有 0.02 mm，因此可用油浸物镜进行观察，适合对细菌等较小的细胞进行观察和计数。而菌体较大的酵母菌、霉菌孢子则采用血细胞计数板。

用血细胞计数板在显微镜下直接计数是一种常用的微生物计数方法。由于血细胞计数板的载玻片与盖玻片间的计数室（counting chamber）是已知的，并有一定刻度，从而可以测定一定容积中的细胞总数目。血细胞计数板是一块特制的载玻片，其上由四条槽构成三个平台，中间较宽的平台又被一短横槽隔成两半，每一边的平台上各列有一个方格网，每个方格网共分为 9

个大方格,中间的大方格即为计数室(图 4－2－1)。血细胞计数板的计数室刻度一般有两种规格,一种是一个大方格分成 25 个中方格,而每个中方格又分成 16 个小方格;另一种是一个大方格分成 16 个中方格,而每个中方格又分成 25 个小方格。无论是哪一种规格的计数板,每一个大方格中的小方格都是 400 个,每一个大方格边长为 1 mm,则每一个大方格的面积为 1 mm^2,盖上盖玻片后,盖玻片与载玻片之间的高度为 0.1 mm,所以计数室的容积为 0.1 mm^3(万分之一毫升)。

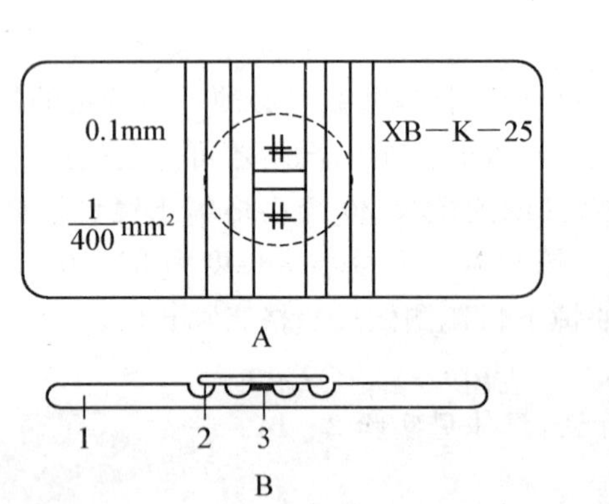

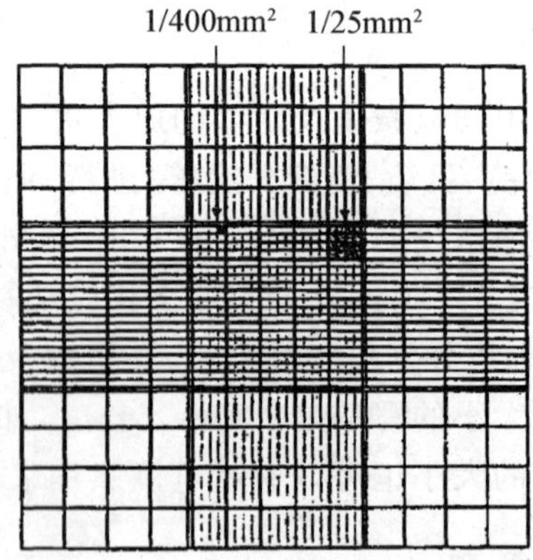

图 4－2－1　血细胞计数板的构造

A. 正面图　B. 纵切面图　1. 血细胞计数板　2. 盖玻片　3. 计数室

计数时,通常数 5 个中方格的总菌数,然后求得每个中方格的平均值,再乘上 25 或 16,就得出一个大方格中的总菌数,然后再换算成 1 mL 菌液中的总菌数。

设 5 个中方格中的总菌数为 A,菌液稀释倍数为 B,如果是 25 个中方格的计数板,则 1 mL 菌液中的总菌数 $= A/5 \times 25 \times 10^4 \times B = 50\,000 \cdot A \cdot B$(个);同理,如果是 16 个中方格的计数板,则 1mL 菌液中的总菌数 $= A/5 \times 16 \times 10^4 \times B = 32\,000 \cdot A \cdot B$(个)。

显微镜直接计数法的优点是直观、快速、操作简单,对酵母菌可同时测定出芽率,但其缺点是所测得的结果通常是死菌体和活菌体的总和。目前已有一些方法可以克服这一缺点,如在菌悬液中加入少量美蓝可以区分死活细胞。

二、实验试剂

YPD 培养基、酵母菌液。

三、实验器具

显微镜、盖玻片、血细胞计数板、微量移液器、吸头、擦镜纸。

四、实验操作

(一) 用血细胞计数板计数酵母菌的数量

1. 取清洁无油的血细胞计数板,在计数室上面加盖玻片。

2. 取酵母菌液,摇匀,用微量移液器取少量稀释液滴于盖玻片边缘,使菌液自行渗入(计数室内不得有气泡)，多余菌液用滤纸吸去。

3. 静止 2～5 min，将血细胞计数板放在载物台上，用低倍镜观察并将计数室移至视野中央。

4. 在高倍镜下找到清晰的计数室线条，计数；如果是 25 中方格的，则随机计数 5 个中方格中的菌体(如果是 16 中方格，则随机计数 4 个中方格中的菌体)。

5. 然后求得每个中方格的平均值，乘上 25(或 16)就得出一大方格中的总菌数，最后再换算到每毫升菌液中的含菌数。

酵母菌细胞数/mL＝$(X_1+X_2+X_3+X_4+X_5)/5\times 25\times 10\times 1\,000\times$稀释倍数或

酵母菌细胞数/mL＝$(X_1+X_2+X_3+X_4)/4\times 16\times 10\times 1\,000\times$稀释倍数。

五、注意事项

1. 压在方格线上的菌体，以压在底线和右侧线上的菌体计入本格内，即四条边线上的微生物只数其中两条线上的。

2. 遇到有芽体的酵母时，若芽体和母体同等大，视作两个菌体。

3. 计数完毕后，血细胞计数板要立即用较大水流冲洗干净，并自然晾干或用吸水纸吸干，最后用擦镜纸擦干净，放回盒内。

六、评议

1. 微生物记数时，其浓度应控制在 10^6 个/mL，太浓应进行适当的稀释，一般每小格内约有 5～10 个菌体。

2. 微生物计数前应充分混匀样品后再取样。

七、思考题

1. 在显微镜下直接测定微生物数量有什么优缺点？

2. 用血细胞计数板计数时，哪些步骤易造成误差？

4－3　微生物的活菌计数

一、实验原理

活菌计数法也称平板菌落计数法，是根据微生物在固体培养基上所形成的一个菌落是由一个单细胞繁殖而成的原理设计的。平板菌落计数法将待测样品经一系列的倍比稀释之后，其中的微生物充分分散成单个细胞，取一定量的稀释液接种到平板上，使其均匀分布于平皿中的培养基上，经过培养，由每个单细胞生长繁殖而形成肉眼可见的菌落，即一个单菌落代表原样品中的一个单细胞(图 4－3－1)。统计菌落数，根据其稀释倍数和取样接种量即可换算出样品中的含菌数。但是，由于待测样品往往不易完全分散成单个细胞，所以，长成的一个单菌落也可来自样品中的 2～3 个或更多个细胞。因此平板菌落计数的结果往往偏低。现在已倾向使用菌落形成单位(colony-forming units，cfu)而不以绝对菌落数来表示样品的活菌含量。

平板菌落计数法虽然操作较繁，结果需要培养一段时间才能得到，而且测定结果易受多种因素的影响，但是，由于该计数方法的最大优点是可以获得活菌的信息，所以被广泛用于某些成品检定(如杀虫菌剂)、生物制品检验(如活菌制剂)以及食品、饮料和水(包括水源水)等的含菌指数或污染程度的检测，也是目前国际上许多国家所采用的方法。使用该法应注意：① 一般选取菌落数在 30～300 之间的平板进行计数，过多或过少均不准确；② 为了防止菌落蔓延，影响计数，可在培养基中加入 0.001%的 2,3,5 -氯化三苯基四氮唑(TTC)；③ 本法仅限用于形成菌落的微生物。

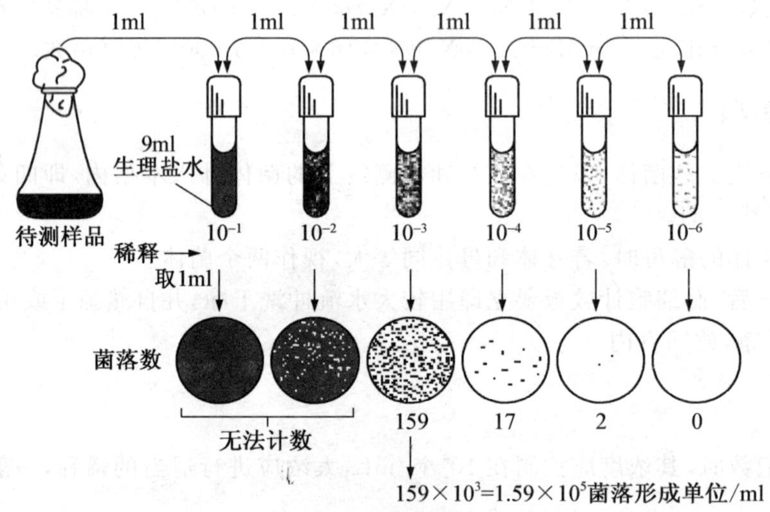

图 4-3-1 平板菌落计数操作步骤

二、实验试剂

大肠杆菌菌悬液，牛肉膏蛋白胨培养基。

三、实验器具

无菌平皿、盛有 4.5 mL 无菌水的试管、微量移液器、吸头、试管架和记号笔等。

四、实验操作

1. 取无菌平皿 9 套，分别用记号笔标明 10^{-4}、10^{-5}、10^{-6}各 3 套。另取 6 支盛有 4.5 mL 无菌水的试管，排列于试管架上，依次标明 10^{-1}、10^{-2}、10^{-3}、10^{-4}、10^{-5}、10^{-6}。

2. 稀释：用 1 mL 微量移液器精确地吸取 0.5 mL 大肠杆菌菌悬液放入 10^{-1} 的试管中，混合均匀。再从 10^{-1} 试管吸 0.5 mL 放入 10^{-2} 试管中，混匀，其余依此类推。

3. 取样：分别精确地吸取 10^{-4}、10^{-5}、10^{-6} 的稀释菌液 0.2 mL，对号放入编好号的无菌培养皿中。

4. 倒平板：在上述盛有不同稀释度菌液的培养皿中，倒入约 15～20 mL 融化后冷却至 50 ℃左右的牛肉膏蛋白胨琼脂培养基，置水平位置，迅速旋转混匀，待凝固后，倒置于 37 ℃温室中培养。

5. 计数：培养 24 h 后，取出培养皿，算出同一稀释度三个平皿上的菌落平均数，并按下列公式进行计算：每毫升中总活菌数＝同一稀释度三次重复的菌落平均数×稀释倍数×5。

五、注意事项

一般选择每个平板上长有 30～300 个菌落的稀释度计算每毫升的菌数最为合适。同一稀释度的三个重复的菌数不能相差很悬殊。由 10^{-4}、10^{-5}、10^{-6} 三个稀释度计算出的每毫升菌液中总活菌数也不能相差悬殊，如相差较大，表示试验不准确。

六、评议

1. 平板菌落计数法所选择倒平板的稀释度是很重要的，一般以三个稀释度中的第二稀释度倒平板所出现的平均菌落数在 50 个左右为最好。

2. 平板菌落计数法的操作除上述以外，还可用涂布平板的方法进行。两者操作基本相同，所不同的是涂布平板法是先将牛肉膏蛋白胨琼脂培养基融化后倒平板，待凝固后编号，然后用无菌吸管吸取 0.2 mL 菌液对号接种于不同稀释度编号的培养皿中的培养基上，再用无菌涂棒将菌液在平板上涂布均匀，平放于实验台上 20～30 min，使菌液渗透入培养基内，再倒置于 37 ℃的温室中培养。

七、思考题

1. 要使平板菌落计数准确，需要掌握哪几个关键？为什么？
2. 试比较平板菌落计数法和显微镜下直接计数法的优缺点及应用。
3. 当平板上长出的菌落不是均匀分散的而是集中在一起时，你认为问题可能出在哪里？
4. 同一种菌液用血细胞计数板和平板菌落计数法同时计数，所得结果是否一样？为什么？

4-4 微生物的最大或然数法

一、实验原理

最大或然数(most probable number，MPN)计数又称稀释培养计数，适用于测定在一个混杂的微生物群落中虽不占优势，但却具有特殊生理功能的类群。其特点是利用待测微生物的特殊生理功能的选择性来摆脱其他微生物类群的干扰，并通过该生理功能的表现来判断该类群微生物的存在和丰度。本法特别适合于测定土壤微生物中的特定生理群，如氨化、硝化、反硝化、纤维素分解、固氮、硫化和反硫化细菌的总量和检测污水、牛奶及其他食品中特殊微生物类群(如大肠菌群)的数量，缺点是只适于进行特殊生理类群的测定，结果也较粗放，只有在因某种原因不能使用平板计数法时才采用。

MPN 计数是将待测样品作一系列稀释，一直稀释到将少量(如 1 mL)的稀释液接种到新鲜培养基中没有或极少出现生长繁殖。根据各稀释度的生长管数，以统计学的方法求出样品所含微生物数量(可以从统计表中查出)，即没有生长的最低稀释度与出现生长的最高稀释度，采用“最大或然数”理论，可以计算出样品单位体积中细菌数的近似值。具体地说，菌液经多次 10 倍稀释后，一定量菌液中细菌可以极少或无菌，然后每个稀释度取 3～5 次重复接种于合适的液体培养基中。培养后，将有菌液生长的最后 3 个稀释度（即临界级数）中出现细菌生长的管数作为数量指标，在最大或然数表（表 4－4－1）中查出近似值，再乘以数量指标第一位数的稀释倍数，即为原菌液中的含菌数。

表 4－4－1 微生物计数 MPN 法统计表

1. 三次重复

数量指标	近似值	数量指标	近似值	数量指标	近似值	数量指标	近似值
000	0.0	121	1.5	223	4.0	320	9.5
001	0.3	130	1.6	230	3.0	321	15.0
010	0.3	200	0.9	231	3.5	322	20.0
011	0.6	201	1.4	232	4.0	323	30.0
020	0.6	202	2.0	300	2.5	330	25.0
100	0.4	210	1.5	301	4.0	331	45.0
101	0.7	211	2.0	302	6.5	332	110.0
102	1.1	212	3.0	310	4.5	333	140.0
110	0.7	220	2.0	311	7.5		
111	1.1	221	3.0	312	11.5		
120	1.1	222	3.5	313	16.5		

2. 四次重复

数量指标	近似值	数量指标	近似值	数量指标	近似值	数量指标	近似值
000	0.0	113	1.3	231	2.0	402	5.0
001	0.2	120	0.8	240	2.0	403	7.0
002	0.5	121	1.1	241	3.0	410	3.4
003	0.7	122	1.3	300	1.1	411	5.5
010	0.2	123	1.6	301	1.6	412	8.0
011	0.5	130	1.1	302	2.0	413	11.0
012	0.7	131	1.4	303	2.5	414	14.0
013	0.9	132	1.6	310	1.6	420	6.0
020	0.5	140	1.4	311	2.0	421	9.5
021	0.7	141	1.7	312	3.0	422	13.0
022	0.9	200	0.6	313	3.5	423	17.0

续 表

数量指标	近似值	数量指标	近似值	数量指标	近似值	数量指标	近似值
030	0.7	201	0.9	320	2.0	424	20.0
031	0.9	202	1.2	321	3.0	430	11.5
040	0.9	203	1.6	322	3.5	431	16.5
041	1.2	210	0.9	330	3.5	432	20.0
100	0.3	211	1.3	331	3.5	433	31.0
101	0.5	212	1.6	332	4.0	434	35.0
102	0.8	213	2.0	333	5.0	440	25.0
103	1.0	220	1.3	340	3.5	441	40.0
110	0.5	221	1.6	341	4.5	442	70.0
111	0.8	222	2.0	400	2.5	443	140.0
112	1.0	230	1.7	401	3.5	444	160.0

3. 五次重复

数量指标	近似值	数量指标	近似值	数量指标	近似值	数量指标	近似值
000	0.0	203	1.2	400	1.3	513	8.0
001	0.2	210	0.7	401	1.7	520	5.0
002	0.4	211	0.9	402	2.0	521	7.0
010	0.2	212	1.2	403	2.5	522	9.5
011	0.4	220	0.9	410	1.7	523	12.0
012	0.6	221	1.2	411	2.0	524	15.0
020	0.4	222	1.4	412	2.5	525	17.5
021	0.6	230	1.2	420	2.0	530	8.0
030	0.6	231	1.4	421	2.5	531	11.0
100	0.2	240	1.4	422	3.0	532	14.0
101	0.4	300	0.8	430	2.5	533	17.5
102	0.6	301	1.1	431	3.0	534	20.0
103	0.8	302	1.4	432	4.0	535	25.0
110	0.4	310	1.1	440	3.5	540	13.0
111	0.6	311	1.4	441	4.9	541	17.0
112	0.8	312	1.7	450	4.0	542	25.0

续 表

数量指标	近似值	数量指标	近似值	数量指标	近似值	数量指标	近似值
120	0.6	313	2.0	451	5.0	543	30.0
121	0.8	320	1.4	500	2.5	544	35.0
122	1.0	321	1.7	501	3.0	545	45.0
130	0.8	322	2.0	502	4.0	550	25.0
131	1.0	330	1.7	503	6.0	551	35.0
140	1.1	331	2.0	504	7.5	552	60.0
200	0.5	340	2.0	510	3.5	553	90.0
201	0.7	341	2.5	511	4.5	554	160.0
202	0.9	350	2.5	512	6.0	555	180.0

如某一细菌在稀释法中的生长情况如表 4-4-2 所示。

表 4-4-2 某细菌生长情况记录表

稀释度	10^{-3}	10^{-4}	10^{-5}	10^{-6}	10^{-7}	10^{-8}
重复数	5	5	5	5	5	5
出现生长的管数	5	5	5	4	1	0

根据以上结果，在接种 10^{-3}～10^{-5}稀释液的试管中 5 个重复都有生长，在接种 10^{-6}稀释液的试管中有 4 个重复生长，在接种 10^{-7}稀释液的试管中只有 1 个生长，而接种 10^{-8}稀释液的试管中全无生长，由此可得出其数量指标为“541”，查最大或然数表得近似值 17，乘以第一位数的稀释倍数（10^{-5}的稀释倍数为 10^5），那么，1 mL 原菌液中的活菌数$=17\times10^5=1.7\times10^6$。

在确定数量指标时，不管重复次数如何，都是 3 位数字，第一位数字必须是所有试管都生长微生物的某一稀释度的培养试管，后两位数字依次为以下两个稀释度的生长管数，如果再往下的稀释仍有生长管数，则可将此数加到前面相邻的第三位数上即可。某一微生物生理类群稀释培养记录如表 4-4-3 所示。

表 4-4-3 某细菌生长情况记录表

稀释度	10^{-1}	10^{-2}	10^{-3}	10^{-4}	10^{-5}	10^{-6}
重复数	4	4	4	4	4	4
出现生长的管数	4	4	3	2	1	0

以上情况，可将最后一个数字加到前一个数字上，即数量指标为“433”，查表得近似值为 30，则每毫升原菌液中含活菌 30×10^2 个。按照重复次数的不同，最大或然数表又分为三管最大或然数表、四管最大或然数表和五管最大或然数表（表 4-4-1）。

若要求出土样中每克干土所含的活菌数，则要将前述两例中所得的每毫升菌数除以干土在土样中所占的质量分数(烘干后的土样质量/原始土样的质量)。

二、实验试剂

1. 土壤样品：肥沃菜园土。

2. 阿须贝(Ashby)无氮培养液 22 管，每管装 5 mL，加 1 cm×4.5 cm 滤纸 1 条。

3. 45 mL 无菌水(装入 250 mL 三角瓶中，并装有 15～20 个玻璃珠)、4.5 mL 无菌水。

三、实验器具

微量移液器、试管、试管架、记号笔。

四、实验操作

1. 称取 5 g 土样，放入 45 mL 无菌水中，振荡 20 min，让菌充分分散。

2. 按 10 倍稀释法将供试土样制成 10^{-1}～10^{-6}的土壤稀释液。

3. 将 22 支装有 Ashby 无氮培养液的试管按纵 4 横 5 的方阵排列于试管架上，第一纵列的 4 支试管上标以 10^{-2}，第二纵列的 4 支试管上标以 10^{-3}……第五纵列的 4 支试管上标以 10^{-6}(即采用 5 个稀释度，4 个重复)，另外 2 支试管留作对照。

4. 用 1 mL 微量移液器按无菌操作要求吸取 10^{-6}的土壤稀释液各 1 mL 放入编号 10^{-6}的 4 支试管中，再吸取 10^{-5}稀释液各 1 mL 放入编号 10^{-5}的 4 支试管中，同法吸取 10^{-4}、10^{-3}、10^{-2}稀释液各 1 mL 放入各自对应编号的试管中。对照管不加稀释液。

5. 将所有试管置 28～30 ℃培养 7 d 后观察结果。

6. 精确称取 3 份 10 g 稀释用土，放入称量瓶中，置 105～110 ℃烘 2 h 后放入干燥器中，至恒重后称重，然后计算干土在土样中所占的质量分数。

7. 培养 7 d 后，取出试管，检查实验结果。

依次检查每管生长情况，将结果填入表 4-4-4 中，计算每克干土所含的活菌数。

表 4-4-4 固氮菌生长情况记录表

土壤稀释度	10^{-2}	10^{-3}	10^{-4}	10^{-5}	10^{-6}
重复次数	4	4	4	4	4
固氮菌生长管数					
数量指标					
干土的质量分数			菌数近视值		
每克干土固氮菌数			个/克干土		

几种主要微生物生理类群 MPN 计数法见表 4-4-5 所示。

表 4-4-5　几种主要微生物生理类群 MPN 计数法

微生物生理类群	培养基	常用稀释度	常用重复次数	培养时间(d)	主要检查方法
氨化细菌	蛋白胨氨化培养基	10^{-6}～10^{-9}	4	7	根据培养液加奈氏试剂后是否出现棕色或褐色，确定是否产生氨
亚硝酸细菌	铵盐培养基	10^{-2}～10^{-7}	3	14	根据培养液加格利斯试剂Ⅰ及Ⅱ的反应，出现绛红色证明有 NO_2^- 生成；或在培养中加锌碘淀粉试剂及体积分数为20%的 H_2SO_4，若出现蓝色，证明有 NO_3^- 生成
硝酸细菌	亚硝酸盐培养基	10^{-2}～10^{-6}	3	14	根据培养液加入浓硫酸及二苯胺试剂后是否出现蓝色，确定是否有 NO_3^- 生成
反硝化细菌	反硝化细菌培养基	10^{-4}～10^{-8}	3	14	根据杜氏小管有无气体，确定有无 N_2 生成；利用格利斯试剂Ⅰ及Ⅱ和二苯胺试剂、浓硫酸检测有无 NO_2^- 生成及有无 NH_3 存在，判断反硝化作用进行情况
好气性自生固氮菌	阿须贝无氮培养基	10^{-2}～10^{-6}	3	7～14	根据培养液表面与滤纸接触处有无褐色或黏液状菌膜生成，判断有无好气性自生固氮菌生长
好气性纤维素分解菌	赫奇逊噬纤维培养基	10^{-1}～10^{-5}	3	14	根据各试管中滤纸条上有无黄色或橘黄色菌斑出现及滤纸断裂状况，确定有无好气性纤维素分解菌的生长
厌气性纤维素分解菌	厌气性纤维素分解菌培养基	10^{-1}～10^{-5}	3	14～21	根据各试管中滤纸条上有无穿洞、破裂、完全分解情况，确定有无厌气性纤维素分解菌的生长
硫化细菌	硫化细菌培养基	10^{-2}～10^{-8}	3	21～23	在每管培养液中加入10 g/L $BaCl_2$ 溶液2滴，如有白色沉淀出现，则证明有硫化菌活动
反硫化细菌	斯塔克反硫化细菌培养基	10^{-2}～10^{-7}	3	21～30	根据培养液试管底部、管壁有无黑色沉淀出现，判断有无反硫化细菌活动

五、注意事项

1. 菌液稀释度的选择要合适，选择原则是最低稀释度的所有重复都应有菌生长，而最高稀释度的所有重复无菌生长。对土壤样品而言，分析每个生理类群的微生物需5～7个连续稀释液分别接种，微生物类群不同，其起始稀释度不同。

2. 每个接种稀释度必须有重复，重复次数可根据需要和条件而定，一般 2～5 个重复，个别也有采用 2 个重复的，但重复次数越多，误差就会越小，相对结果就会越准确。不同的重复次数应按其相应的最大或然数表计算结果。

六、评议

凡有固氮菌生长的试管，则培养液与滤纸接触处有黑褐色或黏液状菌膜，即为阳性，否则为阴性。对照管应为阴性。

七、思考题

1. 最大或然数计数法的基本原理是什么？
2. 最大或然数计数法适合什么类群的微生物？

4-5 光电比浊法测定微生物生长曲线

一、实验原理

大多数细菌的繁殖速率很快，在合适的条件下，大肠杆菌细胞每 20 min 分裂一次。将一定量的细菌转入新鲜液体培养基中，在适宜的条件下进行培养，细菌要经历延迟期、对(指)数期、稳定期和衰亡期四个阶段。如果以细胞数目的对数值作纵坐标，以培养时间作横坐标，就可以画出一条有规律的曲线，即微生物典型的生长曲线(growth curve)(图 4-5-1)。测定细菌的生长曲线，了解其生长繁殖规律，对于有效地利用和控制细菌的生长具有重要意义。

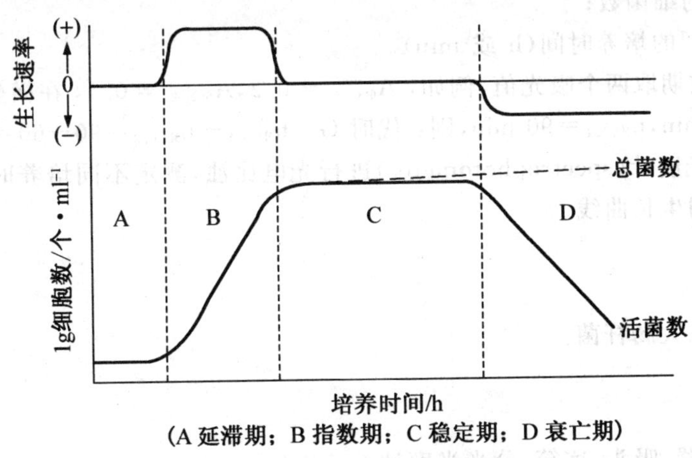

图 4-5-1 生长曲线

比浊法(turbidimetry)是根据菌悬液的透光量间接地测定细菌的数量。当光线通过微生物菌悬液时，由于菌体的散射及吸收作用使光线的透过量降低。在一定范围内，微生物细胞浓度与透光度(transmittance)成反比，与吸光度(absorbence)成正比。光电比浊计数法的优点是简便、迅速，可以连续测定，适合于自动控制。但是，光密度或透光度除了受菌体浓度影响之外，还受细胞大小、形态、培养液成分以及所采用的光波长等因素的影响。一般光波长的选择通常在400～700 nm之间，常采用600 nm。另外，对于颜色太深的样品或在样品中还含有其他干扰物质的悬液不适合用此法进行测定。

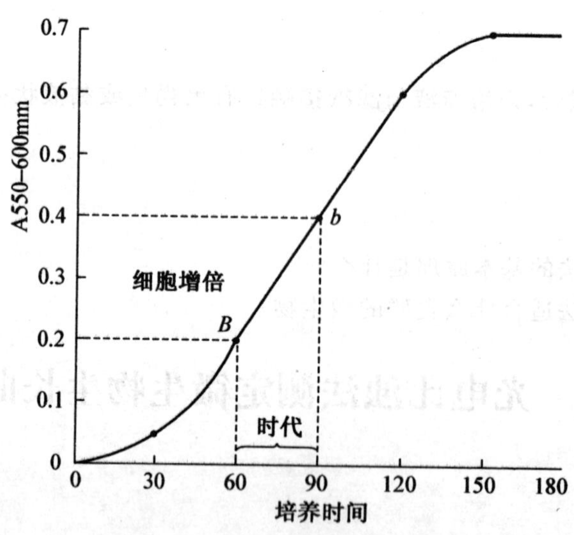

图 4-5-2　生长曲线的对数期

此外，细菌生长的代时可采用直接法与间接法两种方法来测定，并计算。

直接法：$G = t \lg 2/(\lg N_2 - \lg N_1)$

G：代时；

N_1：对数期开始或某时刻的细菌数；

N_2：对数期末的细菌数；

t：N_1与N_2之间的培养时间(h 或 min)。

间接法：在对数期取两个吸光值，例如，$A_{600-1} = 0.2$，$A_{600-2} = 0.4$，在横坐标查出相应的培养时间，$t_{OD.0.2} = 60$ min，$t_{OD.0.4} = 90$ min，则：代时 $G = t_{OD.0.4} - t_{OD.0.2} = 90 - 60 = 30$ min。

本实验用分光光度计(spectrophotometer)进行光电比浊，测定不同培养时间细菌悬浮液的光密度(OD)值，绘制生长曲线。

二、实验试剂

LB液体培养基、大肠杆菌。

三、实验器具

摇床、微量移液器、吸头、冰箱、分光光度计。

四、实验操作

1. 从平板上挑取大肠杆菌单菌落接种到5 mL LB液体培养基中，37 ℃振荡培养过夜(培养10～12 h)。

2. 吸取2.5 mL大肠杆菌培养液转入盛有50 mL LB液的三角瓶内，混合均匀后分别取

3～5 mL混合液放入无菌大试管中，共 10 支，用记号笔分别标明培养时间，即 0、2、4、6、8、10、12、14、16 和 20 h。

3. 将已接种的试管置摇床 37 ℃振荡培养（振荡频率 250 r/min），分别培养 0、2、4、6、8、10、12、14、16 和 20 h，将标有相应时间的试管取出，立即放冰箱中贮存，最后一同比浊测定其光密度值 OD_{600}。

4. 用未接种的 LB 液体培养基作空白对照，将待测定的培养液振荡，使细胞均匀分布，选用 600 nm 波长进行光电比浊测定。

5. 利用 LB 液体培养基调零点，测定样品中各个培养时间的 OD_{600} 值。

以 OD_{600} 值为纵坐标，以培养时间为横坐标，绘制大肠杆菌的生长曲线（图 4-5-3）。

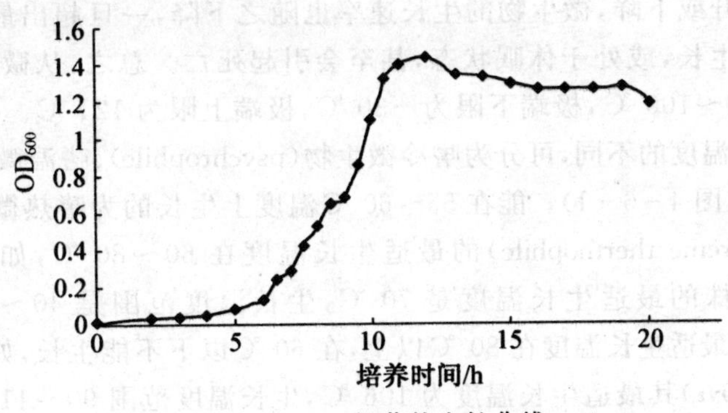

图 4-5-3 细菌的生长曲线

7. 利用对数期计算其代时。

五、注意事项

1. 应以未接种的培养基作空白对照，选用 600 nm 波长进行光电比浊测定，从最稀浓度的菌悬液开始依次进行测定。

2. 选用一套标准的比色管进行测定，防止误差。

六、评议

1. 对浓度大的菌悬液用未接种的培养基适当稀释后测定，使其光密度值在 0.1～1.5 以内，记录 OD_{600} 值时，注意乘上所稀释的倍数。

2. 生长曲线的测定过程中所用的培养基不应含有颗粒和沉淀，否则会影响实验结果。

七、思考题

1. 用光电比浊法测定细菌的生长为什么只能表示细菌的相对生长情况？

2. 什么是代时？可用生长曲线中的任何时期计算吗？为什么？

3. 在生产实践中如何缩短延迟期？怎样延长对数期，又如何控制衰亡期？

4-6 温度对微生物生长的影响

一、实验原理

各种微生物都具有三个基本温度(cardinal temperatures),即最适、最低和最高生长温度以及耐受温度的能力,它们是微生物系统学中最基本的分类依据之一。所谓生长最适温度(optimal temperature)就是菌体分裂代时最短或生长速率最高时的培养温度。不适宜的温度可以导致细菌的形态和代谢的改变或使微生物的蛋白质凝固变性而导致死亡。如以最适温度为基点,随着温度的上升或下降,微生物的生长速率也随之下降,一旦超出最低或最高生长温度限度时,微生物均不能生长,或处于休眠状态,甚至会引起死亡。总之,从微生物整体来看,生长的温度范围一般在-10～100 ℃,极端下限为-30 ℃,极端上限为121 ℃。

根据微生物生长温度的不同,可分为嗜冷微生物(psychrophile)、嗜温微生物(mesophile)、嗜热微生物(thermophile)(图4-6-1)。能在55～60 ℃温度上生长的为嗜热微生物(thermophile),而极端嗜热微生物(extreme thermophile)的最适生长温度在60～80 ℃,如水生栖热菌(*Thermus aquaticus*)YT-1^{T}菌株的最适生长温度是70 ℃,生长温度范围是40～79 ℃;超嗜热微生物(hyperthermophile)的最适生长温度在80 ℃以上,在60 ℃以下不能生长,如嗜热古菌延胡索酸火叶菌(*Pyrolobus fumarii*)其最适生长温度为106 ℃,生长温度范围90～113 ℃,而121菌株因能在121 ℃条件下生长而得名;中度嗜热微生物(moderate thermophile)的最适生长温度在60 ℃以下。超嗜热微生物以古菌为主,极端嗜热微生物在古菌与细菌中均有分布,中度嗜热微生物以细菌为多。而嗜温微生物有室温性和体温性之分,室温性微生物适合在20～25 ℃生长,体温性微生物适合在35～40 ℃生长。嗜冷微生物则在0 ℃下能正常生长,专性嗜冷菌的最适温度为15 ℃,超过20 ℃即停止生长。

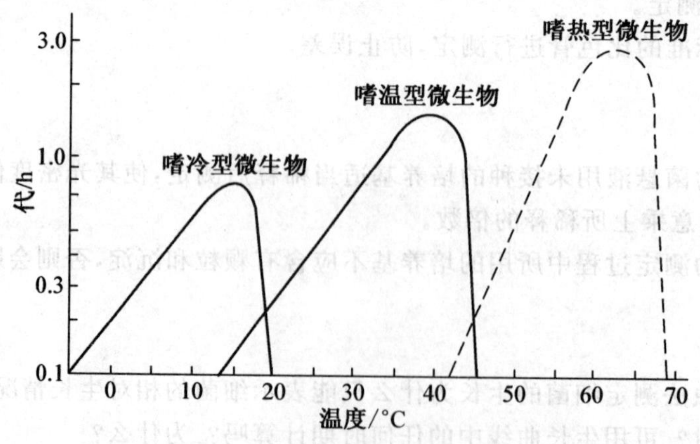

图4-6-1 不同温度敏感型的微生物

不同的微生物对温度的耐受力不同,如大肠杆菌(*E. coli*)在60 ℃10 min内致死,而枯草芽孢杆菌(*B. subtilis*)在100 ℃时6～17 min内才能致死,这是因为芽孢不仅含水量低,有厚而致密的壁,而且还含有特殊的物质——吡啶二羧酸,所以芽孢杆菌的抗热能力比大肠杆菌强。

二、实验试剂

大肠杆菌以及枯草杆菌等斜面菌种。牛肉膏蛋白胨斜面培养基，或基础培养基，每管装 3 mL。

三、实验器具

吸量管、三角瓶、恒温振荡器、721 分光光度计、比色杯、微量移液器、吸头等。

四、实验操作

（一）斜面培养

1. 取牛肉膏蛋白胨细菌斜面培养基 6 支，在无菌操作下，用枯草芽孢杆菌（*B. subtilis*）菌种进行斜面接种。

2. 各取 1 支分别标记 4 ℃（冰箱）、20 ℃、28 ℃、37 ℃、45 ℃、60 ℃，分别放入相应温度下培养，48 h。

3. 观察菌体的生长情况，并做实验记录。

（二）液体培养

1. 在最佳盐度和 pH 条件下配制基础培养基，每管分装培养基 3 mL。

2. 新鲜菌液接种量 1%（30 μL），3～6 个平行，3 个不接种对照。

3. 在不同温度（5 ℃、15 ℃、20 ℃、25 ℃、32 ℃、37 ℃、42 ℃、45 ℃、50 ℃）条件下进行振荡培养。

4. 经一定时间培养后，以不接种的培养基作为空白对照，测定 OD_{600}，绘制菌株生长的温度曲线。

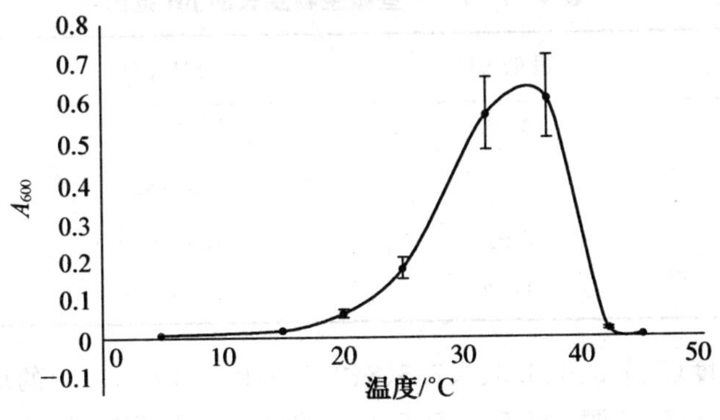

图 4－6－2 菌株生长的温度曲线图

五、注意事项

1. 应选择不含有沉淀的培养基，并且菌体在此培养基中生长后呈现均匀的悬浮状态，而不是成团结块的情况。

2. 进行温度实验，观察不生长的上限温度与下限温度时，不要马上处理掉实验管，而是让它继续培养一段时间（一周以上），确定其确实是不生长。

3. 采用不同摇床进行不同温度实验时应将这些摇床转速调整到一致后再进行实验。

六、评议

1. 一般培养到最适生长的管菌液 OD_{600} 为 0.8 左右，就可以测定其 OD_{600} 值。
2. 液体培养基每管 3 mL，9 个梯度，每个梯度 3～5 个平行。

七、思考题

高温和低温对微生物生长各有何影响？为什么？

4－7 pH 对微生物生长的影响

一、实验原理

环境中的酸碱度对微生物的生命活动有很大影响，酸碱度通常以某溶液中氢离子浓度的负对数(即 pH)来表示。各种微生物都有其生长的最低、最适和最高 pH 值。低于最低或超过最高生长 pH 值时，微生物生长受抑制或导致死亡。微生物总体的生长范围是较为广泛的，大多数种类生长在 pH 5～9 之间，只有少数种类可以在 pH 值低于 2 或高于 10 的环境中生长。一般细菌、放线菌生长在中性和微碱性环境中，酵母菌、霉菌生长在偏酸性环境中，即细菌最适 pH 在 7.0～8.0，放线菌最适 pH 在 7.5～8.5，酵母菌最适 pH 在 3.8～6.0，而霉菌最适 pH 在 4.0～5.8(表 4－7－1)。

表 4－7－1 一些微生物生长的 pH 范围

微生物	最低 pH	最适 pH	最高 pH
细菌	3～5	6.5～8	8～10
放线菌	5.0	7.5～8.5	10.0
酵母菌	2～3	3.8～6.0	8.0
霉菌	1～3	4.0～5.8	9.0

设定不同 pH 梯度(5、5.5、6、6.5、7、7.5、8、8.5、9、9.5、10. 10.5)的培养基。所用缓冲液系统包括 MES(pH 5.0～6.5)调 pH 5.0、5.5、6.0 和 6.5，PIPES(pH 6.4～7.2)调 pH 6.5 和 7.0，Tricine(pH 7.0～9.0)调 pH 7.0、7.5、8.0、8.5 和 9.0 及 CHES(pH 9.0～10.1)调 pH 9.0、9.5 及 10.0。缓冲剂浓度为 25～50 mmol/L。

二、实验试剂

1. 选择合适的基础培养基。
2. 缓冲液系统：MES(pH 5.0～6.5)、PIPES(pH 6.4～7.2)、Tricine(pH 7.0～9.0)和 CHES(pH 9.0～10.1)。缓冲液浓度为 25～50 mmol/L。

三、实验器具

摇床、分光光度计、酒精灯、微量移液器、吸头。

四、实验操作

1. 在最适生长 NaCl 浓度条件下，配制不同 pH(5.0、6.0、6.5、7.0、7.5、8.0、9.0、9.5、10.0 等)的液体培养基。根据不同的 pH 要求添加终浓度为 25～50 mmol/L 的缓冲液。

2. 灭菌后还需要测定培养基的 pH 值。

3. 以 1%的接种量进行接种(30 μL)，3 个平行，设置两个不接种对照。

4. 在适当的温度条件下进行培养。

5. 培养一定时间后测定菌液的吸光度 OD_{600}，并同时测定其生长后的 pH 值，绘制菌株生长的 pH 曲线图(图 4-7-1)。

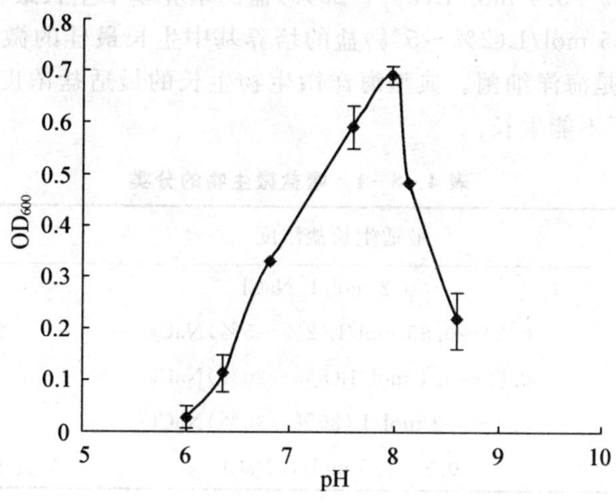

图 4-7-1 菌株生长的 pH 曲线图

五、注意事项

1. 培养基 pH 灭菌前后会有变化，中间 pH 的缓冲液变化很少，而两端的 pH 变化较大。实验中以灭菌后的 pH 为准，如果灭菌后的 pH 变化很大，应在超净台上用酸或碱进行回调。此外，接种培养后的 pH 变化有时也很大。

2. 不同缓冲液配制过程中，注意要有重叠的点，如 MES 为 pH 5.0～6.5(pH 5.0,5.5,6.0 和 6.5 四个点)；PIPES 为 pH 6.5～7.2(pH 6.5 和 7.0 两个点)；Tricine 为 pH 7.0～9.0(7.0,7.5,8.0,8.5 和 9.0 五个点)；Capso 为 pH 8.9～10.3(9.0,9.5 和 10 三个点)；Caps 为 pH 9.7～11.1(10,10.5 和 11 三个点)。

3. 不同种属的菌株选择不同的培养基，最好不要选用离子成分多且易形成沉淀的培养基。

六、评议

1. 一般最适生长的管菌液 OD_{600} 为 0.8～1.0 就可以测定其 OD_{600} 值。平行实验一般做 3～5 个。

2. 如果测定的生长 pH 曲线出现双峰应考虑添加的缓冲液是否被菌株所利用。

七、思考题

不同微生物的最适 pH 在什么范围?

4-8 渗透压对微生物生长的影响

一、实验原理

根据生长盐度的差异,1978 年 Kushner 将嗜盐菌(halophile)分为:极端嗜盐菌(extreme halophiles)、中度嗜盐菌(moderate halophiles)和轻度嗜盐菌(slight halophiles)等。极端嗜盐菌是一类在 3.4~5.1 mol/L(20%~30%)盐的培养基中生长最佳的微生物,以嗜盐古菌为主;中度嗜盐菌是一类在 0.85~3.4 mol/L(5%~20%)盐的培养基中生长最佳的微生物;而轻度嗜盐菌是一类在 0.34~0.85 mol/L(2%~5%)盐的培养基中生长最佳的微生物。后两者主要由一些嗜盐细菌构成,特别是海洋细菌。典型海洋微生物生长的最适盐浓度为 3.3%~3.5%,并且在缺乏氯化钠的淡水下不能生长。

表 4-8-1 嗜盐微生物的分类

嗜盐微生物	最适生长盐浓度	例 子
非嗜盐微生物	<0.2 mol/L NaCl	淡水微生物
弱嗜盐微生物	0.34~0.85 mol/L(2%~5%)NaCl	大多数海洋微生物
中度嗜盐微生物	0.85~3.4 mol/L(5%~20%)NaCl	某些细菌和藻类
极端嗜盐微生物	3.4~5.2 mol/L(20%~30%)NaCl	盐杆菌和盐球菌
耐盐微生物	0.2~2.5 mol/L NaCl	金黄色葡萄球菌、耐盐酵母等

梯度设定:含有 0%、0.5%、1%、3%、5%、7.5%、10%、15%、20%、25%和 30%(w/v)NaCl 的固体培养基或者液体培养基。

二、实验试剂

1. 培养基:NaCl 6.5 g、牛肉粉 0.3 g、葡萄糖 0.1 g、蛋白胨 1 g、琼脂粉 1.8 g、蒸馏水 100 mL、溴甲酚紫指示剂适量,调整 pH 7.4,121 ℃ 15 min 灭菌后制成平皿或斜面。

2. 基础培养基。

三、实验器具

试管、摇床、分光光度计、酒精灯、微量移液器、吸头。

四、实验操作

(一) 斜面培养

1. 接种被检菌,35 ℃培养过夜。

2. 观察结果：培养基上生长出菌落并变黄色为阳性，不变色为阴性。

（二）液体培养

1. 配制含有2%、5%、8%、10%、12%、15%、18%、23%等NaCl溶液的基础培养基。

2. 按1%的接种量将菌液接种到基础培养基中，3个平行，两个不接种对照，37 ℃振荡培养。

3. 培养一定时间后测定菌液的吸光度OD_{600}，绘制菌株生长的盐度曲线图（图4-8-1）。

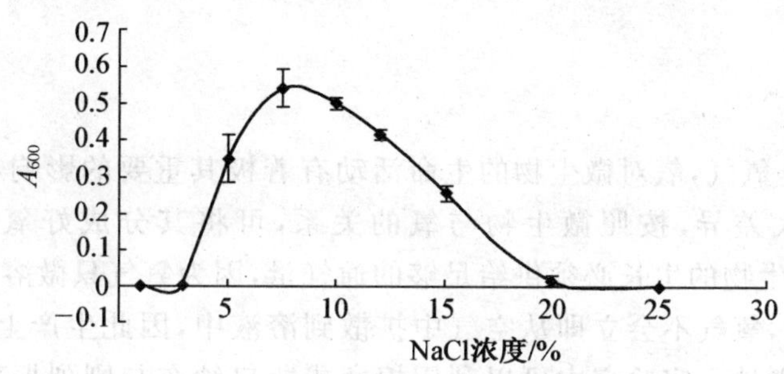

图4-8-1 菌株生长的盐度曲线

五、注意事项

1. 本试验是测定细菌在高盐情况下的生长能力，葡萄糖作为是否生长的指示剂。细菌接种量不能过大，否则细菌并不需要繁殖即可使葡萄糖产酸，培养基变色，导致假阳性结果。

2. NaCl实验有时培养基中也需要添加缓冲液，特别是大梯度变化的NaCl实验时尤其需要。

3. 配制培养基时搅拌速度不要太快，否则会产生泡沫，影响pH调节。

4. 有些菌株的最适浓度和NaCl上下限是随着温度的不同而有所改变的，所以最好能在两个温度下开展实验。

六、评议

1. 基础培养基对不同的细菌是不一样的，一般实验中应选择菌体生长良好、且没有沉淀的培养基来进行菌株对盐的耐受实验。以防其他离子的干扰，离子成分少的培养基为佳。

2. 菌体生长情况测定时最好选择OD值在0.8～1.0左右，不能太高也不能太低。应注意判断实验中出现的异常现象。

3. 加入NaCl特别是高浓度的NaCl，体积变化较大，配培养基时注意预留NaCl的体积。如配660 mL不含NaCl的基础培养基定容至550 ml，调pH，分装11个50 mL三角瓶，分别加入适当的NaCl，定容至60 mL/瓶，微调pH，分装3 mL试管121 ℃ 20 min灭菌。1%接种量接种，30 ℃培养6～12 h左右，当最适生长梯度下OD值在1.0左右，小于1.5的时候测OD值，低浓度和高浓度下生长状况不佳的测3个平行，长得比较好的测6个平行。剩余连续一周观察生长情况。绘制生长曲线。

4. 实验开始可以设定跨度较大的点，然后根据实验的初步结果再在最适点以及极限点附近进行更细化点的实验。

七、思考题

1. 简述嗜盐菌的分类。
2. 如何来判断实验中出现误差的点?

4－9　氧气对微生物生长的影响

一、实验原理

大气中约20%是氧气,氧对微生物的生命活动有着极其重要的影响,不同微生物对氧的需求或耐受能力有很大差异,按照微生物与氧的关系,可将其分成好氧菌(aerobe)与厌氧菌(anaerobe)。好氧微生物的生长必须供给足够的通气量,因为氧气只微溶于水,且在生物体生长过程中氧气被耗尽后,氧气不会立即从空气中扩散到溶液中,因此生产上需不断向培养基中强制性地通气,并进行搅拌。实验室中可以利用棉塞或瓶口纱布与剧烈振荡来获得氧气,此外可通过调整转速和培养基的瓶装量来控制氧气的需求量。

二、实验试剂

牛肉膏蛋白胨斜面培养基、不同装量的三角瓶培养基。

三、实验器具

试管、三角瓶、接种环、8层纱布、线绳、微量移液器、吸头、摇床、721分光光度计。

四、实验操作

(一) 瓶装量对菌株生长的影响

1. 将大肠杆菌菌种转接至牛肉膏蛋白胨斜面培养基上,37 ℃培养18～24 h。
2. 取活化的大肠杆菌一环接入装有20 mL牛肉膏蛋白胨培养基的100 mL三角瓶中,37 ℃、200 r/min摇床上振荡培养16～18 h作为供试种子。
3. 配制LB培养基,取5个500 mL三角瓶,每瓶分别装入50 mL、100 mL、150 mL、200 mL和250 mL培养基,分别编号1、2、3、4和5号,所有三角瓶均用8层纱布和线绳包扎,灭菌备用。
4. 按1%的接种量接入大肠杆菌种子液于5个装有不同培养基量的三角瓶中。
5. 37 ℃条件下在200 r/min摇床上振荡培养,每隔2 h取样,摇匀。
6. 以空白培养基作对照,用721分光光度计测定OD_{600}值,绘制生长曲线,确定最适生长的培养基装量。

(二) 不同转速对菌株生长的影响

1. 将大肠杆菌斜面菌种转接至牛肉膏蛋白胨斜面培养基上,37 ℃培养18～24 h。
2. 取上述活化的大肠杆菌一环接入盛有20 mL牛肉膏蛋白胨培养基的100 mL三角瓶中,37 ℃、200 r/min摇床上振荡培养16～18 h作为供试种子。
3. 配制LB培养基,4个500 mL三角瓶分别装入100 mL培养基,分别编号1、2、3和4号,所有三角瓶均用8层纱布和线绳包扎，灭菌备用。

4. 按1%的接种量接入大肠杆菌种子液于4个装有不同培养基量的三角瓶中。

5. 1号静置于温箱中、2号置于75 r/min摇床、3号置于150 r/min摇床、4号置于225 r/min摇床中，在37 ℃下振荡培养，每隔2 h取样，摇匀。

6. 以培养基作对照，用721分光光度计测定OD_{600}值，绘制生长曲线，确定最佳生长的摇床转速。

五、注意事项

接入摇瓶所用的种子应采用相同的培养物，否则会影响实验的准确性。

六、评议

氧气的供应一般对好氧菌的影响是比较大的，而对兼性好氧菌的影响不是很大。

4－10　紫外线对微生物生长的影响

一、实验原理

紫外线(ultraviolet)是一种低能量的电离辐射，使DNA分子中相邻的嘧啶形成嘧啶二聚体，抑制DNA复制与转录等功能，对微生物有明显的致死作用。其中由于核酸(DNA、RNA)的吸收峰为260 nm，蛋白质的吸收峰为280 nm，波长在260～280 nm处的紫外线杀菌力最强；剂量高、时间长、距离短时就易杀死微生物。而经紫外线照射后受损害的细胞，如立即暴露在可见光下，则有一部分仍可恢复正常活力，这就是光复活现象(photoreaction)。

使用紫外灯照射，可以根据1 W/m^3来计算剂量，若以面积计算，一般30 W的紫外灯可用于15 m^2的房间消毒，照射时间为20～30 min，有效照射距离为1 m左右。但由于其穿透能力弱，不易透过物质，即使一层玻璃或一层纸也可以隔绝。因此紫外辐射只用于房间、超净工作台等的空气及物体表面的消毒。

二、实验试剂

牛肉膏蛋白胨琼脂培养基、金黄色葡萄球菌(*S. aureus*)、枯草芽孢杆菌(*B. subtilis*)。

三、实验器具

无菌六角黑纸、紫外灯、培养箱、超净工作台、微量移液器、吸头。

四、实验操作

1. 将牛肉膏蛋白胨琼脂培养基按无菌操作制成平板6付。
2. 用无菌移液管吸取0.1 mL菌液涂布于平板上(用无菌三角涂棒)。
3. 在无菌条件下，将无菌六角黑纸放置于培养基表面。
4. 打开盖皿，在距离紫外灯30 cm处分别照射5、10、15 min，每个时间两个板。

5. 去黑纸加皿盖，于 28～30 ℃温箱中倒置培养 48 h。

6. 观察实验结果(图 4-10-1)：有纸覆盖过的区域有菌体生长，而周围则无菌生长。

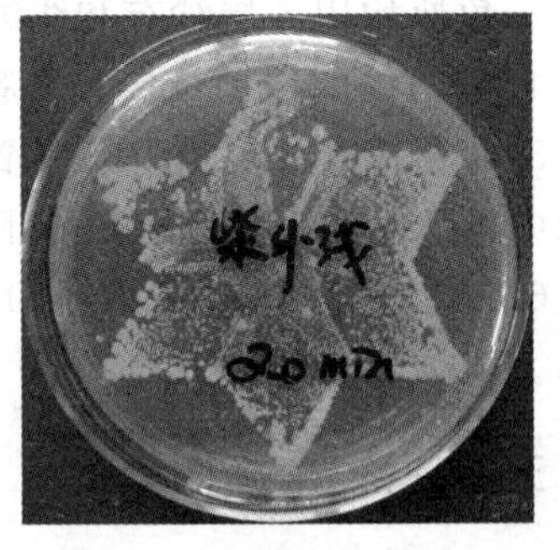

图 4-10-1　紫外照射后培养的平板

五、注意事项

紫外照射前一定要打开培养皿的盖子，照射后取出黑纸。加盖黑纸或去黑纸均须进行无菌操作。

六、评议

由于紫外辐射对皮肤和眼睛有害，当进入和使用这些场所时，务必将紫外灯关闭。

七、思考题

紫外线照射时，为什么要除掉皿盖？

4-11　化学药剂对微生物生长的影响

一、实验原理

一些化学药剂对微生物生长有抑制或杀死作用，因此常利用某些化学药剂进行灭菌或消毒(表 1-4-3)。各种化学药剂对不同微生物的杀菌能力是不相同的，而且同种化学药剂对不同微生物的杀菌效果也不一样。通常将化学药剂分为消毒剂(disinfectant)和防腐剂(antisepsis)，前者通常用来杀死非生物材料上的微生物，后者具有杀死微生物或抑制微生物生长的能力，但对于动物或人体的组织无毒害作用。

常用化学消毒剂主要有重金属及其盐类、有机溶剂(酚、醇、醛等)、卤族元素及其化合物，染料和表面活性剂等。重金属离子可与菌体蛋白质结合而使之变性或与某些酶蛋白的巯基相结合而使酶失活，重金属盐则是蛋白质沉淀剂，或与代谢产物发生螯合作用而使之变为无效化合物；有机溶剂可使蛋白质及核酸变性，也可破坏细胞膜透性使内含物外溢；碘可与蛋白质酪氨酸残基不可逆结合而使蛋白质失活，氯气与水发生反应产生的强氧化剂也具有杀菌作用；染料在低浓度条件下可抑制细菌生长，其对细菌的作用具有选择性，革兰氏阳性菌普遍比革兰氏阴性菌对染料更加敏感；表面活性剂能降低溶液表面张力，这类物质作用于微生物细胞膜，改变其透性，同时也能使蛋白质发生变性。

各种化学消毒剂的杀菌能力常以石炭酸为标准，以石炭酸系数(酚系数)来表示。将某一消毒剂作不同程度稀释，在一定条件下，该消毒剂杀死全部供试微生物的最高稀释倍数与达到同样效果的石炭酸的最高稀释倍数的比值，即为该消毒剂对该种微生物的石炭酸系数。石炭酸系数越大，说明该消毒剂杀菌能力越强。

二、实验试剂

1. 指示菌株：枯草芽孢杆菌(*B. subtilis*)，金黄色葡萄球菌(*S. aureus*)。

2. 培养基：牛肉膏蛋白胨斜面培养基，牛肉膏蛋白胨琼脂培养基(15 mL)，马铃薯蔗糖培养基(15 mL)，淀粉琼脂培养基(15 mL)。

3. 化学药剂：75%酒精、2.5%碘酒、0.1% $HgCl_2$、5%石炭酸。

4. 无菌水(5 mL)。

三、实验器具

无菌培养皿、无菌三角玻棒、无菌五角星黑纸、0.6 cm 无菌圆形滤纸、镊子、微量移液器、吸头、培养箱。

四、实验操作

1. 每组取无菌培养皿 2 付，在皿底注明处理方法及菌种名称。

2. 取枯草芽孢杆菌和金黄色葡萄球菌菌悬液 0.2 mL放入相应的培养皿中。

3. 将已融化冷却至 50 ℃左右的细菌培养基分别倒入上述培养皿中，混匀后凝固成平板。

4. 用镊子将分别滴有 2 滴 0.1% $HgCl_2$、2.5%碘酒、75%酒精、5%石炭酸的小圆形滤纸片，放于每一平板上，盖上皿盖。

5. 于 28～30 ℃的温箱中培养 48 h 后观察、记录结果(图 4－11－1)。

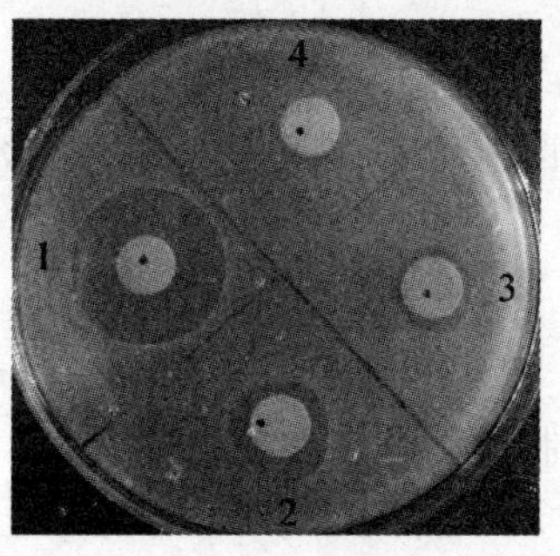

图 4－11－1　各种化学试剂的抑菌效果
1. 0.1%$HgCl_2$；2. 2.5%碘酒；3. 5%石炭酸；4. 75%酒精

五、注意事项

1. 使用化学药剂进行实验时，应注意药品的浓度及用量。

2. 测定化学药剂对微生物的影响时，培养皿不能倒置培养。

六、评议

如果有抑菌作用，则滤纸片周围会出现无菌生长的抑菌圈，并且抑菌圈的大小可以相对地显示化学药剂的抑菌强度。

七、思考题

简述 $HgCl_2$、碘酒、酒精、石炭酸的抑菌机制，观察四种试剂的抑菌效果。

4－12　抗生素对微生物生长的影响

一、实验原理

抗生素(antibiotic)是某些微生物，特别是放线菌，在生命活动过程中产生的一些对其本身无害而能抑制或杀死另外一些微生物的特异性的代谢产物。

抗生素在极低浓度下即能抑制或杀死某些微生物。在抗生菌的筛选中，常以其对某些微生物产生的拮抗作用所形成的抑菌圈大小来衡量抗生菌作用的强弱和抗生素的有效浓度。

二、实验试剂

1. 菌株：金黄色葡萄球菌（*S. aureus*），黑曲霉（*A. niger*），细黄链霉素（*S. microflavus*）"5406"。

2. 培养基：牛肉膏蛋白胨斜面培养基，牛肉膏蛋白胨琼脂培养基（20 mL），马铃薯蔗糖培养基（20 mL），淀粉琼脂培养基（20 mL）。

3. 无菌水（5 mL）。

三、实验器具

灭菌的培养皿、打孔器、酒精灯、微量移液器、吸头、培养箱。

四、实验操作

1. 将金黄色葡萄球菌（*S. aureus*）斜面和黑曲霉（*A. niger*）斜面各用 4 mL 无菌水以无菌操作法制成菌悬液备用。

2. 取 2 付无菌平皿，皿底贴上标签，注明组别及处理，用无菌吸管取上述菌悬液各 1 mL，分别加入相应的培养皿内。

3. 取已融化并保持在 50 ℃左右的细菌和真菌培养基各 1 管，倒入相应的培养皿中，轻轻摇匀，制成含菌平板。

4. 用无菌打孔器在长有"5406"放线菌的培养皿中，无菌操作垂直钻取连有培养基的菌块。用灭菌镊子将"5406"菌块移至平板上，每个平板放 4 块。

5. 培养皿正放在 28～30 ℃温箱中培养 2～3 d。

6. 观察菌块周围的透明圈（抑菌圈）大小（图 4-12-1）。

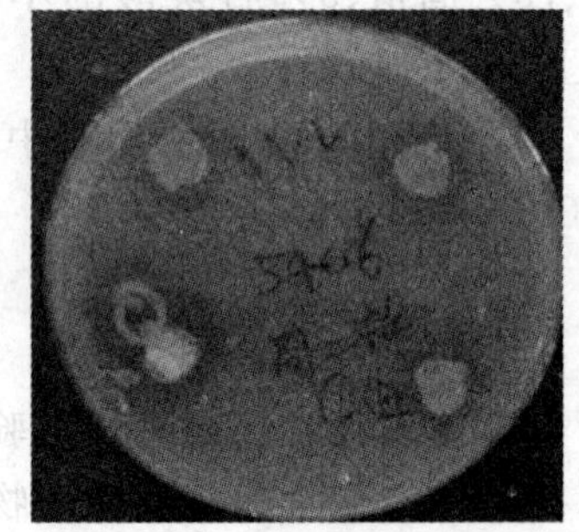

图 4-12-1　抗生素的抑菌圈

五、注意事项

"5406"放线菌菌块应正放在受试平板上，且培养皿应正放培养，而不是常规的倒置培养。

六、评议

抗生素滤纸片有商品销售，可以直接用抗生素滤纸片代替"5406"放线菌菌块。具体见实验 6-29。也可以在 0.6 cm 无菌圆形滤纸上滴加大约 20～50 μg 的抗生素母液。

七、思考题

"5406"放线菌菌块周围为什么会出现抑菌圈？

5 微生物的分子生物学特征

自然界中微生物资源极其丰富，利用前景也十分广泛。但由于微生物发现相对较晚，加上微生物种的鉴定工作，以及种划分的标准等问题较复杂，至今已被研究和记载过的还不到10%。据估计，目前在人类生产和生活中开发应用的不会超过其存在量的1%。

新的微生物物种有可能产生新的生物活性物质，不断发展新微生物的分离和培养方法是发掘微生物资源的重要途径。随着分子生物学的飞速发展，近来16S rRNA分析已成为微生物鉴定中常采用的方法之一。一般对可培养微生物进行分子生物学分析的思路是：微生物分纯→DNA提取→PCR法扩增16或18S rDNA→DNA序列测定→16或18S rDNA序列的分析→系统进化树的构建等。当16S rRNA的序列与基因库中的其他微生物的同源性小于97%时，可以初步认定为疑似新种，则应进一步进行DNA杂交、G+C含量、微生物的生理、生化方面的鉴定，以确定其是否为新种。

此外，由于自然界中多数微生物都难以在实验室里形成纯培养，利用现有常规的平板分离方法，只能分离到一些在普通实验条件下能够生长的微生物，而对于难培养或称非可培养(nonculturable)的微生物，包括现有条件下无法分离培养的新种或某些因条件的改变而处于无法增殖状态的微生物就不会被发现。而通过从环境中直接分离、克隆rRNA并分析其序列以及在分子进化树上的位置，就可以对环境中可能存在的微生物作一个初步的评估，使环境微生物的多样性分析趋于完整、客观。此外，利用这种研究方法也发现多达99%以上的微生物目前还无法分离培养。

随着人类基因组计划的进行和DNA测序技术的发展，微生物基因组的研究速度不断加快。从1995年美国马里兰Rockville基因组学研究所(The Institute for Genomic Research，TIGR)使用鸟枪法首次完成第一株细菌，即流感嗜血杆菌(*Haemophilus influenzae* RD)的基因组全序列以来，到现在已经完成了1 400多株细菌的全基因组测序。多数被测序的微生物结果可以在网上查阅。NCBI网站 http://www. ncbi. nlm. nih. gov。随着测序技术的发展，生物的测序速度也不断提高。目前人们已经在采用高通量的测序方法，如454高通量测序系统是基于焦磷酸测序法的新一代的高通量测序系统。焦磷酸法最早是应用在检测DNA甲基化和单核苷酸的多态性(SNP)位点分析的一项技术，在2005年底此技术被用来进行基因组序列的测定。454高通量测序快速，8 h就可以完成一个测序反应，一次测序可获得20 Mb以上的序列信息。对基因组大小约为2 Mb的乳酸菌基因组进行测序，所需时间仅为传统Sanger测序法的1/3，而价格则不足Sanger法的一半。除了可以进行基因组测序，454测序法还可应用于其他领域，如DNA甲基化位点确定、小RNA研究、基因表达连续分析(Serial analysis of gene expression，SAGE)等。

此外，宏基因组学的研究也在不断发展，宏基因组(metagenome)是特定环境全部生物遗传物质的总和，决定生物群体生命现象。宏基因组学(metagenomics)是分子生物学技术应用于环境微生物生态学研究而形成的一个新概念，是一种不依赖于人工培养，直接从自然环境样品中提取全部微生物的DNA,建立宏基因组文库,利用基因组学的研究策略研究环境样品所包含的全部微生物的遗传组成及其群落功能的方法。其主要包括大片段DNA的分离、宏基因组文库的构建、基因的筛选、基因簇的表达及阳性克隆的检测。宏基因组学的出现使获得大量生物资源成为可能。功能基因或者某一合成通路的基因簇可以用特定方法分析鉴定,进而异源表达获得异源活性物质。近几年来,宏基因组学研究已渗透到各个领域,包括海洋、土壤、热液口、热泉、人体口腔及胃肠道等,并在医药、替代能源、环境修复、生物技术、农业、生物防御及伦理学等各方面显示了重要的价值,可为揭示微生物生态功能及其分子基础提供更全面的遗传信息,也可在微生物新功能基因筛选、活性物质开发和微生物多样性研究等方面显示其巨大功能。

参考文献

1. Margulies M *et al*. Genome sequencing in microfabricated high-density picoliter reactors. Nature, 2005, 437: 376-380

2. Goldbery S M D *et al*. A Sanger/pyrosequencing hybrid approach for the generation of high-quality draft assemblies of marine microbial genomes. Proc Natl Acad Sci USA, 2006, 103: 11240-11245

3. Mostafa et al. DNA sequencing: A sequencing method based on real-time pyrophosphate. Science, 1998, 281: 363-365

4. Rogers Y-H. and Venter J C. Massively parallel sequencing. Nature, 2005, 437: 326-327

5-1 染色体DNA的提取

一、实验原理

一个生物体的全部基因序列称为基因组(genome)。不同生物的基因组其性质不同,用途不同,提取纯化的方法也不尽相同。

从细菌、植物和哺乳动物细胞中提取基因组DNA可分两步:先是温和裂解细胞及溶解DNA,接着采用化学或酶学的方法,去除蛋白、RNA以及其他的大分子,即利用变垢剂十二烷基硫酸钠(Sodium dodecyl sulphate,SDS)、金属螯合剂EDTA或溶菌酶在一定温度下引起细菌细胞裂解。DNA在体内通常都与蛋白质相结合,蛋白质对DNA制品的污染常常影响到以后的DNA操作过程,因此,经蛋白酶K处理后,有机溶剂苯酚/氯仿/异戊醇使菌体蛋白变性而不溶于水,离心后沉降到酚相与水相的界面,DNA则留在水相,这一方法对于去除核酸(无论是DNA或RNA)中的大量蛋白质杂质是行之有效的。DNA制品中也会有RNA杂质,但RNA极易降解。况且,少量的RNA对DNA的操作无大影响,必要时可加入不含DNA酶的RNA酶以去除RNA的污染。

本实验学习微生物细胞的裂解、DNA的提取、纯化方法,获取高纯度的细菌细胞DNA,供测试细菌扩增16S rRNA与测定Tm值。

二、实验试剂

(一) 细菌基因组 DNA 提取

1. LB(Luria Broth)培养基：1%蛋白胨(typtone)、0.5%酵母粉(yeast extract)、1% NaCl，用 NaOH 调 pH 7.2，121 ℃灭菌 20 min 备用。

2. GTE 溶液：50 mmol/L 葡萄糖、25 mmol/L Tris-HCl(pH 8.0)、10 mmol/L EDTA(pH 8.0)。

3. 100 mg/mL 溶菌酶；10 mg/mL 蛋白酶 K。

4. 氯仿/异戊醇(24∶1)；苯酚/氯仿/异戊醇(25∶24∶1)。

5. TE 缓冲液：10 mmol/L Tris-HCl(pH 8.0)、1 mmol/L EDTA。

6. 1 mg/mL RNaseA 酶：10 mmol/L Tris-HCl(pH 7.5)、15 mmol/L NaCl，100 ℃保温 15 min，然后室温条件下缓慢冷却。

7. 其他试剂：无水乙醇，预冷的 70%酒精，80%甘油。

(二) 放线菌基因组 DNA 提取

1. 高氏 1 号培养基：2%可溶性淀粉、0.1% KNO_3、0.05% K_2HPO_4、0.05% NaCl、0.05% $MgSO_4 \cdot 7H_2O$、0.001% $FeSO_4$、pH 7.2～7.4。

2. CTAB/NaCl：10%十六环基三甲基溴化铵(CTAB)、0.7 mol/L NaCl。

3. 100 mg/mL 溶菌酶；1 mg/mL RNaseA 酶。

4. 其他试剂：10% SDS，5 mol/L NaCl，异丙醇，预冷的 70%酒精，80%甘油。

(三) 酵母菌基因组 DNA 提取

1. YPD 培养基：2%蛋白胨、1%酵母提取物、2%葡萄糖。

2. 其他试剂：TE，10% SDS，酚/氯仿/异戊醇，异丙醇，70%乙醇。

(四) 霉菌基因组 DNA 提取

1. 查氏培养基：0.2% $NaNO_3$、0.1% K_2HPO_4、0.05% KCl、0.05% $MgSO_4 \cdot 7H_2O$、0.001% $FeSO_4$、3.0%蔗糖，pH 自然。

三、实验器具

培养箱、灭菌锅、超净台、小试管、Eppendorf 管、管架、吸头、旋转混合器、低温高速离心机、台式高速离心机、微量移液器、37 ℃和 55 ℃恒温水浴锅、研钵、恒温摇床、50 mL离心管(有盖)及 5mL 离心管、小玻棒、冰箱。

四、实验操作

(一) 细菌基因组 DNA 的少量制备

1. 从平板培养基上挑选单菌落接种至 5 mL LB 液体培养基中，适温下振荡培养过夜。

2. 取菌液 0.5～1 mL，12 000 r/min 离心 1 min，弃上清。

3. 加入 500 μL GTE 溶液，在漩涡混合器上振荡混匀至沉淀彻底分散(注意不要残留细小菌块)。

4. 向悬液中加入 5 μL 100 mg/mL 溶菌酶至终浓度为 1 mg/mL，混匀，37 ℃温浴 30 min。

5. 再向悬液中加入 5 μL 10 mg/mL 蛋白酶 K 至终浓度为 0.1 mg/mL，混匀，55 ℃继续温浴 1 h，中间轻缓颠倒离心管数次。

6. 温浴结束后向溶液中加入等体积（500 μL）的苯酚/氯仿/异戊醇溶液，上下颠倒充分混匀，12 000 r/min 离心 5 min。

7. 取上清用等体积的氯仿/异戊醇抽提一次。

8. 取上清至新的离心管中（约 400μL），向上清中加入 1/10 体积的 3 mol/L 醋酸钠（pH 5.2），混匀，加入 2 倍体积的无水乙醇，混匀，－20 ℃静止 30 min 沉淀 DNA，取出，4 ℃、12 000 r/min 离心 10 min。

9. 小心弃去上清，用 1 mL 70%酒精洗涤沉淀，4 ℃、12 000 r/min 离心 5 min。自然干燥。

10. 用 60 μL 含 RNaseA（终浓度 20 μg/mL）的 TE 溶解，37 ℃温浴 30 min，除去 RNA。

11. 取 5 μL 样品进行电泳（图 5－1－1）或测定 A_{260} 值来确定 DNA 的含量。

12. 样品贮存在 4 ℃冰箱中。

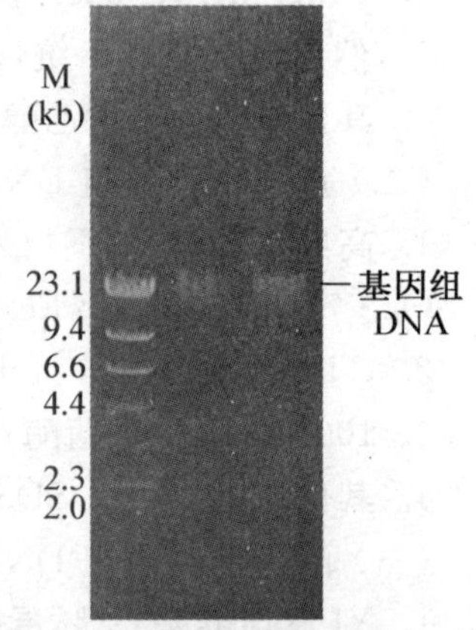

图 5－1－1 细菌基因组 DNA

（二）细菌基因组 DNA 的大量提取

1. 200mL 细菌过夜培养到指数生长末期，10 000 r/min 离心 10 min，弃去上清。用无菌水或适当浓度 NaCl（阴性菌 1%）溶液洗涤菌体 1～2 次，用 10 mL TE 悬浮沉淀。

2. 革兰氏阳性菌加溶菌酶至终浓度为 0.5～1 mg/mL，37 ℃水浴摇床 30～60 min，最好过夜（阴性菌可以省略这一步）。

3. 加入 10% SDS 至终浓度 2%、10 mg/mL 蛋白酶 K 至终浓度 0.1 mg/mL，充分混匀后 55 ℃水浴 3 h。

4. 加入等体积苯酚/氯仿/异戊醇（25：24：1），反复缓慢颠倒混匀 10 min 后（30～50 次），12 000 r/min 离心 20 min，用剪去尖头的大吸头将上清液移至干净离心管。

5. 重复步骤 4，至有机相和水相之间没有明显的蛋白为止（一般重复 2 次，不超过 5 次）。

6. 加入等体积氯仿/异戊醇（24：1）抽提，12 000 r/min 离心 20 min。

7. 将上清液移至干净离心管，加入 2 倍体积的预冷无水乙醇，颠倒混合后，用玻璃棒将 DNA 卷出（图 5－1－2）。

8. 用预冷的 70%乙醇漂洗后，晾干，用 4～5 mL 0.1×SSC 溶解 DNA。

9. 加 10 mg/mL RNaseA 至终浓度 50 μg/mL，37 ℃保温 30 min。

10. 从第 4 步开始重复。

11. 样品贮存在 4 ℃冰箱中。

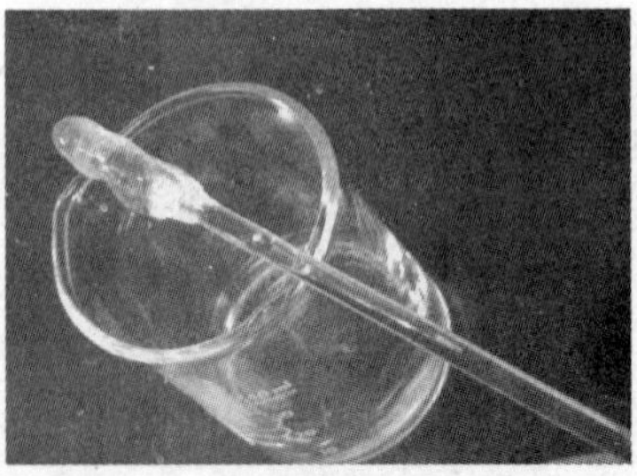

图 5－1－2

（三）放线菌染色体 DNA 的提取

1. 从平板培养基上挑选单菌落接种至 5 mL 高氏 1 号培养基中，28 ℃条件下振荡培养。

2. 取 1～1.5 mL 培养液于 Eppendorf 管中，12 000 r/min 离心 1 min，尽可能弃去上清。

3. 菌体沉淀中加入 560 μL TE 缓冲液，使其重新充分悬浮（注意不要残留细小菌块）。

4. 加入 30 μL 10% SDS 和 7.5 μL 100 mg/mL 溶菌酶,混匀,于 37℃保温 1 h。

5. 加入 100 μL 5 mol/L NaCl,充分混匀。

6. 再加 80 μL CTAB/NaCl 溶液,上下颠倒混匀,在 65 ℃条件下保温 10 min。

7. 加入等体积(约 750 μL)氯仿/异戊醇,上下颠倒混匀,12 000 r/min 离心 5 min。将上清液转至一个新 eppendorf 管中(如果难以移出上清,先用牙签除去界面物质)。

8. 加入等体积的苯酚/氯仿/异戊醇,上下颠倒充分混匀,室温 12 000 r/min 离心 5 min,将上清液转至另一个新 eppendorf 管中。

9. 加入 0.6 倍体积的异丙醇(约 450μL),轻轻混匀直到 DNA 沉淀下来(室温 10 min,此时可以看到 DNA 的白色丝状物),8000 r/min 离心 10 min,弃上清。

10. 用 1 mL 70%酒精洗涤沉淀,4 ℃、12 000 r/min 离心 5 min。

11. 弃去上清液,沉淀在室温条件下倒置干燥 10~15 min(或真空干燥),用 80 μL TE 缓冲液溶解 DNA。

12. 加 2 μL 1 mg/mL RNaseA 酶,37 ℃水浴 20 min 除去 RNA。样品贮存在 4 ℃冰箱中。

13. 取 5 μL 样品进行电泳或测定 A_{260} 值来确定 DNA 的含量。

(四) 酵母菌染色体 DNA 的提取

1. 挑单菌落接种到 5 mL YPD 培养基中,30 ℃,250 r/min 振荡培养过夜。

2. 取 3 mL 菌液 6000 r/min 离心 5 min,弃上清。

3. 加 500 μL TE(pH 8.0)悬浮,洗涤 2 次后重新悬浮 500 μL TE 中。

4. 加 55 μL 10%SDS(终浓度 1%),混匀,65 ℃水浴处理 30 min。

5. 6 000 r/min 离心 5 min,回收上清,加等体积苯酚/氯仿/异戊醇,12 000 r/min 离心 10 min。

6. 取上清,加等体积异丙醇,12 000 r/min 离心 3 min。

7. 用 70%乙醇洗两次,待乙醇完全挥发后,加 50 μL TE 溶解 DNA 沉淀。

8. 加 2 μL 1 mg/mL RNaseA 酶,37 ℃水浴 20 min 除去 RNA。

9. 样品贮存在 4 ℃冰箱中。

(五) 霉菌 DNA 的提取

1. 接种霉菌到 100 mL 查氏培养基,32 ℃振荡培养 4 d,真空抽滤除去培养基收获菌丝体。

2. 分别用生理盐水、20 mmol/L EDTA、生理盐水洗涤菌丝体,加入少许液氮磨碎。

3. 加 500 μL 抽提缓冲液,充分混匀菌丝。

4. 加 50 μL 20% SDS,37 ℃温浴 1 h。

5. 加 75 μL 5mol/L NaCl,充分混匀。

6. 加 65 μL CTAB/NaCl,充分混匀,65 ℃温浴 10~20 min。

7. 加入等体积(约 700 μL)的氯仿/异戊醇,充分混匀,12 000 r/min 离心 10 min,将上清液转移到一个新的 Eppendorf 管中。

8. 加入等体积的苯酚/氯仿/异戊醇,充分混匀,12 000 r/min 离心 10 min,将上清液转移到另一个新的 Eppendorf 管中。一共抽提两次以除去蛋白。

9. 加入 2 倍体积的冰无水乙醇,轻轻混匀至 DNA 沉淀下来,12 000 r/min 离心 10 min。

10. 用冰的 70%乙醇洗涤沉淀,12 000 r/min 离心 5 min。

11. 弃去上清,沉淀真空干燥。用 100 μL TE 缓冲液溶解 DNA 沉淀,加 2 μL 1 mg/mL

RNase A 酶，37 ℃水浴 15 min 以除去 RNA。

12. 取 5 μL 用 0.8%琼脂糖凝胶电泳检测。

五、注意事项

1. 因配制的苯酚/氯仿/异戊醇溶液上面覆盖了一层 Tris－HCl 溶液以隔绝空气，在使用苯酚/氯仿/异戊醇时应注意取下面的有机层。加入苯酚/氯仿/异戊醇后应采用上下颠倒方法，充分混匀。如发现苯酚已氧化变成红色，应弃之不用。

2. 酚具有腐蚀性，可腐蚀皮肤，并经皮肤吸收后对人体有毒，操作时需要戴手套。添加苯酚的操作应在通风橱或通风条件较好的地方进行，并且使用后的试剂瓶应及时盖好。

3. 在提取过程中，染色体会发生机械断裂，产生大小不同的片段，因此分离基因组 DNA 时，从细胞裂解后，溶液都不能在漩涡混合器上振荡或剧烈混合，应尽量在温和的条件下操作，尽量减少苯酚/氯仿抽提次数，混匀过程要轻缓，以保证得到较长的 DNA。

六、评议

1. 利用基因组 DNA 较长的特性，可以将其与细胞器或质粒等小分子 DNA 分离。加入一定量的异丙醇或乙醇，基因组的大分子 DNA 即沉淀形成纤维状絮团漂浮其中，可用灭菌的玻棒或吸头将其挑出，并在 70%乙醇中漂洗一下即可。而小分子 DNA 则只形成颗粒状沉淀附于壁上及底部，从而达到提取的目的。

2. 革兰氏阴性菌和某些革兰氏阳性菌在 2% SDS 60 ℃作用 15 min 可使细菌裂解。若裂解效果欠佳，可将温度提高至 70～75 ℃。菌体裂解后，可见细菌悬液由混浊转为澄清，同时液体中因 DNA 含量增加导致黏度升高，液体的流动性减弱。

3. 用于 G+C 含量测定以及核酸杂交所用的大量基因组 DNA 的提取，在加入酒精用玻棒卷出过程中，玻棒上卷出的 DNA 为透明状，则 DNA 比较纯，如果带有白色，则可能还有蛋白质没有除净。

4. 提取基因组的霉菌也可以采用固体培养基上加入玻璃纸进行培养，然后揭下玻璃纸收集菌体，加液氮研磨即可。

七、思考题

1. 提取染色体 DNA 的基本原理是什么？在操作中应注意什么？

2. 进行 DNA 抽提，为什么用 pH 8.0 的 Tris 水溶液饱和苯酚？显红色的苯酚可否使用，如何保护苯酚不被空气氧化？在使用苯酚进行 DNA 抽提时应注意什么？

3. 如何检测和保证 DNA 的质量？

5－2　核酸检测

一、实验原理

测定核酸通常采用两种方法，即紫外分光光度法与琼脂糖凝胶电泳法。

1. 紫外分光光度法：DNA 或 RNA 定量时，应在 260 nm 和 280 nm 两个波长下读数。在 260 nm 波长下，每毫升含 1μg DNA 的钠盐溶液的 A 值为 0.20，即在 $A_{260}=1$ 时，双链 DNA 含量为 50 μg/mL，单链 DNA 与 RNA 含量为 40 μg/mL，单链寡核苷酸的含量为 33 μg/mL。各种碱基的紫外吸收光谱如图 5-2-1 所示。

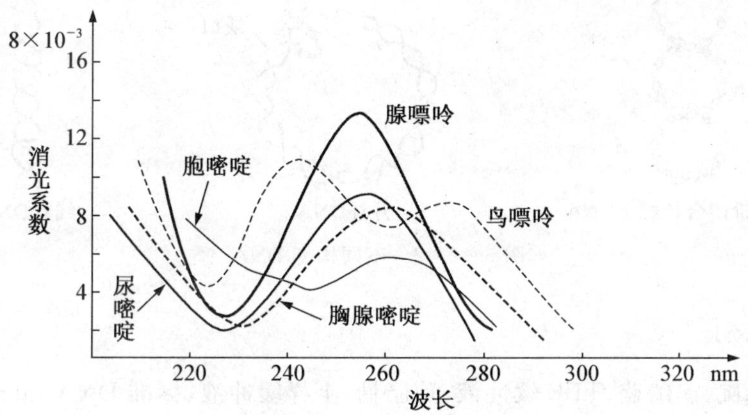

图 5-2-1 各种碱基的紫外吸收光谱(pH 7.0)

dsDNA 含量＝ A_{260} ×50×稀释倍数(μg/mL)

RNA 含量＝ A_{260} ×40×稀释倍数(μg/mL)

ssDNA 含量＝ A_{260} ×33×稀释倍数(μg/mL)

此外，还可根据在 260 nm 和在 280 nm 处读数的比值(A_{260}/A_{280})估计核酸的纯度。纯核酸溶液 A_{280}/A_{260} 为 0.5，即当样品 DNA 及 RNA 的 A_{260}/A_{280} 为 1.8～2.0 时，认为已达到所要求的纯度。在样品中含有蛋白质或酚等杂质时，会使 A_{260}/A_{280} 的比值下降，明显低于上述值，此时无法对样品中的核酸进行精确定量。

2. 琼脂糖凝胶电泳法：溴化乙啶(ethidium bromide，EB)在紫外光照射下能发射荧光。当 DNA 样品在琼脂糖凝胶电泳时，加入的 EB 就插入 DNA 分子中形成荧光结合物，使发射的荧光增强几十倍。而荧光强度正比于 DNA 的含量，如将已知浓度的标准样品作为电泳对照，就可以估计出待测样品的浓度。电泳后的琼脂糖凝胶直接在紫外灯下拍照，只需要 5～10 ng DNA，就可以从照片上进行比较鉴别。如肉眼观察，可检测 0.05～0.1 μg 的 DNA。

在凝胶电泳中，DNA 分子的迁移速度与分子量的对数值成反比关系。质粒 DNA 样品用单一切点的酶切后，与已知分子量大小的标准 DNA 片段进行电泳对照，观察其迁移距离，就可以获得该样品的分子量大小。

凝胶电泳不仅可以分离不同分子量的 DNA，也可以鉴别分子量相同但构型不同的 DNA 分子。在抽提质粒 DNA 过程中，由于各种因素的影响，使超螺旋的共价闭合环状结构的质粒 DNA(covalently closed circular DNA，cccDNA)的一条链断裂，变成开环 DNA(open circle DNA，ocDNA)分子，如果两条链发生断裂，就转变为线状 DNA(liner DNA)分子。这三种构型(图 5-2-2)的分子有不同的迁移率。一般情况下，超螺旋型(cccDNA)迁移速度最快，其次为线状分子，最慢的是开环状(ocDNA)分子。

提取到的质粒 DNA 样品中，如还有染色体 DNA 或 RNA，在琼脂糖凝胶电泳上也可以观察到电泳区带，跑在溴酚蓝前面的就是 RNA，由此可分析样品的纯度。

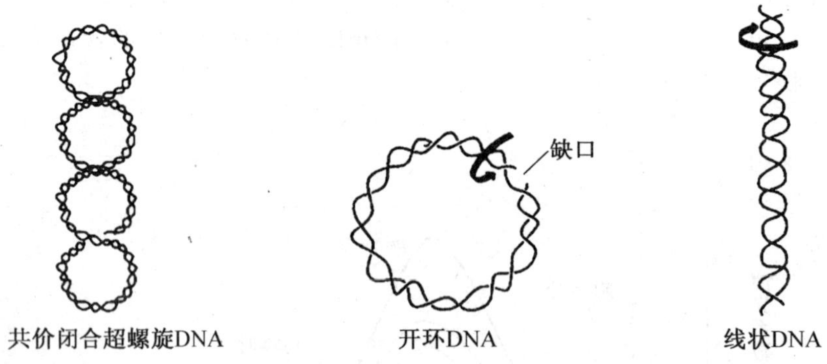

图 5-2-2　不同构型 DNA

二、实验试剂

质粒、溴化乙啶、溴酚蓝、TBE 缓冲液、琼脂糖、上样缓冲液、标准 DNA marker、限制性内切酶、10×缓冲液。

三、实验用具

37 ℃水浴锅、微波炉、稳压电泳仪、紫外检测仪、制胶模具、电泳装置、封口膜(Parafilm)、紫外分光光度计、石英比色杯、微量移液器、Eppendorf 管、吸头、记号笔、凝胶成像系统。

四、实验方法

(一) 琼脂糖凝胶电泳法

1. 称取适量的琼脂糖，放入三角瓶中，加入一定量 0.5×TBE(实验配成 0.7%浓度)，在微波炉上加热，使琼脂糖熔化。

2. 将移胶板放入胶室中，梳子垂直安插在移胶板上方。等凝胶温度降至大约 55 ℃以下(手持瓶子不烫手，即感觉热但能握得住)时，将熔化的琼脂糖倒入放有移胶板的胶室中。

3. 等凝胶完全冷却凝固后变成乳白色不透明状(约 30 min)，将梳子轻轻地垂直拔出。

4. 用拇指和食指轻抓移胶板两侧，将凝胶体放入电泳槽中，加入 0.5×TBE 电泳缓冲液，使电泳缓冲液浸没胶面，高出凝胶。

5. 取 1～2 μL 上样缓冲液滴在封口膜上，与一定量 DNA 样品(如 PCR 产物 5 μL)混合均匀后，一同加入到凝胶孔中，此外要加入合适的 DNA 分子量标准物(如 5 μL 的 λ DNA/*Hind*Ⅲ)。

6. 盖好电泳槽盖子，选择适当的电压(100V)以及电泳方向(点样端朝负极)，打开电源开关，开始电泳。

7. 前面色素接近胶的先端(应根据具体情况，BPB 到达 1/2 或 2/3 处)，切断电流，停止电泳(大约 30 min)，打开槽盖。

8. 取出凝胶，放在含有 0.5 g/mL 溴化乙啶溶液中染色 20～30 min。

9. 取出样品，在紫外灯下观察，根据 λ/*Hind*Ⅲ的 23 kb 条带来推测电泳样品中 DNA 含量。

摄像。DNA 存在的位置呈现橘红色荧光，放置时间超过 4～6 h 后荧光减弱。

（二）紫外分光光度法

1. 预热紫外分光光度计 10～20 min。

2. 取 10 μL 染色体 DNA、RNA 或质粒 DNA 样品，加 990 μL ddH_2O，混匀，转入分光光度计的石英比色杯中。

3. 以 ddH_2O(或 TE)作为空白对照，分别读取 A_{280}、A_{260} 以及 A_{280}。

4. 计算 DNA 或 RNA 的含量。

DNA 的含量＝ $A_{260}\times50\times100$(μg/mL)

RNA 的含量＝ $A_{260}\times40\times100$(μg/mL)

5. 根据 DNA 的 A_{260}/ A_{280} 值判断其纯度。

五、注意事项

1. 溴化乙啶是一种强烈的诱变剂，有毒性，使用含有这种染料的溶液时，应戴手套进行操作。勿将溶液滴洒在台面或地面上。

2. 电泳后 DNA 片段的带型弥散、不均一，可能是 DNA 上结合有蛋白质。在电泳前样品应 65 ℃加热 5 min，并加入 0.1% SDS，酚/氯仿抽提纯化。

六、评议

1. 制胶时可以不添加溴化乙啶，在电泳结束以后，取出琼脂糖凝胶，放在含有 0.5 μg/mL 溴化乙啶的水溶液中染色 20 min，此染色法能准确测定 DNA 分子量的大小。

2. 较纯的 DNA 其 A_{260}/A_{2800} 值为 1.8～2.0。如果比值接近 2，光吸收主要是来自核酸。如果比值小于 1.6，说明样品中有蛋白质或其他杂质污染，应用苯酚/氯仿重新抽提，再用酒精进行沉淀。

3. 在凝胶电泳中与色素 marker 具有相同迁移率的 DNA 片段，其溴酚蓝(BPB)约为 300 bp，二甲苯青 XC 约为 4 000 bp。

七、思考题

1. 如何判断 DNA 的纯度与含量？

2. 电泳实验时应注意什么问题？

5-3　PCR 扩增 16S 或 18S rRNA

一、实验原理

16S rRNA 寡核苷酸的序列分析是美国科学家伍斯(C. Woese)于 1976 年建立的一种方法。作为蛋白质合成的场所，rRNA 存在于所有生物的细胞中，并且在相当长的进化过程中，rDNA 分子的功能几乎保持恒定，而且局部分子排列顺序变化非常缓慢，从而保留了祖先的一些序列，反映了生物物种的亲缘关系，可作为探索生物进化过程的“计时器或进化钟”(chronometer)。

1990 年伍斯等根据 16S rRNA(或 18S rRNA)序列分析正式提出了生命系统树是由细菌域(Bacteria)、古菌域(Archaea)和真核生物域(Eucarya)所构成的三域学说(three domain proposal)(图 5-3-1)。目前 RNA 序列已经在微生物分类领域中得到广泛应用,至今国际数据库 RDP(ribosomal database project)中包含了 40 万条已注解 16S rRNA 基因。

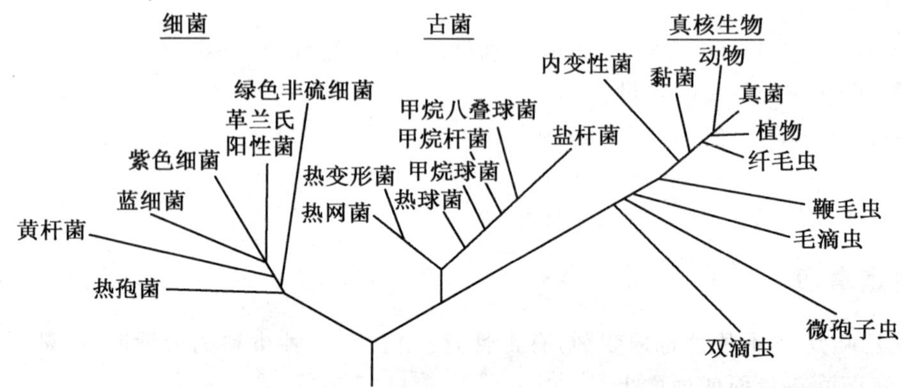

图 5-3-1　根据 16S rRNA 基因序列构建系统发育树

对应原核生物 16S rRNA 分子的是真核生物 18S rRNA。原核生物 16S rRNA 对应大肠杆菌(*E. coli*)为 1540 个核苷酸,而真核生物的 18S rRNA 对应于酿酒酵母(*S. cerevisiae*)为 1 798 个核苷酸。如果两种或两株微生物亲缘关系越接近,则所产生的核苷酸序列也越接近,反之亦然。

细菌、放线菌的 PCR 扩增的引物是根据大肠杆菌的 16S rRNA 保守序列设计的(表 5-3-1),而真菌 18S rRNA 基因的通用正向引物 SP 和反向引物 RP 分别对应于酿酒酵母(*S. cerevisiae*)的 18S rRNA 序列的保守区域设计的(表 5-3-2)。具体可以参见网站 http://bioinformatics.psb.ugent.be/webtools/rRNA/primers/index.html。

表 5-3-1　细菌 SSU rRNA 引物

引物名称/长度	引物方向	5′- Sequence - 3
BSF8/20	正向	AGAGTTTGATCCTGGCTCAG
BSR65/17	反向	TCGACTTGCATGTRTTA
BSF343/15	正向	TACGGRAGGCAGCAG
BSF349/17	正向	AGGCAGCAGTGGGGAAT
BSR357/15	反向	CTGCTGCCTYCCGTA
BSF517/17	正向	GCCAGCAGCCGCGGTAA
BSR534/18	反向	ATTACCGCGGCTGCTGGC
BSF784/15	正向	RGGATTAGATACCCC
BSR798/15	反向	GGGGTATCTAATCCC
BSF917/16	正向	GAATTGACGGGGRCCC

续 表

引物名称/长度	引物方向	5′- Sequence - 3
BSR926/20	反向	CCGTCAATTYYTTTRAGTTT
BSF1099/16	正向	GYAACGAGCGCAACCC
BSR1114/16	反向	GGGTTGCGCTCGTTRC
BSF1391/17	正向	TGTACACACCGCCCGTC
BSR1407/16	反向	GACGGGCGGTGTGTRC
BSR1541/20	反向	AAGGAGGTGATCCAGCCGCA

表 5-3-2 真核生物 SSU rRNA 引物

引物名称/长度	引物方向	5′- Sequence - 3
NSF4/18	正向	CTGGTTGATYCTGCCAGT
NSF83/20	正向	GAAACTGCGAATGGCTCATT
NSR102/20	反向	AATGAGCCATTCGCAGTTTC
NSF370/18	正向	AGGGYTCGAYYCCGGAGA
NSR387/18	反向	TCTCCGGRRTCGARCCCT
NSR399/19	反向	TCTCAGGCTCCYTCTCCGG
NSR581/18	反向	ATTACCGCGGCTGCTGGC
NSF573/19	正向	CGCGGTAATTCCAGCTCCA
NSR951/17	反向	TTGGYRAATGCTTTCGC
NSF963/18	正向	TTRATCAAGAACGAAAGT
NSR980/18	反向	ACTTTCGTTCTTGATYAA
NSF991/16	正向	AARAYGATYAGATACC
NSR1147/20	反向	CCGTCAATTYYTTTRAGTTT
NSF1179/18	正向	AATTTGACTCAACACGGG
NSR1438/20	反向	GGGCATCACAGACCTGTTAT
NSF1419/20	正向	ATAACAGGTCTGTGATGCCC
NSF1624/20	正向	TTTGYACACACCGCCCGTCG
NSR1642/16	反向	GACGGGCGGTGTGTRC
NSR1787/18	反向	CYGCAGGTTCACCTACRG

1. 细菌(bacteria)的 16S rRNA 基因的通用正向引物 SP 和反向引物 RP 分别对应于大肠杆菌(*E. coli*)的 8～27 nt,1 472 - 1 492 nt 和 1 522～1 541 nt,即

27F：5′- AGAGTTTGATCMTGGCTCAG - 3′　　　M ＝ A 或 C

1492R：5′- ACGGYTACCTTGTTACGACTT - 3′ Y ＝ C 或 T

1541R：5′- AAGGAGGTGATCCAGCCGCA - 3′

2. 放线菌(actinomycetes)的 16S rRNA 基因的通用正向引物 PA 和反向引物 PH，分别对应于大肠杆菌(*E. coli*)的 8～27 nt 和 1 520～1 541 nt，即

PA：5′- AGAGTTTGATCCTGGCTCAG - 3′

PH：5′- AAGGAGGTTATCCAGCCGCA - 3′

3. 古菌(archaea)的 16S rRNA 基因的通用正向引物 SP 和反向引物 RP，分别对应于大肠杆菌(*E. coli*)的 6～22 nt 和 1 540～1 521 nt，即

25SP 引物：5′- ATTCCGGTTGATCCTGCA - 3′

1525RP 引物：5′- AGGAGGTGATCCAGCCGCAG - 3′

4. 真菌(fungi)的 18S rRNA 基因的通用正向引物 SP 和反向引物 RP 分别对应于酿酒酵母(*S. cerevisiae*)的 4～21 nt 和 1 419～1 438 nt，即

21F：5′- CTGGTTGATYCTGCCAGT - 3′

1419R：5′- GGGCATCACAGACCTGTTAT - 3′

建立在 PCR 技术基础上的 16S rRNA 基因(rDNA)直接测序法，首先以微生物 DNA 作为模板，利用 16S rRNA 基因两端的保守序列作为引物，PCR 扩增 16S rRNA 基因，PCR 产物经纯化后进行序列测定。1994 年 Embley 和 Stackebrandt 认为当 16S rRNA 的序列同源性≥ 97％时可认为是一个种。16S rRNA 序列相似性为 93％～95％的种可归为一个属。

16S rRNA 结构既具有保守性，又具有高变性，在所测定的区域中包含了 V1～V8 共 8 个高变区，尤其是 V3 这一高变区，由于其进化速度相对较快，所包含的信息足以用于物种属及属以上分类单位的比较分析。常用的引物包括 V3 区的 341F/534R、V6～V8 区的 968F/1401R、V1～V3 区的 63F/534R、V3 - V5 区的 341F/926R 等。

寡核苷酸标签序列(oligonucleotide signature sequence)是 16S rRNA 或 18S rRNA 在不同种群水平上的特征性核苷酸序列，或是在某些特定的序列位点上出现的单碱基标签。寡核苷酸标签序列有助于迅速确定某种微生物的分类归属以及分类单元。表 5 - 3 - 3 显示限定古菌、细菌、真核生物的寡核苷酸标签序列。

表 5 - 3 - 3 限定生命序列的 16S rRNA(18S rRNA)中的寡核苷酸标签序列

寡核苷酸标签序列	rRNA 中的位置	存在比例/％		
		古菌	细菌	真核生物
CACYYG	315	0	>95	0
CYAAYUNYG	510	0	>95	0
AAACUCAAA	910	3	100	0
AAACUUAAAG	910	100	0	100
NUUAAUUCG	960	0	>95	0
YUYAAUUG	960	100	>1	100

续　表

寡核苷酸标签序列	rRNA 中的位置	存在比例/%		
		古菌	细菌	真核生物
CAACCYYCR	1110	0	>95	0
UUCCCG	1380	0	>95	0
UCCCUG	1380	>95	0	100
CUCCUUG	1390	>95	0	0
UACACACCG	1400	0	>99	100
CACACACCG	1400	100	0	0

除了选择 16S rDNA 和 18S rDNA 序列进行系统发育比较外，还可利用间隔序列、某些发育较为古老而序列又较稳定的特异性酶的基因进行系统发育分析。16S－23S rDNA 转录间隔区(internally transcribed spaser，ITS)(图 5－3－2)在不同种属中的拷贝数，所含 tRNA 基因种类和数目不同，具有长度和序列上的多态性，并且根据 L. Bourget 等的研究，ITS 片段的进化速率比 16S rDNA 大 10 倍，但在间隔区两端(16S 的 3′和 23S 的 5′端)均具有分别与 5′－GAAGTCCAAGG－3′和 5′－CAAGGCATCCACCGT－3′互补的极端保守的碱基序列，使其在细菌系统发育学特别是近缘种菌株的区分和鉴定方面有着不可替代的作用，可作为菌种鉴定的分子特征之一，适合于属及属以下水平的相似种和菌株的分类和鉴定研究。

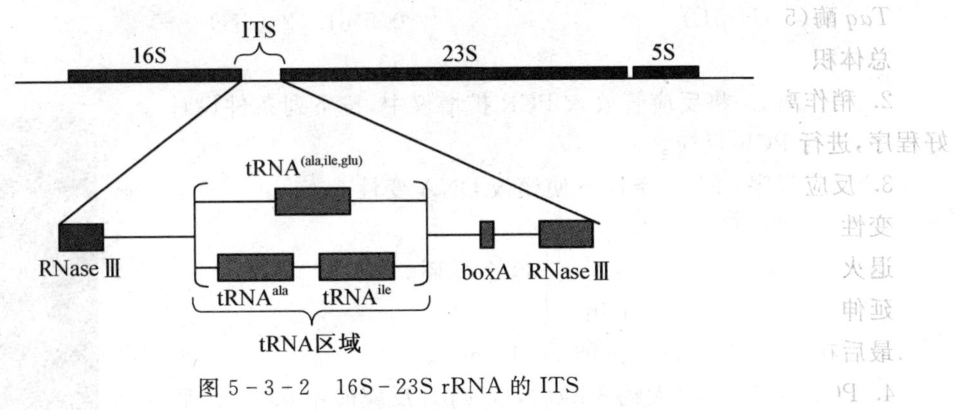

图 5－3－2　16S－23S rRNA 的 ITS

一般情况下，rrn opren 以保守的“16S－23S－5S”排列稳定地存在于绝大多数细菌基因组中，且通常以多拷贝形式出现。

二、实验试剂

1. 不同来源的模板 DNA，如基因组 DNA。

2. 引物(10 μmol/L)，*Taq* 酶(5 U/μL)，10×缓冲液，$MgCl_2$(25 mmol/L)，dNTP 混合物(10 mmol/L)，去离子水。

3. DNA 标准分子量(λ/*Hin*dⅢ)、琼脂糖。

4. TE 缓冲液：10 mmol/L Tris－HCl(pH 8.0)、1 mmol/L EDTA。

5. 6×上样缓冲液：0.25％溴酚蓝(bromophenol blue,BPB)、40％ 蔗糖、10 mmol/L EDTA (pH 8.0),4 ℃保存。

6. 氯仿/异戊醇(24∶1);苯酚/氯仿/异戊醇(25∶24∶1)。

7. 其他试剂：3 mol/L NaAc(pH 5.2);预冷的无水乙醇;预冷的 70％乙醇,TE。

三、实验器具

0.2 mL Eppendorf 管、微量移液器、吸头、制冰机、冰盒、PCR 扩增仪、低温离心机、微波炉、电泳槽、电泳仪、紫外灯检测仪、手套。

四、实验操作

(一) PCR 扩增 DNA

1. 取一个 0.2 mL Eppendorf 管,在其中添加以下各种成分：

ddH_2O	33.5 μL
模板 DNA	1 μL(100～200 ng)
上游引物(10 μmol/L)	2 μL
下游引物(10 μmol/L)	2 μL
10×缓冲液	5 μL
$MgCl_2$(25 mmol/L)	3 μL
dNTP 混合物(10 mmol/L)	3 μL
Taq 酶(5 U/ μL)	0.5 μL (2.5 U)
总体积	50 μL

2. 稍作离心,将反应管放入 PCR 扩增仪中,按下列条件设计好程序,进行 PCR 反应。

3. 反应程序：94 ℃条件下使模板 DNA 变性 5 min。

变性	94 ℃	40 s	30 个循环
退火	55 ℃	40 s	
延伸	72 ℃	1.5 min	

最后在 72 ℃条件进行延伸 7～10 min。

4. PCR 反应结束(大约 3 h)后,取 4 μL 反应液用 0.8％琼脂糖凝胶进行电泳(用标准 λ/*Hind*Ⅲ做 marker),鉴定 PCR 产物是否存在以及大小(图 5-3-3)。

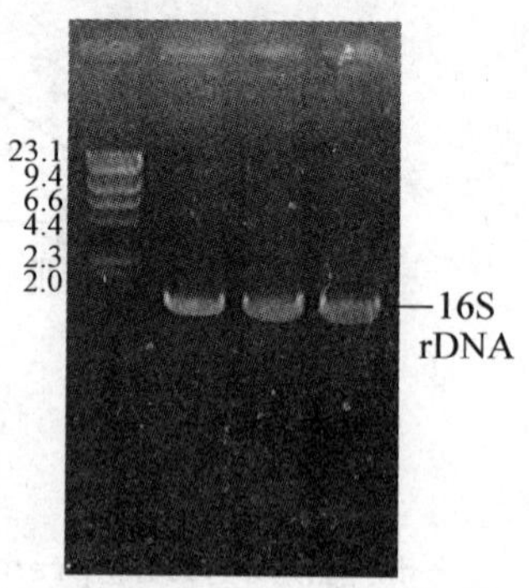

图 5-3-3 16S rDNA 片段

(二) PCR 产物的纯化可以利用现成的 PCR 试剂盒

1. 电泳确认后,将其余样品移至新的 1.5 mL Eppendorf 管中。

2. 取 PCR 产物 100 μL,加入 700 μL 溶胶液,混匀,装柱,9 000 r/min 离心 30 s;倒掉收集管中的废液,将吸附柱放入同一收集管中。

3. 加 500 μL 漂洗液,12 000 r/min 离心 30s。重复漂洗一次。去掉废液后,放回柱子,空管再于 12 000 r/min 离心 2 min,尽量去除多余溶液。

4. 将吸附柱子放入新的 1.5 mL 离心管中,在柱子的膜中央(重要!)加洗脱液 25 μL,室温放置 1～2 min。

5. 12 000 r/min 离心 2 min,然后去掉柱子,即为纯化产物。

6. 电泳确认后,可直接利用 16S rRNA 的 5′端扩增引物对其直接进行测序(实验 5-6)。

7. 确定 16S rDNA 序列与已知序列的相似性小于 97%(实验 5-7),可立即用于 TA 克隆实验(实验 5-4)或于-20 ℃保存备用。

(三) 16S-23S rDNA 转录间隔区多态性分析

1. 引物:16SF 5′-GTCGTAACAAGGTAGCC-3′
   23SR5′-GCCAAGGCATCCACCGT-3′

2. PCR 体系

无菌水	36 μL
10×PCR buffer	5 μL
dNTP (各 2.5 mmol/L)	4 μL
16SF(10 μmol/L)	2 μL
23SR (10 μmol/L)	2 μL
Template (约 50 ng/μL)	1 μL
Taq 酶 (5 U/μL)	0.25 μL
总体积	50μL

3. PCR 扩增:

95 ℃预变性 5 min,

95 ℃ 30 s
54 ℃ 45 s } 30 个循环
72 ℃ 60 s

72 ℃后延伸 7 min。

4. 多态性分析:5 μL PCR 产物点样,于 2%琼脂糖凝胶中电泳,凝胶成像系统观察。

五、注意事项

1. 设计的引物可以委托公司去合成。合成后拿到的引物 DNA 是粉末状附在离心管中。所以拿到引物后,须先离心后再开启,以免飞扬损失。然后加入适量的无菌 ddH_2O。

一般 1 OD 引物干粉的质量相当于 33 μg,每个引物的分子量可按单个核苷酸的平均分子量法近似计算:相对分子质量=碱基个数×324.5。所以合成引物的微摩尔数(μmol)=OD 值×33 μg/碱基数×324.5。如拿到一管 1 OD 的 24 个碱基的引物,即 33/24×324.5=0.00 42 μmol=4.2 nmol,只要加入 420 μL ddH_2O 充分溶解就可以获得 10 μmol/L 浓度的引物。

2. 注意工具酶的加样次序为:水、缓冲液、DNA,最后加酶,如将酶直接加入到 10 倍浓缩缓冲液中,会引起酶的严重失活。使用工具酶的操作必须在冰浴条件下进行,使用后剩余的工具酶应立即放回冰箱中。

3. 应设含除模板 DNA 外所有其他成分的负对照。实验操作时务必小心,如弃上清时注意不要将沉淀一同弃去。

六、评议

1. PCR 反应的 DNA 模板量为 10 ng～1 μg，引物的合适终浓度可在 0.1～1.0 μmol/L 之间选择，引物浓度太低时，扩增产物太少；引物浓度太高则易出现非特异性扩增反应。

2. 不同物种的 16S rDNA 片段一般 3′端序列的保守性要比 5′端高，所以通过两端测序获得的全长序列的同源性要比用 5′端单端引物测定同源性要高。

3. 在确认是单克隆的菌体，如果 16S rRNA 的 PCR 产物用 5′端扩增引物测序多次出现杂峰，则应考虑 16S rRNA 的异质性问题，可改用 3′端扩增引物进行测序或 TA 克隆测序。如果还无法测出序列时，应考虑进行 TA 克隆后再测 16S rRNA 序列，具体见实验 5－4。

七、思考题

1. 如果出现非特异性带，可能有哪些原因？

2. 给你一基因片段的序列，如何设计 PCR 引物？PCR 引物的要求是什么？

5－4　TA 克隆

一、实验原理

1988 年克拉克(J. M. Clark)发现 *Taq* DNA 聚合酶得到的 PCR 反应产物不是平末段，而是一个突出"A"碱基的双链 DNA 分子，即 *Taq* DNA 聚合酶会在 3′端加上多余的非模板依赖碱基，而且对 A 优先聚合，所以 PCR 产物末端的多余碱基大部分是 A。目前一些公司已开发出可直接用于克隆 PCR 产物的带 3′端突出一个"T"的 T 载体。用 T 载体 DNA 来克隆 PCR 产物，其克隆效果比平末端的连接至少高出 100 倍。

pMD18－T、pMD19－T 载体是一类高效克隆 PCR 产物的专用载体(图 5－4－1)。这两种载体分别由 pUC18. pUC19 载体改建而成，在 pUC18. pUC19 载体的多克隆位点处的 *Xba* Ⅰ和 *Sal* Ⅰ识别位点之间插入了 *Eco*RⅤ识别位点，用 *Eco*RⅤ进行酶切反应后，再在两侧的 3′端添加"T"而成。因大部分耐热性 DNA 聚合酶进行 PCR 反应时都有在 PCR 产物的 3′末端添加一个"A"的特性，所以使用这两种制品可以大大提高 PCR 产物的连接、克隆效率。由于这两种载体是分别以 pUC18. pUC19 载体为基础构建而成，所以具有同 pUC18. pUC19 载体相同的功能，可通过 α 互补的颜色反应来筛选重组子。此外，这两种制品中的高效连接液 Solution Ⅰ可以在极短时间内(约 30 min)完成连接反应，其连接液可直接用于细菌转化，大大方便了实验操作。

与 pMD18－T 相比，pMD19－T 的 β-半乳糖苷酶的表达活性更高，菌落显示蓝色的时间缩短，菌落显示的蓝色更深。因此，克隆后更容易进行蓝白筛选。

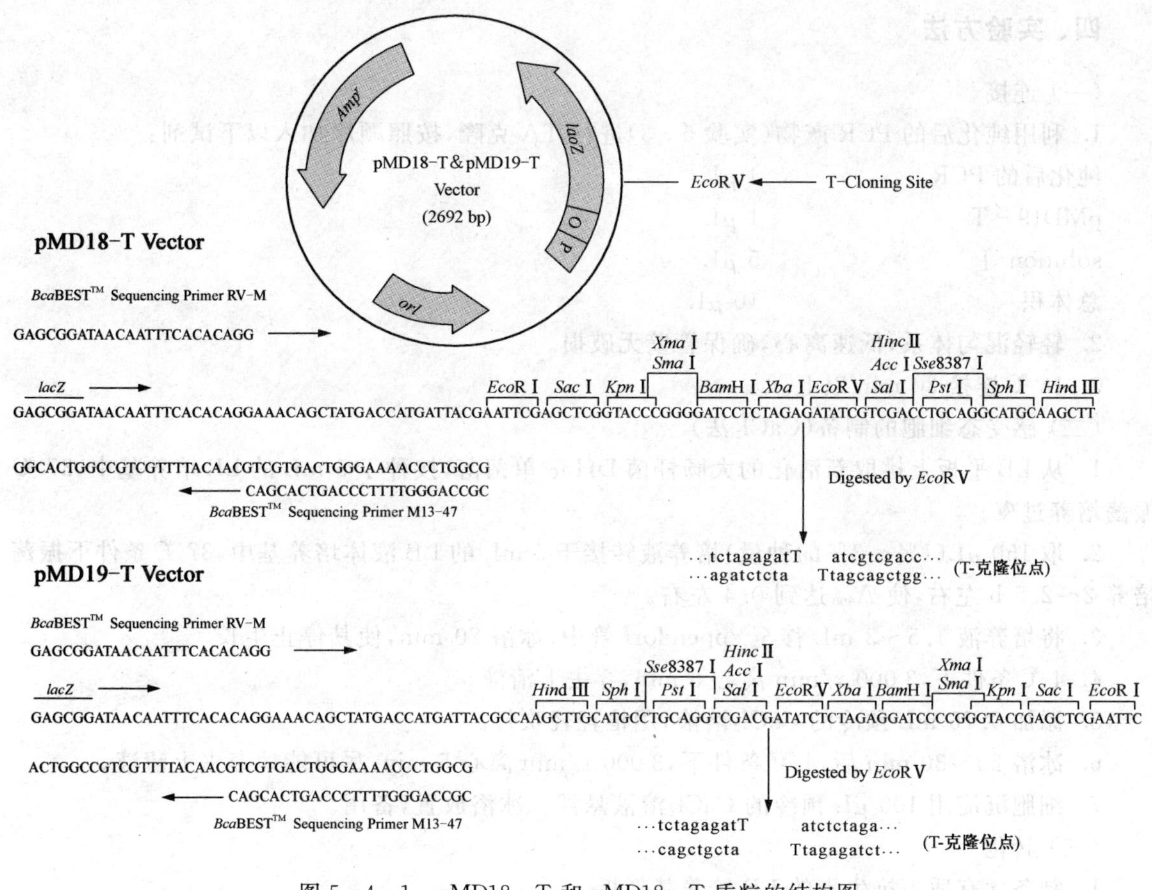

图 5-4-1 pMD18-T 和 pMD18-T 质粒的结构图

二、实验试剂

1. T 质粒试剂盒(pMD19-T、solution Ⅰ)

2. 溴化乙啶;溴酚蓝;TBE 缓冲液;琼脂糖;上样缓冲液;DNA 标准分子量;限制性内切酶;10×缓冲液。

3. LB 培养基:1% 蛋白胨、0.5% 酵母粉、1% NaCl。

4. $CaCl_2$溶液:60 mmol/L $CaCl_2$、15%甘油,pH 7.2,4 ℃保存。

5. X-gal:2%母液(用二甲基甲酰胺配制,-20 ℃备用),工作浓度 40 μL/平板 20 mL,包以铝箔或黑纸以防止受光照被破坏,储存于-20 ℃。

6. IPTG:100 mmol/L 母液(-20 ℃备用),工作浓度 20 μL/平板 20 mL。

7. 氨苄青霉素:母液 100 mg/mL,工作浓度 100 μg/mL。

三、实验用具

37 ℃水浴锅、微波炉、稳压电泳仪、紫外检测仪、制胶模具、电泳装置、Parafilm、微量移液器、Eppendorf 管、吸头、记号笔、凝胶成像系统。

四、实验方法

(一) 连接

1. 利用纯化后的PCR产物(实验5-3)进行TA克隆,按照顺序加入以下试剂:

纯化后的PCR	4 μL
pMD19-T	1 μL
solution Ⅰ	5 μL
总体积	10 μL

2. 轻轻混匀体系,低速离心,确保管壁无破损。

3. 16 ℃连接30 min以上。

(二) 感受态细胞的制备($CaCl_2$法)

1. 从LB平板上挑取新活化的大肠杆菌DH5α单菌落,接种于5 mL的LB培养基中,37 ℃振荡培养过夜。

2. 取150 μL(1%～3%的种量)培养液转接于5 mL的LB液体培养基中,37 ℃条件下振荡培养2～2.5 h左右,使A_{600}达到0.4左右。

3. 将培养液1.5～3 mL移至eppendorf管中、冰浴20 min,使其停止生长。

4. 4 ℃条件下,3 000 r/min离心5 min,弃去上清液。

5. 添加0.75 mL预冷的$CaCl_2$溶液,用枪轻轻吹打。

6. 冰浴20～30 min后,4 ℃条件下,3 000 r/min离心5 min,尽可能地弃去上清液。

7. 细胞沉淀用100 μL预冷的$CaCl_2$溶液悬浮。冰浴放置,备用。

(三) 转化

1. 制备含有适当抗生素的LB培养基平板。

2. 取一管100 μL的大肠杆菌感受态细胞(如果是冰冻保存的则需要在冰上化冻后,进行操作),加入重组质粒(质粒与目的基因)的连接产物8 μL(不要超过10 μL),轻轻用枪吹打混匀(不可以用漩涡振荡器),冰浴20 min。

3. 42 ℃、保温90 s(或37 ℃、保温5 min),热击后迅速放入冰中,冰浴1～3 min。

4. 添加0.8 mL LB液体培养基,混匀后,37 ℃振荡培养40 min～1 h,使细胞恢复正常生长状态,并表达质粒编码的抗生素抗性基因(Amp^r)。

5. 菌液经3 000 r/min离心5 min,弃去0.8 mL上清,余下的0.1 mL样品用枪轻轻吹匀,吸至含有Amp抗生素的LB培养基平板上,另添加40 μL 2% X-gal和20 μL 100 mmol/L IPTG,均匀涂布。

6. 将上述平板倒置培养,37 ℃培养16～24 h。转化后的菌落如彩图5-4-2所示。

(四) 阳性克隆的筛选与确定

1. 转化后的细胞在含有抗生素(如氨苄青霉素)的LB平板上,培养一晚后,在平板上会长出许多抗性菌落(转化子),其中有白色菌落(重组子)和蓝色菌落(非重组子)。

2. 选取白色单菌落8～10个分别接入5 mL含抗生素的LB培养基中,37 ℃振荡培养过夜。

3. 取1.5～3 mL菌液抽提质粒(具体方法见后面实验5-5),另取0.5 mL菌液至一新的

Eppendorf 管中，于 4 ℃下保存备用。

4. 质粒抽提后，最后溶解于 50 μL 的 TE 中。

5. 取 2～5 μL 抽提的质粒样品直接进行电泳，从质粒大小上初步确定是否有外源基因进入载体。提取的重组质粒如图 5－4－3 所示。

6. 对初步确定有外源基因进入的质粒用 PCR 方法进行确认，采用 M13－47 以及 RV-M 通用引物送测。

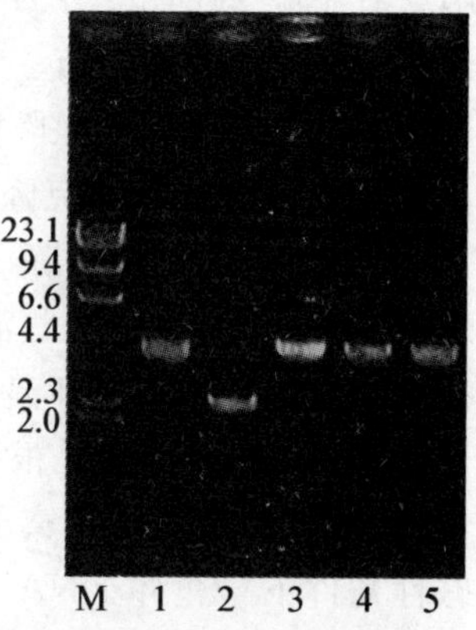

图 5－4－3　提取的重组质粒

五、注意事项

1. 由于连接反应中的 solution Ⅰ 含有连接酶，从－20 ℃冰箱拿出来后应放在冰上融化。

2. 在进行酶切确认实验中，限制性内切酶要最后加入，并且尽量位于冰盒内，用完立即放回冰箱后再进行后面的实验。

六、评议

1. 在含有 X－gal 和 IPTG 的筛选培养基上，携带载体 DNA 的转化子为蓝色菌落，而携带插入片段的重组质粒转化子为白色菌落，平板如在 37 ℃培养后放于冰箱 3～4 h 可使显色反应充分，蓝色菌落明显。

2. 连接反应后，反应液在 0 ℃储存数天，－80 ℃储存 2 个月，但是在－20 ℃冰冻保存将会降低转化效率。

七、思考题

1. TA 克隆的原理是什么？

2. pfu 酶扩增的 PCR 产物可以直接进行 TA 克隆吗？为什么？

八、参考文献

1. Marchuk D, Drumm M, Saulino A, et al. Construction of T-vectors, a rapid and general system for direct cloning of unmodified PCR products. Nucleic Acids Res, 1991, 19(5): 1154.

2. Cha J, Bishai W and Chandrasegaran S. New vectors for direct cloning of PCR products. Gene, 1993, 136: 369－370.

5－5　质粒的提取

一、实验原理

质粒(plasmid)是一种独立于染色体外的稳定的遗传因子，为双链、闭环的 DNA 分子，并以超螺旋状态存在于宿主细胞中，大小从 1～200 kb 不等。质粒主要发现于细菌、放线菌和真菌细胞中，它具有自主复制和转录能力，能在子代细胞中保持恒定的拷贝数，并表达所携带的遗传信息。作为克隆载体的质粒须具备：① 一个复制起点 ori(replication origin)，可协助维持使每个细胞含有10～20个左右的质粒拷贝；② 一个或多个选择性标记基因(如抗生素抗性基因)；③ 一个人工合成的、含有多个限制性酶切位点的多克隆位点(multiple cloning site，MCS)，插入适当大小的外源DNA片段后，不影响质粒DNA的复制功能。

利用质粒作为基因克隆的载体分子，一个重要的条件是要获得批量纯化的质粒DNA分子。带有质粒的宿主细胞中，除了质粒外，还有基因组DNA和各种RNA，并且还含有菌体组分的蛋白质、脂类物质等。从这些混合物中提取质粒DNA包括三个基本步骤：① 培养细胞使质粒大量扩增；② 收集和分裂细菌并除去蛋白质和染色体DNA；③ 分离和纯化质粒DNA。

质粒DNA的提取是根据环状质粒DNA分子具有分子量小、易于复性的特点进行的。碱变性质粒提取，就是利用离子型表面活性剂SDS溶解细胞膜上的脂肪及蛋白，在pH高达12.6的碱性条件下染色体DNA氢键断裂，双螺旋结构解开而变性，成了杂乱无章的片段。而相对分子量较小质粒DNA的大部分氢键也断裂，但超螺旋共价闭合环状结构的两条互补链不完全分离，当pH 4.8的NaAc或KAc高盐缓冲液调节pH至中性时，变性的质粒DNA可以完全形成互补链，又恢复到原来的构型，而染色体DNA不能恢复而形成缠连的网状结构，变性基因组DNA与菌体的蛋白质凝聚成块。经过离心，除去的沉淀是变性的染色体DNA和蛋白质杂质，而上清液中的质粒DNA分子，则利用无水乙醇与盐凝聚形成沉淀。

二、实验试剂

1. 含质粒的大肠杆菌菌株，如pBSSK/DH5α、pET28/BL21。
2. LB培养基：1%蛋白胨、0.5%酵母粉、1% NaCl，调pH 7.2。
3. 氨苄青霉素：母液100 mg/mL，工作浓度100 μg/mL。
4. 溶液Ⅰ：50 mmol/L葡萄糖、25 mmol/L Tris－HCl (pH 8.0)、10 mmol/L EDTA。
5. 溶液Ⅱ：0.2 mol/L NaOH、1% SDS(需要新鲜配制)。
6. 溶液Ⅲ：3 mol/L 醋酸钠，用醋酸调pH值至4.8。
7. TE缓冲液(pH 8.0)：10 mmol/L Tri－HCl、1mmol/L EDTA。
8. 1mg/mL RNase A溶解于10 mmol/L Tris－HCl(pH 7.5)、15 mmol/L NaCl。
9. 3 mol/L 醋酸钠(pH 5.2)；苯酚/氯仿/异戊醇(PCI)；冰冷无水乙醇；冰冷70%乙醇。
10. 质粒提取试剂盒。

三、实验器具

小试管、Eppendorf管、eppendorf管架、牙签、旋转混合器、低温离心机、微量移液器、吸头及盒、制冰机、冰盒、37 ℃水浴锅、－20 ℃冰箱、高压蒸汽消毒锅。

四、实验操作

1. 用无菌牙签或接种针挑取单菌落转化子接种到5 mL含100 μg/mL Amp的LB培养基中，37 ℃振荡培养过夜(8～18 h)。

2. 吸取1.5～3 mL培养液于Eppendorf管中，在4 ℃条件下12 000 r/min离心1 min，弃去上清液，收集菌体。

3. 加入100 μL的溶液Ⅰ，在旋转混合器上剧烈振荡，使菌体充分悬浮，室温条件下静置5 min。

4. 加入 200 μL 新配制的溶液Ⅱ，温和上下颠倒 Eppendorf 管 3～4 回，以混匀内容物(千万不要剧烈振荡)，冰浴条件下静置 5 min。

5. 加入 150 μL 的溶液Ⅲ，上下颠倒混匀数次(不可振荡)，冰浴条件下静置 5 min。

6. 4 ℃条件下 12 000 r/min 离心 10 min，将上清液移至新的 Eppendorf 管中(约为 400 μL)。

7. 加入等体积的苯酚/氯仿/异戊醇，充分振荡混匀，室温条件下 12 000 r/min 离心 5 min。

8. 吸取上层水相移至新的 eppendorf 管中。

9. 加入 1/10 体积量(约 40 μL)3 mol/L NaAc(pH 5.2)，再加入 2.5 倍体积(约 1 mL)的预冷的无水乙醇。

10. 放入－20 ℃冰箱中静止 30 min，然后在 4 ℃条件下 12 000 r/min 离心 15 min。

11. 弃去上清液，加入 1 mL 预冷的 70%乙醇，上下颠倒混匀数次(动作要轻)，在 4 ℃条件下 12 000 r/min 离心 5 min，洗涤沉淀，以除去盐离子。

12. 小心弃去上清液，倒置于滤纸上使所有液体流尽，沉淀物在室温下(或真空干燥器上)自然干燥。然后加入 50 μL TE 缓冲液溶解沉淀。

13. 加入 2 μL 1 mg/mL RNaseA 酶，37 ℃保温 20～30 min。

14. 取 5 μL 质粒与 2 μL 6×上样缓冲液混合后，在 0.7%凝胶上电泳检测。

15. 将所获得的其余质粒 DNA 样品置于－20 ℃冰箱中保存备用。

五、注意事项

1. 培养含有质粒的菌株时应给予一定的筛选压力，否则菌体易污染，质粒也易丢失。

2. 使用处于指数期的新鲜菌体，老化菌体导致开环与线性质粒增加。收集菌体提质粒前，培养基尽可能要去除干净，同时保证菌体在悬浮液中充分悬浮。

3. 在添加溶液Ⅱ与溶液Ⅲ后的混合一定要柔和，采用上下颠倒的方法，千万不能在旋转器上剧烈振荡，并且尽可能按规定的时间进行操作。变性的时间不要过长，否则质粒易被打断；复性时间也不宜过长，否则会有基因组 DNA 的污染。

4. 酚具有腐蚀性，能造成皮肤的严重烧伤及衣物损坏，使用时应注意。如不小心皮肤上碰到酚，则应用碱性溶液、肥皂及大量的清水冲洗。

5. 有些质粒本身可能在某些菌种中稳定存在，但经过多次移接有可能造成质粒丢失，因此不要频繁转接，每次接种时应挑单菌落。

六、评议

1. 在大肠杆菌中常采用抗生素抗性基因作为选择标记，常用的有氨苄青霉素(ampicillin)、卡那霉素(kanamycin)、氯霉素(chloramphenicol)和四环素(tetracycline)抗性基因等。这些抗性基因的作用机制互不相同。氨苄青霉素抗性基因编码 β-内酰胺酶，该酶可分泌到大肠杆菌的周质空间中，并催化 β-内酰胺环水解，从而解除氨苄青霉素对细胞生长的抑制。

2. 在细菌细胞内，大多数质粒为超螺旋型的共价闭合环状 DNA(cccDNA)。此外，还会产生其他形式的质粒 DNA，如开环 DNA、线状 DNA 以及复制中间体，即没有完全复制的两个质粒连在一起。实验中有用的是 cccDNA,可用限制性内切酶进行处理,从而插入目的片断。而线性和开环 DNA 本身链断开处随机,使用内切酶可能导致切口无专一性,或切割效率低下,进而影响目的基因的连接。因此操作时应尽量提高 cccDNA 的含量。

七、思考题

1. 抽提质粒的基本原理是什么?
2. 抽提质粒操作过程中应注意什么问题?

5－6 测序与序列同源性分析

一、实验原理

DNA 序列分析是在核酸的酶学和生物化学的基础上创立并发展起来的一门重要的 DNA 技术。目前用于测序的技术主要为双脱氧链末端终止法(chain termination method),并且可以由生物技术公司利用 ABI 3730 等测序仪进行 DNA 序列的测定,然后进行 DNA 序列的同源性分析。

常见的核酸和蛋白质的数据库有:

1. 核酸序列:GenBank、EMBL、DDBJ 数据库是三个世界著名的核酸序列数据库,属于一级数据库,三个数据库之间每天相互进行序列信息的交换,以便使三个数据库的数据同步。① EMBL:位于德国海德堡的欧洲分子生物学实验室(European Molecular Biology Laboratory)于 1980 年创建。② GenBank:1982 年美国国立卫生研究院(National Institute of Health,NIH)等机构建立。③ DDBJ:1987 年日本国立遗传学研究所建立的 DNA 数据库。

2. 蛋白质序列:① PIR － International:美国生物医学研究基金会(NBRF),德国 Martinsried 蛋白质序列研究所(MIPS),日本国际蛋白质信息数据库(JIPID)联合开发。② SWISS－PROT:瑞士日内瓦大学 Amos Bairoch 开发。

3. 核酸蛋白质序列分析:① PDB:美国 Brookhaven 国家实验室,来自蛋白数据库(protein information resoure,PIR),蛋白质和核酸三维结构(晶体、NMR 以及模型),即结构预测和结构同源性比较。② Entrez Sequences:美国国立卫生研究院开发,美国国立医学图书馆生物技术信息库,核酸序列、蛋白质序列、分子序列文献。

由于 DNA 克隆和测定较之蛋白质纯化和序列测定来得容易,现在蛋白质序列库中的大多数蛋白质序列是从编码蛋白质的基因序列翻译而来的。因此,核酸序列数据库和蛋白质序列数据库之间有着密切的合作关系。

运用计算机进行核酸和蛋白质的序列分析是分子生物学研究的一个新的发展动态,到目前为止已知的各种生物的核酸和蛋白质序列的数据可以通过计算机国际网络中的数据库进行查阅和检索(表 5－6－1),如 EMBL Network、GOS(GenBank on-line Service)和 NCBI Network (NCBI:美国国立医学图书馆生物技术信息中心)。

表 5-6-1 世界主要生物数据库网址

数据库	网 址
EMBL	http://www.ebi.ac.uk/embl/index.html
GenBank	http://www.ncbi.nlm.nih.gov/Web/Genbank/
PIR	http://www-nbrf.georgetown.edu/
Swiss-Port	http://www.expasy.ch/ http://www.ebi.ac.uk/pdbe/docs/References.html
PDB	http://www.rcsb.org/pdb/home/home.do
Entrez	http://www.ncbi.nlm.nih.gov/Entrez
开放阅读框(ORF)探索着	http://www.ncbi.nlm.nih.gov/gorf/gorf.html
核苷酸到蛋白质序列转化	http://www.ebi.ac.uk/Tools/emboss/transeq/ http://www.expasy.org/tools/dna.html
限制性酶定位工具	http://tools.neb.com/NEBcutter2/
蛋白质三维数据库	http://www.ebi.ac.uk/thornton-srv/databases/pdbsum/
序列对比	http://pbil.ibcp.fr/NPSA/npsa-clustalw.htmL
新序列的提交	http://www.ebi.ac.uk/Submissions/index.html http://www.ncbi.nlm.nih.gov/BankIt/

利用网络系统中的软件对测序获得的 16S rDNA 序列与数据库中来自其他生物的相关类型的基因进行同源性(同源百分率)分析,以确定菌株在系统发育中的进化地位,并构建系统进化树。

二、实验方法

(一) 序列的导出与处理

1. 测序回来的数据有.abl 格式以及.abd 格式等,可以通过 Chromas 软件或 DNAMAN 软件将序列以 FASTA 格式导出。

2. 寻找 16S rRNA 的 PCR 扩增的引物序列,将载体的序列删除。

3. 将所得的序列通过 Blast 程序与 GenBank 中的核酸数据进行比对分析。

(二) 序列同源性比较方法一

1. 打开 NCBI 主页 http://www.ncbi.nlm.nih.gov,点击 Blast,选择 BLAST program 中的 Nucleotide Blast。

2. 然后将测序获得的序列(FASTA sequence)粘贴在"search"空白处,在 choose database 选择 Others(nr etc.),即 Nucleotide collection(nr/nt)选项,然后点击 Blast。

3. 计算机自动开始搜索核苷酸序列数据库中的序列并进行序列比较。

4. 搜寻的结果可以获得同源性由高到低的一系列 DNA 片段。

5. 将同源性较高的 DNA 片段序列(特别是标准菌株的 DNA 序列),以及同一个属的菌株的 16S rDNA 序列以 FASTA 格式保存起来。

6. 根据同源性高低列出相近序列及其所属种或属，以及菌株相关信息，初步判断 16S rDNA 鉴定结果。

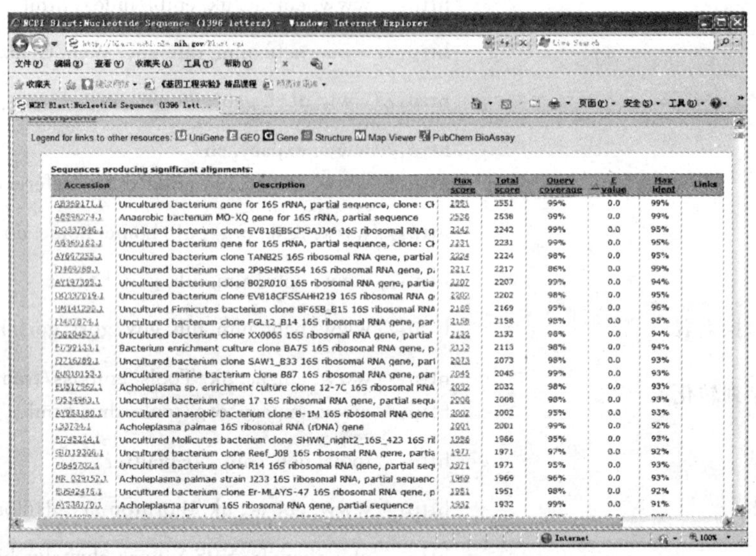

图 5-6-1 BLAST 比对结果

（三）序列同源性比较方法二

1. 打开 EzTaxon 的主界面 http://www.eztaxon.org/。

2. 利用 E-mail 和密码注册后，选择 Eztaxon server 2 中的 Analysisl 栏，点机 Identify。

3. 将基因的序列号填入或者将测序获得的序列(FASTA sequence)粘贴在表格的空白处，最后点击“提交内容查询”。

4. 计算机自动开始搜索核苷酸序列数据库中的序列并进行序列比较。

5. 最后出现结果，点击查看相似性等。

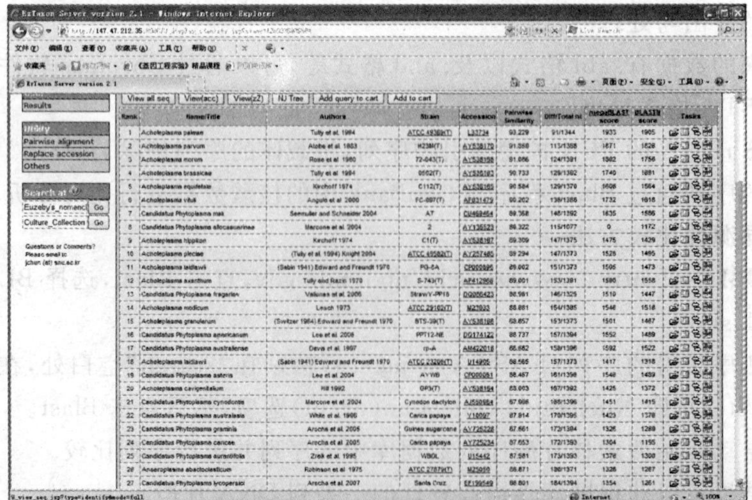

图 5-6-2 Eztaxon server 比对结果

三、注意事项

1. 测序回来的序列必须将其中载体的序列删除，然后再进行同源序列的分析比对。

四、评议

1. 如果菌株的 16S rRNA 的最高同源性小于 97%以下就可以初步判断疑似新种，但需要进行进一步的 G+C 含量以及核酸杂交的确认实验。

2. 有关 16S rRNA 的资料可以上网进行查寻：http://greengenes.lbl.gov/cgi-bin/nph-index.cgi。

3. 发表的有效命名的生物学名可以从 DSMZ(Deutsche SammLung von Mikroorganismen und Zellkulturen Gmbh)的网站：http://www.eztaxon.org/ 获得。16S rRNA 基因序列可以从 NCBI GenBank 中检索到。

4. 通过 EzTaxon 比对获得的同源性菌株都是已经发表，并被 IJSEM 承认的标准菌株，并且还可以获得小数点后 3 位的相似性数据。

5. 对于试验菌株与相近种的 16S rRNA 基因序列相似性计算，也可运用在线的程序 Fasta3 (http://www.ebi.ac.uk/Tools/fasta33/nucleotide.html)。

五、思考题

1. 双脱氧法测序的基本原理是什么？

2. 利用测序获得的某一菌株的 16S rRNA 序列，进行核苷酸序列的同源性检索，初步判断菌株所属的种和属。

六、参考文献

1. Stackebrandt E & Ebers J Taxonomic parameters revisited: tarnished gold standards. Microbiol Today 2006, 33: 152-155.

2. Stackebrandt E & Goebel B M Taxonomic note: a place for DNA-DNA reassociation and 16S rRNA sequence analysis in the present species definition in bacteriology. Int J Syst Bacteriol 1994, 44: 846-849.

3. Chun J, Lee J H, Jung Y, et al. EzTaxon: a web-based tool for the identification of prokaryotes based on 16S ribosomal RNA gene sequences. Int J Syst Evol Microbiol, 2007, 57: 2259-2261.

4. Wu X-Y, Zheng G, Zhang W-W, Xu X-W, Wu M & Zhu X-F. *Amphibacillus jilinensis* sp. nov., a facultatively anaerobic and alkaliphilic bacilli from a soda lake in China. Int J Syst Evol Microbiol 2010, 60, 2540-2543

5-7 微生物的系统发育分析

一、实验原理

随着分子生物学的不断发展，自 20 世纪中叶以来有关进化研究也进入了分子进化(molecular

evolution)研究水平,并建立了一套依赖于核酸、蛋白质序列信息的理论和方法。通过核酸、蛋白质序列同源性的比较,了解基因的进化以及生物系统发生的内在规律。分子进化研究的基础假设是核苷酸和氨基酸序列中含有生物进化历史的全部信息。而分子钟理论认为在各种不同的发育谱系及足够大的进化时间尺度中,许多序列的进化速率几乎是恒定不变的。

由于原核微生物的16S rDNA和真核微生物的18S rDNA的序列组成非常稳定,不会随着环境条件的变化而变化,因此,根据所分离菌株是原核微生物还是真核微生物,分析16S rDNA或18S rDNA的碱基序列,与已知的属种的16S rDNA或18S rDNA碱基序列作比对,利用不同微生物在16S rRNA及其基因(rDNA)序列上的差异来进行微生物种类的鉴定和定量分析,确定分离菌株的归属地位。通过比较未知菌株的16S rDNA的序列,计算不同物种之间的遗传距离,采用聚类分析等方法,将微生物进行归类,并绘制出该菌株的系统发育树(phylogenetic tree)。

系统树的构建主要有三种方法:距离矩阵法、最大简约法、最大似然法。

1. 距离矩阵法(distance matrix method):首先通过各个物种之间的比较,根据一定的假设(进化距离模型)推导出分类群之间的进化距离,构建一个进化距离矩阵。由进化距离构建进化树的方法,常用的有如下几种:

1) 平均连接聚类法(UPGMA法):聚类的方法很多,应用最广泛的是平均连接聚类法(average linkage clustering)或称为应用算术平均数的非加权成组配对法(unweighted pair-group method using anarithmetic average,UPGMA)。该法将类间距离定义为两个类的成员所有成对距离的平均值,广泛用于距离矩阵。有关突变率相等(或几乎相等)的假设对于UPGMA的应用是重要的。UPGMA法包含这样的假定:沿着树的所有分枝突变率为常数。

2) Fitch-Margoliash method(FM法):该法的应用过程包括插入"丧失的"实用分类单位(operational taxonomic units,OTU)作为后面OTU的共同祖先,并每次使分枝长度拟合于3个OTU组。采用Fitch和Margoliash称之为"百分标准差"的一种拟合优度来比较不同的系统树,最佳系统树应具有最小的百分标准差。根据百分标准差选择系统树,其最佳系统树可能与由Fitch-Margoliash法则所得的不同。当存在分子钟时,可以预期这一标准差的应用将给出类似于UPGMA法的结果。如果不存在分子钟,在不同的世系(分枝)中的变更率不同,则Fitch-Margoliash标准就会比UPGMA法好得多。通过选择不同的OTU作为初始配对单位,就可以选择其他的系统树进行考查。

3) 邻接法(neighbor-joining method,NJ法):通过确定距离最近(或相邻)的成对分类单位来使系统树的总距离达到最小。相邻是指两个分类单位在某一无根分叉树中仅通过一个节点(node)相连。通过循序地将相邻点合并成新的点,就可以建立一个相应的拓扑树。

2. 最大简约法(maximum parsimony,MP):通过寻求物种间最小的变更数来完成的。其理论基础是奥卡姆(Ockham)哲学原则,认为解释一个过程的最好理论是所需假设数目最少的那一个。对所有可能的拓扑结构进行计算,并计算出所需替代数最小的那个拓扑结构,作为最优树。优点是:最大简约法不需要在处理核苷酸或者氨基酸替代的时候引入假设(替代模型)。此外,最大简约法对于分析某些特殊的分子数据如插入、缺失等序列有用。其缺点是:在分析的序列位点上没有回复突变或平行突变。

3. 最大似然法(maximum likelihood,ML):在分析中,选取一个特定的替代模型来分析给定的一组序列数据,使得获得的每一个拓扑结构的似然率都为最大值,然后再挑出其中似然率最大的拓扑结构作为最优树。在最大似然法的分析中，所考虑的参数并不是拓扑结构而是每个拓扑结构的枝长，并对似然率求最大值来估计枝长。最大似然法是一个比较成熟的参数估计的统计学方法，具有很好的统计学理论基础，当样本量很大的时候，似然法可以获得参数统计的最小方差。

系统进化树的构建除了邻接法(NJ)、最大简约法(MP)和最大似然法(ML)外，还有贝叶斯(Bayesian)推断方法。一般情况下，若有合适模型，ML的效果较好；近缘序列，一般使用MP(基于的假设少)；远缘序列，一般使用NJ或ML。对相似度很低的序列，NJ往往出现长枝吸引现象(long-branch attraction，LBA)，有时会严重干扰进化树的构建；贝叶斯的方法则太慢。用各种方法构建的系统进化树，贝叶斯方法的准确性最高，其次是ML，后是MP。对于NJ和ML两种方法，需要选择构建模型。对于核酸及蛋白质序列，两者模型的选择是不同的。蛋白质序列，一般选择Poisson Correction(泊松修正)这一模型；而对于核酸序列，一般选择Kimura 2参数(parameter)模型。

Bootstrap选项一般都要选择，当Bootstrap的值>70时，一般都认为构建的进化树较为可靠。对于进化树的构建，如果对理论的了解并不深入，则推荐使用缺省的参数，并启用Bootstrap检验。一般情况下，使用两种不同的方法构建进化树，如果得到的进化树基本一致，结果较为可靠。

构建软件的选择：构建NJ树，可以用PHYLIP或者MEGA。MEGA是图形化的软件，使用非常方便。虽然多序列比对工具ClustalW/X也自带了一个NJ的建树程序，但是该程序只有p-distance模型，而且构建的树不够准确，一般不用来构建进化树；构建MP树，最好的工具是PAUP，但该程序属于商业软件，并不对科研学术免费。MEGA和PHYLIP也可以用来构建MP树；构建ML树可以使用PHYML，速度较快。也可使用Tree-puzzle，该程序做蛋白质序列的进化树效果比较好。ML还可以使用PAUP、PHYLIP(或BioEdit)来构建。BioEdit集成了一些PHYLIP的程序，用来构建进化树。

MEGA4是一个关于序列分析以及比较统计的工具包，其中包括距离建树法和MP建树法，可自动或手动进行序列比对、推断进化树、估算分子进化率、进化假设测验，还能联机Web数据库检索。主要包含几个方面的功能软件：① DNA和蛋白质序列数据的分析软件；② 序列数据转变成距离数据后，对距离数据进行分析的软件；③ 对基因频率和连续的元素进行分析的软件；④ 把序列的每个碱基/氨基酸独立看待(碱基/氨基酸只有0和1的状态)时，对序列进行分析的软件；⑤ 绘制和修改进化树的软件，进行网上blast搜索。

二、实验试剂

转化子、测序返回的16S rRNA序列。

三、实验器具

电脑及相关软件。

四、实验操作

1. 测序：对微生物16S rDNA进行全长测序，尤其是所测序列用于新物种确定时，最好是

TA 克隆后的全长测序。

2. 经 Chromas 软件分析，截取其中的有效序列，并将得到的分离菌株 16S rDNA 序列进入 GenBank(http://www.ncbi.nih.gov/Genbank)申请登录号。

3. 比对：得到的分离菌株 16S rDNA 序列与 GenBank 中的核酸数据进行 BLAST 分析(http://www.ncbi.nih.gov/BLAST/)，获取一些相似性较高的菌株信息，从中选取这些菌株的 16S rRNA 序列，并且结合 DSMZ(Deutsche SammLung von Mikroorganismen und Zellkulturen Gmbh)的网站：http://www.eztaxon.org/ 获取有效命名生物学名的序列，以 FASTA 格式下载到写字板上。

4. 安装 MEGA4 软件，将写字板上的文件扩展名从“xx.txt”改为“xx.fas”，并双击打开“xx.fas”文件。采用 clastalW 进行多序列配比排列，并以“xx.meg”格式保存文件。

5. 将比对后的结果通过 MEGA 3.1 软件根据 Kimura 双参数方式，通过序列数据计算矩阵距离，然后使用邻接法(NJ)进行系统进化树的估算，并进行拔靴(Bootstrap)检验(1 000 次重复)，计算各分支的置信度，从而生成系统发育树(图 5-7-1)。

6. 更多的编辑可使用 Photoshop 等软件中进行。

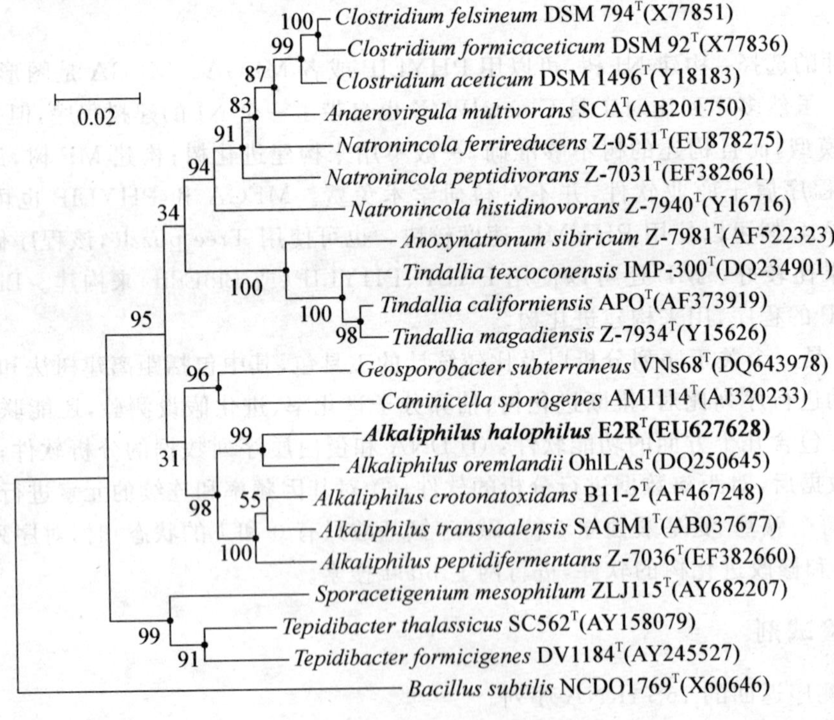

图 5-7-1 系统发育树

五、注意事项

1. 有许多软件和网页可以进行比对，但大多数都基于 ClustalW 算法，ClustalX 软件实际上是图形化界面的 ClustalW。ClustalX1.81 做序列联配，自己的序列最后粘贴。

六、评议

1. 做系统发育树时，需选择10～20个菌株的序列，选序列原则：① 用已经合格发表的标准菌株；② 选择相邻属的模式种；③ 与待测菌株有相似功能；④ 构树时要用 txt 格式，不要用 Word 格式。⑤ 构树时还要剪切序列，因为各序列不一样长短，点 Align 两两联配，以确定要剪去的前后序列，用 edit 软件编辑（NCBI 主页，输入登录号，就可以获得其序列，然后将其改成 fasta 格式，发送到文献）。

2. 经过 NCBI 中 GenBank 的 BLAST 分析，所获得的信息是已经登录的与分析菌株 16S rRNA 序列相似性较高的一些序列，但许多都是没有发表的非标准菌株的序列。为了获得已经合格发表的标准菌株的有效序列，需登录 EzTaxon server：http://www.eztaxon.org/ 获取相关的序列。

3. 建树后，进入 LPSN（List of Prokaryotic names with Standing in Nomenclature）（http://www.bacterio.cict.fr/）确定现有的有效物种，或 NCBI Taxonomy Browser（http://www.ncbi.nlm.nih.gov/Taxonomy/Browser）进行确认。

4. 进行系统发育分析也有众多软件和网页，一般现在流行的软件有 PHYLIP（http://evolution.genetics.washington.edu/phylip.htmL）、PAUP *（http://paup.csit.fsu.edu/）、MEGA（http://www.megasoftware.net/）等，PHYLIP 功能强大，但是使用 DOS 界面，PAUP * 功能最强大，但是较难入门，MEGA 简便实用，界面友好。

七、思考题

1. 如何来构建系统发育树？

2. 利用目标菌株的 16S rDNA 序列进行系统发育树的建立。

八、参考文献

1. Saitou N & Nei M. The neighbor-joining method: a new method for reconstructing phylogenetic trees. Mol Biol Evol, 1987, 4: 406-425.

2. Fitch W M. Toward defining the course of evolution: minimum change for a specific tree topology. Syst Zool, 1971, 20: 406-416.

3. Felsenstein J. Evolutionary trees from DNA sequences: a maximum likelihood approach. J Mol Evol, 1981, 17: 368-376

4. Felsenstein J. PHYLIP (Phylogeny Inference Package), version 3.6. Distributed by the author. Department of Genome Sciences, University of Washington, Seattle, USA, 2005

5. Swofford D L PAUP: Phylogenetic analysis using parsimony (* and other methods), version 4. Sunderland, MA: Sinauer Associates. 2002.

6. Kumar S, Tamura K & Nei M. MEGA3: Integrated software for molecular evolutionary genetics analysis and sequence alignment. Brief Bioinform, 2004, 5: 150-163

7. Wu X-Y, Shi K-L, Xu X-W, Wu M, Oren A & Zhu X-F. *Alkaliphilus halophilus* sp. nov., a novel strictly anaerobic and halophilic bacterium isolated from a saline lake in China. Int J Syst Evol Microbiol 2010, 60, 2898-2902.

5-8 G+C含量的测定

一、实验原理

每个微生物种的G+C含量是恒定的，不会随着环境条件与培养条件的变化而改变，即使个别基因突变，碱基组成也不会发生明显变化。因此G+C含量已成为细菌分类鉴定的一个基本方法。分类学上，用G+C占全部碱基的摩尔百分数(G+C mol%)来表示各类生物的DNA碱基组成特征。G+C含量的测定方法较多(表5-8-1)，例如高效液相色谱(HPLC)法、浮力密度梯度离心法、热变性温度法等。HPLC法较准确，热变性温度T_m法以其操作简单、重复性好等优点而最为常用。

表5-8-1 G+C mol% 测定方法的比较

G+C mol%的测定方法	测定的指标
热变性温度	熔解温度(T_m)
水解和色谱分析	碱基摩尔浓度
氯化铯密度梯度离心	浮力密度(ρ)
气-液相色谱	碱基摩尔浓度

测定DNA碱基组成G+C mol%常用热变性温度法，其原理：将天然DNA溶于一定离子强度和pH的溶液中，然后不断持续地加热。当温度升到一定的数值时，两条核苷酸链之间的氢键开始逐渐被打开，互补双链螺旋相继解开而不断变成单链，从而导致核苷酸碱基在260 nm处紫外吸收明显增加，从而出现了增色反应(hyperchromicity)。当温度高达一定值时，DNA完成分离成单链后，继续升温，DNA溶液的紫外吸收不再增加(图5-8-1)。

DNA的热变性过程在一个狭窄的温度范围内发生，紫外吸收增加的中点值所对应的温度就是热变性温度，又称熔解温度(melting temperature，T_m)(图5-8-2)。T_m值就是通过温度影响使吸光度增加来测定的。因为在DNA双链碱基对组成中A-T碱基对之间形成两个氢键，G-C碱基对之间形成三个氢键，具有三个氢键的G-C碱基对结合得较牢，所以在热变性过程中打开G-C碱基对之间三个氢键所需要的温度较高。DNA在溶液中加热到一定温度，首先打开的是由两个氢键结合较弱的A-T碱基对，继续加热，才能打开由三个氢键结合较强的G-C碱基对，若某种细菌DNA中G-C碱基对含量高，全部打开G-C碱基对所需要的温度就要高，T_m值也就高。所以一个DNA样品的T_m值可直接反映出该样品G-C碱基对的绝对含量，即在一定离子浓度和一定pH值的盐浓液中，DNA的T_m值与DNA的(G+C)mol%成正比。可以用紫外分光光度计测定DNA分子的T_m值，就可以计算出该DNA的(G+C)mol%。

每个生物种都有特定的G+C含量范围，细菌的G+C mol%变化范围最宽，为24%～76%，如大肠杆菌(*E. coli*)的G+C含量为48%～52%，金黄色葡萄球菌(*S. auras*)的G+C含量为30%～39%，破伤风梭菌(*Clostridium tetani*)的G+C含量为25%～26%，而放线菌G+

C mol%为 37%～51%。G+C mol%主要用于对表型特征难区分的细菌作出鉴定，并可检验表型特征分类的合理性，从分子水平上判断物种的亲缘关系。

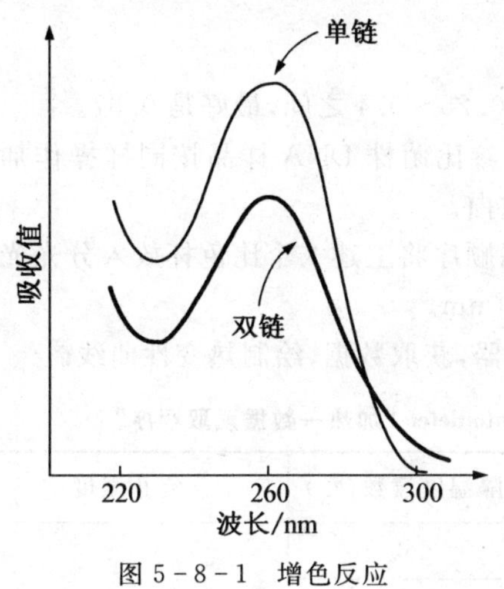

图 5-8-1 增色反应

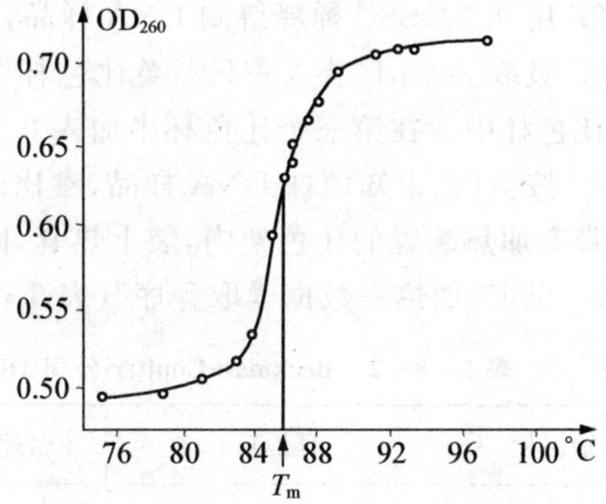

图 5-8-2 双链 DNA 的解链曲线

G+C 含量的比较主要用于分类鉴定中，每一种生物都有一定的碱基组成，亲缘关系近的生物，具有相似的 G+C 含量，若不同生物之间 G+C 含量差别大表明它们关系远。但具有相似G+C 含量的生物并不一定表明它们之间具有近的亲缘关系。同一个种内的不同菌株G+C 含量差别应在 3%～5%以下；同属不同种的差别应低于 10%～15%，通常小于 10%。即 G+C 含量相差 5%以上时，可以认为属于不同的种；如果 G+C 含量超过 10%以上，一般可认为是属于不同的属。若两个菌株的 G+C 含量差别大于 20%～30%，一般不会是同一属内的菌株，甚至可能不会是同一科的细菌。所以 G+C 含量已经作为建立新的微生物分类单元的一项基本依据，它对于种、属甚至科的分类鉴定有重要意义。如果两个在形态及生理生化特性方面极其相似的菌株，如果其 G+C 含量的差别大于 5%，则肯定不是同一个种，大于 15%则肯定不是同一个属。

二、实验试剂

1. 10×SSC、2×SSC、1×SSC 溶液、0.1×SSC、无菌纯水、待测 DNA 样品。

2. 流动相：12%甲醇，20 mmol/L 三乙胺(Triethylamine)，用 85%磷酸调整 pH 为 5.1，溶液用 0.45 μm 滤膜过滤后备用。

3. 标准 DNA：*E. coli* 菌株 AS 1.365，(G+C) mol% = 51.2%。

4. Salmon sperm DNA (SIGMA)，(G+C) mol% = 41.2%。

5. P1 核酸酶(SIGMA)；小牛小肠碱性磷酸酶；0.1 mol/L 甘氨酸盐酸缓冲液(pH 10.4)。

三、实验器具

1. Beckman-Coulter 公司的 DU800™ Spectrophotometer (equipped with high performance temperature controller)、水浴锅、200 mL 烧杯、50 mL 离心管、浮漂、镊子、1 mL 注射器、4 号注射针头、移液器、吸头、灭菌 1.5mL 离心管、标签笔。

2. HP1090HPLC、ODS-AQ Hydrosphere C18 反相色谱柱(4.6 mm×250 mm，pH 范围 2～7)；

四、实验操作

（一）热变性温度法

1. DNA 提取(具体见实验 3－1)。

2. 用 0.1×SSC 稀释待测 DNA 样品，使其 A_{260} 介于 0.25～0.4 之间，最好是 0.37。

3. 吸取 200 μL 装入一只石英比色杯中，塞好塞子。参比菌株 DNA 样品按同样操作加入另一比色杯中。在第三个比色杯中加入 0.1×SSC 作为空白。

4. 按空白、未知菌株 DNA 样品、参比菌株 DNA 样品顺序将上述 3 个比色杯放入分光光度计的带有加热装置的比色架内，装上热套，固定波长在 260 nm。

5. 设定“加热—数据读取程序”(表 5－9－3)，运行仪器，获取数据，绘制热变性曲线。

表 5－8－2 Beckman-Coulter 公司 DU800™ Spectrophotometer “加热—数据读取程序”

起始温度(℃)	延迟(min)	升温速率(℃/min)	间隔温度读数(℃)	终止温度
35	1.0	5.0	3.0	95 ℃
55	1.0	1.0	1.0	
65	1.0	0.5	1.0	

6. 根据热变性曲线计算待测 DNA 样品的解链温度(T_m)，再按如下公式计算未知菌株 DNA 样品的 G+C mol%：

1) 当使用 0.1×SSC 缓冲液：未知菌株的 G+C mol% = $2.08 \times T_{m_{未知菌株}} - 106.4$

2) G+C mol%还可以从已知对照菌株进行换算：使用 0.1×SSC 缓冲液，未知菌株的 G+C mol% = G+C $mol\%_{参比菌株} + 2.08 \times (T_{m未知菌株} - T_{m参比菌株})$。

（二）HPLC 方法

1. DNA 的提取(具体见实验 5－1)。

2. 约 5 μg 提纯的 DNA，在沸水浴中热变性后立即移冰浴中以防止退火。

3. P1 核酸酶处理：将 DNA 长链用 P1 核酸酶酶解为单个三磷酸核苷。P1 核酸酶反应缓冲液为 50 μL 30 mmol/L 乙酸钠(pH 5.3)，5μL 20 mmol/L $ZnSO_4$，加入 3 μL (≈ 1U) P1 核酸酶(340 U/mL)。37 ℃作用 2 h。

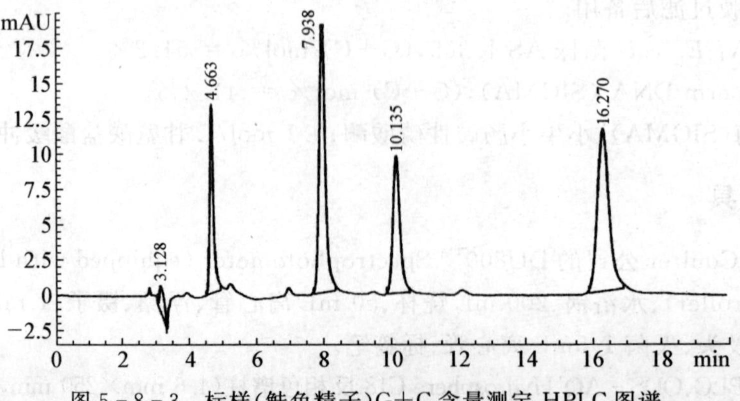

图 5－8－3 标样(鲑鱼精子)G+C 含量测定 HPLC 图谱

4. 小牛小肠碱性磷酸酶(calf intestinal alkaline phosphatase,CIAP)处理：加入5 μL 0.1 mol/L甘氨酸盐酸盐缓冲液(pH 10.4)和5 μL CIAP(200 U/mL),反应体系的pH值应在7.5～8.5之间,37 ℃作用6 h。

5. 10 000g离心4 min,这时可以将样品在-20 ℃保存直至用于色谱分析。

6. 色谱分析：包括标准DNA样品和测试样品在内的所有样品在上样前都需要用滤膜(0.45 μm)过滤,样品上样量为5～10 μL;色谱条件：流速1.0 mL/min,柱温37 ℃;检测波长为210 nm。

表5-8-3 标样(鲑鱼精子)G+C含量测定HPLC分析

编号	时间(min)	峰面积	峰高	峰宽	对称因子	峰面积(%)
1	4.663	105.8	13.1	0.120 1	0.672	14.015 101 34
2	7.938	233.4	18.6	0.188 5	0.767	30.918 002 38
3	10.135	143.7	9.5	0.225 7	0.804	19.035 633 86
4	16.27	272	11.3	0.352 7	0.805	36.031 262 42

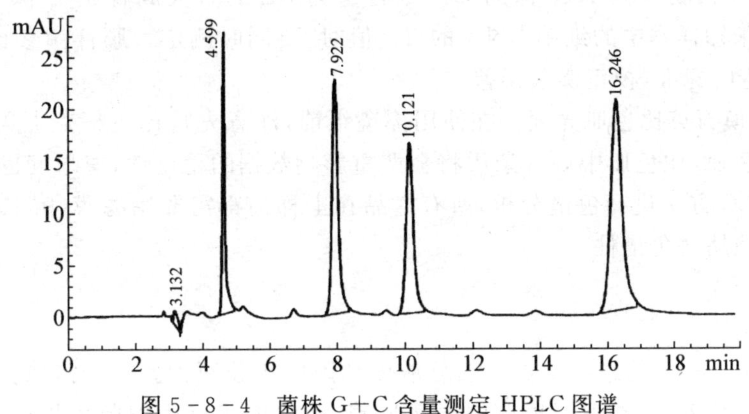

图5-8-4 菌株G+C含量测定HPLC图谱

表5-8-4 菌株G+C含量测定HPLC分析

编号	时间(min)	峰面积	峰高	峰宽	对称因子	峰面积(%)
1	4.599	161.3	27.4	0.086 8	0.738	13.326 173 17
2	7.922	293.1	22.9	0.193 2	0.763	24.215 135 49
3	10.121	253.8	16.6	0.229 9	0.796	20.968 274 95
4	16.246	502.2	20.7	0.367 5	0.801	41.490 416 39

7. 菌株(G+C) mol%的计算：通过同时上柱分离的已知碱基组成的标准样品利用以下公式计算测试样品的碱基组成。

$$Ma=SG/(SG+ST)$$

$$M=[(Ma^{-1}-1)/x+1]$$

$$x=M(1-Ma)/Ma(1-M)$$

Ma为HPLC获得的表观(G+C)摩尔百分比,SG、ST为HPLC获得的相应碱基的峰面积(%);M 为样品实际的摩尔百分比;x 为校正系数,可由标准样品(如鲑鱼精子)的 Ma 和 M 值计算获得,并用于未知样品的 M 值计算。

如标准样品鲑鱼精子的 M 值即 G+C 为 41.2%,而实验中(图 5-8-3)出峰时间位置对应的碱基为 C(4.663)、G(7.938)、T(10.135)、A(16.27)。

Ma=SG/(SG+ST)=0.309/(0.309+0.190)=0.309/0.499=0.619

x =M(1-Ma)/Ma(1-M)=0.412(1-0.619)/0.619(1-0.412)=0.431

8. 将 x 代入 M = $[(Ma^{-1}-1)/X+1]^{-1}$ 即可得到样品 DNA(图 5-8-4,表 5-8-3)的(G+C)摩尔分数:其中 M 为测试样品的摩尔百分含量;Ma 为测试样品表观摩尔分数。

Ma=SG/(SG+ST)=0.242/(0.242+0.210)=0.242/0.452=0.536

M = $[(Ma^{-1}-1)/X+1]^{-1}$=0.332　　即测定样品的 G+C 含量为 33.2%。

五、注意事项

1. 各实验室由于所采用试剂的级别、缓冲液以及仪器型号的不同,其测定的结果会出现不同程度的差异,为了防止这种情况的出现,一般用大肠杆菌 K12 株和 B 株作为参比菌株,来校正误差,确定 T_m 值。大肠杆菌 K12 株的 G+C 含量为 51.2%,大肠杆菌 B 株的 G+C 含量为 50.9%。在测定未知样本中的细菌 DNA 的 T_m 值时,要同时测定大肠杆菌参比菌株的 T_m 值,以确定 T_m 值测定的标准,校正实验误差。

2. 严禁用手摸石英比色皿光面。在使用擦镜纸前,注意先将比色杯盖上盖子,不要让纤维毛发等物带入比色皿,比色皿中如有杂质将会严重影响数据的稳定性,清晰度也会变差。

3. 利用 HPLC 方法进行色谱分析,所有样品在上样前都需要用滤膜(0.45 μm)过滤,以防溶液中颗粒性物质堵塞色谱柱。

六、评议

1. 待测 G+C mol%的细菌培养一般分液体和固体培养两种。对于需氧菌或兼性厌氧菌,可将其接种于液体培养基,在恒温摇床中振荡培养,此法的优点为细菌生长快、菌量多、易于通过离心收集菌体等优点。对于厌氧菌则宜接种于固体培养基上,厌氧培养至细菌生长丰满后用生理盐水洗下菌苔。通常收获 2~3 g 湿菌所制备的 DNA 即可满足 G+C mol%测定的需要。

2. T_m 法测定 G+Cmol%的重复性较好,单一 DNA 样本的多次测定或同种细菌多次提取的 DNA 样本所测得的 T_m 值差异约在±0.15 ℃或更低,相当于 0.4%G+C。但 T_m 法对 A、T、C、G 以外的其他稀有碱基不敏感,且测定的 DNA 样本的 G+C 含量范围超过 25%~75%时误差明显增大。一般 T_m 值法比 HPLC 法测定的 G+C 含量要高些。

3. 利用 Beckman-Coulter 公司的 DU800™分光光度仪测定 T_m 值首先记录 25 ℃时的 A_{260} 值,然后迅速升温至 55 ℃,期间每隔 3 ℃记录一次。A_{260} 值上升表示变性开始,每隔 0.5 ℃稳定 1 min,记录比色皿温度和 A_{260} 值,直至 A_{260} 值不变表示变性完毕。

4. 上面计算 G+C 含量采用的是 0.1×SSC 的公式,2×SSC 的计算公式和其差距较大。因此,做 G+C 含量的 SSC 需要用容量瓶准确定容,所用试剂含量也要绝对符合要求,盐需要烘干,以去除水分。

5. 一般认为,属内的种间 G+C 含量差异为 10%~15%,而种内的差别在 3%以内。

6. HPLC 方法反映的并非是 DNA 真正的摩尔分数，而是一个同该摩尔分数相关的值。

七、思考题

1. 哪些因子会影响实验结果？如何校正实验误差？

2. 为什么要使用大肠杆菌 K12 或 B 菌株作为参比菌株？

八、参考文献

1. Mesbah M, Premachandran U, Whitman W. Precise measurement of G+C content of deoxyribonucleic acid by High-preformance liquid chromatography. Int J Syst Bacteriol 1989, 39(2): 159 - 167

2. Marmur J & Doty P Determination of the base composition of deoxyribonucleic acid from its thermal denaturation temperature. J Mol Biol 1962, 5: 109 - 118.

3. Stryer L. Biochemistry. 4th Ed. W. H. Freeman and Company. 1995

4. Campbell M K Biochemistry. 3rd. Harcourt Brace College Publishers. 1999

5-9　核酸杂交

一、实验原理

某一物种 DNA 碱基的排列顺序是其进化历史在分子水平上的记录，是一种比 G+C 含量更精确、细致的遗传性状指标。DNA 同源性分析是确定正确分类地位，建立自然分类系统最直接的方法。而核酸杂交是分析 DNA 同源性(homology)的一种有效手段。按碱基互补配对原则，用人工方法对两条不同来源的单链核酸进行复性，以构建新的杂合双链核酸的技术，即为核酸杂交(hybridization of nucleic acids)。此方法可用于 DNA - DNA、DNA - rRNA、rRNA - rRNA 分子间的杂交。在细菌分类中，DNA - DNA 杂交可反映出两基因组间序列的相似性(similarity)，已被确定为建立新种的必要标准之一。

核酸杂交的原理见图 5-9-1 所示，根据双链 DNA 分子解链的可逆性和碱基配对的专一

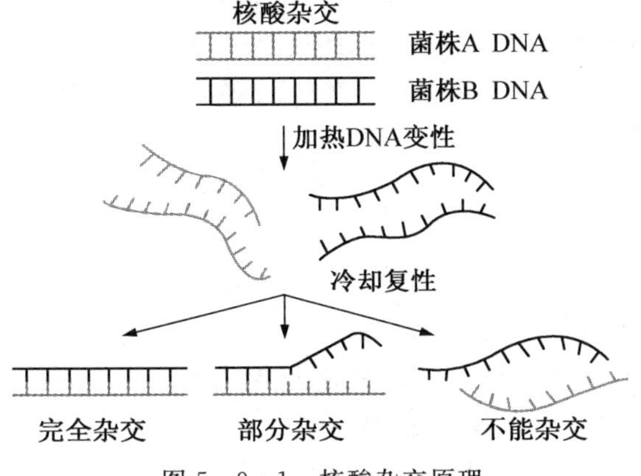

图 5-9-1　核酸杂交原理

性，将不同来源的待测 DNA 在体外分别加热，使其解链成单链 DNA，然后在合适条件下（如降低温度并保持恒温 25 ℃时）使其复性并形成杂合的双链 DNA，最后测定其杂交的百分率。

细菌、古菌等原核生物的基因组 DNA 通常不包含重复序列，其基因组 DNA 在液相中复性（杂交）时，同源 DNA 比异源 DNA 的复性速度要快。同源程度越高，复性速率和杂交率亦越快。利用这个特点，可以通过紫外分光光度计直接测定 DNA 在一定条件下的复性速率，进而用理论推导的数学公式来计算 DNA－DNA 之间的杂交（结合）度（图 5－9－2）。

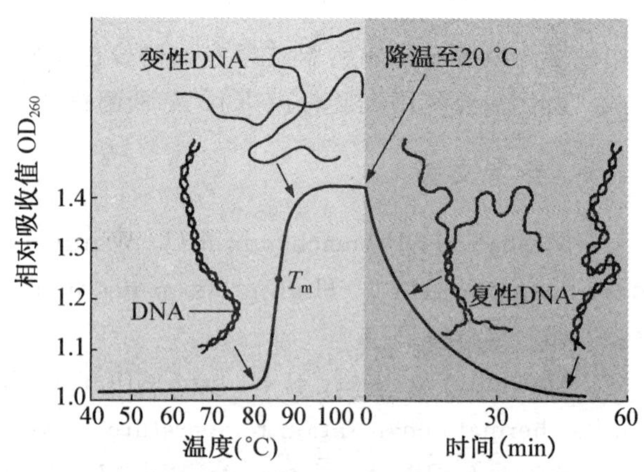

图 5－9－2　DNA 变性与复性曲线

一般亲缘关系较近的微生物，其碱基序列也越接近。1987 年国际系统细菌学委员会（international committee on systematic bacteriology，ICSB）规定，基因组 DNA 同源性≥70％或杂交分子热变性温度差 ΔTm ≤ 5 ℃为细菌种的界限。资料表明，DNA 杂交同源性在 20～60％是同属不同种的关系；在 60％以上的菌株可以被认为同一个种；同源性超过 70％为同一个亚种。一般认为，菌株间 DNA 相似性大于 70％，就至少有 96％的 DNA 序列是一致的。

二、实验试剂

10×SSC、2×SSC、0.1×SSC、无菌纯水、待测 DNA 样品。

三、实验器具

水浴锅、200 mL 烧杯、50 mL 离心管、浮漂、镊子、1 mL 注射器、4 号注射针头、移液器、吸头、灭菌 1.5 mL 离心管 1 包、记号笔、擦镜纸。

四、实验操作

1. 将 DU800™ Spectrophotometer 的波长设定为 260 nm，测定待测 DNA 样品的 OD_{260}，用 0.1×SSC 稀释待测 DNA 样品，使其 OD_{260} 介于 1.5～1.8 之间。

2. 用带有 4 号针头的容量为 1 mL 的一次性注射器反复吸吹（慢吸快推）待测 DNA 样品 35～40 次，将待测 DNA 样品剪切为 2×10^5 ～ 5×10^5 D 的片断。

3. 用 0.1×SSC 稀释经剪切的待测 DNA 样品（A、B），使其 OD_{260} 介于 1.5～1.8 之间，且两者 A_{260} 相同（结果精确到 0.001）。

4. 进入 DU800™ Spectrophotometer "Kinetics/Time"子程序，设定波长为 260 nm，背景波长为 250 nm，读数间隔时间为 15 s，总测定时间设定为 30 min。

5. 按照已经测定的 G＋C mol％计算最适复性温度（optimal renaturation temperature，T_{OR}），将比色杯的温度稳定在最适复性温度。在 2×SSC 反应液中，最适复性温度按公式：T_{OR}＝ 0.51×(G＋C)mol％ ＋ 47 计算。在比色皿架上放 2 个比色皿，一个是空白对照，加

200 μL 2×SSC，另一个等待加待测样品。

6. 样品 A 或 B 的自复性速率的测定：

1) 取样品 A (或 B)300 μL 加入一个 1.5 mL 离心管中混合均匀，在沸水浴中变性 10 min。取 1mL 10×SSC 同样在沸水浴中保温 10 min。

2) 在水浴锅中放置一个 200 mL 烧杯，杯中加入一定量沸水后，再放入一个 50 mL 塑料离心管，带吸头的 2 支移液器插入离心管保温 5～10min。

3) 迅速用带有同在沸水浴中预热吸头的一支移液器吸取 72 μL 同在沸水浴中预热的 10×SSC 加入上述变性样品 A 中，快速稍加混匀，使最终浓度为 2×SSC。

4) 迅速用另一支移液器吸取 200 μL 变性 DNA 样品加入已经稳定在最适复性温度的比色杯中，塞好塞子。

5) 立刻点击"GO READ"读数按键启动仪器读数。最终得到一条随时间延长，OD_{260} 逐渐减小的直线。每个样品需重复测试 2～3 次。

7. 样品 A、B 复性速率的测定：

1) 取样品 A、样品 B 各 150 μL，装在一个 1.5 mL 离心管中混合均匀，定为样品 M。将样品 M 在沸水浴中变性 10 min。取 1 mL 10×SSC 同样在沸水浴中保温 10 min。

2) 在水浴锅中放置一个 200 mL 烧杯，杯中加入一定量沸水后，再放入一个 50 mL 塑料离心管，带吸头的 2 支移液器插入离心管保温 10 min。

3) 迅速用带有同在沸水浴中预热吸头的一支移液器吸取 72 μL 同在沸水浴中预热的 10×SSC 加入上述变性样品 M 中，快速稍加混匀，使最终浓度为 2×SSC。

4) 迅速用另一支移液器吸取 200 μL 变性 DNA 样品加入已经稳定在最适复性温度的比色杯中，塞好塞子。

5) 立刻点击"GO READ"读数按键启动仪器读数，记录 OD_{260} 值，每隔 15 s 读数一次，待反应进行到 30 min 时，停止读数，全过程样品的温度都不得低于 T_{OR}。最终得到一条随时间延长，OD_{260} 逐渐减小的直线。每个样品需重复测试 2～3 次。

8. 根据软件 Microcal Origin 5.0，绘制光吸收值随时间变化的直线(图 5-9-3)。

9. 计算复性速率：零时吸光度减去 30 min 时的吸光度，除以总时间(30 min)，得出直线的斜率，即 DNA 的复性速率(通常用 V 表示，单位为每分钟吸光度的减少数)。

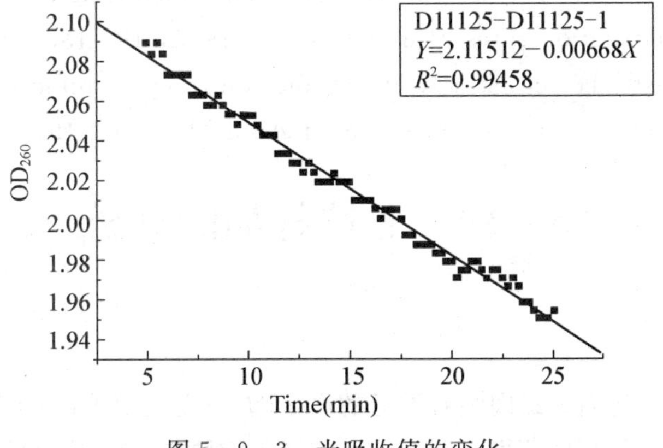

图 5-9-3 光吸收值的变化

10. 将分别得到的三个测试样品的复性速率代以下公式，即可得出两个相关菌株 DNA 杂交百分数(通常用结合度 $D\%$，binding degree 表示)。

$$D\% = \frac{4V_m - (V_a + V_b)}{2\sqrt{V_a \times V_b}} \times 100\%$$

五、注意事项

1. 要使待测 DNA 样品充分剪切为小的片断，至少用带有 4 号针头的容量为 1 mL 的一次性注射器反复吸吹(慢吸快推)待测 DNA 样品 35 次以上。

2. 用 0.1×SSC 稀释待测 DNA 样品，使其 OD_{260} 介于 1.5～1.8 之间，最好是 1.7。

3. 移液器的吸头要在沸水浴中预热 5 min 以上，加样的动作要迅速。室温最好控制在 20～30 ℃。

4. 杂交时应提前将样品混匀，放置一段时间再做。若两种 DNA 未混匀，则有可能导致斜率较大。

六、评议

1. 在操作过程中最好保持室温的恒定，如控制在 15～30 ℃。

2. 大肠杆菌 K12 菌株的(G+C)mol% = 51.2%，Tm=75.8 ℃。

3. 一般自交斜率为 40%～50%之间。而新种与标株间的杂交相似性在 55%以下，最好不要超过 60%。

七、思考题

如何确定杂交过程是正常的？

八、参考文献

1. Stackebrandt E, Goebel B M. Taxonomic note: a place for DNA - DNA reassociation and 16S rRNA analysis in the present species definition in bacteriology. Int J Syst Bacteriol 1994, 44: 846 - 849.

2. De Ley J, Cattoir H, Reynaerts A. The quantitative measurement of DNA hybridization from renaturation rates. Eur J Biochem 1970, 12: 133 - 142.

3. Huß VAR, Festl H, Schleifer K H. Studies on the pectrophotometric determination of DNA hybridization from renaturation rates. Syst Appl Microbiol 1983, 4: 184 - 192.

5 - 10 非培样品的分析

一、实验原理

自然环境中栖息和生存着大量肉眼看不见的微生物，研究发现 1 g 土壤中包含的细菌数量超过 100 万种，实验室培养的方法仅能获得 0.1%～1%的微生物种类，而其中 99%的微生物都因为无法在实验室中培养而不为人所知。由于培养困难,极端微生物中的可培养成员所占的比例就更低。

20 世纪 80 年代 Pace 等将 Woese 新的系统发育理论与分子生物学相结合,提出了分子微生态学(molecular microbial ecology),即以 SSU rRNA 为研究对象,通过其同源关系反映物种间的系统发育的关系,从而开展微生物进化、多样性和生态的相关研究。相对于培养的方法来说,这种不需要得到纯培养物的研究方法被称为非培养方法(culture - independent methods),已经被应用在包括热泉、土壤、淡水和浅海底泥、海底热液口等生境研究中。非培养的方法避免了培养方法的选择性,更加全面、真实地反映了生态系统中微生物的组成。

二、实验试剂

1. 脱腐缓冲液:100 mmol/L Tris - HCl (pH8.0)、100 mmol/L EDTA (pH8.0)、100 mmol/L Na_3PO_4(pH8.0)、100 mmol/L NaCl、0.05% Triton X - 100,用 5 mol/L NaOH 调整到 pH 10.0。

2. DNA 提取缓冲液:100 mmol/L Tris - HCl (pH 8.0)、100 mmol/L EDTA (pH8.0)、100 mmol/L Na_3PO_4(pH8.0)、1.5 mol/L NaCl、1% CTAB。

三、实验器具

水浴锅、摇床、制冰机、PCR 仪、培养箱、高压灭菌锅、电脑。

四、实验操作

(一) 非培环境 DNA 提取

1. 土壤与沉积物加 10 mL 脱腐缓冲液,漩涡振荡 3 min,60 ℃水浴 5 min,再漩涡振荡 30 s,3000g 离心 5 min,弃上清,重复洗涤一次。

2. 称取 1 g 样品,置于 50 mL 离心管中。加入 4.5 mL DNA 抽提缓冲液,漩涡振荡至混合均匀,而后水平放于摇床中振荡(37 ℃,90 r/min)30 min。

3. 加入溶菌酶(粉末溶于 0.5 mL TE 溶液中)至终浓度 5 mg/mL,继续振荡 30 min。

4. 加入 0.5 mL 20% SDS,65 ℃保温 30 min。

5. 冷却至室温,加入 25 μL 蛋白酶 K(20 mg/mL),37 ℃水浴保温 2 h,每隔 15~20 min 上下颠倒离心管混匀。

6. 6 000 g 离心 10 min,将上清液转移入新的离心管中。

7. 沉淀重复抽提 2 次,步骤为:往沉淀中加入 1.9 mL DNA 抽提缓冲液及 0.1 mL 20% SDS,65 ℃水浴 10 min,6 000 g 离心 5 min。

8. 合并三次上清液,加入等体积苯酚/氯仿/异戊醇(25 : 24 : 1)溶液轻轻颠倒混匀(3 min),16 000 g 离心 15 min,将上层水相移入新的离心管。

9. 加入等体积氯仿/异戊醇(24 : 1),反复混匀呈乳浊液(3 min),16 000 g 离心 15 min,将上层水相移入新的离心管。

10. 加入 0.6 倍体积异戊醇,于-20 ℃中沉淀 1 h。

11. 4 ℃,16 000 g 离心 20 min,弃上清,沉淀用 70%乙醇洗两次,室温干燥或放入 55 ℃烘箱中 5 min 或真空干燥 10 min。

12. 沉淀用 200 μL 含有 RNaseA(终浓度 50 μg/mL)TE 溶液(用量依情况而定)溶解,在

37 ℃水浴下作用 30 min，−20 ℃保存备用。

（二）PCR 扩增 16S rDNA 序列

具体见实验 5 - 3。

（三）TA 克隆

具体见实验 5 - 4。

（四）系统发育树的构建

1. 测序：送生物公司通过高通量基因分析仪测序，测序返回的结果经 Chromas 分析，截取其中的有效序列。

2. 嵌合体的在线分析：运用 CHECK_CHIMERA 程序在 RDP（Ribosomal Database Project）在线数据库（http://rdp8.cme.msu.edu/cgis/chimera.cgi）中对得到的序列进行嵌合体检验，剔除嵌合体。

3. 序列对比：将有效序列输入 NCBI 的 GenBank 数据库中，以 Blastn 程序对数据库中所有序列进行相似性分析，下载获取与其 16S rDNA 同源性较高的菌株信息与序列。

4. 系统发育树的构建：选取相关序列菌株的 16S rDNA 序列，通过 MEGA5 的 Clustal W 程序，与从 GenBank 数据库中获得的其他类似菌株的 16S rDNA 序列进行多序列匹配排列，构建系统发育树。采用 Kimura 双参数模型（two-parameter model）计算各序列分化距离，缺少和不确定的位点在计算中被省略。用邻接法（NJ）算法获得分支系统，并通过自举分析（bootstrap）进行拓扑结构置信度的检测，自举数据集为 1 000 次。

（五）稀释曲线建立及克隆覆盖率的建立

1. 利用 PHYLIP 软件包中的 DNADIST 程序计算距离矩阵。

2. 结合 DOTUR（Distance-based OTU and Richness determination）软件（http://www.plantpath.wisc.edu/fac/joh/dotur.htmL）生成稀释曲线。

3. 采用 Chaol 和 ACE（Abundance-base Coverage Estimator）丰度指数、Shannon-Weaver 多样性指数以及 Simpson 优势指数进行样品中微生物多样性的比较分析。

4. 通过 LIBSHUFF 软件进行数据分析，来比较 16S rDNA 克隆间的差异性。获取同源覆盖率曲线（homologous coverage curve），异源覆盖率曲线（heterologous coverage curve），两曲线间的差异曲线 ΔC 以及描述 ΔC 显著性的参数 P。

同源覆盖率曲线 $Cx = 1-(Nx / n)$

异源覆盖率曲线 $Cxy = 1-(Nxy / n)$

两曲线差异 $\Delta C=(Cx-Cxy)^2$

ΔC 的显著性通过 P 描述

n 为 X 文库的克隆数；

Nx 表示在 X 文库中独特（unique）的序列数；

Nxy 表示在 X 文库中那些在 Y 文库中没有的序列数目；

Nx 和 Nxy 取决于进化距离（D）。

五、注意事项

1. 防止取样、分样过程中的样品污染。

2. 得到序列后首先提交到 RDPⅡ数据库，采用在线检测工具 CHECK－CHIMERA 剔除嵌合体，构建系统发育数。

六、评议

1. 对比结果不存在覆盖率为 100%的序列，且相似性均小于 98%，则将此序列复制到 RDP 网站上的 Chimera detection 项目中进行嵌合体分析。如果检验峰呈钟形，且(N1＋N2－N)/N ＞ 10%，则判断该序列为嵌合体。

2. 对非培样品的 16S rDNA 进行相似性比较，将相似度高于 97%～98%的克隆归于同一个操作分类单元(operator taxonomy unit，OTU)。

3. 除了 MEGA 软件外可以利用 Philip 软件构建系统发育树，一般两个软件构建的系统发育树的树型如果没有多大差别就可以确定了。

4. 一般 Chaol 和 ACE 丰度指数高，显示其细菌物种多样性可能相对较高。

5. 1∶1 参考线是在假定每个克隆都分属一个 OTU 的前提下所得出的直线。如果样品的稀释曲线接近 1∶1 参考线，说明其具有较高的多样性。而稀释曲线先趋于平稳，说明其种群多样性理论上较低。

七、思考题

如何判断嵌合体？

八、参考文献

1. Gans J，Wolinsky M，Dunbar J. Computational improvements reveal great bacterial diversity and high metal toxicity in soil. Science，2005，309(5739)：1387－1390.

2. Streit W R，Schmitz R A. Metagenomics — the key to the uncultured microbes. Curr Opin Microbiol，2004，7(5)：492－498.

3. Schloss P D，Handelsman J. Introducing DOTUR，a computer program for defining operational taxonomic unts and estimating species richness. Appl Environ Microbiol，2005，71(3)：1501－1506.

4. Chao A，Ma M C and Yang M C K. Stoping rules and estimation for recapure debugging with unequal failure rates. Biometrika，1993，80(1)：193－201.

5. Singleton D R，Furlong M A，Rathbun S L，et al. Quantitative comparisons of 16S rRNA gene sequence libraries from environmental samples. Appl Environ Microbiol，2001，67：4373－4376.

5－11　变性梯度凝胶电泳

一、实验原理

变性梯度凝胶电泳(denaturing gradient gel electrophoresis，DGGE)是 Lerman 等人于 20

世纪80年代初开发的，最初用来检测DNA片段中的点突变，90年代后被用于微生物群落结构研究。此后，DGGE被广泛应用于各微生物生态系统的研究，绝大部分都是通过扩增细菌或古菌的16S rRNA以及真菌的18S rRNA基因来研究各生态系统中的细菌或古菌以及真菌的群落多样性。

DGGE是根据长度相同而碱基序列不同的双链DNA扩增片段具有不同的解链温度T_m值(如单碱基替代可引起1.5 ℃的差异)，它们在一般的聚丙烯酰胺凝胶基础上，加入了不同浓度梯度的解链变性剂(尿素和甲酰胺)，从而能够把长度相同但序列不同的DNA片段区分开来。由于该方法能够分辨相同长度DNA片段中单个碱基的差异，与16S rRNA或18S rRNA基因的PCR扩增相结合可以反映微生物群落结构和组成的变化，所以通常的分析过程包括：DNA样品的提取→ PCR扩增→ DGGE电泳→ 带型分析→ 特征条带的测序。

DGGE胶是在6%聚丙烯酰胺胶中添加线性梯度的变性剂，变性剂的浓度由上到下、从低到高呈线性梯度。在一定温度下，在相同浓度的变性剂位置，序列不同的产物，其部分解链程度也不同，而产物解链程度又直接影响到其电泳迁移率，结果不同的产物在凝胶上分离开来。并且在引物的5′端加上40个碱基左右的“GC发夹”(clamp)，由于富含G+C的DNA附加到双链的一端以形成一个人工高温解链区，而片段的其他部分就处在低温解链区，从而可使DGGE对序列差异的分辨率提高到近100%。在使用PCR/GC发夹时，必须选择用来扩增靶DNA的两个寡核苷酸。一般扩增最好是选择长度在100～500 bp之间的DNA片段。根据DNA片段的核苷酸序列，选择寡核苷酸的位置以便合成适合于DGGE的DNA片段。寡核苷酸的设计步骤如下：

1）选择两个相对长度为20～25个核苷酸的序列作为特异引物，通过PCR合成靶片段。理想的引物核苷酸序列应该最少有50%G+C，并且不应该有间接重复序列。细菌所用引物的序列如表5-11-1所示。

表5-11-1　细菌所用引物的序列

引　物	目的序列	引物序列	PCR产物
P1：341F-GC	341～357	5′-CCT ACG GGA GGC AGC AG-3′	V3高可变区
534R	517～534	5′-ATT ACC GCG GCT GCT GG-3′	234 bp
P2：341F-GC	341～357	5′-CCT ACG GGA GGC AGC AG-3′	V8高可变区
907R	907～926	5′-CCG TCA ATT CMT TTGAGT TT-3′	626 bp
P3：1055F	1 055～1 070	5′-ATG GCT GTC GTC AGC T-3′	V9高可变区
1406R-GC	1 392～1 406	5′-ACG GGC GGT GTG TAC-3′	392 bp

F：Forward primer；R：Reverse primer

2）两个PCR引物中的一个有额外的40个100%G+C核苷酸附加在5′末端作为GC发夹，避免在GC发夹序列中的重复延伸，此重复结构在PCR过程中会形成干扰引物与模板退火的二级结构。同时在设计的GC发夹引物中，最好C碱基比G碱基要多，并且使引物中的连续的G碱基减至最低。

3）对于大多数DNA片段，只需在其中一个的末端具有单一的GC发夹，否则两个GC引物在 PCR 过程中可能彼此干扰。

GC 发夹是一段约 40 bp 的富含 GC 的序列，其序列为：

5′-CGC CCG CCG CGC CCC GCG CCC GTC CCG CCG CCC CCG CCC-3′

DGGE 可用于环境样品细菌、古菌、真菌、真核微生物的多样性分析，微生物群落结构的研究，微生物种群动态的分析，富集培养物及分离物的分析，核糖体 RNA 同源性的分析，动植物体内外共生微生物的检测，食品微生物的检测，医学领域碱基突变的检测，杂合子检测等。在 DGGE 技术的基础上后来又发展其衍生技术，温度梯度凝胶电泳（temperature gradient gel electrophoresis，TGGE）。

二、实验试剂

1. 土壤样品，DNA 提取与纯化试剂盒，DGGE 引物，去离子水（Millpore 纯化柱）。

2. 丙烯酰胺/双丙烯酰胺储存溶液（40%，37.5∶1）：丙烯酰胺 38.96 g、双丙烯酰胺 1.03 g，溶于 100 mL 去离子水中。

3. 尿素；Tris、EDTA；乙酸；甲酰胺；TEMED；过硫酸铵；Triton；硝酸银；100%乙醇；NaOH、甲醛。

4. 固定液：10%乙醇、0.5%冰醋酸。

5. 银染液：0.2% $AgNO_3$，用之前加入 200 μL 甲醛。

6. 显色液：1.5% NaOH、0.5%甲醛。

三、实验器具

PCR 扩增仪、Dcode TM Universal Mutation Detection Systemm（BIO-RAD，USA）、凝胶成像分析仪，DGGE system（D-Code，Bio-Rad），TGGE system（Biometra，German）。

四、实验操作

（一）16S rRNA 基因扩增

1. 设计引物：PCR 扩增采用针对 16S rRNA 基因 V3 可变区的通用引物 F338（5′-CGC CCG CCG CGC GCG GCG GGC GGG GCG GGG CCA CGG GGG GAC TCC TAC GGG AGG CAG CAG-3′）和 R518（5′-ATT ACC GCG GCT GCT GG-3′）（表 5-3-1），其中正向引物 F338 的 5′末端连接一个含有 40 个碱基的 GC 发夹。

2. 取一个 0.2 mL Eppendorf 管，在其中添加以下各种成分反应液：

ddH_2O	35 μL
模板 DNA	1 μL（50～500 ng）
上游引物（10 μmol/L）	2 μL
下游引物（10 μmol/L）	2 μL
10×缓冲液	5 μL
$MgCl_2$（25 mmol/L）	3 μL
dNTP 混合物（10 mmol/L）	2 μL（各 20 nmol）
Taq 酶（5 U/μL）	0.5 μL

总体积　　50 μL

3. 稍作离心，将反应管放入 PCR 仪中，按下列条件设计好程序，进行 PCR 反应。

4. 反应程序：

94 ℃条件下使模板 DNA 变性 5 min。

变性	94 ℃	30 s	30 循环
退火	55 ℃	30 s	
延伸	72 ℃	30 s	

最后在 72 ℃条件进行延伸 7～10 min。

5. PCR 反应结束后，取 5 μL 反应液用 1.5％琼脂糖凝胶进行电泳(用标准 λDNA/*Hind* Ⅲ 做 marker)，鉴定 PCR 产物是否存在以及大小。

6. PCR 产物用试剂盒纯化。

(二) DGGE 凝胶图谱分析

1. 将海绵垫固定在制胶架上，把类似“三明治”结构的制胶板系统垂直放在海绵上方，用分布在制胶架两侧的偏心轮固定好制胶板系统，注意一定是短玻璃的一面正对着自己。

2. 共有三根聚乙烯细管，其中两根较长的为 15.5 cm，短的那根长 9 cm。将短的那根与“Y”形管相连，两根长的则与小套管相连，并连在 30 mL 的注射器上。

3. 在两个注射器上分别标记“高浓度”与“低浓度”，并安装上相关的配件，调整梯度传送系统的刻度到适当的位置。

4. 反时针方向旋转凸轮到起始位置。为设置理想的传送体积，旋松体积调整旋钮。将体积设置显示装置固定在注射器上并调整到目标体积设置，旋紧体积调整旋钮。例如 16×20 cm 胶(1 mm 厚度)设体积调整装置到 14.5 mL，如果是 18×20 cm 胶设为 16 mL。

5. 配制两种变性浓度的丙烯酰胺溶液到两个离心管中(10％聚丙烯酰胺凝胶，凝胶的尿素变性范围 35％～65％)。

6. 每管加入 18 μL TEMED，80 μL 10％ APS，迅速盖上并旋紧帽后上下颠倒数次混匀。用连有聚乙烯管标有“高浓度”的注射器吸取所有高浓度的胶；对于低浓度的胶操作同上。

7. 通过推动注射器推动杆小心赶走气泡并轻柔地晃动注射器，推动溶液到聚丙烯管的末端。注意不要将胶液推出管外，因为这样会造成溶液的损失，导致最后凝胶体积不够。

8. 分别将高浓度、低浓度注射器放在梯度传送系统的正确一侧固定好，再将注射器的聚丙烯管同“Y”形管相连。

9. 轻柔并稳定地旋转凸轮来传送溶液，在这个步骤中最关键的是要保持恒定匀速且缓慢地推动凸轮，使溶液恒速地被灌入到“三明治”式的凝胶板中。

10. 小心插入梳子，让凝胶聚合大约 2～10 h。并把电泳控制装置打开，预热电泳缓冲液到 60 ℃。

11. 聚合完毕后拔走梳子，将胶放入到电泳槽内，清洗点样孔，盖上温度控制装置使温度上升到 60 ℃。

12. 上样，电泳(200 V，5～7 h)。

13. 电泳完毕后先拨开一块玻璃板，再将胶放入盘中。用去离子水冲洗，使胶和玻璃板脱离。

14. 倒掉去离子水，加入 250 mL 固定液中，放置 15 min。

15. 倒掉固定液，用去离子水冲洗两次，倒掉后加入 250 mL 银染液中，放置在摇床上摇荡，染色 15 min。

16. 倒掉银染液，用去离子水冲洗两次，倒掉后加入 250 mL 显色液显色。

17. 待条带出现后拍照。

（三）TGGE 技术

1. 用去离子水仔细洗涤制胶所用玻璃板，用纸巾擦干。再用酒精棉球擦一遍，用纸巾擦干。将支持膜（polybond film）夹在两块玻璃板之间，用夹子夹住，放置在桌上。

2. 配胶（每块胶配 5 mL），胶的配方如表 5－11－2 所示。

表 5－11－2　胶的配方

胶的组成	储存溶液	5mL 胶
丙烯酰胺（8%）	40%（37.5：1）	1mL
尿素（8mol/L）		2.4 g
TAE	50×	0.1mL
甲酰胺（20%）	100%	1mL
ddH_2O		1.22mL
TEMED		7μL
过硫酸铵	10%	23μL

3. 将玻璃板倾斜放置，用 1 mL 移液器将上面配制的胶慢慢灌入两玻璃板之间。将玻璃板水平放置半小时以上，使胶凝固。

4. 待胶凝固后，先用手拔去没有点样孔的玻璃板。用去离子水将支持膜背面冲洗干净，用纸擦干，再揭开支持膜。

5. 用 1 mL 移液器在 TGGE 的温度面板（thermoblock）上加 800 μL 0.1% Triton。

6. 用手抓住支持膜的两边，先将膜中部放于温度面板上，再慢慢将膜铺展开，在膜和温度面板间尽量不要形成气泡。温度梯度方向和电泳方向一致。

7. 将预先准备好的样品加入上样孔中，每孔最多加 3 μL 样品。

8. 在胶的两端盖上 Whatman 滤纸，滤纸的另一端浸入电泳缓冲液中。

9. 盖上盖子，预电泳（200 V，7 min）。

10. 预电泳快结束时，暂停反应，打开盖子，揭开滤纸，在凝胶中间慢慢盖上一层塑料膜，再将滤纸盖在胶上，然后用一块玻璃板压在滤纸上（图 5－11－1）。

11. 盖上盖子，继续电泳（200 V，3 h）。

12. 电泳结束后，终止程序。将支持膜取出，先用去离子水冲洗一次。

13. 将膜转移至固定液中，放置 5 min。

14. 将膜转移至去离子水中冲洗一次，再转移至银染液（0.2% $AgNO_3$，用之前加入 40 μL 甲醛）中，放置在摇床上摇荡，染色 10 min。

15. 将膜在去离子水中冲洗 2 次，转移至显色液中。

16. 待条带出现后，将膜用去离子水冲洗 3 次，拍照。

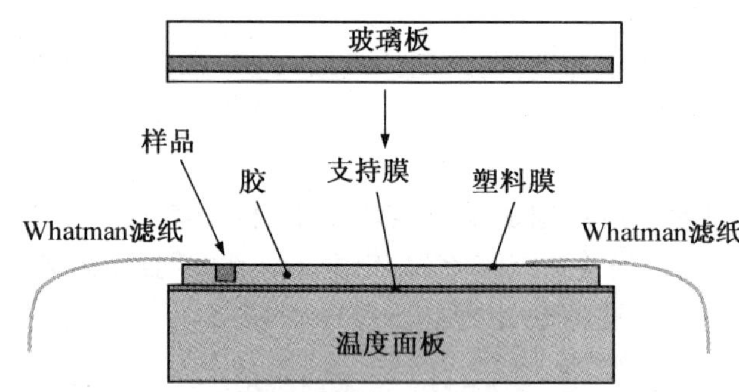

图 5-11-1　TGGE 铺膜示意图

五、注意事项

1. 配制试剂时一定要用去离子水，制胶洗膜时用的各个容器也要用去离子水洗涤干净，以防止氯离子污染。

2. DGGE 实验中制胶是关键。在往玻璃板中灌胶时，要匀速地转动滑轮，将凝胶液匀速地灌入玻璃板。灌完胶后，立刻清洗注射器，以防丙烯酰胺凝固，堵塞管子。

3. 点样时，要用小型注射器伸入点样孔底部点样。

4. 银染的整个过程中，一定要戴手套，以避免手接触胶而带来污染。

5. TGGE 保护层(protection foil)用来保护温度面板，要防止试剂浸入，每次用完后要把残余的试剂吸干。一旦破损，应停止使用，更换后再继续使用。

6. TGGE mini system T1～T2 之间的温度差不能超过 45 ℃。支持膜和温度面板间一定要加 0.1% Triton，从而确保能形成稳定的温度梯度。

7. 在铺支持膜于温度面板上时，要尽量避免气泡，否则会导致温度梯度不稳定。如果要中途暂停或中断电泳，一定要在打开盖子前先关掉电源。

8. 从胶放到温度面板上到点样完毕要尽量快速，最好不要超过 5 min。电泳过程中，不要触摸电极线和电泳缓冲液(高压!)。

六、评议

1. 不同双链 DNA 进行 DGGE 时，开始变性剂浓度较小，不能使双链 DNA 解链，但一旦 DNA 片段迁移到一特定位置，其变性剂浓度使双链 DNA 片段最低的解链区域发生解链，此时部分解链的 DNA 片段在胶中的迁移速率会急剧降低。而长度相同但序列不同的 DNA 片段会在胶中不同位置达到各自最低解链区域的解链温度，从而在胶中被区分开来。当变性剂浓度达到 DNA 片段最高的解链区域温度时，DNA 会完全解链，此时它们又能在胶中继续迁移。因此，如果不同 DNA 片段的序列差异发生在最高的解链区域时，这些片段就不能被区分开来。而在 DNA 片段的一端加入一段富含 GC 的 DNA 片段(GC 发夹，一般 30～50 bp)，可防止 DNA 片段在 DGGE/TGGE 胶中完全解链。当加了 GC 夹子后，DNA 片段中基本上每个碱基处的序列差异都能被区分开。

2. 研究表明，不同的 DNA 条带在 DGGE/TGGE 胶中可以迁移到相同的位置，单一 DGGE/TGGE 条带可能含有不止一种序列，这种情形可发生在复杂环境样品分析中。

3. DGGE/TGGE 一般只能分析 500 bp 以下的 DNA 片段，从而得到的系统进化相关的信息就少。

4. 选择比较长的寡核苷酸引物（25～30 个核苷酸而不是 20 个，不包括 GC 发夹序列）有时能改善反应的特异性，减少非目的产物。而较长的引物同时可增高退火/延伸的温度，这也增加了反应的特异性。实际上，30 个核苷酸长的引物在 PCR 过程中可直接在两个温度之间（通常是 70～72 ℃和 93 ℃）进行循环反应，而不需要通过退火步骤，从而有助于防止非物异的带产生。

七、思考题

1. 为什么在引物一端要引入一段富含 GC 的 DNA 片段？

2. DGGE 分析中哪些因素可能导致实验失败？

八、参考文献

1. Lerman L S, Fischer S G, Hurley I, et al. Sequence-determined DNA separations. Annu Rev Biophys Bioeng 1984, 13: 399－423.

2. Muyzer G, de Waal E C, Uitterlinden A G. Profiling of complex microbial populations by denaturing gradient gel electrophoresis analysis of polymerase chain reaction-amplified genes coding for 16S rRNA. Appl Environ Microbiol, 1993, 59(3): 695－700

3. Grabowski A, Nercessian O, Fayolle F, et al. Microbial diversity in production waters of a low temperature biodegraded oil reservoir. FEMS Microbiol Ecol, 2005, 54: 4272443.

5－12　宏基因组文库构建与筛选

一、实验原理

表 5－12－1　环境样品中细菌的可培养率

生活环境	可培养率(%)
海水	0.01～0.10
沉积物	0.25
淡水	0.25
土壤	0.3
中等营养湖水	0.1～1.0
无污染的江河口水	0.1～3.0
活性污泥	1～15

分子微生物生态学的研究已经证明了环境中存在着大量未能培养的微生物，在某些环境中，利用现有培养技术能够培养的微生物还不到1%，超过99%的微生物尚未能培养(表5-12-1)。

尚未能培养是因缺乏再现环境条件的方法和培养基质，造成了大多数微生物难以被标准实验室方法复苏和培养，成为未培养微生物(uncultured microorganisms)或称不可培养微生物；还有一种是"活的但不可培养(viable but nonculturable，VBNC)状态"，即细菌处于不良环境条件下，细胞缩小成球形，用常规方法培养不能生长繁殖，但仍然具有代谢活性的一种特殊生理状态与存活形式。

因此基于现有的微生物分离培养技术，开发利用微生物资源受到了极大的限制。为了充分挖掘和利用微生物的多样性基因资源，人们在努力寻找新的技术方法。宏基因组(Metagenome)是Handelsman等于1998年提出的，指生境中全部微小生物遗传物质的总和。宏基因组文库既包含了可培养的又包含了未能培养的微生物基因，从而避开了微生物分离培养的问题，极大地扩展了微生物资源的利用空间。

1. 宏基因组文库的构建：从环境样品中直接提取总DNA，经纯化后部分酶切，然后把这些DNA片段连接到载体上，转化宿主细胞，形成一个重组DNA文库，即宏基因组文库。获得的克隆子根据宿主细胞获得的新功能进行筛选，或用相关已知序列设计探针或PCR引物寻找并分离目的基因片段，加上表达调控元件后使目的基因表达，从而获得产物。

促使宏基因或基因簇在重组克隆子中表达或提高表达量，载体起着重要作用。载体的选择主要是针对有利于目标产物基因的表达、目标基因的扩增及在筛选细胞毒类物质时表达量的调控等。由于很多微生物活性物质是其次生代谢产物，代谢途径由多基因簇调控，尽量插入大片段DNA以获得完整的代谢途径的多基因簇是很有必要的。目前多采用细菌人工染色体(BAC)和粘粒(Cosmid)载体，前者插入片段大(可达350 kb)，但克隆效率低，后者插入片段中等(20～40 kb)，克隆效率高。BAC和Cosmid载体在宿主细胞中的拷贝数低，稳定性高，但宏基因的扩增及其表达产物的获取困难。

1992年Kim等将pBAC引入pUCcos，构建了Fosmid载体。该载体在宿主菌中以单拷贝形式存在，稳定性好。而近来发展的CopyControl克隆系统用于替代Cosmid载体构建大片段文库的新载体(图5-12-1)，与BAC文库构建相比，Fosmid文库的构建更简单，快速。其优点

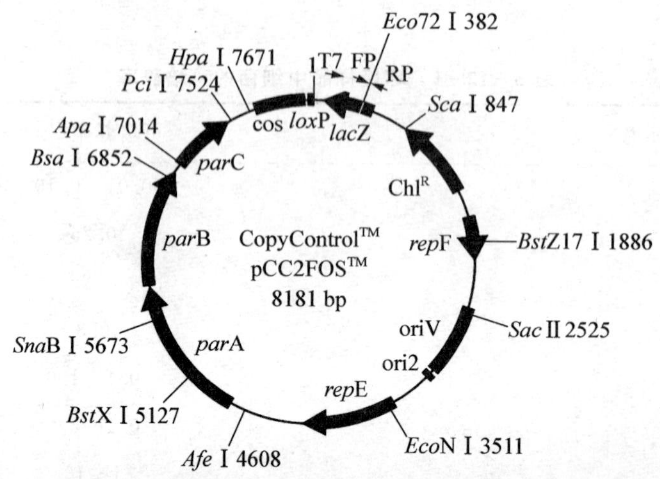

图5-12-1 Fosmid pCC2FOS

如下：① 由于插入了大肠杆菌致育因子 F' 因子，所以它在宿主菌中以单拷贝形式存在，稳定性好。② Fosmid 载体上有一个可诱导的 oriV 高拷贝复制起始点，需要时可诱导达到高拷贝（50个左右）。③ 随机性好，保证了每段 DNA 在文库中出现的频率均等。近年来，Fosmid 文库已被广泛应用于基因的图位克隆、物理图谱的构建和比较基因组研究中。

Fosmid 文库的构建方法（图 5-12-2）：① 将研磨后的动、植物组织碎片包装到明胶中形成胶块，经处理后进行基因组释放处理，熔解胶块回收基因组 DNA。② 将基因组 DNA 用物理的方法进行切断处理，然后对 DNA 片段进行末端平滑磷酸化处理。③ 进行脉冲电泳，回收 38～48 kb 之间的 DNA 片段。④ 将回收后的 DNA 片段连接到特定的载体上，4 ℃过夜。⑤ 将连接液进行包装，转染。⑥ 确认滴度及片段插入率。一般文库的滴度≥10^4，阳性克隆平均插入片段长度为 35 kb 左右。

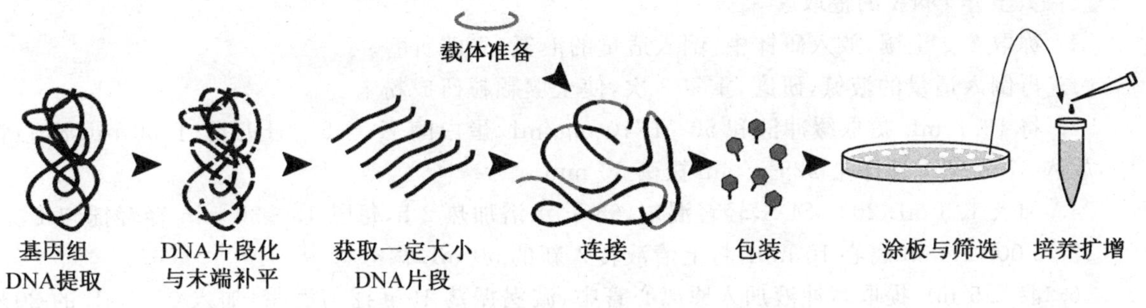

图 5-12-2　宏基因组文库构建与筛选

2. 宏基因组文库的筛选：由于环境样品中微生物种类繁多，宏基因组文库容量一般较大，活性克隆子的筛选是新活性物质筛选的瓶颈，根据研究目的，可从生物活性水平、化合物结构水平以及 DNA 序列水平来设计不同的筛选方案。

1）生物活性水平的筛选：又称为功能驱动筛选（function-driven screening），根据重组克隆产生的新活性进行筛选。采用各种活性检测手段检测挑选活性克隆子，进行生化分析和插入 DNA 片段序列分析，进而对其深入研究。如在各种选择性平板上通过可见性状进行筛选，以生物活性为线索能够发现全新的活性物质或基因，能够快速鉴别有开发潜力的克隆子，但工作量大，效率低，并且受检测手段的局限。

2）化合物结构水平的筛选：在一定条件下结构不同的物质在色谱中有不同的峰值，通过比较转入和未转入外源基因的宿主细胞或发酵液抽提物的色谱图筛选产生新结构化合物的克隆子。这一策略可直接筛选到新结构化合物，但不一定有生物活性，且工作量大，成本高。

3）DNA 序列水平的筛选：又称为序列驱动筛选（sequence-driven screening），以序列相似性为基础，执行某类功能的酶可能具有相似的基因序列。根据某些已知的相关功能基因的保守序列或相似序列设计杂交探针或 PCR 引物，通过杂交或 PCR 扩增挑选阳性克隆。这一策略有可能筛选到某一类结构或功能蛋白质的新分子，而且基于 DNA 的操作有可能利用基因芯片技术大大提高筛选效率，但必须对相关基因序列有一定的了解，较难发现全新的活性物质。

二、实验试剂

1. CopyControl™ Fosmid library production 试剂盒（Cat. No. CCFOS059）。

2. 提取缓冲液：0.1 mol/L 磷酸盐(pH 8.0)、0.1 mol/L EDTA (pH 8.0)、0.1 mol/L Tris-HCl (pH 8.0)、1.5 mol/L NaCl、1.0 % CTAB。

3. 10 mg/mL 蛋白酶 K。

三、实验器具

水浴锅、200mL 烧杯、50mL 离心管、浮漂、镊子、1 mL 注射器、4 号注射针头、移液器、吸头、1.5mL 离心管、恒温摇床、电热恒温培养箱、台式高速离心机、无菌工作台、低温冰箱、恒温水浴锅、制冰机、分光光度计。

四、实验操作

(一) 土样 DNA 的提取

1. 称取 5 g 土壤，放入研钵中，倒入适量的液氮，立即研磨。

2. 再倒入适量的液氮，研磨，重复 3 次，使土壤颗粒研成粉末。

3. 将 13.5 mL 提取缓冲液和 50 μL 10 mg/mL 蛋白酶 K 与 5 g 土壤置于 50 mL 离心管中，放入 37 ℃恒温摇床上 225 r/min 振荡 30 min。

4. 加入 1.5 mL 20% SDS，轻轻混匀，65 ℃水浴加热 2 h，每隔 15～30 min 轻轻摇匀 1 次。

5. 5 000 r/min 离心 10 min，将上清液转入新的 50 mL 离心管中。

6. 取 4.5 mL 提取缓冲液加入原离心管中，漩涡振荡 10 s 摇匀泥浆，加入 0.5 mL 的 20% SDS，65 ℃水浴 10 min，用上述同样的离心速度离心 10 min，将上清液与原上清液合并。

7. 用与上清液等量的氯仿/异戊醇(24∶1)于离心管中混匀，5 000 r/min 离心 20 min。

8. 收集上清液至另一 50 mL 离心管，并加入 0.6 倍体积的异丙醇，室温静置 1 h。

9. 室温 12 000 r/min 离心 20 min，去上清，用冷 70%乙醇洗涤沉淀。

10. 重悬于 500 μL 灭菌去离子水，收集于 1.5 mL 微型离心管中。

11. 用紫外分光光度计测量纯化后的 DNA 溶液在波长为 230 nm、260 nm、280 nm 处的 OD 值，分别算出 A_{260}/A_{230} 及 A_{260}/A_{280} 值。最后估计 DNA 的纯度。

(二) 脉冲场凝胶电泳

1. 配制 1% ultra 琼脂糖凝胶。

2. 点样：DNA 标准分子量，Fosmid control DNA (36 kb)，Fosmid control λDNA (48 kb)，以及提取的 DNA。

3. 脉冲场凝胶电泳：参数分别为两电场之间的夹角 120°，电压 6 V，电泳时间 16 h(具体见实验 5-13)。

(三) 透析

1. 冰冷状态下，0.5×TBE 搅拌过夜。

2. 更换 0.5×TBE，搅拌 2 h。

3. 重复上步操作。

4. 吸出透析膜内液体，约 500 μL。

5. 采用分子透析膜 Millpore Type VSWP 0.025 μm，亮的一面朝上漂浮于 0.5×TBE 中，将样品点在膜中央透析 2 h，去除部分离子等杂质。

6. 先将漂浮液吸取丢弃，注意勿溅起来，然后将样品吸出来，将膜取出。在小平皿中加入30% PEG 8000，将膜放入后再将样品点在膜上浓缩 2 h 左右，至液体只有 80 μL 左右。

7. 吸出来后残留在膜上的 DNA 可以用微量水洗出来。

(四) 末端补平

1. 末端补平反应体系(可以根据 DNA 的量更改)如下：

无菌水	1 μL
10×末端补平缓冲液(end-repair buffer)	8 μL
2.5 mmol/L dNTP 混合物	8 μL
10 mmol/L ATP	8 μL
DNA 片段	51 μL (大约 20 μg)
末端补平酶混合物(end-repair enzyme mix)	4 μL
总体积	80 μL

2. 25 ℃培养 1 h。

3. 70 ℃保温 10 min 使酶失活。

4. 分析透析膜透析 2 h 左右，浓缩至 10 μL。

5. 取 2 μL 电泳验证，试剂盒中的 control DNA(100 ng/μL)做参照估算 DNA 的浓度，约 50 ng/μL。

(五) 连接反应

1. 连接

pCC2FOS 与 DNA 片段的摩尔比为 10 ∶ 1，即 0.5μg pCC2FOS(大约为 0.09 pmol)，0.25 μg的 40 kb DNA 片段(大约 0.009 pmol)。

ddH_2O	0.5 μL
10×连接缓冲液(fast-link ligation buffer)	1.5 μL
10 mmol/L ATP	1 μL
pCC2FOS(0.5μg/μL)	1 μL
DNA 片段(40 kb)	10 μL(0.25μg)
连接酶(fast-link Ligase)	1 μL
总体积	15 μL

2. 25 ℃ 保温 1 h。

3. 70 ℃ 灭活酶 10 min。

4. 分析透析膜透析 2 h 左右，浓缩至 5 μL。

(六) 包装

1. 加入 25 μL 包装提取物(packaging extrcact)，混匀但避免出现气泡，30 ℃保温 1.5 h。

2. 加入另一半 25 μL 包装提取物，30 ℃保温 1.5 h。

3. 加 950 μL 噬菌体稀释液(phage dilution buffer，PDB)至最终体积为 1 ml。

4. 加 25 μL 氯仿，混匀短暂离心。

5. 分装，每管 50 μL，共 20 管。

（七）转化

1. 过夜培养物或 10 h 培养物。

2. 30 mL LB 培养基加入终浓度为 10 mmol/L $MgSO_4$，0.2%麦芽糖(Maltose)，加入培养液(2%接种量)，240 r/min 振荡培养约 2 h，OD 值至 0.8～1.0。

3. 加 950 μL 培养物至 50 μL 包装产物中，混匀，37 ℃保温 20 min。培养时间不宜太长，否则会导致大肠杆菌分裂成非单一克隆。

4. 加 400 μL 70%甘油至上述 1 mL 小离心管中，－80 ℃ 保存。

5. 取 10μL，50μL，100μL 各稀释至 100μL 涂布于含 12.5 μg/ml 氯霉素的 LB 平板上各两块，培养检测有效克隆。

（八）文库筛选

1. 酯酶：取 10 μL 文库样品用 LB 液体培养基稀释至 100 μL，涂布于含有 12.5 μg/μl 氯霉素、1%三丁酸甘油酯(tributyrin)与 1%阿拉伯胶(gum arabic)的固体 LB 培养基平板上。37 ℃培养 2 d，有透明圈的克隆单独保存。

2. 漆酶：漆酶可以与丁香醛连氮、愈创木酚、α-萘酚、焦性没食子酸、鞣酸等物质发生反应，并快速产生特定颜色的物质。根据漆酶与这些物质的特定变色反应确定菌种是否产生漆酶。取 10 μL 文库样品用 LB 液体培养基稀释至 100 μL，涂布在含有 12.5 μg/μL 氯霉素与 0.015%愈创木酚(guaiacol，5mmol/L)的固体 LB 培养基平板上，37 ℃培养 96 h。有明显氧化变色圈的克隆单独保存。

3. 纤维素酶：取 10 μL 文库样品用 LB 液体培养基稀释至 100 μL，涂布于含有 12.5 μg/μL 氯霉素，0.5% CMC，15 μL 0.5 mol/L IPTG 的固体 LB 培养基平板上，37 ℃过夜培养后，平皿用 2.5 mL 0.7%琼脂糖覆盖。覆盖 1 mg/mL 刚果红室温缓慢摇动 30 min，用 1 mol/L NaCl 洗 30 min，有黄色可见透明圈的为阳性克隆。

（九）文库保存

用灭菌的牙签挑取单克隆置于 96 孔板(含 12.5 μg/μL 氯霉素的 LB 液体培养基)中培养 6～8 h，－80 ℃保存。

五、注意事项

所需 DNA 量较大时，酶切反应应提高样品浓度，以避免 DNA 样品溶液体积过大，酶切体系最佳体积为 10～25 μL；反应体系的各成分加入顺序一般为双蒸水、样品 DNA、缓冲液、内切酶。

六、思考题

样品总 DNA 的提取受哪些因素的干扰？

七、参考文献

1. Handelsman J，Rondon M R. Brady S F，et al. Molecular biological access to the chemistry of unknown soil microbes：a new frontier for natural products. Chem. Biol，1998，5：R245－R249.

2. Amann R I，Ludwig W，Schleifer K H. Phylogenetic identification and in situ detection of individual microbial cells without cultivation. Microbiological Reviews，1995，59(1)：143－169.

5-13　脉冲场凝胶电泳

一、实验原理

琼脂糖凝胶电泳是目前常被用于进行 DNA 分离、鉴定的技术手段，由于其分辨率上限为 50 kb，对于更大的 DNA 分子，普通琼脂糖凝胶便失去了分子筛的作用而无法准确分辨电泳带型。1984 年美国哥伦比亚大学 D. C. Schwartz 等人根据 DNA 分子弹性弛豫时间（外推为零的滞留时间）与 DNA 分子大小有关的特性，设计了脉冲场凝胶电泳（pulsed field gel electrophoresis，PFGE），使得 DNA 分子的分辨率上限达到 2 Mb 以上，从而利用 PFGE 可对大的 DNA 分子进行解析，成为基因组学研究中重要的工具。

常规的凝胶电泳采用单一均匀的电场，DNA 分子在电场中经过凝胶的分子筛作用，由负极向正极移动，根据相对分子质量大小的差异，其移动的速度不同。相对分子质量小的 DNA 的移动速度快，而相对分子质量大的 DNA 的移动速度慢。但当 DNA 分子的有效直径超过凝胶孔径时，在电场作用下，迫使 DNA 变形挤过筛孔，而沿着泳动方向伸直，分子大小对迁移率影响就不大。此时如改变电场方向，则 DNA 分子必须改变其构象，沿新的泳动方向伸直，而转向时间与 DNA 分子大小关系极为密切。所以脉冲场凝胶电泳使用两个交变电场（如 A 电场与 B 电场），两个电场交替地开启和关闭，使得 DNA 分子的移动方向随着电场的变化而改变（图 5-13-1）。当 A 电场开启、B 电场关闭时，DNA 分子从 A 电场的负极向正极移动；而当 A 电场关闭、B 电场开启时，DNA 分子则改变原来的移动方向，随着 B 电场由负极向正极移动，从而随着电场方向的交替变化，DNA 分子呈“Z”形向前运动。有研究表明，当某一电场开启时，DNA 分子将顺着此电场的方向纵向拉长和伸展，以蛇行（reptation）的方向通过凝胶间的空隙。如果电场方向变化，DNA 分子必须先调头来重新定向，才能沿着新的电场方向移动。因此随着电场方向的不断变化，伸展的 DNA 分子必须相应地改变移动的方向，并且较小的 DNA 分子能快速地适应这种变化，而较大 DNA 分子则需要更多的时间来改变方向，真正用于电场中前进的时间就相对较少。当 DNA 分子变化方向的时间小于电场变化的脉冲周期时，DNA 分子可以按照其分子量的大小得以区分，所以可以通过调整脉冲的时间来获得合适的分辨能力，从而实现对 DNA 分子的有效分离。

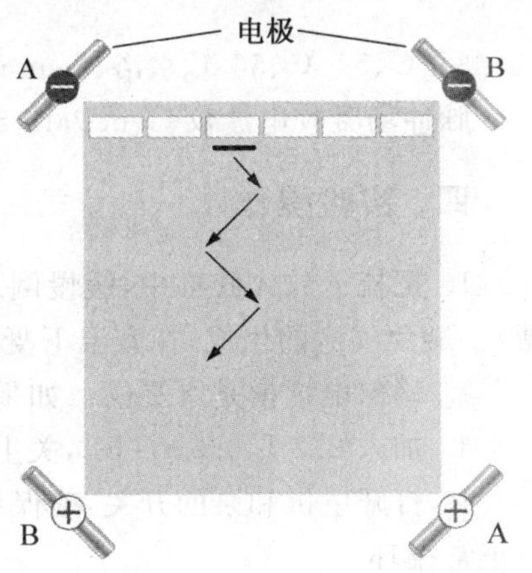

图 5-13-1　脉冲场凝胶电泳

研究发现，当两个交替变化的电场方向夹角大于 90°时，DNA 能较迅速地将其后端调转过来，在新的电场中成为移动的前端，从而提高分离的效率。目前使用的脉冲电场的凝胶电泳仪的两个电场之间的夹角均大于 90°，如 120°，并且分离真核生物染色体等超大型 DNA 分子时通常使用低电压。

影响 PFGE 对 DNA 分辨能力的因素包括：两个电场的均一程度、电脉冲的绝对长度、用于产生两个电场的电脉冲长度的比例及时间、两个电场与凝胶所成的角度、两个电场的相对强度等。为了增加 PFGE 对大小差异较大的 DNA 样品的分辨率，可以采用交变脉冲梯度电场，即先用较短的交变脉冲时间，使小分子 DNA 分离，然后用较长的交变脉冲时间分离较大的 DNA 分子。

由于 PFGE 分离的是分子量较大的核酸分子，其电泳速度较慢，通常需要 16～36 h，有时甚至需要 50 h 以上，并且由于 PFGE 技术是根据电泳条带的大小和有无来进行判断，不能排除某些情况下大小相近的两条带存在较大的差异，因此电泳带型的相似性不能完全代表遗传学上的距离。脉冲场凝胶电泳可有效分离数百万 bp 的大分子 DNA，且较新式的仪器电极间的角度和脉冲时间均可调，使用更加方便。

二、实验试剂

1. 细胞悬浊液(CSB)：0.1 mol/L Tris(pH 7.5)、0.15 mol/L NaCl、0.1 mol/L EDTA。
2. 蛋白酶 K；1%Seakem Gold 琼脂糖(或 ultra 琼脂糖)；1%SDS，细胞裂解液(CLB)。

三、实验器具

37 ℃、54 ℃、56 ℃水浴、Genome Sequencer FLX(GS FLX)。

脉冲场凝胶电泳仪 GenePath System 及 Gel Doc EQ 凝胶照相系统(美国 Bio - Rad 公司)

四、实验操作

1. 把梳子放入胶槽中，缓慢倒入 100 mL 熔化的在 55～60 ℃平衡的 1%SKG(或 ultra 琼脂糖)。避免气泡的生成，在室温下凝固 30 min 左右，小心拔出梳子。
2. 确保电泳槽是水平的。如果不水平，调整槽底部的旋钮(注意：不要触碰电极)。
3. 加入 2.2 L 0.5×TBE，关上盖子。
4. 打开主机和泵的开关，确保泵设在－70(这时缓冲液的流速约 1 L/min)和缓冲液在管道中正常循环。
5. 打开冷凝机，确保预设温度在 14 ℃(缓冲液达到该温度通常需要 20 min 左右)。
6. 打开胶槽的旋钮，取出凝固好的胶，用吸水纸清除胶四周和底面多余的胶，小心地把胶放入电泳槽。
7. 上样，然后关上盖子，设置电泳参数，分别为两电场之间的夹角 120°，电压 6 V，电泳时间 16 h。
8. 记录电泳初始电流(通常 120～145 mA)。
9. 结束电泳，关机顺序为：冷凝机-泵-主机。
10. 取出胶，放在盛放 400 mL EB 溶液的托盘内(EB 储存液浓度为 10 mg/mL，1∶10000 稀释，即在 400 mL 水中加入 40 μL 储存液)。
11. 将托盘放在摇床上摇 25～30 min。
12. 放掉电泳槽中的 TBE，用 1～2 L 纯水清洗电泳槽，并倒掉液体。
13. 戴上手套，将用后的 EB 溶液小心倒入做有标记的棕色瓶中，在托盘中加入 400～500 mL 纯水，放在摇床上脱色 60～90 min，如果可能，每 20～30 min 换一次纯水。

五、注意事项

1. 换液时尽可能小心,避免碰坏琼脂凝胶。

2. EB是致畸剂。储存在棕色瓶中的EB稀释液可以用3～5次。废弃的EB溶液应妥善处理。

六、评议

电压较高,就会产生热量,为了保证温度为14 ℃,需要一些冷却设备(缓冲液冷却循环器或MiniChiller)。此外,把电泳系统放在一个敞口的冰盒中也可保持恒温。

七、思考题

脉冲场凝胶电泳的原理是什么?

八、参考文献

1. Schwartz D C, Cantor C R. Separation of yeast chromosome 2 sized DNAs by pulsed field gradient gel elect rophoresis. Cell, 1984, 37(1): 67275.

2. Schwwarz E, Plum G, Mauff G, et al. Zentralble Bakteriol, 1997, 285(3): 368.

3. 杨瑞馥,宋亚军. 微生物法医学:理论与技术. 北京:化学工业出版社,2004.

5-14 荧光原位杂交技术

一、实验原理

荧光原位杂交(fluorescence *in situ* hybridization, FISH)技术是一种应用非放射性荧光物质、依靠核酸探针杂交原理在核中或染色体上显示DNA序列位置的方法。FISH技术是利用一小段(通常15～30个碱基)用荧光物质标记过的DNA或RNA序列作为探针,将其直接投加到固定在玻片或滤膜上的环境样品中,利用其与样品中同源性微生物细胞内核酸分子的碱基互补配对特性,在荧光显微镜下直接观察和探测特定微生物的分布与数量。FISH技术无需纯培养和分离DNA或RNA,结果能更确切地反映环境中微生物的原位状况。

FISH技术的目标分子通常是16S rRNA,因为它在活性微生物体内具有较高拷贝数,分布广泛、功能稳定,而且在系统发育上具有适当的保守性。根据待测微生物体内16S rRNA中的某段特异性序列,设计相应的寡核苷酸探针,就可实现对目标微生物的原位检测,而选取在分子遗传性质上保守性不同的特异序列,就可在不同水平(如域、属、种等)上进行检测。除16S rRNA外,FISH技术还可以23S rRNA或mRNA等作为研究的目标分子。

FISH技术主要包括以下几个步骤:① 样品的固定与预处理:待测样品在处理后的载玻片上进行固定,有时需要进行一些特殊的预处理。② 杂交:加入探针进行杂交,一般用一种或多种探针同时进行杂交。③ 洗脱:去除未杂交或非特异性杂交的探针。④ 观察与分析:将样品置于荧光显微镜下观察、记录结果,并对结果进行分析。

FISH作为一种不依赖PCR的分子分析技术是对各种分子标记技术的有益补充，它结合了分子生物学的精确性和显微镜的可视性信息，可在自然或人工的微生物环境中检测和鉴定不同的微生物个体，同时对微生物群落进行评价。利用FISH技术在环境样品上直接原位杂交，不仅可测定不可培养微生物的形态特征及丰度，而且可原位分析它们的空间及数量分布。FISH技术可以对难以人工培养的硝化细菌、除磷细菌、厌氧细菌以及对环境中生物多样性进行检测。目前，FISH技术广泛应用于微生物分子生态学和环境微生物物学中，已成为环境微生物监测的重要技术手段，对环境中复杂的混合微生物群落进行及时监控和准确鉴定，为污染的治理和防治提供了新的思路和方法。

利用FISH技术检测硝化细菌常用探针见表5-14-1所示。表5-14-2、表5-14-3和表5-14-4分别列出几种常见的聚磷菌探针、丝状微生物探针和产甲烷菌探针。

表5-14-1 FISH技术检测硝化细菌常用探针

探针	序列(5′-3′)	目标位置	16S rRNA特异种属
NEU23a	CCCCTCTGCTGCACTCTA	653～670	Halophilic and halotolerant members of lithoautotrophic
Nb1 000	TGCGACCGGTCATGG	1 000～1 012	*Nitrobacter hamburgensis*、*Nitrobacter winogradsdyi*、*Nitrobacter* sp
NIT3	CCTGTGCTCCATGCTCCG	1 035～1 048	硝酸菌．同Nb1 000
CNIT3	CCTGTGCTCCAGGCTCCG	1 035～1 048	NIT3竞争性探针
NSO190	CGATCCCCTGCTTTTCTCC	190～208	氨氧化菌
NSO1225	CGCCATTGTATTACGTGTGA	1225～1244	氨氧化菌
Nsm156	TATTAGCACATCTTTCGAT	156～174	亚硝酸菌C56
Nsv443	CCGTGACCGTTTCGTTCCG	444～462	*Nitrosospira briensis*、*Nitrosovibrio tenuis*、*Nitrosolobus multiformis*
CTE	TTCCATCCCCCTCTGCCG	659～676	*Comamonas testosteroni*、*Leptothrix discophora*、*relaticves*

表5-14-2 几种常见的聚磷菌探针

探针	序列(5′-3′)	目标位置	rRNA特异种属
GAMA42a	GCCTTCCCACTTCGTTT	23S 1027～1043	γ-变形菌纲
HGC69a	TATAGTTACCACCGCCGT	23S 1901～1918	高G+C DNA含量革蓝氏阳性细菌
CF319	TGGCTCCGTGTCTCAGTAC	16S 319～336	*Cytophaga Flavobacterium* 菌群
Gam1019	GGTTCCTTGCGGCACCTC	23S 1019～1027	Novel group of the gamma subclass
Gam1278	ACGAGCGGCTTTTTGGGATT	23S 1278～1478	Novel group of the gamma subclass
PAO846	CGCTCCCAGAACGCAAGG	16S 846～864	Accumulibacter phosphotis (Epbr15, Epbr16)
Actino1011	TTGCGGGGCACCCATCTCT	16S 1011～1030	Epbr19,Ebpr20
MNP1	TTAGACCCAGTTTCCCAGGCT	152～172	Nocardioforme Actinomycetes
ACA23a	ATCCTCTCCAATACTCTA	16S 652～669	*Acinetobacter* spp.

表 5-14-3 几种常见的丝状微生物探针

探针	序列(5′-3′)	目标位置	16S rRNA 特异种属
HHY	GCCTACCTCAACCTGATT	655～672	*Haliscomenobacter hydrossis*
SNA	CATCCCCCTCTACCGTAC	656～673	*Sphaerotilus natans*
LMU	CCCCTCTCCCAAACTCTA	652～669	*Leucothrix mucor*
TNI	CTCCTCTCCCACATTCTA	652～669	*Thiothrix nivea*
LDI	CTCTGCCGCACTCCAGCT	649～666	*Leptothrix discophora*
21TH	CCTTCCGATCTCTATGCA	Type 021 N +	Thiothrixspp.
MNP1	TTAGACCCAGTTTCCCAGGCT	152～172	Nocardioforme actinomycetes
AHW183	CCGACACTACCCACTCGT	183～200	*Nostocoida limicola*
MPA223	GCCGCGAGACCCTCCTAG	223～240	*Microthrix parvicella*
CHL1851	AATTCCACGAACCTCTGCCA	592～612	1815 型
TM7305	GTCCCAGTCTGGCTGATC	305～322	004120675 型

表 5-14-4 几种产甲烷菌探针

探针	序列(5′-3′)	目标微生物
MG1200	CGGATAATTCGGGGCATGCTG	产甲烷微菌
MB1174	TACCGTCGTCCACTCCTTCCTC	产甲烷八叠球菌
MS1414	CTCACCCATACCTCACTCGGG	
MB1	TTTGGTCAGTCCTCCGG	巴氏甲烷八叠球菌
MB3	CCAGACTTGGAACCG	
MB4	TTTATGCGTAAAATGGATT	
MS821(38)	CGCCATGCCTGACACCTAGGCCAG	
MT757	CCTAGCTTTCGTCCCTTG	产甲烷丝菌

二、实验试剂

1. 10 mg/mL 溶菌酶：100 mmol/L Tris-HCl(pH 7.5)、5 mmol/L EDTA。

2. 杂交缓冲液：0.9 mol/L NaCl、20 mmol/L Tris-HCl(pH 7.2)、5 mmol/L EDTA、0.01%SDS，20%甲酰胺。

3. 缓冲液Ⅰ：20 mmol/L Tris-HCl(pH 7.2)、10 mmol/L EDTA、0.01% SDS、308 mmol/L NaCl。

4. PBS：0.13 mol/L NaCl、7 mmol/L Na_2HPO_4、3 mmol/L NaH_2PO_4(pH 7.2)。

5. 50%、80%和 96%乙醇。

6. 1 mol/L HCl 溶液；2% APES/丙酮(v/v)溶液；DEPC 水。

7. DAPI(4′,6－二脒基－2－苯基吲哚,4′,6－diamidino－2－phenylindole)。

三、实验器具

载玻片、研磨、漩涡振荡器、培养箱。

四、实验操作

(一) 玻片处理

原位杂交常在载玻片上进行,需对载玻片进行处理。

1. 玻片的洗涤:热肥皂水浸泡过夜,次日用自来水冲洗干净。① 用 1 mol/L HCl 溶液浸泡 1 h 左右;② DEPC 水中洗片;③ 95%乙醇中洗片;④ 空气干燥,重复一遍步骤①~④。

2. 玻片的硅化:室温下将玻片放入 2% APES/丙酮(v/v)溶液中浸泡 10 s,DEPC 水中洗片,95%乙醇中洗片,空气干燥。

3. 玻片的包被:吸取 20 μL 多聚赖氨酸工作液涂满事先划好 1 cm^2 的玻片小方格,空气干燥。包被过的玻片应尽早使用,以防多聚赖氨酸解聚失效。

(二) 样品预处理与固定

1. 取 0.5 g 土壤样品于 10 mL 离心管中,加入 5 mL 4%多聚甲醛/PBS,4 ℃固定约 16 h。

2. 次日在多聚甲醛固定的样品中加入适量 PBS(pH 7.2),无菌研磨,涡旋振荡混匀,12 000 r/min离心 10 min,弃上清液,重复 2 次。样品最终浓度为 100 mg/mL。

3. 取 50 μL 土壤分散液样品(含 5 mg 土壤),溶于 950 μL 0.1%焦磷酸钠中振荡混匀,制成杂交用土壤分散液。

(三) 原位杂交反应

1. 10μL 固定并分散的土壤溶液转移到多聚赖氨酸包被的载玻片上(1 cm^2),室温干燥至少 3 h,然后用 50%、80%和 96%乙醇分别脱水 3 min,空气干燥。

2. 1mL 10 mg/mL 溶菌酶 37 ℃孵育 30 min。灭菌水洗涤 1 次,再用 50%、80%和 96%乙醇分别脱水 3 min,空气干燥。

3. 9μL 杂交缓冲液,25 ng/μL 探针 1μL,200 ng/μL DAPI 1 μL,42 ℃湿盒中暗处杂交2 h。杂交后,载玻片用缓冲液Ⅰ,48 ℃,30 min 洗去未杂交的探针,最后灭菌去离子水冲洗干净,空气干燥。

(四) 镜检及计数

1. 高倍镜下(1 000 倍),选择 WG 滤光片,计数发红色荧光的菌体为硫酸还原菌(SRB)。

2. 选择 WU 滤光片,计数发蓝色荧光的菌体即为总细胞数。

3. 采用 Nikon NIS Elements AR 荧光成像分析软件进行拍照和计数,随机选择 90 个 0.01 mm^2 小视野,由软件给出 90 个小视野的数量平均值 x 和标准偏差 s,然后计算出 1 cm^2 内 SRB 的总数,最后得到 1 g 干土中含有的 SRB 个数,计数结果表示为 x±s。

(五) 对照

1. 用选择性培养基富集土壤样品中的 SRB。

2. 取富集的菌液作为阳性对照,杂交缓冲液只加入探针作为阴性对照。

五、评议

生物的自身荧光会干扰 FISH 检测而出现假阳性使检测结果出现正偏差。一些细菌如假单胞菌属(*Pseudomonas*)、军团菌属(*Legionella*)、蓝细菌和古菌(如产甲烷菌)中存在这样的荧光特性,环境样品中自发荧光的生物或存在于微生物周围的化学残留物使应用 FISH 技术分析环境微生物变得复杂。

六、参考文献

1. 李冰冰,肖波,李蓓. FISH 技术及其在环境微生物监测中的应用 生物技术,2007,117 (15):94-97.

2. 张伟,刘丛强,刘涛泽等. 荧光原位杂交在喀斯特山地土壤硫酸盐还原菌检测中的应用 微生物学通报,2008,35(8):1273-1277.

3. Figueroa U, Mosquera-Corral A, Campos J L, Mendez R. Treatment of saline wastewater in SBR aerobic grandlar reaction. Water science and Technology 2008, 58(2):478-485.

6　微生物的生理生化特征

生理生化特征(physiological and biochemical characteristics)是描述微生物分类特征的重要指标,其所涉及的与微生物代谢相关的生化反应是微生物分类鉴定的重要依据之一。各种细菌具有其独特的代谢及调控系统,对底物的分解能力不同,产物也不同。用生物化学的方法测定这些代谢特征,可进行细菌的分类。微生物的生理生化特征包括:糖(醇、苷)类碳水化合物的代谢试验(如葡萄糖代谢类型的鉴别试验),氨基酸和蛋白质的代谢试验、有机酸代谢试验、发酵产酸产气、吲哚实验、甲基红实验、硫化氢实验、各种酶学(呼吸酶、氧化还原酶和水解酶类)的代谢和抗生素敏感性等。

细菌能否利用某些含碳化合物作为唯一碳源,反映该菌是否产生代谢这种化合物的有关酶系。鉴定用的基础培养基(basal medium)配方很多,因种而异。培养基可制成液体,分装试管,也可制成固体平板。用于测定的底物种类很多,有单糖、双糖、寡糖、糖醇、脂肪酸、羟基酸及其他有机酸、醇、各种氨基酸类、有机胺类以及碳氢化合物等。糖的含量一般为1%,醇、酚类等的含量一般为0.1%~0.2%,氨基酸的含量一般为0.5%。因碳氢化合物不溶于水,可在液体培养基中振荡培养,或加到55 ℃的固体培养基中,混匀后立即倒平板。有些底物不宜用高压灭菌,可用过滤法除菌后加入已灭菌的基础培养基中,某些醇类和酚类不必灭菌。

液体接种最好将细胞悬浮于无碳源培养基或缓冲液中直接接种,避免带入少量碳源干扰试验结果。每一株测定菌必须接种未加碳源的空白基础培养基作阴性对照。适温培养2、5、7 d后观察,凡测定菌在有碳源培养基中有明显生长(相对于空白培养基)则为阳性,否则为阴性。假若在碳源培养基中弱生长或生长缓慢,则在同一培养基上连续转接培养3次,如能成功传代则仍以阳性论。

目前已有一些简单试剂盒、自动化的表型鉴定系统运用于微生物鉴定过程中,其中包括API试剂盒和Biolog系统。

6-1　糖(醇、苷)类利用

一、实验原理

不同种类的微生物含有利用不同糖(醇、苷)类的酶,对各种糖(醇、苷)类的代谢方式也不相同,因此即使同样能分解某种糖(醇、苷)类,其代谢产物也因菌种不同而异。绝大多数微生物都能利用糖类作为碳源和能源。

常用于细菌发酵试验的糖、醇类有:① 单糖:四碳糖,赤藓糖(erythrose);五碳糖,D-核糖(D-ribose)、核酮糖(ribulose)、D-木糖(D-xylose)、阿拉伯糖(arabinose)、鼠李糖(rhamnose);六碳糖,葡萄糖(glucose)、果糖(fructose)、半乳糖(galactose)、甘露糖(mannose)、山梨糖(sorbose);② 双糖:蔗糖(sucrose)、乳糖(lactose)、麦芽糖(maltose)、海藻糖

(D-trehalose)、纤维二糖(cellobiose)、密二糖(melibiose);③ 三糖:棉子糖(密三糖,raffinose)、松三糖(D-melezitose);④ 多糖:淀粉(starch)、菊糖(inulin)、木聚糖(xylan)。⑤ 醇类:丙三醇(甘油,glycerol)、乙醇(ethanol)、核糖醇(又名侧金盏花醇,adonitol)、卫茅醇(dulcitol)、甘露醇(mannitol)、山梨醇(sorbitol)、纤维醇(肌醇、肌糖,inositol)。其他,如水杨苷(D-salicin)。

影响糖类分解试验的因素有:培养基内的糖浓度;糖在高压蒸汽灭菌时水解变质;有些糖类加入培养基后可使培养基变酸,需用合适的缓冲系统稳定 pH。

二、实验试剂

1. 各种测试用的糖;0.1 mol/L NaOH 溶液。
2. 基础培养基,每管 3 mL 分装。

三、实验器具

接种环、培养箱、15 mm×150 mm 试管、微量移液器、Eppendorf 管、吸头、超净工作台、高压灭菌锅。

四、实验操作

1. 在基础培养基中加入 0.5%~1%特定的糖(醇、苷)类。
2. 按无菌操作将待鉴定的纯培养菌株以 1%接种量接入试验培养基中,在 30~37 ℃培养箱内培养数小时到两周。
3. 测定 OD_{600},确定菌株对糖、醇的利用情况(以未接种的培养基作为对照,分别测定加底物与不加底物的培养管)。

五、注意事项

1. 发酵的基础培养基内,加入 20~50 mmol/L 缓冲液,但必须不含有任何糖类或硝酸盐、$(NH_4)_2HPO_4$等含 N 离子成分,以免出现假阳性反应。
2. 一般做 3 个平行,并且还要准备 3 个不接种的对照管以及不加底物接种的对照管。

六、评议

1. 进行实验前应做预实验确认基础培养基(basal medium)

1) 一般是根据标准菌株的文献决定,基础培养基中含有无机盐类以及提供微量元素的酵母提取物(一般是 0.02%含量)。

2) 准备① 基础培养基(空白),② 基础培养基+菌,③ 基础培养基+菌+糖试管各 3 支,培养几天后,观察结果。如果② 基础培养基+菌管没有菌生长,③ 基础培养基+菌+糖管能用肉眼看出菌生长,可以确定该菌能利用该种糖。

3) 是否利用某类糖醇可以通过测定其培养后的 OD_{600}值,一般后者菌液 OD_{600}要为前者的 3 倍以上才可以确认能够利用,如果是 1~2 倍的为弱利用。具体根据标株作出的结果确定倍数问题。

4）如果糖是采用紫外线照射过夜灭菌，每种糖都需要有一支不接菌的培养基于35 ℃培养，以确定糖是否被污染。

2. 配制培养基时，先将3个平行的基础培养基分装于一个瓶子，灭菌后加入过滤除菌的糖醇底物浓缩液，再分别取3 mL分装到灭菌后的试管中。

3. 糖类的灭菌：分别配制适当的浓缩液后，以0.22 μm无菌滤器过滤除菌；对于易污染的水杨苷等也可以放入灭菌后的1.5 mL Eppendorf管或小培养皿中，在超净台上紫外线照射过夜。然后加入到基础培养基中分装到试管里。

4. 为了确定微生物的基本碳源与能源利用（表6－1－1），除了进行糖醇的利用实验外，还需进行氨基酸以及有机酸的利用，其实验方法基本与糖醇利用相同，只是底物不同。对于厌氧菌有时要同时加两种氨基酸以确定其Stickland反应。

表6－1－1 除糖醇外的基本碳源与能源

有机酸盐	氨基酸
醋酸盐(acetate)	丙氨酸(L-alanine)
乙酸盐(acetate)	精氨酸(arginine)
丁酸盐(butyrate)	天冬氨酸盐(L-aspartate)
柠檬酸盐(citrate)	半胱氨酸(L-cysteine)
甲酸盐(formate)	甘氨酸(glycine)
延胡索酸盐(fumarate)	谷氨酸钠(L-glutamate)
葡萄糖酸盐(gluconate)	组氨酸(L-histidine)
乳酸盐(lactate)	异亮氨酸(DL-isoleucine)
苹果酸盐(malate)	赖氨酸(Lysine)
丙二酸(malonate)	甲硫氨酸(L methionine)
丙酸盐(propionate)	丝氨酸(L-serine)
丙酮酸盐(pyruvate)	缬氨酸(L-valine)
琥珀酸盐(succinate)	
酒石酸盐(tartrate)	
草酸盐(oxalate)	

七、思考题

糖醇发酵试验中是否会出现假阳性？分析其可能的原因。

6－2 氧化-发酵试验(O－F试验)

一、实验原理

糖分解能力是受遗传基因控制的，是细菌含有相关组成型或诱导型酶作用的结果，是细菌种的特征表现,可帮助细菌的鉴定,在肠道细菌鉴定上尤为重要。

细菌在分解糖的能力上有很大差异,有的能利用有的不能利用。能利用者,或产气或不产气。有些细菌能分解糖并产酸(如乳酸、醋酸、丙酸等)和气体(如氢、甲烷、二氧化碳等),有些细菌只产酸不产气。例如,大肠杆菌(*E. coli*)能分解乳糖和葡萄糖产酸并产气;伤寒沙门杆菌(*Salmonella typhi*)能分解葡萄糖产酸不产气,但不能分解乳糖;普通变形杆菌(*Proteus vulgaris*)分解葡萄糖产酸产气,也不能分解乳糖。在含糖培养基中添加pH指示剂,若某细菌分解糖后产酸(发酵)或产酸产气(氧化),则会使培养基呈现颜色变化,从而判断该细菌是否分解某种糖、醇或其他碳水化合物。如在配制培养基时预先加入溴甲酚紫(bromocresol purple),指示范围pH 5.2(黄色)~6.8(紫色),当发酵产酸时,可使培养基由紫色变为黄色。分解过程中气体的产生可由发酵管中倒置的杜氏(Durham)小管中有无气泡来证明(图6-2-1)。

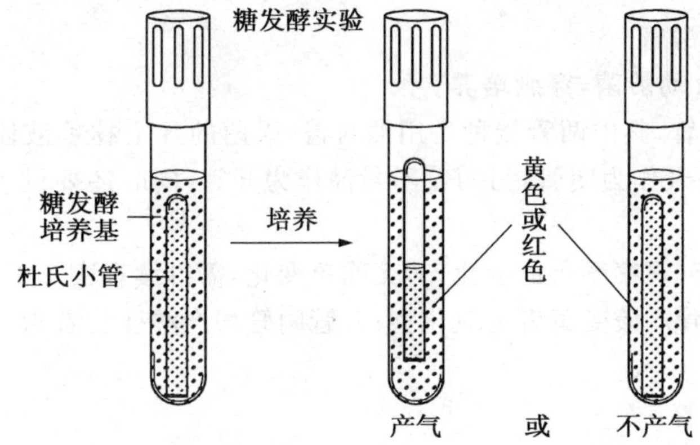

图6-2-1 糖类发酵实验

细菌对糖类的分解利用有两种类型:一种是在分解糖类过程中,需要分子氧的参与,以分子氧作为最终受氢体,如果在无氧环境中则不能分解葡萄糖,这类细菌称氧化型细菌;另一种则是不需要以分子氧作为最终受氢体,在分解葡萄糖过程中进行无氧降解,这种细菌称发酵型细菌。发酵型细菌在有氧和无氧的环境中都能分解葡萄糖,多数菌种为此类型。不分解葡萄糖的细菌为产碱型细菌。由于氧化型细菌产酸量较少,所产生的酸又常被培养基中的蛋白胨分解时所产生的胺所中和,因而不表现产酸。为此,Hugh和Leifson提出一种含有低有机氮的培养基,用以鉴定细菌从糖类产酸是属氧化型产酸还是发酵型产酸。这一试验广泛用于细菌鉴定,一般用葡萄糖作为糖类代表。也可利用这一基础培养基来测定细菌从其他糖类或醇类产酸的能力。

本试验又称氧化发酵(oxidation/fermentation,O-F)试验或HL(Hugh-Leifson)试验,可区分细菌的代谢类型,如肠杆菌科(*Enterobacteriaceae*)细菌都是发酵型,而绝大多数的其他细菌则为氧化型或产碱型细菌。

二、实验试剂

1. 1%溴麝香草酚蓝(溴百里酚蓝):先用少量95%乙醇溶解,再用水配成1%的水溶液。

2. 休和-利夫森(Hugh-Leifson)培养基:蛋白胨2 g,NaCl 5 g,K_2HPO_4 0.2 g,葡萄糖10 g,琼脂6 g,1%溴百里酚蓝水溶液3 mL,蒸馏水1 000 mL,

以上成份除糖和指示剂外，调 pH 7.0～7.2 后加热溶解，然后加糖和指示剂，混合加热 10 min，4.5 mL 分装试管，115 ℃灭菌 20 min，取出使之成琼胶柱。

3. 凡士林：石蜡(2：1)。

4. 糖类发酵培养基：蛋白胨 10 g、糖 10 g、NaCl 5 g，蒸馏水 1 000 mL，调 pH 7.6，加入 1%酸性复红水溶液 5 mL，分装并于试管中倒置一小套管，以收集细菌产生的气体。0.05 MPa 灭菌 20 min。

三、实验器具

试管、培养箱、摇床、接种针、微量移液器、Eppendorf 管、吸头、超净台、高压灭菌锅。

四、实验操作

(一) 半固体糖发酵管

1. 挑取 18～24 h 幼龄菌，穿刺培养。

2. 每菌株接种四管，其中两管接种后用油封盖(灭菌的凡士林：液体石蜡＝2：1)，油量不少于 1 cm 厚以隔绝空气作为闭管，另两管不封油作为开管，同时还要设置不接种的闭管与开管做对照。

3. 30 ℃培养过夜，观察颜色的变化，若无颜色变化，需继续观察 7 d，每日观察穿刺区域。

4. 结果：只在开管产酸变黄者为氧化型；开管闭管均产酸变黄者为发酵型，如产气，则在琼脂柱内产生气泡。

(二) 液体糖发酵管

1. 挑取少许纯培养物接种 2 支 Hugh－Leifso 培养管，其中一管加入厚度约为 1 cm 的无菌液体石蜡以隔绝空气，作为密封管，另一支不加石蜡作为开放管。

2. 30～35 ℃培养 48 h 以上。

3. 观察结果：两管培养基都不产酸，即颜色不发生变化的为阴性，是产碱型细菌；两管培养基都产酸，即颜色变黄的为发酵型细菌；加液体石蜡管不产酸、颜色不变，不加液体石蜡管产酸、变为黄色的为氧化型细菌。

(三) 液体发酵

1. 基础培养基中加入 0.5%～1%的特定糖(醇、苷)类。

2. 按无菌操作将待鉴定的纯培养菌株的 1%接种量接入试验培养基中，在 30～37 ℃培养箱内培养数小时到两周。

3. 每天检视培养基颜色有无改变(产酸)，杜氏小管中有无气泡(产气)。能分解糖(醇、苷)的细菌，培养基颜色变化或同时在套管中产生气泡；不分解糖的则无变化。

4. 测定 pH(彩图 6－2－2)以及 A_{600}。

五、注意事项

1. 有些细菌不能在 Hugh－Leifson 培养基上生长，应在培养基中加入 2%血清或 0.1%酵母浸膏重做 O－F 试验。氧化反应迟缓或减弱时，在开放管表面可看到碱性反应，常误认为阴性，延长培养时间可恢复到酸性。

2. 指示剂不能用酒精溶解，因细菌可使酒精产酸，导致假阳性。

六、评议

1. 如果制备好的培养基在较低温度下存放，使用前应在沸水中加热融化，并用冷水速凝后立即使用，否则溶于培养基中的空气会干扰观察发酵产气的结果。

2. 培养基中常用的指示剂有溴甲酚紫、酸性复红、酚红和溴麝香草酚蓝，前两者相对较稳定，适用于需要长时间或迟缓发酵的细菌；后两个试剂反应灵敏，但稳定性较差。

3. 关于pH的变化可以根据公式计算：pH变化=(接菌加底物pH－未接菌加底物pH)+(接菌未加底物pH－未接菌未加底物pH)，当数值大于0.5以上时判断为阳性。

4. 也可采用半固体培养基，用接种针作穿刺接种。若为半固体培养基，则检视沿穿刺线和管壁及管底有无微小气泡，有时还可看出接种菌有无运动能力，若有运动能力则培养物可呈弥散状生长。

5. 试验主要是检查细菌对各种糖、醇和糖苷等的发酵能力，从而进行各种细菌的鉴别，因而每次试验常需同时接种多管。

七、思考题

如何判断糖发酵的结果？

6－3 甲基红试验

一、实验原理

某些细菌如肠杆菌科各菌属在糖代谢过程中能分解葡萄糖产生丙酮酸，而在丙酮酸的进一步分解中，由于糖代谢的途径不同，可产生乳酸、琥珀酸、醋酸和甲酸等大量酸性产物，使培养基pH值下降至4.5以下，加入甲基红指示剂呈红色。因为甲基红的变色范围为pH 4.4(红色)～pH 6.2(黄色)，所以如果细菌分解葡萄糖产酸量少，或产生的酸进一步转化为其他物质(如醇、醛、酮、气体和水)，培养基pH在6.2以上，加入甲基红指示剂呈橘黄色。

甲基红试验(methyl red)主要用于大肠埃希菌(*E. coli*)和产气肠杆菌(*Enterobacter aerogenes*)的鉴别，前者为阳性，后者为阴性。

二、实验试剂

1. 葡萄糖蛋白胨水溶液：葡萄糖0.5 g、蛋白胨0.5 g、K_2HPO_4 0.5 g、蒸馏水100 mL，调pH7.2，每管3 mL分装，121 ℃灭菌10 min，冷却备用。

2. 甲基红指示剂：甲基红0.02 g，95％乙醇60 mL，蒸馏水40 mL。

三、实验器具

接种环、培养箱、显色皿、试管、微量移液器、超净台、Eppendorf管、吸头。

四、实验操作

1. 挑取新鲜菌液以1%接种量接种于葡萄糖蛋白胨水溶液中，30～37 ℃培养 24～48 h。
2. 取培养液 1 mL，加甲基红指示剂 1～2 滴，
3. 立即观察结果：阳性呈鲜红色，弱阳性呈淡红色(橘红色)；阴性为橘黄色(彩图 6-3-1)。
4. 至发现阳性或至第 5 d 仍为阴性，即可结束实验。

五、注意事项

如果为阴性菌株，则可以适当延长培养时间。

六、评议

1. 配制培养基时应考虑预设不接种的空白对照，同时均设置三个平行。如测试菌株为 4 株，则需要配制培养基的体积为(4+1)×3×3=45 mL。每管 3 mL 分装，共 15 管。

2. 若进行的是芽孢杆菌的鉴定，在配制葡萄糖蛋白胨水溶液时用 NaCl 代替 K_2HPO_4，因为后者有缓冲作用。

3. 甲基红为酸性指示剂，指示 pH 范围为 4.4～6.0，pK 值为 5.0，故在 pH<5.0 时，随酸度增强而显示红色，在 pH>5.0 时，则随碱度增强而显示黄色，在 pH 5.0 左右，可能变色不够明显，此时应延长培养时间，重复试验。

七、思考题

甲基红试验的原理是什么？

6-4 V-P 试验

一、实验原理

V-P 试验即为乙酰甲基甲醇试验(Voges-Proskauer)，是指某些细菌生长于葡萄糖蛋白胨水溶液中能分解葡萄糖产生丙酮酸，再进行缩合、脱羧变成 3-羟基丁酮(acetoin)，3-羟基丁酮又进一步变成 2，3-丁二醇(2，3-butanediol)。3-羟基丁酮在强碱环境下，与空气中的氧起作用产生二乙酰(diacetyl)，二乙酰与蛋白胨中精氨酸的胍基起作用，生成红色化合物，称阳性反应，没有红色化合物产生则为阴性反应。该试验主要用于肠杆菌属(*Enterobacter*)细菌的鉴别。沙雷氏菌属(*Serratia*)、阴沟肠杆菌(*Enterobacter cloacae*)等均为 V-P 反应阳性，大肠埃希菌属(*Escherichia*)、沙门氏菌属(*Salmonella*)、志贺氏菌属(*Shigella*)等则均为 V-P 反应阴性。

$$\text{葡萄糖} + 1/2O_2 \longrightarrow 2\,\text{丙酮酸} \xrightarrow{-CO_2} \alpha\text{-乙酰乳酸} \xrightarrow{-CO_2} \text{3-羟基丁酮} \longrightarrow \text{2,3-丁二醇}$$

$$\text{3-羟基丁酮} + \alpha\text{-萘酚} \xrightarrow[\text{无水乙醇}]{40\%KOH} \text{二乙酰} + \text{肌酸(红色化合物)}$$

二、实验试剂

1. 葡萄糖蛋白胨水溶液：葡萄糖 0.5 g、蛋白胨 0.5 g、K_2HPO_4 0.5 g、蒸馏水 100 mL，调 pH 为 7.2，分装，121 ℃灭菌 10 min，冷却备用。

2. 奥梅拉(O'Meara)试剂：40 g NaOH 溶于 100 mL 水中，加肌酸(creatine)或肌酸酐(creatinine)0.3 g。

3. 贝立脱(Barritt)试剂

甲液：5% α-萘酚，即 5 g α-萘酚溶于 100 mL 无水乙醇。

乙液：40% KOH 水溶液。

将甲液和乙液分装于棕色瓶中于 4～10 ℃保存备用。

4. 硫酸铜试剂：硫酸铜 1g，浓氨水 40 mL，10% NaOH 溶液 950 mL，蒸馏水 10 mL，溶解后棕色瓶中保存备用。

5. 三糖铁琼脂斜面：蛋白胨 20 g，牛肉膏 5 g，乳糖 10 g，蔗糖 10 g，葡萄糖 1 g，NaCl 5 g，硫酸亚铁铵 0.2 g，硫代硫酸钠 0.2 g，琼脂 12 g，酚红 0.025 g，蒸馏水 1 000 mL，pH 7.4。

三、实验器具

接种环、培养箱、水浴锅、小试管、微量移液器、超净台、Eppendorf 管、吸头、高压灭菌锅。

四、实验操作

(一) 奥梅拉(O'Meara)法：

1. 将试验菌接种于葡萄糖蛋白胨水溶液中，于 30～37°C 培养 48 h。

2. 1 mL 培养液加奥梅拉试剂 1 mL，摇动试管 1～2 min，静置于室温或 37 ℃恒温箱。

3. 若 4 h 内不呈现红色，即判定为阴性。亦可采用在 50 ℃水浴放置 2 h 或 37 ℃水浴 4 h 后观察结果。

4. 结果：呈现红色为阳性(彩图 6-4-1)。

(二) 贝立脱(Barritt)法

1. 将试验菌接种于葡萄糖蛋白胨水溶液中，于 30～37°C 培养 4 d。

2. 在 1 mL 培养液中先加入贝立脱试剂甲液 0.6 mL，再加乙液 0.2 mL，轻轻摇动，然后让其静置 10～15 min。

3. 观察结果：阳性菌常立即呈现红色；若无红色出现，则静置于室温或 37 ℃恒温箱，如 2 h 内仍不显现红色，可判定为阴性。

(三) 快速法

1. 取 2 滴 0.5%肌酸溶液于小试管中，刮取三糖铁琼脂斜面上的产酸培养物一环，悬浮接种于其中。

2. 加入 3 滴 5% α-萘酚，2 滴 40%KOH 溶液，振荡后放置 5 min，观察结果(注：不产酸的培养物不能使用)。

(四) 硫酸铜法

1. 取 1 mL 培养液，加等量的硫酸铜试剂与培养物混合。

2. 静置，强阳性者约 5 min 后产生粉红色反应。

五、注意事项

1. 本试验一般用于肠杆菌科各菌属的鉴别。在用于芽孢杆菌属(*Bacillus*)和葡萄球菌属(*Staphylococcus*)等其他细菌时，葡萄糖蛋白胨水溶液中的磷酸盐可阻碍乙酰甲基醇的产生，应省去或以氯化钠代替。

六、评议

1. 甲基红试验与 V-P 试验密切相关，对同一种细菌而言，两者只能选其一。

2. 如果培养基内含胍基含量太少，可加入少量肌酸、肌肝等含胍基的化合物，以加速反应。

3. 阴性反应的菌株可以适当地延长培养时间。

4. VP 实验一定要注意开盖振荡！且反应时间较长。

七、思考题

V-P 试验的原理是什么?

6-5 七叶苷水解

一、实验原理

七叶苷(七叶灵、七叶树营、七叶营)被细菌分解生成七叶素(七叶亭)，七叶素与培养基中的枸橼酸铁的二价铁离子发生反应，形成黑色化合物。此试验可用于鉴别革兰氏阴性杆菌。

二、实验试剂

1. 七叶苷培养基：蛋白胨 0.5 g，七叶苷 0.3 g，K_2HPO_4 0.1 g，柠檬酸铁 0.05 g，琼脂粉 1.5 g，蒸馏水 100 mL。将上述成分加热溶解，高压灭菌后倒平板。

或者基础培养基，添加 0.1%七叶苷与 0.05%柠檬酸铁，倒平板。

三、实验器具

平板、接种环、高压灭菌锅、培养箱、微量移液器、Eppendorf 管、吸头、超净台。

四、实验操作

1. 将细菌划线接种于七叶苷培养基上30～35 ℃培养过夜。

2. 分别于 1 d、2 d、3 d、7 d、14 d 后观察。

3. 观察结果，细菌沿划线生长并使周边培养基变为褐色至黑色为阳性，不变为阴性(见彩图 6-5-1)。

五、注意事项

有些培养基本身颜色较深，不易观察，注意制备不接菌的阴性平板对照。

6-6 淀粉水解试验

一、实验原理

某些细菌可以产生分解淀粉的酶，即胞外淀粉酶(α-amylase)，产生淀粉酶的细菌能将周围培养基的淀粉水解为麦芽糖、葡萄糖和糊精等小分子化合物，再被细菌吸收利用。淀粉遇碘液会产生蓝紫色，而随着降解产物的分子量的下降，颜色会变为棕红色直至无色，因此淀粉平板上的菌落周围若出现无色透明圈，则表明细菌产生淀粉酶。

二、实验试剂

1. 卢戈(Lugol)氏碘液：碘 1 g，碘化钾 2 g，先用少量水溶解碘化钾，再投入碘片，加水至 300 mL，溶液避光保存于棕色瓶中。

2. 培养基：基础培养基中添加 2 g/L 可溶性淀粉，配成固体平板 3 块(每块平板点种 3 株菌株，并设 3 个平行)。

三、实验器具

试管、三角瓶、移液管、接种针、接种环、培养皿、高压灭菌锅、超净台。

四、实验操作

(一) 固体培养

1. 在淀粉培养基的平板上点种，其中一种应为枯草芽孢杆菌(*B. subtilis*)作为对照。

2. 将培养皿倒置于 37 ℃恒温箱中培养 24 h 至 1 周，待形成菌落。

3. 观察时打开皿盖，滴加少量碘液于培养基上，轻轻旋转培养皿，使碘液均匀铺满整个平板。

4. 观察透明圈：若菌落周围有透明圈，则说明淀粉被水解，为阳性；若仍为蓝黑色则为阴性(图 6-6-1)。

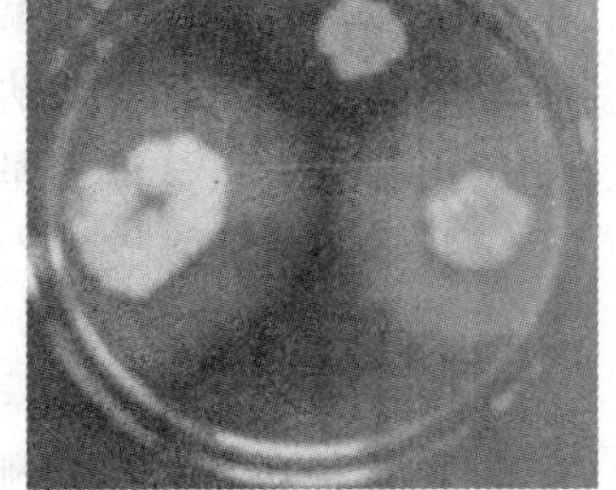

图 6-6-1 淀粉水解实验结果

(二) 液体培养

1. 以 18～24h 的纯培养物直接移种于淀粉肉汤中，于适当温度，如 37 ℃下培养 24～48h，或于 20 ℃培养 5 d。

2. 然后加数滴碘试剂于试管中，立即检视结果。

3. 结果：阳性反应(淀粉被分解)为肉汤颜色无变化，阴性反应为肉汤呈深蓝色。

五、注意事项

淀粉琼脂平板不宜保存于冰箱，因而以用时制备为妥。

六、评议

1. 淀粉水解系逐步进行的过程，因而试验结果与菌种产生淀粉酶的能力、培养时间、培养基含有淀粉量和 pH 等均有一定关系。培养基 pH 必须为中性或微酸性，以 pH 7.2 最适。

2. 菌落周围出现无色透明圈，而外周培养基呈深蓝色，则说明菌落周边的淀粉已被水解。透明圈/菌落直径的比值大小，说明该菌水解淀粉能力的强弱。

3. 实验中最好放入阳性对照菌株，如枯草芽孢杆菌（*B. subtilis*）。

七、思考题

淀粉水解试验的基本生化原理是什么？

6－7 葡萄糖酸盐（或酯）氧化试验

一、实验原理

某些细菌，如假单胞菌属（*Pseudomonas*）和肠杆菌科（*Enterobacteriaceae*）可氧化葡萄糖酸钾，生成α-酮基葡萄糖酸。而α-酮基葡萄糖酸是一种还原性物质，可与斐林（班氏）试剂中呈蓝色的铜盐起反应，还原成显示棕红色或砖红色的氧化亚铜（Cu_2O）沉淀。

二、实验试剂

1. 磷酸缓冲液（pH 7.2）：1/15 mol/L KH_2PO_4，1/15 mol/L $Na_2HPO_4 . 12\ H_2O$，按照 3∶7 的比例混合。

2. 斐林试剂

A 液：34.64 g 结晶硫酸铜，加蒸馏水至 500 mL；

B 液：173 g 酒石酸钾钠，125 g KOH，加蒸馏水至 500 mL。

使用时 A 液和 B 液等量混合，现配现用。

3. 新鲜的斜面 1 支。

三、实验器具

试管、接种环、培养箱、沸水浴、高压灭菌锅、微量移液器、Eppendorf 管、吸头、超净台。

四、实验操作

（一）方法一

1. 用 pH 7.2 的磷酸缓冲液配制含有 1% 葡萄糖酸盐的溶液，分装试管，每管 2 mL，灭菌。

2. 取适温培养 18～24 h 的斜面，刮取菌苔，在 2 mL 葡萄糖酸盐溶液中制成浓厚、均匀的菌悬液。置最适温度过夜。

3. 每管加入 1.5 mL 斐林试剂，放在沸水浴中 10 min。

4. 观察结果：阳性：试管中蓝色液体变为黄绿、绿橙色或出现红色沉淀；阴性：不变色。

（二）方法二

1. 将待检菌株接种于葡萄糖酸盐培养基中，在 30～37 ℃培养 48 h。

2. 加入斐林试剂 1 mL，在沸水浴中放置 10 min，并迅速冷却。

3. 观察结果：出现黄色到砖红色沉淀为阳性；不变色（仍为蓝色）为阴性。

五、评议

上述方法主要用于假单胞菌的鉴定和肠杆菌科属分群。

六、思考题

葡萄糖酸盐氧化试验的原理是什么？

6-8　纤维素分解

一、实验原理

纤维素是自然界存在数量最多的有机物，每年都有大量的纤维素物质进入土壤中。纤维素的分解是自然界碳素循环的重要过程。自然界分解纤维素的微生物种类很多，有好氧性的食纤维菌科（*Cytophagaceae*）和堆囊黏菌科（*Polvangiaceae*），放线菌以及厌氧的奥氏梭菌（*Clostridium omelianskii*），它们通过作用于纤维素分子的 β-1,4-糖苷键完成降解。

能分解纤维素的梭菌存在于湖泊的沉积物中、动物的内肠道中及污水的厌氧消化分解系统中。反向动物瘤胃内的产琥珀酸丝状杆菌（*Fibrobacter succinogenes*）和白色瘤胃球菌（*Ruminococcus albus*）能降解消化纤维素。

二、实验试剂

1. 无机盐基础培养基：0.2% $Na(NH_4)HPO_4$、0.05% $MgSO_4 \cdot 7H_2O$、0.1% KH_2PO_4、0.03% $CaCl_2 \cdot 6H_2O$、0.1% 蛋白胨、0.5% $CaCO_3$。

2. 滤纸、羧甲基纤维素钠（Carboxymethyl cellulose，CMC）。

三、实验器具

试管、培养箱、接种环、培养皿、高压灭菌锅。

四、实验操作

（一）液体培养法

1. 将无机盐基础培养基分装试管，在培养基中浸泡一条 5～7 cm 优质滤纸，如新华一号滤纸，或者无机盐基础培养基加 1%CMC。

2. 接种后，放入 35～37 ℃条件下培养 10～15 d。

3. 取出试管观察培养液中滤纸条有无被分解而透空的地方，如有空洞或滤纸边缘有破碎现象(图 6-8-1a)，表示纤维素分解细菌已大量繁殖，否则继续培养。对于含有羧甲基纤维素钠的培养基则观察颗粒物质有无减少(图 6-8-1b)。

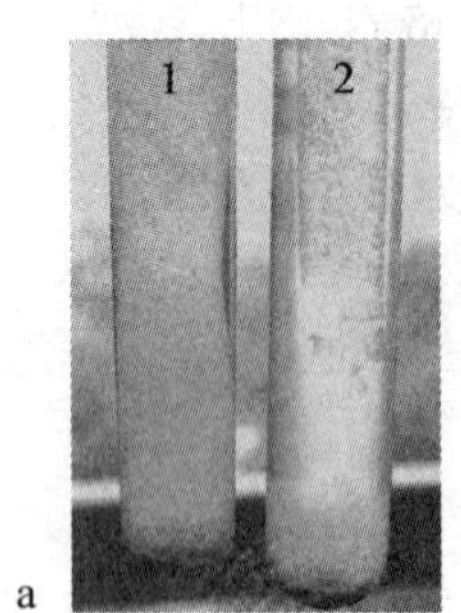

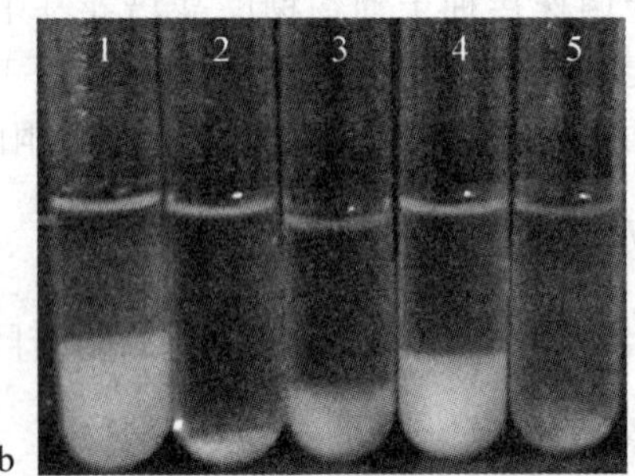

图 6-8-1　菌株利用不同碳源的情况

a. 纤维素滤纸(1. 对照；2. 有空洞)；b. 羧甲基纤维素钠(1 为对照；2～5 为不同程度的减少)

(二) 固体培养法

1. 无机盐基础培养基加 0.4%CMC 倒制平板。

2. 接种或点种培养，应设置不接种的空白对照。

3. 放入 35～37 ℃条件下培养 10～15 d。

4. 取出平皿，用 0.1%刚果红试剂平铺检测，若菌落周围出现透明圈则为阳性。

五、评议

为了利于观察，刚果红染色后可用 1 mol/L NaCl 溶液平铺平板上进行脱色。

6-9　石蕊牛乳试验

一、实验原理

细菌对牛奶的利用主要是指对乳糖及酪蛋白的分解和利用。牛乳中常加入石蕊作为酸碱指示剂和氧化还原指示剂。石蕊在中性时呈淡紫色，酸性时呈粉红色，碱性时呈蓝色，还原时则自上而下地褪色变白。

细菌对牛乳的利用可分为几种情况：

1. 产酸(acid production)以及酸凝固作用(acid curd)：某些细菌发酵乳糖产酸，使石蕊变红，当酸度很高时，可使牛奶凝固。

2. 产碱(alkaline production)：某些细菌分解酪蛋白产生碱性物质，使石蕊变蓝。

3. 胨化作用(peptonization)：某些细菌产生蛋白酶，酪蛋白被水解，使牛乳变成清亮透明的液体。此作用可在酸性和碱性条件下进行，一般石蕊色素被还原脱色。

4. 凝乳酶凝固(rennet curd)：某些细菌能分泌产生凝乳酶，使牛奶中的酪蛋白凝固，这种凝固在中性环境中发生，石蕊不变色。但通常此类细菌还能水解蛋白质而产生一些碱性物质，使石蕊变蓝。

5. 石蕊还原(litmus reduction)：某些细菌生长旺盛，使培养基氧化还原电位降低，因此石蕊还原褪色。

二、实验试剂

1. 脱脂牛奶的制备：新鲜牛奶用离心机分离，除去上层奶油，取下层脱脂牛奶。或将鲜奶煮沸，在阴凉处静置 24 h，用虹吸法取出底层牛奶。若无新鲜牛奶，可用脱脂奶粉代替，每 1 000 mL溶解 100 g 脱脂奶粉。

2. 石蕊试液的配制：将 2.9 g 石蕊浸泡在 1 000 mL 蒸馏水中过夜或更长时间，使石蕊变软而易于溶解，溶解后过滤，即可用于石蕊牛奶配制。

3. 石蕊牛奶培养基：2.5%石蕊溶液 4 mL，脱脂牛奶 100 mL，混合后的颜色以丁香花紫色为适度，分装试管，高度约 4 cm，0.06 MPa 灭菌 20～30min。

三、实验器具

试管、三角瓶、移液管、接种环、培养皿、培养箱、超净台、高压灭菌锅。

四、实验操作

1. 配制石蕊牛奶培养基，灭菌后备用。

2. 分别取一环试验菌以及对照菌接种于石蕊牛奶培养基中。

3. 置于 37 ℃恒温箱内培养 7 d。

4. 观察反应结果：淡紫色为中性，红色为酸性，蓝色为碱性，脱色为部分或全部被还原(彩图6-9-1)。

五、注意事项

1. 配制石蕊牛奶培养基时，应使用新鲜的牛奶，否则需要调整 pH，但调过 pH 的牛奶色调不正。

2. 配制好的石蕊牛奶培养基应该是淡紫色的。

六、评议

实验过程中需要加入阳性、阴性以及空白三种对照。

七、思考题

石蕊牛奶试验的基本生化原理是什么？

6-10 吲哚试验

一、实验原理

吲哚(indole)试验也称靛基质试验，某些细菌具有色氨酸酶(tryptophanase)，能分解蛋白胨中的色氨酸(tryptophan),生成吲哚、丙酮酸(pyruvic acid)与氨。吲哚的存在可用显色反应表现出来,即吲哚与对二甲基氨基苯甲醛(p-dimethylaminobenzaldehyde)结合,形成玫瑰吲哚化合物而呈红色。有些细菌产生吲哚量较少,需要用乙醚或二甲苯萃取后才能和试剂起反应,颜色明显。

$$\text{色氨酸}\xrightarrow{\text{色氨酸酶}}\text{吲哚}+\text{丙酮酸}+\text{氨}$$

$$\underbrace{\text{吲哚}+\text{二甲基氨基苯甲醛}\xrightarrow[\text{乙醇}]{\text{HCl}}}_{\text{Kovacs氏试剂}}\text{玫瑰吲哚化合物（红色）}$$

二、实验试剂

1. 液体培养基:基础培养基,0.5% 酵母抽提物,添加 1% 胰蛋白胨。分装小试管并灭菌。

2. 欧氏(Ehrlich)或柯氏(Kovacs)试剂:对二甲基氨基苯甲醛 1 g,95%乙醇 95 mL,浓盐酸 20 mL,即将对二甲基氨基苯甲醛加入 95%乙醇内,振荡使其溶解,徐徐加入盐酸,边加边摇。

3. 乙醚:1～2 mL/支。

4. MIU 培养基:胰蛋白胨 1 g、NaCl 0.75 g、K_2HPO_4 0.2 g、葡萄糖 0.1 g、琼脂 0.4g、蒸馏水 100 mL、0.4%酚红适量、20%尿素 10 mL。

三、实验器具

小试管、微量移液器、吸头、培养箱、超净台、高压灭菌锅。

四、实验操作

(一) 方法一

1. 将待试纯培养物少量接种于培养基试管内,于 30～37 ℃培养 24 h。

2. 取约 2 mL 培养液,加入柯氏试剂或欧氏试剂 2～3 滴,轻摇试管,呈红色为阳性。

3. 或先加少量乙醚或二甲苯,摇动试管以萃取和浓缩靛基质,待其浮于培养液表面后,再沿试管壁徐缓加入柯氏试剂数滴。

4. 判断:在液层界面发生红色即为阳性;如无颜色变化为阴性(见彩图 6-10-1)。

(二) 方法二

1. 将待试纯培养物少量接种于培养基试管内,30～37 ℃静置培养 3 周。

2. 加 1～2 mL 乙醚振荡。

3. 静置分层后,加 5 滴欧氏试剂。

4. 观察液层界面颜色:阳性,变红色;阴性,无颜色变化。

五、注意事项

1. 蛋白胨中必须含有色氨酸,否则会出现假阴性。

2. 色氨酸酶活性的最适 pH 为 7.4～7.8,若 pH 降低,则靛基质产生量减少,可能出现假阴性或弱阳性反应。

3. 柯氏试剂应保存于带玻璃塞的棕色瓶中,放置时间不宜过长,否则其灵敏度降低。

六、评议

1. 实验中应进行 3 个平行，另加一个不接种的对照，每管分装 3 mL。

2. 靛基质试剂可与 17 种不同的靛基质化合物作用而产生阳性反应，若先用二甲苯或乙醚等进行萃取，再加试剂，则只有靛基质或 5-甲基靛基质在溶剂中呈现红色，因而结果更为可靠。

3. 鞭毛运动、吲哚实验以及尿素（动力-靛基质-尿素）试验可以一起做：

1）将 MIU 培养基成分（尿素除外）溶于蒸馏水，加适量 0.4%酚红，116 ℃高压灭菌 20min，20%尿素过滤除菌，加入灭菌后的培养基中，分装、备用。

2）将待检菌穿刺接种于 MIU 培养基中，孵育过夜，观察结果。

3）结果：穿刺线周围扩散生长为运动性阳性；培养基变红为尿素阳性；加靛基质试剂变红为吲哚阳性。

七、思考题

吲哚试验的基本原理是什么？

6-11 硫化氢试验

一、实验原理

有些细菌能分解培养基中的含硫氨基酸或含硫化合物，如半胱氨酸（cysteine）与硫代硫酸盐（thiosulfate）等，从而产生硫化氢气体。而硫化氢遇铅离子或亚铁离子，则形成硫化铅或硫化铁黑色沉淀物。

$$\text{(a)}\ H_2O + \underset{\text{半胱氨酸}}{H_2N-\overset{\overset{\displaystyle CH_2-SH}{|}}{\underset{\underset{\displaystyle COOH}{|}}{C}}-H} \xrightarrow[\text{脱硫酸}]{\text{半胱氨酸}} \underset{\text{丙酮酸}}{\overset{\overset{\displaystyle CH_3}{|}}{\underset{\underset{\displaystyle COOH}{|}}{C=O}}} + NH_3 + H_2S$$

$$\text{(b)}\ \underset{\text{硫代硫酸盐}}{2S_2O_3^{2-}} + 4H^+ \xrightarrow[\text{还原酶}]{\text{硫代硫酸}} \underset{\text{硫酸盐}}{2SO_3^{2-}} + 2H_2S$$

$$H_2S + Pb(CH_3COO)_2 \longrightarrow PbS\downarrow(\text{黑色}) + 2CH_3COOH$$

大肠杆菌（*E. coli*）为阴性对照菌，产气肠杆菌（*E. aerogenes*）为阳性对照菌。

二、实验试剂

1. 将普通滤纸剪成 0.5～1 cm 宽，用 5%～10%醋酸铅将滤纸浸透，烘箱烘干，放于大试管或培养皿内灭菌备用。

2. 含硫培养基：基础培养基灭菌后，加 0.5%硫代硫酸钠（或 0.01%半胱氨酸），分装 3 mL 于试管中。

3. 含胱氨酸培养基：蛋白胨 10 g、胱氨酸 0.1 g、Na_2SO_4 0.1 g、蒸馏水 1 000 mL，pH 7.0～7.4，分装每管高度约 4～5 cm，0.06 MPa 灭菌 20～30 min。

三、实验器具

试管、三角瓶、微量移液器、吸头、接种针、接种环、培养皿、高压灭菌锅、超净台。

四、实验操作

（一）醋酸铅纸条法

1. 将含有胱氨酸的培养基（如营养肉汤）或含有 5.0 g/L 硫代硫酸钠的基本培养基 3 mL 于试管中分装，灭菌。

2. 将新鲜斜面培养物接种于培养基中，用无菌镊子取一条醋酸铅滤纸插入并用硅胶塞塞紧固定，悬于试管上空，使其下端接近培养基表面，以不被润湿为准。

3. 37 ℃培养 1～6 d，每天观察结果。

4. 观察纸条的颜色变化：纸条变黑为阳性；不变色为阴性（见彩图 6-11-1）。

（二）固体培养法

1. 在含有硫代硫酸钠和醋酸铅的培养基中，沿管壁穿刺接种（约 1/2 深度）。

2. 于 37 ℃培养 24～28 h。

3. 观察结果：培养基呈黑色为阳性（图 6-11-2），阴性应继续培养至 6 d。

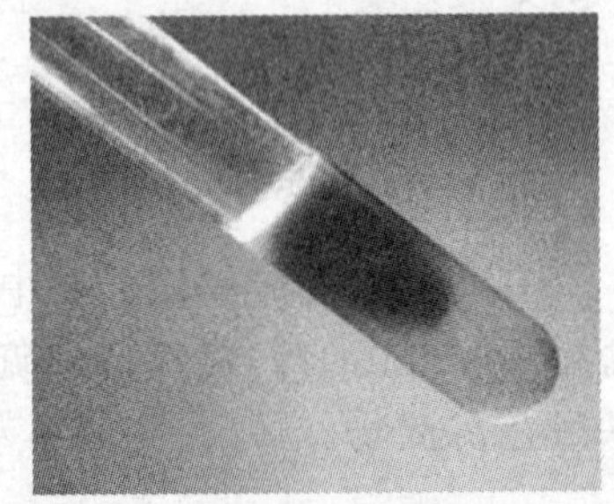

图 6-11-2 硫化氢试验（固体培养）

五、注意事项

除空白对照外，还应有阴性对照同时进行实验以便最后的确认。

六、评议

1. 不同的菌株，有不同的培养基，如果要配制含胱氨酸的培养基可以采用以下配方：合适的培养基，121 ℃，20 min 灭菌后加硫代硫酸钠（5.0 g/L）和半胱氨酸（0.01%），分装试管。

2. 硫化氢-靛基质-动力（SIM）琼脂试验方法：以接种针挑取菌落或纯养物穿刺接种约 1/2 深度，置 37 ℃培养 18～24 h，观察结果。培养物呈现黑色为硫化氢阳性，混浊或沿穿刺线向外生长为有运动能力，然后加柯氏试剂数滴于培养基表面，静置 10 min，若试剂呈红色为靛基质阳性；未接种培养基的下部，可作为阴性对照。

七、思考题

H_2S 实验的基本生化原理是什么？

6-12 蛋白氨化试验

一、实验原理

蛋白质是复杂的含氮有机物,自然界中有许多微生物可以分解蛋白质而产生氨,即氨化作用(ammonification)。各种氨基酸脱氨基作用的共同产物是氨,同时也产生有机酸、醇、碳氢化合物和二氧化碳等。如果是含硫氨基酸,则在脱氨作用的同时,脱硫形成硫化氢或硫醇,产生恶臭。分解蛋白质能力强并释放出氨的微生物称为氨化微生物。氨化细菌以下列各菌为代表:① 兼性厌氧的无芽孢杆菌,如荧光假单胞菌(*P. fluorescens*)、黏质沙雷氏杆菌(*S. marcescens*)和普通变形杆菌(*Proteus vulgaris*)。② 好氧性芽孢杆菌,如巨大芽孢杆菌(*B. megaterium*),蜡质芽孢杆菌霉状变种(*B. cereus* var. *mycoides*)和枯草芽孢杆菌(*B. subtilis*)等。③ 厌氧芽孢杆菌,如腐败梭菌(*Clostridium putrificum*)。真菌如交链孢霉属(*Alternaria*)、曲霉属(*Aspergillu*)、毛霉属(*Mucor*)、青霉属(*Penicillium*)、根霉属(*Rhizopus*)及木霉属(*Trichoderma*)等在蛋白质的分解中也占有重要地位。

氨化作用在自然界的氮素循环中具有重要的意义。

二、实验试剂

1. 牛肉膏蛋白胨培养基:牛肉膏 3 g、蛋白胨 10 g、NaCl 5 g、琼脂 15~20 g、水 1 000 mL,pH 7.0~7.2。

2. 奈氏(Nessier)试剂:分别配制 A、B 液,两液冷却后混合,保存在棕色瓶子中。配制 A 液时为了加速溶解,碘化汞可先放在研钵中加几滴碘化钾溶液进行研磨。

A 液:碘化钾 10 g,碘化汞 20 g,蒸馏水 100 mL。

B 液:氢氧化钾 20 g,蒸馏水 100 mL。

3. 石蕊试纸。

三、实验器具

试管、培养箱、比色碟、微量移液器、吸头、高压灭菌锅、超净台。

四、实验操作

1. 放 1 小匙菜园土粒于装有 5 mL 牛肉膏蛋白胨培养基的试管中。

2. 在管口内壁悬挂湿的红色石蕊试纸 1 条,塞好试管塞(图 6-12-1),放入 28~30 ℃的温箱中培养 2~3 d。

3. 观察试纸颜色有无变化,培养液是否浑浊或产生菌膜。如试纸变蓝,说明有氨生成(图 6-12-2);如培养液浑浊或产生菌膜,则说明有大量氨化细菌聚集。

4. 取培养液 2 滴于比色碟中,加入奈氏试剂 1 滴,如有棕色或黄棕褐色出现,也说明有氨生成(彩图 6-12-3)。

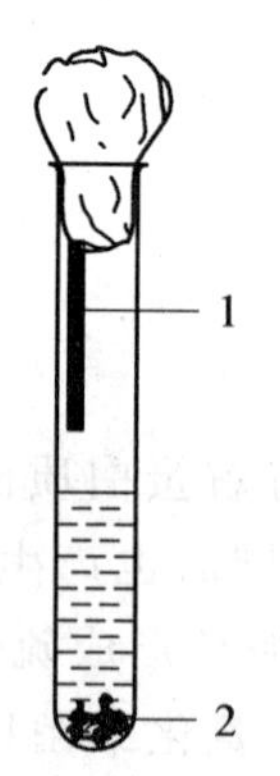

图 6-12-1 产氨试验

1. 石蕊试纸;2. 菜园土

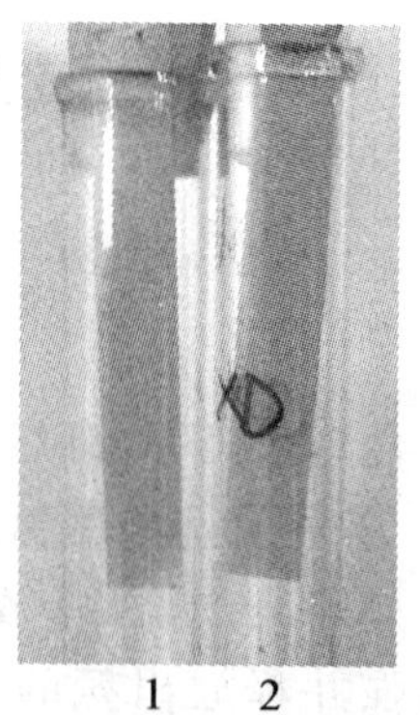

图 6-12-2 石蕊试纸颜色变化

1. 对照;2. 变蓝,有氨生成

五、注意事项

悬挂红色石蕊试纸时不要碰到培养基。

六、评议

试验用的红色石蕊试纸需要湿润后再悬挂。

七、思考题

能进行氨化作用的微生物有哪些?

6-13 明胶液化试验

一、实验原理

明胶(gelatin)是一种动物蛋白,为胶原蛋白水解产物。明胶在 25 ℃以下呈固态,25 ℃以上则呈液态。有些细菌分泌胞外蛋白水解酶——明胶酶(gelatinase),能将明胶先水解为多肽,又进一步水解为氨基酸,使其失去原有的凝固能力,从而使半固体的明胶培养基变成为流动的液体培养基,即使在 4 ℃放置,也不会凝固。

二、实验试剂

1. 明胶培养基:牛肉膏 5 g、蛋白胨 10 g、NaCl 5 g、明胶 120 g、蒸馏水 1 000 mL,pH 7.2~7.4,0.05 MPa 灭菌 30 min。

2. Frazier 试剂配方:$HgCl_2$ 15 g、浓盐酸 20 mL、蒸馏水 100 mL。

3. 含明胶培养基:在基础固体培养基中添加 1%明胶。

三、实验器具

试管、培养皿、高压灭菌锅、滤纸条、培养箱、接种针、接种环。

四、实验操作

(一) 明胶试管法

1. 明胶培养基分装试管,制成半固体柱状。
2. 挑取 18～24 h 待试菌培养物,以较大量穿刺接种(约 2/3 深度培养基)。
3. 于 20～22 ℃培养 7～14 d。
4. 每天观察结果,半固体明胶培养基变成液体为阳性。

(二) 明胶平板法

1. 在基础固体培养基中加入 1%明胶,倾注平板。
2. 将平板分区,分别点种,2 d 培养。
3. 形成明显的菌落后,在菌落上滴加 Frazier 试剂,10～20 min后观察结果。
4. 结果:菌落周围出现清晰透明圈,表示细菌液化明胶,为阳性;若无透明圈则为阴性。

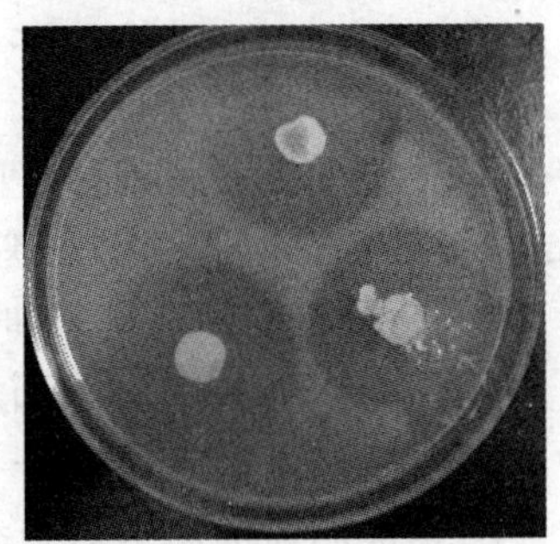

图 6-13-1　明胶实验

五、注意事项

观察结果时,培养温度高也可能造成明胶液化,此时应将培养物不加摇动、静置于冰箱中30 min后再观察凝固与否,从而判断明胶是否被细菌液化。

六、评议

对于特殊菌株可以选择在最适培养基中添加 1%明胶,制成固体平板,每块平板点种3～5株菌株,做 3 个平行。

6-14　酪素水解试验

一、实验原理

酪蛋白(酪素,casein)是牛奶中的主要蛋白质,以悬胶体形式存在于牛奶中,并造成牛奶不透明状。许多菌体具有能将酪蛋白水解成非胶体可溶性氨基酸的酶。分解蛋白质的酶作用于氨基酸间的肽键。利用含酪蛋白的培养基(混浊状)接种培养后,若细菌产生蛋白酶(protease)引起酪蛋白分解,则会有一个清晰透明圈。

蛋白酶

$$\sim\sim NH-CH(R_1)-\overset{O}{\overset{\|}{C}}-NH-CH(R_2)-\overset{O}{\overset{\|}{C}}\sim\sim + H_2O \rightleftharpoons \sim\sim NH-CH(R_1)-COO^- + H_3N^+-CH(R_2)-\overset{O}{\overset{\|}{C}}\sim\sim$$

肽键

二、实验试剂

1. 牛奶平板：2 倍浓度的基础固体培养基加上等量的 2%脱脂牛奶(终浓度为 1%)。
2. 每块牛奶平板点种 3～5 株菌株,并做 3 个平行.

三、实验器具

试管、培养皿、接种环、高压灭菌锅、培养箱、超净台。

四、实验操作

1. 牛奶平板的制备：取 1 g 脱脂奶粉加入 50 mL 蒸馏水中(或用 50 mL 脱脂牛奶),另称 1.5 g 琼脂溶于 50 mL 的 2×基础培养基中,两液等体积分开灭菌。

2. 待冷却至 50 ℃左右时,将两液混匀倒平板,即成牛奶平板。将平板倒置过夜,使表面水分挥发。

3. 在牛奶平板上点种 3～5 株菌株,30～37 ℃培养 1～5 d。

4. 形成明显的菌落后观察透明圈。记录菌落下方和周围酪素是否已被分解而呈透明。

5. 观察结果：阳性：菌落周围有透明区或白色蛋白水解环；阴性：无透明圈。

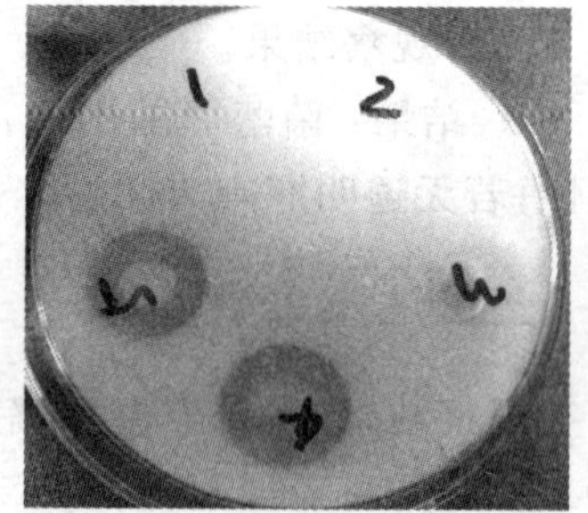

6-14-1 酪素水解

五、注意事项

配制该培养基时,切勿将牛奶和琼脂混合灭菌,以防牛奶凝固。

六、评议

也可用干酪素碱溶解液代替脱脂牛奶配制酪蛋白平板。

6-15 酪氨酸水解试验

一、实验原理

酪氨酸(tyrosine)是一种分子量较大的中性氨基酸,酪氨酸在代谢过程中逐步生成儿茶酚胺类物质,包括多巴胺(dopamine)、去甲肾上腺素(noradrenalin)和肾上腺素(adrenalin)等。酪氨酸羟化酶(tyrosine hydroxylase)是儿茶酚胺合成途径中的限速酶,受产物的反馈抑制。酪氨酸代谢的另一途径是合成黑色素。在黑色素细胞中酪氨酸酶的催化下,酪氨酸羟化生成多巴,再经氧化脱羧等反应后生成黑色素。酪氨酸经过酪氨酸羟化酶的水解形成 3,4-双羟苯丙氨酸(多巴,Dopa)。

由于酪氨酸是不可溶的,而生成的多巴却是可溶的,因而会形成透明圈。

二、实验试剂

基础培养基(100 mL)加 0.5 g 酪氨酸(终浓度 5g/L),115 ℃灭菌 20 min,倒制平板。

三、实验器具

培养皿、三角瓶、接种环、培养箱、高压灭菌锅。

四、实验操作

1. 在含有酪氨酸的固体培养基上点种，30～37 ℃培养 2 d 以上。

2. 形成明显的菌落后，观察在接种部位酪氨酸结晶是否被水解而出现透明圈。

3. 结果：阳性：菌落周围培养基出现澄清透明区(图 6－15－1)。阴性：无澄清透明区，继续培养 72 h 再观察。

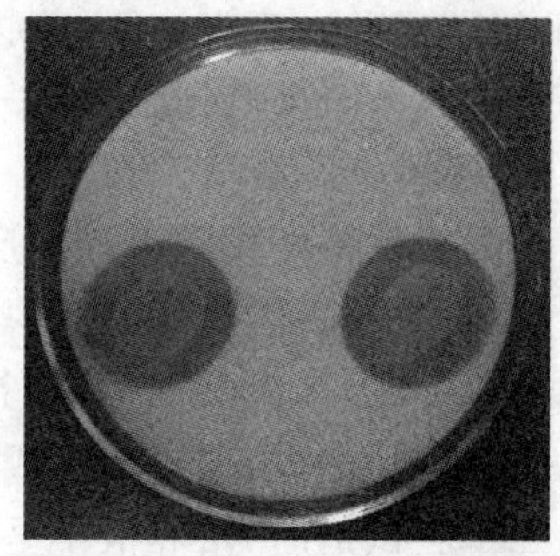

图 6－15－1　酪氨酸水解

6－16　硝酸盐还原试验(反硝化作用)

一、实验原理

硝酸盐还原反应包括两个过程，一种是在合成代谢过程中，硝酸盐还原为亚硝酸盐和氨，再由氨转化为氨基酸和细胞内其他含氮化合物，这个过程称为同化型硝酸盐还原作用(assimilatory nitrate reduction)；另一种是在分解代谢过程中，在厌氧条件下，有些细菌能以硝酸盐或亚硝酸盐作为电子传递链中的最终受氢体，进行厌氧呼吸，即将 NO_3^- 或 NO_2^- 作为最终电子受体进行厌氧呼吸代谢，从中取得能量，硝酸盐被还原成 N_2O，最终生成 N_2，这个过程叫做异化型硝酸盐还原作用(dissimilatory nitrate reduction)。

通过硝酸盐(nitrate)还原酶的作用，可将培养基中的硝酸盐(NO_3^-)还原成亚硝酸盐(NO_2^-)和水，亚硝酸盐(nitrite)可进一步分解为氨或氮气，这种作用称为反硝化作用(denitrification)。把硝酸盐还原成氮气，对农业生产是一种损失(土壤中氮肥损失量占施入化肥量的 3/4 左右)，它是由反硝化细菌引起的。反硝化细菌在无氧条件下对有机物进行生物氧化产能时，以硝酸盐或亚硝酸盐中的氧作为受氢体，使硝酸盐还原成氮气。某些芽孢杆菌属(*Bacillus*)、假单胞菌属(*Pseudomonas*)的细菌具有反硝化能力。硝酸盐还原过程可因细菌不同而异，有的细菌仅使硝酸盐还原为亚硝酸盐，如大肠埃希菌属(*Escherichia*)等；有的细菌可使硝酸盐还原为亚硝酸盐和离子态的铵；有的细菌能使硝酸盐或亚硝酸盐还原为氮，如沙雷菌属(*Serratia*)；有的细菌如产碱杆菌属(*Alcaligenes*)和黄杆菌属(*Flavobacterium*)以及奈氏菌属(*Neisseria*)的一些种不能还原 NO_3^-，却可从 NO_2^- 开始还原；有的细菌还可以在合成性代谢中将硝酸盐还原产物完全利用。硝酸盐或亚硝酸盐如果还原生成气体的终末产物(如氮或氧化氮)，则称为脱硝化或脱氮化作用。

$$\underset{\text{硝酸盐}}{NO_2^-} + 2H^+ + 2e^- \xrightarrow{\text{硝酸盐还原酶}} \underset{\text{亚硝酸盐}}{NO_2^-} + H_2O$$

$$\underset{\text{亚硝酸}}{2NO_2^-} \longrightarrow 2NO \longrightarrow N_2O \longrightarrow N_2$$

反硝化作用中产生的亚硝酸盐可用格里斯(Griess)试剂检验。亚硝酸盐与格里斯试剂中的醋酸作用生成亚硝酸。亚硝酸与试剂中的对氨基苯磺酸(sulfanilic acid)作用,形成偶氮苯磺酸(重氮苯磺酸),后者与α-萘胺结合生成红色N-α萘胺偶氮苯磺酸。

对氨基苯磺酸+α-萘胺+亚硝酸盐——→N-α萘胺偶氮苯磺酸

(无色) (红色)

如果格里斯试剂无显色反应,有以下两种情况:① 细菌不能还原硝酸盐,培养后的培养液中仍有硝酸盐存在。而硝酸盐的存在可用二苯胺试剂检测。如果有硝酸盐存在,当向溶液中加入1～2滴二苯胺试剂时,培养液呈蓝色反应,表示无硝酸盐还原作用。② 亚硝酸盐都被进一步还原成其他物质,如分解生成铵和氮,因而培养基中没有亚硝酸盐存在,此时向溶液中加入1～2滴二苯胺试剂时,培养液不呈蓝色反应,表示为硝酸盐还原阳性反应。

二、实验试剂

1. 硝酸盐还原培养基:蛋白胨1 g、KNO_3 0.1 g,将上述成分溶于100 mL蒸馏水,校正pH为7.4～7.6,分装,121 ℃灭菌15min,冷却后备用,内倒置一杜氏小管。

或 牛肉膏0.3 g、蛋白胨0.5 g、$NaNO_3$ 0.1 g、蒸馏水100 mL、pH 7.2～7.4,0.1 MPa灭菌20 min,内倒置一杜氏小管。

2. 格里斯(Griess)试剂

A液:0.5 g对氨基苯磺酸溶于150 mL 10%醋酸溶液中,保存于棕色瓶中。

B液:α-萘胺(α-naphthylamine)0.1 g、蒸馏水20 mL、10%稀醋酸150 mL,混匀后保存于棕色瓶内。

3. 二苯胺试剂:0.1 g二苯胺(diphenylamine)溶于20 mL蒸馏水中,然后缓缓加入100 mL浓硫酸,保存于棕色瓶子中。

三、实验器具

试管、三角瓶、接种环、培养箱、比色碟、微量移液器、吸头、超净台、高压灭菌锅。

四、实验操作

(一) 硝酸盐还原实验

1. 将待检菌接种于硝酸盐培养基中,每菌株做3个重复。另外留三管不接种作对照。30～37 ℃培养1～4 d。

2. 每天吸出培养液2滴,加入1～3滴(约0.1 mL)格里斯氏试剂(即A液与B液等量混合物)。

3. 观察结果:立即或于10 min内呈现粉红色、玫瑰红色、橙色、棕色等,表明有亚硝酸盐存在,为硝酸盐还原阳性(图6-16-1)。

4. 另取培养液2滴于比色碟中,加二苯胺试剂1～2滴,观察有无蓝色出现,如有蓝色出现,表明培养液中仍有硝酸盐存在(有时需持续滴入二苯胺试剂才缓慢出现蓝色反应)(见彩图6-16-2)。

5. 如果格里斯试剂检测呈阴性反应,再加入二苯胺试剂后呈蓝色反应,则表明硝酸盐未被还原,为硝酸盐还原阴性。

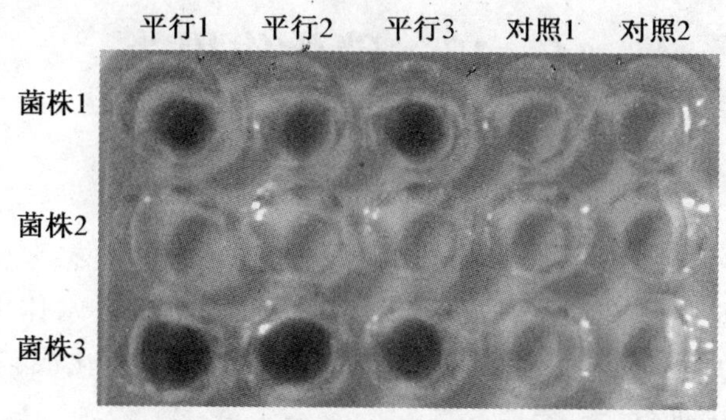

图 6-16-1 格里斯氏试剂反应

对照 1 为无硝酸盐接菌样品,对照 2 为有硝酸盐底物未接菌样品

(二)硝酸盐还原产气实验

1. 接种封油:以斜面培养物接种后,用凡士林油(凡士林∶液体石蜡为 1∶1)封管,封油高度约 1 cm。必须同时接种不含有硝酸钾的培养液作为对照。

2. 培养 2~7 d 后,观察在含有硝酸钾的培养基中是否有生长和产生气体现象,即目测石蜡和凡士林混合物是否被顶起,造成固体和液体之间出现气相,或在倒置的杜氏小管中出现气泡(图 6-16-3)。

3. 结果:阳性:硝酸盐培养基中产气(气泡),对照无。阴性:硝酸盐培养基和对照都不产气(气泡);如不含硝酸钾的对照培养基也产生气泡,则只能按可疑或阴性处理。

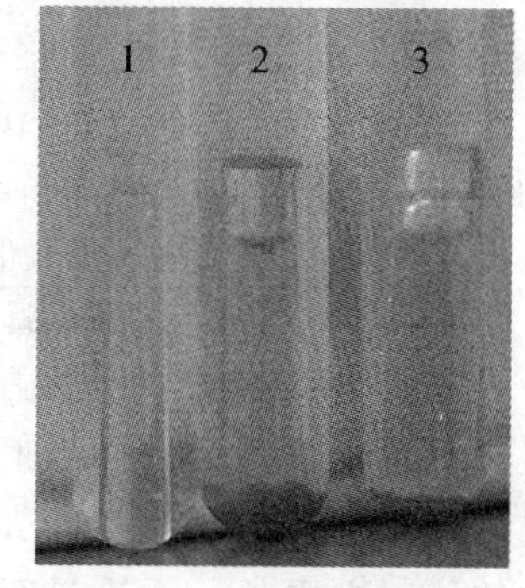

图 6-16-3 硝酸盐还原产气

1. 对照;2、3. 阳性

五、注意事项

1. 培养基不应含亚硝酸盐,以避免假阳性。

2. α-萘胺具有致癌性,故使用时应加以注意。

3. 某些肠杆菌还原硝酸盐的能力很强,还原硝酸盐为亚硝酸盐后,进一步将亚硝酸盐分解为氨、氮、氧化氮,造成假阴性。所以,观察结果时,如无红色出现,也可加少量锌粉,若仍无色,说明亚硝酸盐进一步分解,硝酸盐还原试验为阳性。若加锌粉后出现红色,说明锌使硝酸盐还原为亚硝酸盐,而待检菌株则无还原硝酸盐的能力,即硝酸盐还原试验阴性。

六、评议

用 α-萘胺进行试验时,阳性反应的红色消退得很快,故加入后应立即判定结果。进行试验时必须有未接种的培养液作为阴性对照。

七、思考题

1. 反硝化作用的检验中颜色是如何产生的?

2. 格里斯试剂检测呈无色反应,则表示为硝酸盐还原反应阴性吗?为什么?

6-17 硝化作用

一、实验原理

氨态氮经硝化细菌(nitrifying bacteria)的氧化,转化为硝酸态氮的过程,称为硝化作用(nitrification)。硝化反应必须在通气良好、pH 接近中性的土壤或水体中进行。硝化作用可分为两个阶段,第一阶段为铵氧化成亚硝酸,第二个阶段为亚硝酸氧化成硝酸,分别由亚硝化细菌与硝化细菌两类自养细菌进行。

1. 亚硝化细菌(nitrosobacteria),也称氨氧化细菌(ammonia oxidizer),可利用氨单加氧酶(ammonia monooxygenase)和羟胺氧化还原酶(hydroxylamine oxidoreductase),把氨(NH_3)氧化成亚硝酸盐(NO_2^-);

$$NH_3 + O_2 + 2H^+ + 2e^- \xrightarrow[\text{(在细胞膜上)}]{\text{氨单加氧酶}} NH_2OH + H_2O \xrightarrow[\text{(在周质上)}]{\text{羟胺氧化还原酶}} HNO_2 + 4H^+ + 4e^-$$

2. 硝化细菌(nitrobacteria),也称亚硝酸氧化细菌(nitrite oxidizer),可利用亚硝酸氧化酶(nitrite oxidase)和来自 H_2O 的氧把 NO_2^- 氧化成 NO_3^-。

$$NO_2^- + H_2O \xrightarrow[\text{(在细胞膜上)}]{\text{亚硝酸氧化酶}} NO_3^- + 2H^+ + 2e^-$$

亚硝化细菌如欧洲亚硝化单胞菌(*Nitrosomonas europaea*)为严格化能无机营养,能将铵和羟胺氧化成亚硝酸;硝化细菌如维氏硝化杆菌(*Nitrobacter winogradskyi*)。硝化细菌生长缓慢,在实验室纯培养条件下,亚硝化细菌的代时为 12~20 h,硝化细菌的代时为 8~16 h,在土壤中的代时则更长。无论是亚硝化细菌还是硝化细菌,均从无机氮化合物的氧化中取得能量,经 Calvin 循环二磷酸戊糖途径同化 CO_2 合成全部细胞结构物质,不具备完整的三羧酸循环系统。它们不需要生长因子,具有营养单一性。

如果有 HNO_2 产生,加格里斯试剂 A 液与 B 液否则出现绛红色(图 6-17-1 左),如果有硝酸存在,加入二苯胺试剂则出现蓝色(图 6-17-1 右)。

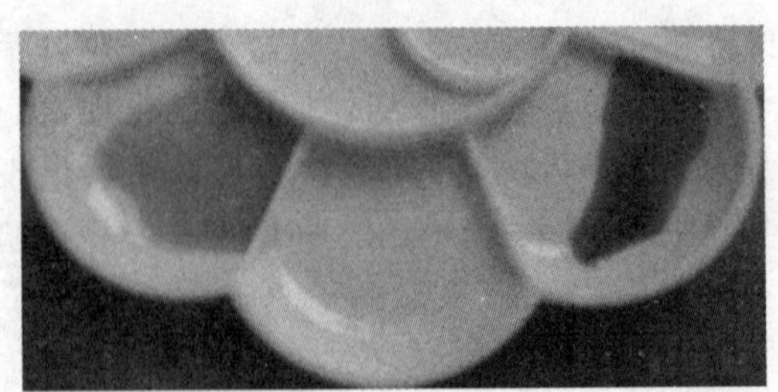

图 6-17-1 格里斯氏试剂反应(左)
与二苯胺试剂反应(右)

二、实验试剂

1. 硝化作用培养基:0.2% $(NH_4)_2SO_4$、0.1% K_2HPO_4、0.05% $MgSO_4 \cdot 7H_2O$、0.2%

NaCl、0.04% $FeSO_4$、0.5% $CaCO_3$，120 ℃灭菌 30 min。

2. 格里斯(Griess)试剂

A 液：0.5 g 对氨基苯磺酸溶于 150 mL 10%醋酸溶液中，保存于棕色瓶中

B 液：α-萘胺(α-naphthylamine)0.1 g、蒸馏水 20 mL、10%稀醋酸 150 mL，保存于棕色瓶内。

3. 二苯胺试剂：0.1 g 二苯胺(diphenylamine)溶于 20 mL 蒸馏水中，然后缓缓加入 100 mL 浓硫酸，保存于棕色瓶子中。

三、实验器具

三角瓶、培养箱、电子秤、比色碟、滴管、超净台、高压灭菌锅。

四、实验操作

1. 取 1 g 左右菜园土接种于硝化作用培养基的三角瓶中。

2. 放入 28～30 ℃培养箱培养 7～17 d。

3. 检查结果

1) 取培养液 2 滴于比色碟中，加格里斯试剂 A 液与 B 液各 1 滴，如观察到绛红色出现，则说明硝化作用的第一阶段正在进行，即有 HNO_2 产生(见彩图 6-17-2)。

2) 另取培养液 2 滴于比色碟中，加二苯胺试剂 1～2 滴，如观察到蓝色出现，说明硝化的第二阶段正在进行，即有硝酸存在(见彩图 6-17-3)。

五、注意事项

注意比色碟应清洗干净，不要有外源硝酸与亚硝酸的干扰。

六、评议

1. 发酵液如果加格里斯试剂出现绛红色，而加二苯胺试剂又出现蓝色，则说明处于硝化反应的两个阶段；如果只有红色出现，说明只有 HNO_2 产生，处于硝化反应的第一阶段；如果只有蓝色出现，说明硝化反应已经彻底完成了，发酵液中仅有硝酸盐。

2. 也可以采用奈瑟试剂比色法测定培养基中氨氮的含量。

七、思考题

如何判断硝化反应处于哪个阶段？

6-18　过氧化氢酶试验

一、实验原理

过氧化氢酶试验(catalase test)也称触酶试验，细菌的呼吸酶使细菌在代谢过程中与大气中的氧发生反应，形成过氧化氢，过氧化氢对细菌有毒害作用。如果细菌同时具有过氧化氢酶，则

可以把过氧化氢分解为水和原子态氧，继而形成氧分子，逸出气泡，从而使细菌免受毒害。因此，触酶是大多数好氧菌或兼性厌氧菌生长所需的，用于分解 H_2O_2。

$$2O_2^- + 2H^+ \xrightarrow{\text{超氧化物歧化酶}} O_2 + H_2O_2$$

$$2H_2O_2 \xrightarrow[\text{过氧化物酶}]{\text{过氧化氢酶或}} 2H_2O + O_2$$

二、实验试剂

新鲜配制的 3%～5%双氧水、各种菌的新鲜斜面 1 支。

三、实验器具

试管、凹型载玻片、接种环、培养箱、微量移液器、吸头。

四、实验操作

（一）方法一

1. 短试管中(或在凹型载玻片上)加入少量 3%～5%双氧水。

2. 用铂丝接种环挑取一环供试菌，放入 3%～5%双氧水中混匀。

3. 观察气泡的产生情况：如果存在过氧化氢酶，就可以看见在接种环的菌体周围有大量的气泡产生，为阳性；若无气泡产生则为阴性。

（二）方法二

1. 先挑取固体培养基上的菌落，置于洁净的玻片上。

2. 然后滴加 3%～5%过氧化氢溶液 1～2 滴，静置。

3. 观察结果：1 min 内产生大量气泡的为阳性；不产生气泡的为阴性(图 6－18－1)。

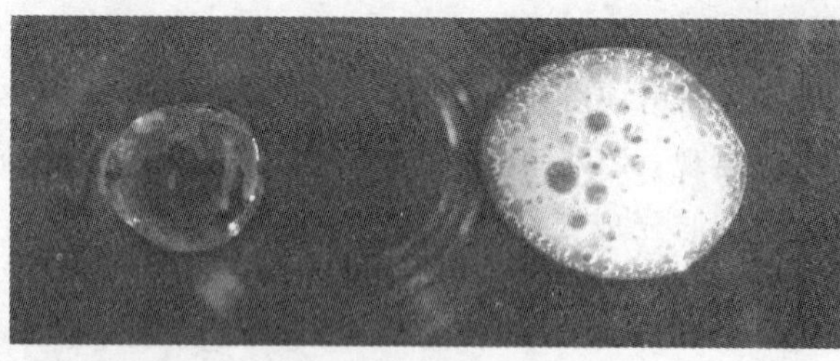

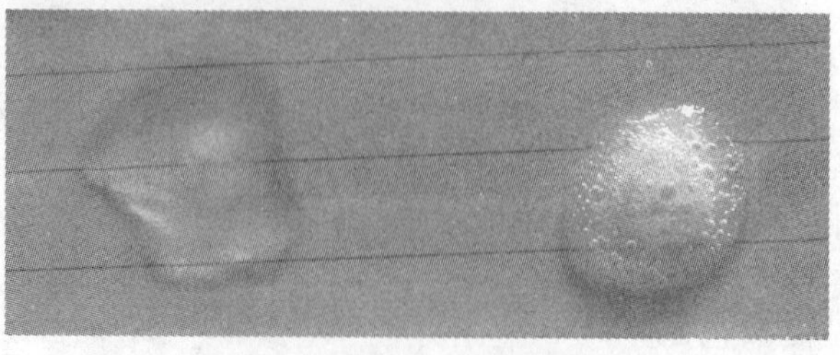

图 6－18－1　过氧化氢酶实验

(左边为阴性，右边为阳性)

五、注意事项

1. 实验中的细菌要求新培养的，不宜使用触酶活性减弱的陈旧培养物。

2. 实验时需要用已知的阳性菌与阴性菌作为对照。

六、评议

1. 过氧化氢酶是一种以正铁血红素作为辅基的酶，所以测试菌所生长的培养基不可含有血红素或红细胞。

2. 普通金属接种环可能与 H_2O_2 发生氧化还原反应，形成气泡，造成假阳性。因此，必须使用铂丝接种环或玻璃挑取培养物。

七、思考题

为什么厌氧菌在有氧条件下不能生长？

6－19　氧化酶试验

一、实验原理

氧化酶(oxidase)又称细胞色素氧化酶，是细胞色素氧化酶系统中的终末呼吸酶。此酶并不直接与氧化酶试剂起反应，而是先使细胞色素 C(cytochrome C)氧化，然后此氧化型细胞色素 C(oxidized cytochrome C)再使四甲基对苯二胺(tetramethyl－p－phenylenediamine)氧化，产生颜色反应。因此，本试验结果与细胞色素 C 的存在有关。

$$2\text{还原型细胞色素 C}+2H^+ +1/2O_2 \xrightarrow[\text{氧化酶}]{\text{细胞色素}} 2\text{氧化型细胞色素 C}+H_2O$$

3 氧化型细胞色素 C＋ [四甲基对苯二胺：$(H_3C)_2N-C_6H_4-N(CH_3)_2$] ⟶ [红色化合物：$(H_3C)_2N^+=C_6H_4=N^+(CH_3)_2$] ＋2 还原型细胞色素 C

四甲基对苯二胺　　红色化合物

氧化酶试剂作为电子供体在氧化酶和氧存在的情况下转变为氧化型物质，从而代替氧进一步作为电子的受体，使四甲基对苯二胺氧化变红。此外，四甲基对苯二胺容易氧化，当溶液颜色转为红褐色时，不宜使用。

二、实验试剂

1. 试剂 A：6 g 四甲基对苯二胺(tetramethylphenylenediamine，TMPD)溶解于 100 mL

二甲亚砜(dimethy sulfoxide,DMSO)中,置于避光玻璃塞瓶中,可在室温中保存几星期。

2. Ewing 改进试剂

1) 试剂Ⅰ:盐酸四甲基对苯二胺 1 g、抗坏血酸 1g,水 100 mL,盛于棕色瓶内,避光在 4 ℃下保存。

2) 试剂Ⅱ:萘酚 1g、95%乙醇 95 mL,盛于棕色瓶内,在 4 ℃下避光保存。

3. 7%羊血琼脂;菌株的新鲜培养物。

三、实验器具

玻棒、大滤纸、大平皿、微量移液器、吸头。

四、实验操作

(一) 方法一

1. 被检菌株移种于 7%羊血琼脂上,30 ℃有氧条件下培养 15~18 h。

2. 用玻璃棒刮取菌苔涂抹于无色滤纸片上,加 1 滴试剂 A,阳性者在 2 min 内呈深蓝色。

3. 若被测菌株移种在蛋白胨酵母浸出液琼脂上,至少培养 3 d 以上才可检测,阳性反应 5~10 min 出现。

(二) 方法二

1. 取滤纸一小块,涂抹菌苔少许,加 Ewing 改进试剂的试剂Ⅰ,并立即呈粉红色,迅速转为紫红色者为阳性;10~60 s 出现红色为延迟反应,仍按阳性处理;60 s 以后出现红色则按阴性处理。

2. 在滤纸上先滴加少许试剂Ⅰ,再滴加等量的试剂Ⅱ,然后涂抹待测菌,立即呈现蓝色者为阳性,2 min 无颜色变化者为阴性。

五、注意事项

1. 盐酸四甲基对苯二胺水溶液为无色溶液,在空气中易发生氧化,加入抗坏血酸可减缓氧化,未加抗坏血酸的试剂需每星期新鲜配制。溶液应装在棕色瓶中,并在冰箱内保存,如溶液颜色转红褐色,不宜使用。

2. 实验时避免接触含铁的物质。由于葡萄糖发酵可抑制氧化酶活性,实验菌株不宜采用含葡萄糖的培养基培养。

六、评议

1. 铁、镍、铬丝等金属可催化四甲基对苯二胺呈红色反应,若用它来挑取菌苔,会出现假阳性,故必须用铂金丝或玻璃棒(或牙签)来挑取菌苔。

2. 在滤纸上滴加试剂,以刚刚润湿滤纸为宜,如滤纸过湿,会妨碍空气与菌苔接触,从而延长反应时间,造成假阴性。

七、思考题

如何防止 Ewing 改进试剂中试剂Ⅰ的氧化?

6-20 脲酶试验

一、实验原理

有些细菌能产生脲酶(尿素酶,urease),可催化尿素(urea)分解为NH_3和CO_2。当NH_3释放后,会使pH升高,培养基变为碱性,酚红指示剂变红色(pH 8.1以上),否则为黄色。

$$(H_2N)_2C{=}O + 2H_2O \xrightarrow{\text{脲酶}} CO_2 + H_2O + 2NH_3$$

尿素

脲酶是某些菌体所释放的胞外酶,并不是诱导酶,因此不论底物尿素是否存在,细菌均能合成此酶,其活性最适pH为7.0。

二、实验试剂

1. 液体培养基:KH_2PO_4 0.1g、K_2HPO_4 0.1 g、NaCl 0.5g、0.2%酚红水溶液0.5 mL、蒸馏水100 mL,pH 7.0,灭菌后加20%尿素溶液10.4 mL。

2. Christensen培养基:0.1% Casamino acid,0.1%葡萄糖,0.2% KH_2PO_4,12 mg/L酚红,10 mg/L酵母提取物,1.5 % NaCl,1.5%琼脂,pH 7.2,过滤除菌的20%尿素溶液加到上述培养基中使其终浓度为2%。

三、实验器具

试管、接种针、培养箱、高压灭菌锅。

四、实验操作

(一)方法一

1. 挑取18~24 h待试菌培养物大量接种于液体培养基试管中,摇匀。

2. 于37 ℃培养10 min,60 min和120 min,分别观察结果。

3. 或涂布并穿刺接种于琼脂斜面,不要穿刺至底部,留底部作阴性对照。培养2h,4h和24 h分别观察结果,如阴性则应继续培养至4 d,作最终判定;若变为粉红色为阳性(见彩图6-20-1)。

(二)方法二

1. 配制Christensen培养基80 mL,取40 mL加4 mL过滤除菌的20%尿素溶液使其终浓度为2%,另40 mL不加尿素。

2. 制成斜面后,分别在加尿素与不加尿素的斜面上划线接种。培养1周,观察有无紫红色出现。

3. 结果:红色为阳性;不变颜色(仍旧为黄色)为阴性(彩图6-20-1)。

五、注意事项

1. pH 应精确控制。
2. 每个菌株各接三支加尿素与不加尿素的斜面上，另外还要有不接种的作为对照。

七、思考题

如何进行尿素的灭菌？

6－21 苯丙氨酸脱氨酶

一、实验原理

氨基酸分解代谢的最主要反应是脱氨基作用。有些细菌（如变形杆菌）能产生苯丙氨酸脱氨酶（phenylalanine deaminase），使培养基中的苯丙氨酸脱去氨基变成苯丙酮酸（phenylpyruvic acid），苯丙酮酸能与三氯化铁指示剂作用形成蓝绿色化合物。本试验用于肠肝菌科（*Enterobacteriaceae*）和某些芽孢杆菌属（*Bacillus*）的鉴定。

$$C_6H_5-CH_2-\underset{COO^-}{\overset{H}{C}}-\boxed{NH_3^+} + 1/2O_2 \xrightarrow{\text{苯丙氨酸脱氨酶}} C_6H_5-CH_2-C(=O)-COO^- + \boxed{NH_4^+} + 1/2H_2O$$

苯丙酮酸　　　　　　　　　　　　　　　　苯丙酮酸

苯丙酮酸＋$FeCl_2$ ⟶ 蓝绿色化合物

二、实验试剂

1. 培养基：基础培养基，2g/L 苯丙氨酸，1.5％琼脂粉（pH 7.0）。
2. 10％三氯化铁（$FeCl_3$）溶液。

三、实验器具

试管、灭菌锅、培养箱、接种环、超净台、高压灭菌锅。

四、实验操作

1. 配制 40 mL 基础培养基，添加 0.08 g 苯丙氨酸和 0.6 g 琼脂，调 pH 7.0。
2. 灭菌制成斜面，用适当的浓度接种，30 ℃培养 1～7 d。
3. 滴加 4～5 滴 10％三氯化铁（$FeCl_3$）试剂于长菌的斜面上。
4. 观察结果，阳性：当斜面上和管底冷凝水中（斜面和试剂液面处）产生蓝绿色（表明已经形成了苯丙酮酸）；阴性：不显色。

五、评议

本实验的特异性较高。变形杆菌属(*Proteus*)为阳性，而肠杆菌属(*Enterobacter*)细菌大多为阴性。

6－22　脂肪酶

一、实验原理

某些细菌可以产生胞外脂肪水解酶，分解培养基中的脂肪。脂肪水解酶(lipolytic enzymes)可以分为以下几类：① 脂肪酶(lipases，EC 3.1.1.3)，其作用大于 10 的长链脂肪；② 酯酶(esterases，EC 3.1.1.1)，作用于小于 10 的短链脂肪。

脂肪被微生物水解后产生的甘油和脂肪酸，常被利用作为合成细胞的基本成分，或在氧的作用下，发生氧化作用，产生能量。利用脂肪被水解产生脂肪酸，造成 pH 值下降的结果，可初步判断是否发生水解作用。也可以在培养基中加入维多利亚蓝，它能与脂肪结合成为无色化合物，如果脂肪被分解，则维多利亚蓝释出，呈蓝色。

此外，产生的脂肪酸可以通过在培养基中添加中性红来指示。中性红的指示范围：当 pH 6.8 时呈现红色，而 pH 值为 8.0 时呈现黄色。当细菌具有脂肪酶，分解脂肪物质产生脂肪酸时，培养基出现红色斑点。

$$\underset{\text{脂肪}}{\begin{array}{l} CH_2-O-\overset{O}{\overset{\|}{C}}-R_1 \\ | \\ CH-O-\overset{O}{\overset{\|}{C}}-R_2 \\ | \\ CH_2-O-\overset{O}{\overset{\|}{C}}-R_2 \end{array}} + 3H_2O \xrightarrow{\text{脂肪酶}} \begin{array}{l} CH_2-OH + R_1COOH \\ | \\ CH-OH + R_2COOH \\ | \\ CH_2-OH + R_2COOH \\ \quad\text{甘油}\qquad\text{脂肪酸} \end{array}$$

另外，也可以利用添加三丁酸甘油酯(tributyrin)到 LB 固体培养基(或基础培养基)上，观察菌体周围是否产生水解圈来确定酯酶产生与否。

吐温是用于检测脂肪酶的底物，其中吐温 20 为月桂酸酯(C12)，吐温 40 为棕榈酸酯(C16)，吐温 60 为硬脂酸酯(C18)，吐温 80 为油酸酯(C18)。当有脂肪酶的存在，菌落周围有模糊的白色晕圈。

二、实验试剂

1. 基础培养基(100 mL)中分别加入 1 mL 吐温 80、60、40、20，充分混匀，制成固体平板。

2. 油脂培养基：蛋白胨 10g、牛肉膏 5 g、NaCl 5 g、香油或花生油 10 g、1.6%中性红水溶液 1 mL、琼脂 15 g、蒸馏水 1 000 mL，pH 7.2。

3. 解脂细菌的培养基：牛肉膏 0.5 g、蛋白胨 0.5 g、琼脂 2.0 g、大豆油 5.0 g、维多利亚蓝 4 mg，蒸馏水 100 mL。

三、实验器具

三角瓶、试管、培养皿、培养箱、接种环、超净台、高压灭菌锅。

四、实验操作

（一）以吐温为底物

1. 吐温常温需要单独灭菌，待基础培养基冷却到 40～50 ℃时，加入无菌的吐温，成分混匀后再倒平板。

2. 点接种后在适当的温度条件下培养 1～2 周。

3. 形成明显的菌落后，每天观察有无晕圈。

4. 观察结果：阳性：菌落周围有模糊的白色晕圈；阴性：无晕圈（见彩图 6－22－1）。

（二）方法二

1. 配制油脂培养基，灭菌后备用。

2. 倒平板前，应将油脂培养基充分振荡使油脂均匀分布，再倒入培养皿中。

3. 平板凝固后点种试验菌以及对照菌，置于 37 ℃培养箱中培养 24 h。

4. 观察平板底层长菌的地方，如果出现红色斑点，即说明脂肪酸被水解，为阳性反应。

（三）方法三

1. 配制解脂细菌的培养基，灭菌后倒平板。

2. 点接种后在适当的温度条件下培养 1～2 周。

3. 形成明显的菌落后，每天观察有无出现蓝色。

4. 观察结果：显示蓝色为阳性；无色为阴性。

（四）酯酶检测

1. 配制含有 1%三丁酸甘油酯的 LB 固体培养基。

2. 点接种后在适当的温度条件下培养 3 d～1 周。

3. 形成明显的菌落后，每天观察有水解圈。

4. 观察结果：阳性：菌落周围有透明的水解圈；阴性：无水解圈（图 6－22－2）。

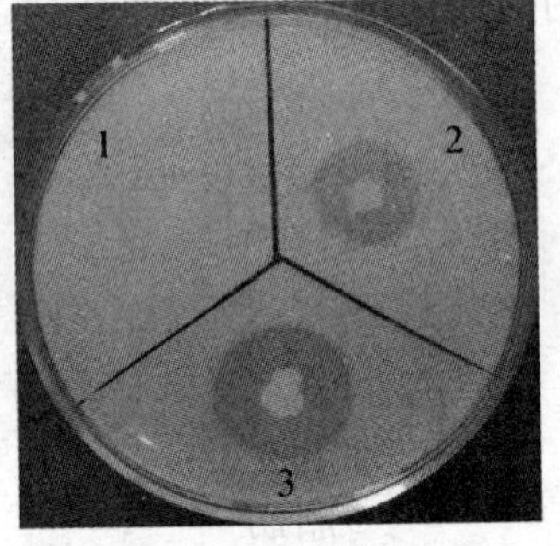

图 6－22－2 酯酶实验

1 为阴性；2、3 为阳性

五、注意事项

配制油脂培养基时不要使用变质的香油或花生油；先加油、琼脂和水，调好 pH 后，再加入中性红以使培养基呈现红色为准，分装培养基时，需要不断地搅拌，使油脂均匀分布于培养基中。

六、评议

晕圈由菌体利用吐温后所形成的特征性皂化结晶组成。

6-23 磷酸酶试验

一、实验原理

某些细菌具有磷酸酶(phosphatase),磷酸酶是一种能够将对应底物去磷酸化的酶,即通过水解单磷酸酯将底物上的磷酸基团除去。反应基质如果是磷酸酚酞,经磷酸酶水解后可释放出酚酞,酚酞在碱性条件下呈现红色。

二、实验试剂

100 mL 琼脂培养基、1%磷酸酚酞溶液。

三、实验器具

培养皿、高压灭菌锅、培养箱、接种环、培养皿、超净台。

四、实验操作

1. 100mL 琼脂培养基,灭菌融化后冷却至 50 ℃,加入过滤除菌的 1%磷酸酚酞溶液 0.1 mL,摇匀后倒平板。
2. 接种被检菌株于上述平板上,在 30~35 ℃条件下培养 18~24 h。
3. 在平板皿盖内滴加一滴浓氨水,倒置平板熏蒸片刻。
4. 观察结果:如果菌落呈粉红色为阳性。

五、评议

磷酸酶反应试验也可用液体培养基,接种培养后,向试管内加入 40% NaOH 溶液 1 滴,观察结果。

6-24 DNA 酶活性

一、实验原理

某些细菌能产生 DNA 酶,使外源性 DNA 水解(hydrolysis of DNA)形成数个单核苷酸组成的寡核苷酸链。随着 DNA 被分解,指示剂甲苯胺盐从蓝色变成红色。长链 DNA 可被酸沉淀,而寡核苷酸则能溶于酸而不会沉淀。故在 DNA 琼脂平板上加盐酸,如果在菌落周围形成透明区,而其他部位呈现浑浊,则表示该菌具有 DNA 酶活性(DNase activity)。

二、实验试剂

1. 基础固体培养基加 0.2% DNA 和 0.1g/L 甲苯胺蓝,灭菌后,倒平板。
2. 1 mol/L HCl 溶液。

三、实验器具

培养皿、接种环、高压灭菌锅、分析天平、pH 计、微量移液器、吸头。

四、实验操作

1. 将待测菌在 DNA 琼脂平板上点种，在 30～35 ℃培养 0.5～2 d。
2. 形成明显的菌落后，用 1 mol/L HCl 覆盖平板表面。
3. 观察在接种部位有无出现粉红色的晕圈（加甲苯胺蓝）或透明圈（不加甲苯胺蓝）。
4. 结果：阳性：菌落周围有粉红色的晕圈或透明圈。阴性：无粉红色晕圈或透明圈。

五、注意事项

接种时，沙雷氏菌属（*Serratia*）可以作为阳性对照。

六、评议

如果菌体本身是红色的，可以在培养一定时间后，将菌体刮去，然后再加盐酸观察现象。

6－25 β－半乳糖苷酶试验

一、实验原理

β－半乳糖苷酶试验也称邻硝基苯－β－D－吡喃半乳糖苷试验（the ONPG test），主要检测是否含有β－半乳糖苷酶（β－galactosidase）。乳糖发酵过程中需要乳糖通透酶和β－半乳糖苷酶才能快速分解。有些细菌只有半乳糖苷酶，只能迟缓发酵乳糖，而所有乳糖快速发酵和迟缓发酵的细菌均可快速水解邻硝基苯－β－D－吡喃半乳糖苷（O－nitrophenyl－β－D－galactopyranoside，ONPG），ONPG 可迅速进入细菌细胞，被β－半乳糖苷酶水解，释放出黄色的邻硝基苯酚（O－nitrophenol，ONP），所以可以通过培养液是否变黄来判断β－半乳糖苷酶的存在。

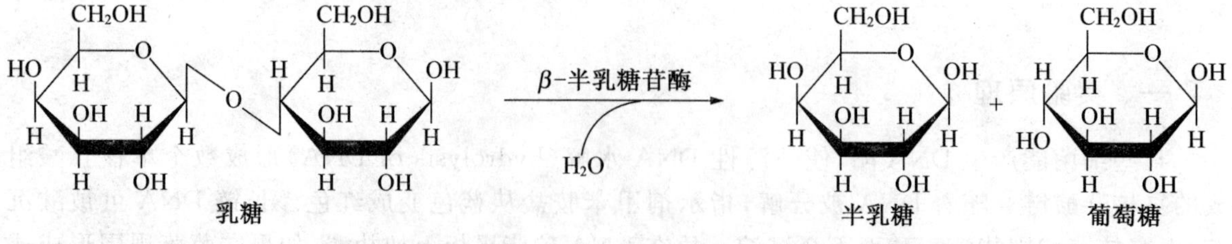

乳糖 $+ H_2O \xrightarrow{\beta\text{-半乳糖苷酶}}$ 半乳糖 + 葡萄糖

$$ONPG + H_2O \xrightarrow{\beta\text{-半乳糖苷酶}} \text{半乳糖} + \text{黄色的邻硝基苯酚}$$

二、实验试剂

1. ONPG 试剂：0.6g ONPG 溶解于 100 mL 磷酸缓冲液中，过滤除菌，与 300 mL 蛋白胨水混合，无菌分装小试管置冰箱内保存，一年内有效。也可加 5%乳糖，并降低蛋白胨含量至

0.2%～0.5%，如此可使大部分迟缓发酵乳糖的菌在 1 d 内发酵。

2. ONPG 纸片：高压灭菌小纸片，每片滴加 1 滴如下底物溶液：0.06 g ONPG，0.017 g $Na_2HPO_4 \cdot 2H_2O$，10 mL 蒸馏水。

3. 甲苯。

三、实验器具

试管、水浴锅、接种环、高压灭菌锅、超净台。

四、实验操作

（一）方法一

1. 取一环纯培养物加入 ONPG 培养基中，然后在 37 ℃水浴中温育。

2. 每隔一段时间观察直到 24 h。

3. 观察结果：假如有 β-半乳糖苷酶的存在，培养基会在 3 h 内产生黄色为阳性；24 h 内不变色为阴性。

（二）方法二

1. 挑取斜面幼龄培养物一环于 ONPG 培养基中，适温培养 24 h。

2. 于 0.5 mL 生理盐水中制备浓的菌悬液，其中加 ONPG 纸片。

3. 30 ℃温育 24 h 后观察结果。

4. 观察结果：阳性，培养基变黄色；阴性，不变色。

（三）方法三

1. 将菌培养过夜，转移至 0.25 mL 生理盐水中，再加数滴甲苯。

2. 振荡混匀后，在 37 ℃下静置 5 min。

3. 再加入 0.25 mL ONPG 试剂，然后在 37 ℃水浴中温育，每隔一段时间观察，如 30 min、1 h、2 h、3 h 直到 24 h。

4. 观察结果：假如有 β-半乳糖苷酶的存在，培养基变黄色为阳性；不变色为阴性。

五、注意事项

1. ONPG 试剂不稳定，如果由无色变成黄色就不能再使用了。

2. 本身为黄色的细菌注意设置阴性对照，即 0.5 mL 无菌水替代 ONPG 试剂。

六、思考题

ONPG 试验的原理是什么？

6－26　卵磷脂酶试验

一、实验原理

卵磷酯酶（lecithinase）具有溶解线粒体膜的功能，其能使各种细胞膜破裂，造成溶血、组织坏死、毛细血管内皮细胞受损，各种原因所致中枢神经系统炎症时脑脊液卵磷脂酶增高。

α 毒素是一种卵磷脂酶，能分解卵磷脂。人和动物的细胞膜是磷脂和蛋白质的复合物，可被卵磷脂酶所破坏，故 α 毒素能损伤多种细胞的细胞膜，引起溶血、组织坏死，血管内皮细胞损伤，使血管通透性增高，造成水肿。

某些梭状芽孢杆菌可以产生的卵磷脂酶，此酶经钙离子作用，能迅速分解卵黄或血清中的卵磷脂而形成混浊沉淀状的甘油酯（脂肪）和水溶性磷酸胆碱，前者在菌落周围形成沉淀区。

二、实验试剂

基本固体培养基、生理盐水、卵黄。

三、实验器具

培养皿、接种环、高压灭菌锅、分析天平、试管、培养箱、灭菌锅、超净台、pH 计、微量移液器、吸头。

四、实验操作

1. 在无菌操作台上取卵黄放入无菌三角瓶中，加等量生理盐水，摇匀。
2. 取 5 mL 卵黄液加入到融化的约 50～55 ℃的基本固体培养基（100 mL）中，混匀后倒入培养皿，制成卵黄平板，过夜后即可使用。
3. 取 18～24 h 的斜面菌体点种在上述平板上，点的直径约为2～3 mm，每个平板点 4 株菌株。每株菌至少重复点接两个平板。
4. 适温培养 18～24 h 观察。有些菌则需要培养 48h 再观察。
5. 观察结果：阳性：菌落四周和下方有不透明乳白色浑浊区域出现，6 h 后该混浊圈可扩大到直径 5～6 mm，表示卵磷脂分解生成脂肪；阴性：没有浑浊的晕圈出现（见彩图 6－26－1）。

五、注意事项

结果的观察有的菌株需要连续一周的时间。

6－27 赖氨酸和鸟氨酸脱羧酶试验

一、实验原理

细菌如果具有某种氨基酸脱羧酶（decarboxylases），如赖氨酸脱羧酶、鸟氨酸脱羧酶、精氨酸脱羧酶，可使赖氨酸（lysine）、鸟氨酸（ornithine）或精氨酸（arginine）脱去羧基生成胺类和二氧化碳，导致培养基变碱，使指示剂溴甲酚紫显示紫色，试验结果为阳性。若细菌不脱羧，培养基不变碱，则呈黄色。一般肠杆菌科的细菌于 1～2 d 呈阳性反应，但也有迟缓阳性者，如培养 3～4 d才出现阳性反应，阴性对照管应呈黄色。

$$\underset{\text{氨基酸}}{\mathrm{R{-}CH(NH_2){-}COOH}} \xrightarrow{\text{脱羧酶}} \underset{\text{胺类}}{\mathrm{R{-}CH_2{-}NH_2}} + CO_2$$

$$\underset{\text{赖氨酸}}{\mathrm{NH_2{-}CH_2{-}(CH_2)_2{-}CH(NH_2){-}COOH}} \xrightarrow{\text{赖氨酸脱羧酶}} \underset{\text{尸胺(1,5-戊二胺)}}{\mathrm{NH_2{-}CH_2{-}(CH_2)_2{-}CH_2{-}NH_2}} + CO_2 + pH\uparrow$$

$$\underset{\text{鸟氨酸}}{\mathrm{NH_2{-}(CH_2)_2{-}CH(NH_2){-}COOH}} \xrightarrow{\text{鸟氨酸脱羧酶}} \underset{\text{腐胺(1,4-丁二胺)}}{\mathrm{NH_2{-}CH_2{-}(CH_2)_2{-}CH_2{-}NH_2}} + CO_2 + pH\uparrow$$

二、实验试剂

1. 液体基本培养基(对照);赖氨酸脱羧酶培养基;鸟氨酸脱羧酶培养基;精氨酸脱羧酶培养基。

2. 0.2%溴甲酚紫溶液;0.2%甲酚红溶液;石蜡油。

三、实验器具

试管、三角瓶、微量移液器、超净台、高压灭菌锅、微量移液器、Eppendorf 管、吸头。

四、实验操作

1. 配制 180 mL 半固体基本培养基(琼脂含量 3~6 g/L),加入指示剂 0.2%溴甲酚紫溶液 0.45 mL;0.2%甲酚红溶液 0.9 mL。

2. 分装三份,每份 60 mL,其中两份分别加入 0.6g L-鸟氨酸、L-赖氨酸的盐酸盐(终浓度 1%)。所加的氨基酸应该先溶解于 0.6 mL 1.5% NaOH 溶液中,再调 pH 6.0~6.3,未加氨基酸的一份基础培养基作为空白对照。

3. 分装小试管,每管 3 mL,灭菌。

4. 将菌液接种在上述含氨基酸的培养基及不含氨基酸的对照培养基中,接种后用无菌石蜡油封盖,高度至少 5 mm。对照管与测定管同时接种。

5. 一般于 30 ℃培养 4 d,每天观察,连续观察 7 d。

6. 观察结果：阳性：指示剂呈紫色或带红色调的紫色；阴性：呈黄色(不含氨基酸的空白对照培养基同为黄色)。

五、注意事项

每个实验要做三个平行，并且还需要一个不加氨基酸的对照。

六、评议

1. 鸟氨酸的培养基中可能有少量絮状沉淀，但无碍于实验。

2. 开始阶段由于葡萄糖分解而使培养基变酸性并呈黄色，但随后变为紫色者仍按阳性结果处理(对照管应为黄色)。

6－28 精氨酸双水解试验

一、实验原理

精氨酸可降解为瓜氨酸和胺，瓜氨酸可降解为鸟氨酸、氨和二氧化碳。鸟氨酸(ornithine)又可受脱羧酶的作用，生成腐胺和二氧化碳。氨和腐胺可使培养基变碱，酚红指示剂随之变红色。

二、实验试剂

1. 索恩利(Thornley)培养基(含精氨酸的氨基酸脱羧酶试验培养基)：蛋白胨 1 g、NaCl 5 g、K_2HPO_4 0.3 g、琼脂 6 g、酚红 0.01 g、L－精氨酸盐 10 g、蒸馏水 1 000 mL，pH 7.0～7.2，分装试管，每管约 4～5 cm 高度。

2. 石蜡油。

三、实验器具

试管、接种针、培养箱、高压灭菌锅、超净台。

四、实验操作

1. 将细菌穿刺接种在上述培养基中，并封以无菌石蜡油。

2. 在 35 ℃培养 1～4 d，每天观察结果。

3. 观察结果：阳性：培养基转为红色；阴性：不变色。

6－29 抗生素敏感性试验

一、实验原理

细菌对抗生素的敏感性试验(Antimicrobial susceptibility tests)是指抗生素抑制细菌生长的实验。细菌对抗生素的反应可分敏感性、耐药性等。抗生素敏感性实验方法主要有最低抑菌浓度(minimal inhibitory concentration, MIC)和最低杀菌浓度法(minimal bactericidal concentration,MBC)。MIC是指抗生素抑制细菌生长所需要的最低浓度;而MBC是指抗生素杀死细菌所需的最低浓度。

目前常用Bauer和Kirby建立的K-B纸片琼脂扩散法(disc agar diffusion method)来确定细菌的抗生素敏感性,其基本原理是将含有一定量抗生素的纸片,平贴于已接种被检细菌的琼脂培养基上,纸片上的抗生素呈梯度向周围扩散,敏感菌株的生长受到抑制后形成抑菌圈。抑菌圈的直径大小与MIC呈负相关关系。根据抑菌圈的大小可判断细菌对抗生素的敏感性。

二、实验试剂

1. 基础培养基用量为:3个平行×(菌株数+1个空白对照)×3 mL×(18种抗生素+不加抗生素对照)。

2. 抗生素,具体见表6-29-1。

表6-29-1 抗生素配制及母液浓度

种类	溶剂	储存母液浓度
氨苄青霉素(Ampicillin)	H_2O	50mg/mL
茴香霉素(Anisomycin)	DMSO	5 mg/mL
杆菌肽(Bacitracin)	5%DMSO	2mg/mL
羧苄西林(Carbenicillin)	H_2O	100mg/mL
氯霉素(Chloramphenicol)	乙醇	34 mg/mL
头孢噻肟(Cefotaxime)	H_2O	250 mg/mL
乳酸酶红霉素(Erythromycin)	乙醇	10 mg/mL
硫酸卡那霉素(Kanamycin)	H_2O	10mg/mL
萘啶酮酸(Nalidixic acid)	H_2O	30 mg/mL(加6mol/L NaOH至溶解)
新霉素(Neomycin)	H_2O	10 mg/mL
呋喃妥因(Nitrofurantoin)	二甲基甲酰胺	5%
新生霉素(Novobiocin)	H_2O	25 mg/mL
制霉素(Nystain)	DMSO	30 mg/mL
青霉素G(Penicillin)	H_2O	10mg/mL
多黏菌素(Polymyxin)	H_2O	50mg/mL
利富平(Rifamcin)	DMSO或甲醇	30 mg/mL
硫酸链霉素(Streptomycin)	H_2O	10mg/mL
四环素(Tetracyline)	乙醇	5 mg/mL

三、实验器具

培养皿、三角瓶、试管、抗生素纸片、微量移液器、Eppendorf 管、吸头、镊子、超净台、灭菌锅。

四、实验操作

(一) 液体培养

1. 配制 0.8 L 基础培养基,分装 19 个三角瓶,每瓶 40 mL,灭菌。

2. 灭菌后加相关抗生素量储存母液至终浓度为 50 μg/mL。3 mL 分装 12 支试管。

3. 每株菌株:每种抗生素做 3 个平行,不加抗生素接菌对照 3 个平行,此外,每种抗生素设 3 个不接菌平行,不加抗生素不接菌对照 3 个平行,用于检测分装的污染。

4. 培养 1～7 d,每天观察生长情况(菌体浓度变化)。

(二) 固体培养

1. 按照培养基配方制作双层平板:即每个平板先倒入约 15 ml 琼脂浓度为 2%的固体培养基。待凝固后,再倒入 15ml 含有 10%新鲜菌液的琼脂浓度为 0.8%～1.0%的混合固体培养基。0.8%～1%的琼脂有利于抗生素的扩散。

2. 最适生长温度预培养 4～6 h(培养时间根据细菌生长快慢而定)。

3. 在无菌操作台上,用无菌镊子夹住抗生素纸片,轻轻放在双层平板表面,并轻轻将纸片压实,不可用力过大,否则培养基会被戳破。每个平板事先划分成四个区域,各放入一片抗生素纸片。每种抗生素要做 3 个平行。

4. 将放好纸片的平板倒置于恒温培养箱中,培养 8～10 h,连续 1 周观察抑菌圈。

5. 观察结果:有抑菌圈的说明该抗生素能够抑制该菌株的生长,标记为“+”,没有抑菌圈的标记为“—”(图 6-29-1)。

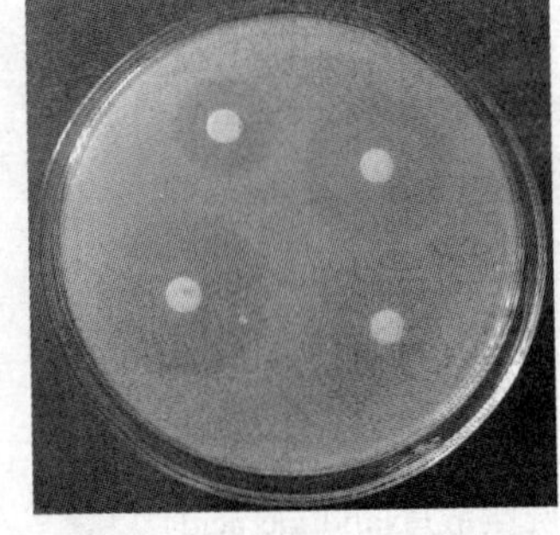

图 6-29-1 抗生素敏感性

五、注意事项

检测菌的预培养时间很关键,时间太短,菌株没有进入对数生长期就被抑制,结果不明显,造成假阳性;时间太长,平板上菌层已经很厚,观察不到抑菌圈,造成假阴性。

六、评议

1. 已经有含有各种抗生素的滤纸片出售,可以从商家(如杭州微生物试剂公司)直接购买(表 6-29-2)。抗生素滤纸片应保存在—20 ℃,并注意不要超过保质期。

表 6-29-2 抗生素滤纸种类及规格

抗生素类型	抗生素英文名称	规格(μg/片)
阿莫西林	Amoxicillin	10
氨苄青霉素	Ampicillin	10
杆菌肽	Bacitracin	0.04 IU
羧苄西林	Carbenicillin	100
头孢噻肟	Cefotaxime	30
头孢西丁	Cefoxitin	30
氯霉素	Chloramphenicol	30
红霉素	Erythromycin	10
卡那霉素	Kanamycin	30
新霉素	Neomycin	30
呋喃妥因	Nitrofurantoin	300
新生霉素	Novobiocin	30
制霉素	Nystatin	100
青霉素 G	Penicillin	10 IU
多粘菌素 B	Polymyxin	300 IU
利富平	Rifamcin	5
链霉素	Streptomycin	10
四环素	Tetracyline	30
妥布霉素	Tobramycin	10

2. 铺抗生素滤纸片时，先将镊子在火上烧一烧，待冷却后再夹抗生素滤纸片，否则抗生素会受热失效，每换一种抗生素都要烧一下镊子。

七、思考题

什么是 MIC 与 MBC?

6-30 微量多相试验鉴定系统

一、实验原理

传统的生理生化特征鉴定需要测定众多的指标，烦琐又花时间，为了适应快速鉴定的需求，目前已经开发出许多种类的微量多相成套鉴定系统与方法。

微量多相试验鉴定系统是根据微生物生理生化特征鉴定的结果而进行的数码分类鉴定。它针对微生物的生理生化特征，配制各种培养基、反应底物、试剂等，分别微量(约 0.1 mL)加入各个分离室(或用小圆纸片吸收)，冷冻干燥脱水或不干燥脱水，各分室集中在同一塑料条或板上构成检测卡(图 6－30－1)。试验时加入待检测的某一种菌液,培养 2～48 h(通常 15～24 h),观察鉴定卡上各项反应,按说明书上判定表判定试验结果。用相应编码查阅检索表,得到鉴定结果,或将编码输入计算机。

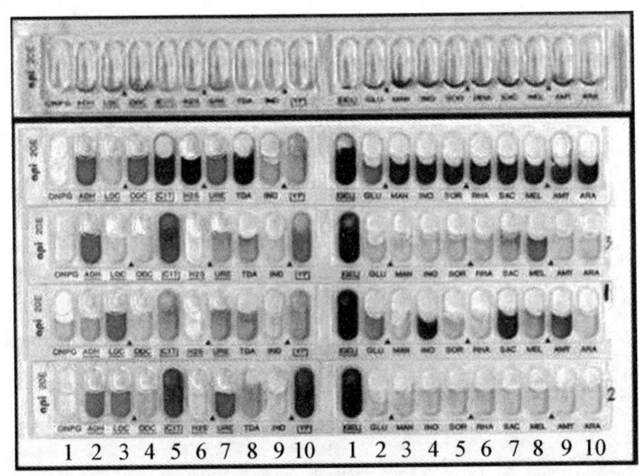

图 6－30－1 API 20E

国外的相应产品已标准化、系统化和商品化,主要有法国梅里埃集团的 API/ATB (antomatic tedting bacteriology)、瑞士罗氏公司的 Micro-ID、美国的 Biolog 全自动和手动细菌鉴定系统等。其中 API(analytic products Inc)系统是目前较为常用的鉴定系统,包括约 750 种反应的鉴定系统,如鉴定肠杆菌科细菌的 API20E,鉴定厌氧菌的 API20A,鉴定非肠杆菌科细菌的 API20NE,鉴定葡萄球菌属和微球菌属细菌的 API Staoh,鉴定链球菌属细菌的 API Strep,鉴定棒状杆菌属细菌的 API Coryne,鉴定芽孢杆菌属等革兰氏阳性杆菌的 API50CHB 等;此外,Biolog 公司提供的鉴定板可分五大类:鉴定革兰氏阴性好氧菌的 GN2 板、鉴定革兰氏阳性好氧菌的 GP2 板、鉴定厌氧菌的 AN 板、鉴定酵母菌的 YT 板、鉴定丝状真菌的 EF 板等。

微量多相试验鉴定技术不仅能快速、灵敏、准确、可重复地鉴定微生物,并且简易,节省人力、物力、时间和空间,是微生物鉴定技术向快速、简易和自动化发展的一个方向,但微量多相试验鉴定价格比较昂贵。

如 API50CH 是一个标准化的鉴定系统,它采用了 50 个生化试验针对微生物的碳水化合物代谢进行研究。API50CH 试条由 50 个微量孔组成,用于研究碳水化合物及其衍生物(苷类 heterosides,多元醇、糖醛酸)的发酵。培养过程中,细菌在小管内的厌氧环境下发酵产酸,pH 改变促使培养基中的指示剂颜色变化,从而可直接观察到发酵作用。而试条上第一小孔中不含任何发酵底物,可作为阴性对照。API50CH 试条可用于检测两条代谢途径:氧化作用,细菌通过无氧条件下的发酵产酸,进行不完全的生物氧化产能,使试条孔中的 pH 指示剂颜色改变;同化作用,当细菌可利用发酵底物为唯一碳源时,试条上的孔中即可显示明显的细菌生长。

API50CH 与 API50CHB 配合可用于鉴定芽孢杆菌及相关细菌,肠杆菌科细菌和弧菌科细菌。

二、实验试剂

试剂盒。

三、实验器具

接种针、培养箱、摇床、超净工作台、微量移液器、吸头。

四、实验操作

1. 按照使用说明书进行实验操作。
2. 在适当温度条件下进行培养。
3. 观察鉴定卡上各项反应(图 6-30-2),按说明书上判定表判定试验结果。

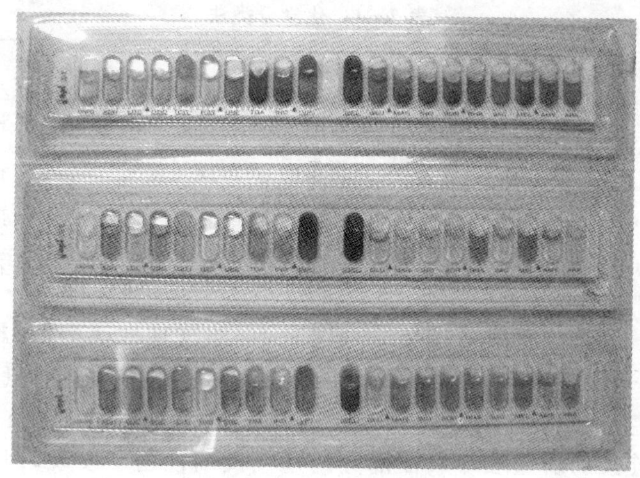

图 6-30-2 API20E

五、注意事项

1. 在使用前要检查包装和部件是否完整,不要使用破损或过期的试条。
2. 在盒子底盘一端的加长部分记录菌株的编号,不要在盖子上进行记录。
3. 接种试条时,加样器吸头靠在小孔的边缘加入菌悬液,避免产生气泡。
4. 当接种完成后,小孔内液面应避免出现新月形的凹陷或凸起。

六、评议

购买的试条应在 2~8 ℃下储存。

七、思考题

影响微生物鉴定分析系统特异性与准确性的因素有哪些?

7 微生物的化学分类特征

微生物细胞中的一些化学物质，其含量和结构具有种属特征，与其分类地位有关。化学分类(chemotaxonomy)是研究微生物细胞不同化学组分特性，并利用这些特性对微生物个体进行分类和鉴定的过程。由于细胞特定化学组分和分子结构的相对稳定，因此化学分类成为原核微生物系统分类的主要方法之一。目前常用化学分类指标是基于细胞结构，包括细胞的外层结构(如肽聚糖，磷壁酸，分枝菌酸等)，细胞膜(脂肪酸，极性脂 ，呼吸醌，色素等)或胞质的组成部分多胺等(表 7－1)。

表 7－1 化学分类法

细胞成分	分析内容	在分类水平上的作用
细胞壁	肽聚糖结构、多糖、胞壁酸	种和属
膜	脂肪酸、极性类脂、分枝菌酸、类异戊烯苯醌	种和属
蛋白质	氨基酸序列分析、血清学比较、酶谱	属和属以上单位
全细胞分析	热解-气液色谱分析、质谱分析	种和亚种

对于革兰氏阴性菌而言，肽聚糖(peptidoglycan)的组成往往很类似，难以提供大量的信息；但对于革兰氏阳性菌来说，其肽聚糖组成的不同(如肽聚糖的四肽链的氨基酸顺序和糖成分)，可以作为属或者种的特征指标。与细胞膜连接的磷壁酸(teichoic acid)在所有革兰氏阳性菌中都存在，但与细胞壁连接的磷壁酸却只在部分的革兰氏阳性菌中发现，因此磷壁酸也可以作为部分革兰氏阳性菌的特征指标。

脂质是区别细菌与古菌的标准之一，细菌具有酯键(ester linkage)，而古菌具有醚键(ether linkage)(图 7－1)。极性脂是细菌细胞膜脂双层的主要组成部分，鞘氨醇单胞菌属(*Sphingomonas*)和鞘氨醇杆菌属(*Sphingobacterium*)等细胞膜含有鞘氨醇(鞘磷脂，sphingosine)，所以鞘氨醇的存在与否可作为这类细菌的一个重要鉴定特征。脂肪酸作为脂和脂多糖的主要组成部分，也经常被用于分类目的的研究。目前已有超过 300 多种不同的脂肪酸被证实，它们之间在链的长度、双链的位置、取代基团方面具有差异，可以被用于分类学研究。

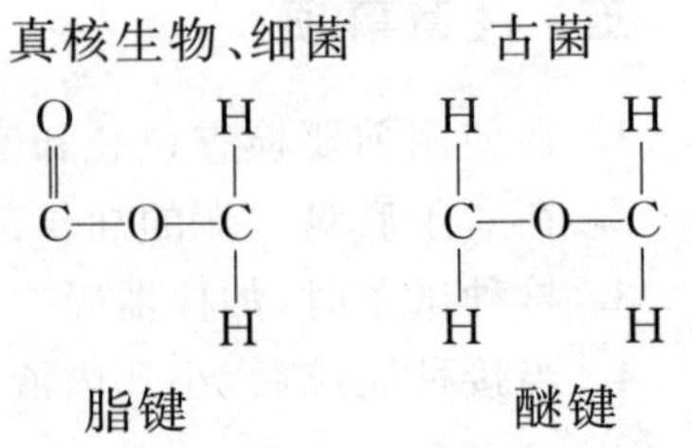

真核生物、细菌　　古菌

脂键　　醚键

图 7－1 细菌的脂键与古菌的醚键

异戊烯醌包括甲基萘醌(menaquinone)和泛醌(ubiquinone)，位于大多数原核生物的原生质膜上，在电子传递、氧化磷酸化、主动运输中起重要作用。大多数细菌含有一种或一种以上这类物质。其作为分类学的指标主要在于分析某类组分的有无以及侧链长度和氢饱和度的变化。如大多数好氧革兰氏阴性菌只含有泛醌，蓝细菌不含泛醌与甲基萘醌，而含有植物所固有的叶绿醌(维生素 K1，vitamin k1)和质体醌(plastoquinone)。

参考文献

1. Kawamoto I, Oka T, Nara T. Cell wall composition of Micromonospora olivoasterospora Micromonospora sagamiensis, and related organisms. J Bacteriol, 1981,146(2): 527-534.

2. Schleifer K H, Kandler O. Peptidoglycan types of bacterial cell walls and their taxonomic implications. Bacteriol Rev, 1972, 36: 407-477

3. Stanek J L, Roberts G D. Simplified approach to identification of aerobic actinomycetes by thin layer chromatography. Appl Microbiol, 1974, 28(4): 226-231

4. McKerrow J, Vagg S, McKinney T, Seviour E M, Maszenan AM, Brooks P. andSeviour RJ. A simple HPLC method for analysing diaminopimelic acid diastereomers in cell walls of Gram-positive bacteria. Letters in Applied Microbiol, 2000, 30: 178-182

7-1　细胞壁肽聚糖组分分析

一、实验原理

细菌细胞壁的主要化学结构是两种氨基糖单体，即N-乙酰葡萄糖胺和N-乙酰胞壁酸，通过β-1,4-糖苷键连接形成肽聚糖(peptidoglycan)支架，同时在N-乙酰胞壁酸上有一个由4种氨基酸构成的短肽链，邻近的肽链彼此通过肽桥相连，从而构成细胞壁的网状骨架结构。

在化学分类中，细胞壁中的肽聚糖具有较重要的价值。在许多原核微生物如细菌的细胞壁中，含有特征性的肽聚糖，在生长的不同时期，不同的生长因子条件下，肽聚糖的结构是非常稳定的，到目前为止，还没有发现戏剧性变化的肽聚糖类型，只有极少数的氨基酸可能会发生变化。细菌根据其革兰氏染色特征可分为革兰氏阳性与阴性两大类。对于革兰氏阴性菌而言，肽聚糖的组成比较类似，难以提供大量的分类信息。但对于革兰氏阳性菌来说，其肽聚糖组成有所差异，可以作为属和种的特征指标。典型肽聚糖的一级结构如图7-1-1所示，一般细菌细胞壁中肽聚糖的四肽链氨基酸顺序和糖的成分可作为分类的重要指标。古菌中没有典型的肽聚糖。

根据肽链间的连接方式，肽聚糖可以分为A型与B型两个类群。A型为一肽链的第三个氨基酸与另一肽链的第四个氨基酸交联；B型为一肽链的第二个氨基酸与另一肽链的第四个氨基酸交联。B型的肽聚糖是微杆菌科(*Microbacteriaceae*)下所有属以及丹毒丝菌属(*Erysipelothrix*)/霍尔德曼氏菌属(*Holdemania*)的特征。而其他分析过的所有含胞壁质的细菌都含有的A型肽聚糖。通常肽链的氨基酸组成在一个属的不同种中保持一致。然而肽链间的连接方式是可变性，在同属不同种间会有变化，如微杆菌属(*Microbacterium*)，而在同种的不同菌株间也会有不同。

根据肽聚糖分子中四肽链第3位氨基酸的种类(图7-1-2)、中间肽桥和邻近的四肽交联(图7-1-3)的位置，革兰氏阳性细菌可分为5种类型：① 第3位为内消旋的meso-DAP，与邻近肽链以3-4位交联。这类菌包括棒状杆菌属(*Corynebacterium*)、分枝杆菌属(*Mycobacterium*)、诺卡氏菌属(*Nocardia*)和乳酸杆菌属(*Lactobacillus*)、节杆菌属(*Arthrobacter*)及丙酸杆菌属(*Propionibacterium*)属中的某些种。② 第3位为赖氨酸，与邻近肽链以3-4位交联，这类菌包括链球菌属(*Streptococcus*)、片球菌属(*Pediococcus*)、明串珠菌属

(*Leuconostoc*)、葡萄球菌属(*Staphylococcus*)、微球菌属(*Micrococcus*)、乳酸杆菌属(*Lactobacillus*)、节杆菌属(*Arthrobacter*)及双歧杆菌属(*Bifidobacterium*)中的某些种。③ 第3位为LL-DAP,与邻近肽链以3-4位交联,这类菌包括链霉菌属(*Streptomyces*)、类诺卡氏菌属(*Nocardioides*)、节杆菌属(*Arthrobacter*)、丙酸杆菌属(*Propionibacterium*)中的某些种。④ 第3位为L-鸟苷酸,与邻近肽链以3-4位交联,这类菌包括双歧杆菌属(*Bifidobacterium*)和乳酸杆菌属(*Lactobacillus*)中的某些种。⑤ 第3位氨基酸不固定,中间肽桥包括二氨基酸、第2位的D-谷氨酸和第4位的D-丙氨酸之间的羧基在内,属于这类菌的包括某些节杆菌和棒状杆菌等。

CH2OH
CH2OH
OH
NHAc
NHAc
HO-C-H
CO
L-Ala
D-Glu → (NH2)
γ
L-DA ← ω (I) ← D-Ala
D-Ala
(D-Ala)
L-DA
D-Glu → (NH2)
L-Ala
CO
HO-C-H
AcHN
AcHN
CH2OH
CH2OH

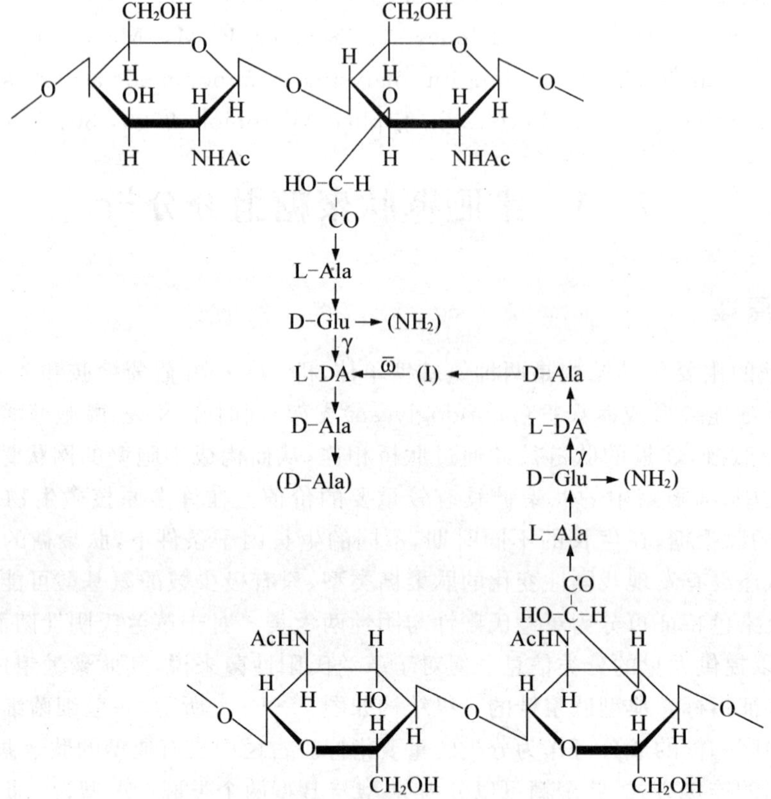

图7-1-1 典型肽聚糖的一级结构

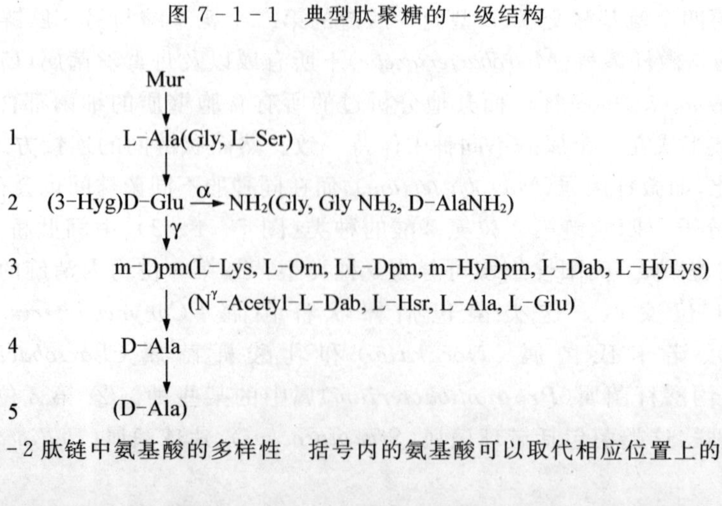

Mur
1 L-Ala(Gly, L-Ser)
2 (3-Hyg)D-Glu α→ NH2(Gly, Gly NH2, D-AlaNH2)
γ
3 m-Dpm(L-Lys, L-Orn, LL-Dpm, m-HyDpm, L-Dab, L-HyLys)
(Nγ-Acetyl-L-Dab, L-Hsr, L-Ala, L-Glu)
4 D-Ala
5 (D-Ala)

图7-1-2 肽链中氨基酸的多样性 括号内的氨基酸可以取代相应位置上的氨基酸

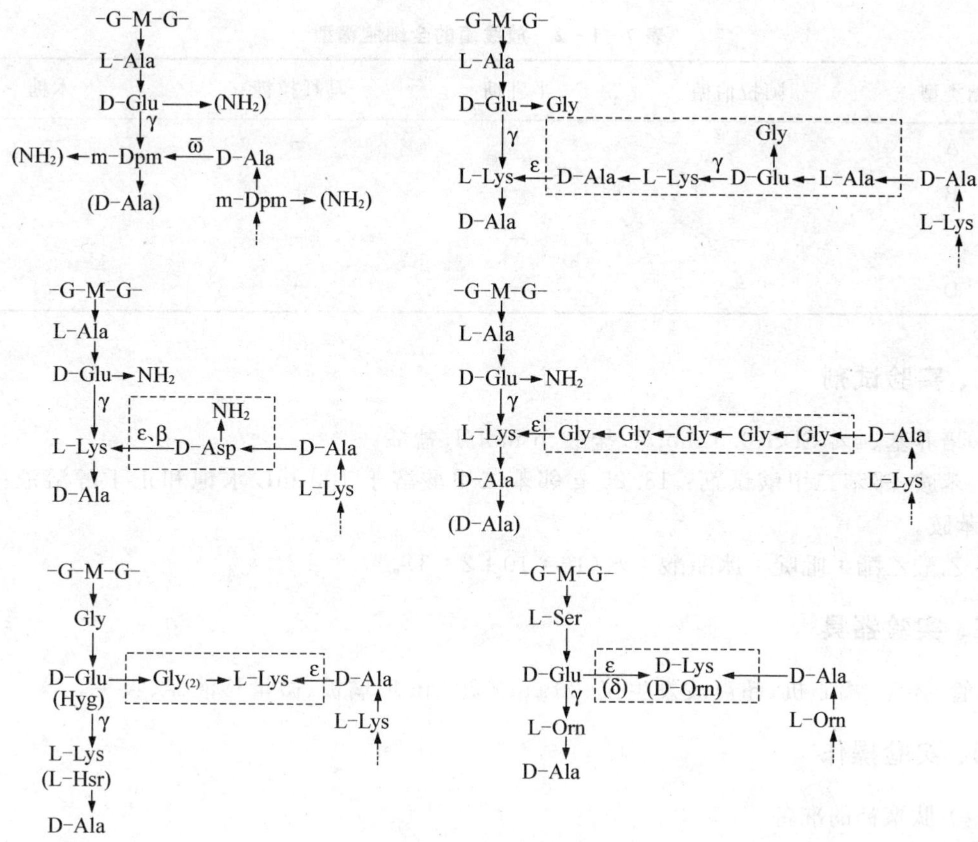

图7-1-3　肽桥模式

放线菌是革兰氏阳性菌，它的细胞壁构造与革兰氏阳性细菌一样，含有肽聚糖、磷壁酸(teichoic acid)、多糖等大分子，不同的是其肽聚糖分子结构中的氨基酸有差异。有人分析了600多株放线菌以后，将这些菌的细胞壁肽聚糖分子中的氨基酸归纳为9个类型(表7-1-1)，并以此作为放线菌分属的标准之一。此外，除了利用氨基酸的9个类型外，放线菌全细胞糖型也作为分属的指标之一(表7-1-2)。

表7-1-1　放线菌细胞壁的主要类型

类　型	独特组分	代表属
Ⅰ	L-DAP，甘氨酸	链霉菌属(*Streptomyces*)
Ⅱ	meso-DAP，甘氨酸	小单孢菌属(*Micromonospora*)
Ⅲ	meso-DAP	马杜拉放线菌属(*Actinomadura*)
Ⅳ	meso-DAP，阿拉伯糖，半乳糖	诺卡氏菌属(*Nocardia*)
Ⅴ	赖氨酸、乌氨酸	以色列放线菌(*Actinomyces israelii*)
Ⅵ	赖氨酸、天门冬氨酸	厄氏菌属(*Oerskovia*)
Ⅶ	DAB(二氨基丁酸)，甘氨酸	壤霉菌属(*Agromyces*)
Ⅷ	乌氨酸	双歧杆菌属(*Bifidobacterium*)
Ⅸ	meso-DAP，多种氨基酸	枝动菌属(*Mycopana*)

表 7-1-2 放线菌的全细胞糖型

糖类型	阿拉伯糖	半乳糖	马杜拉糖	木糖
A	+	+	−	−
B	−	−	+	−
C	−	−	−	−
D	+	−	−	+

二、实验试剂

1. 培养基、4% SDS、0.5 mol/L 盐酸、6 mol/L 盐酸

2. 苯胺-邻苯二甲酸试剂：13.25 g 邻苯二甲酸溶于 100 mL 水饱和正丁醇溶液中，再加 20 mL苯胺。

3. 乙酸乙酯：吡啶：冰醋酸：水(16：10：2：3)。

三、实验器具

试管、摇床、离心机、超声波发生仪、20 cm×20 cm 玻璃板、微量移液器、吸头。

四、实验操作

(一) 肽聚糖的准备

1. 离心获得菌体 3 g(或冻干菌体 0.6 g)，水洗。

2. 悬浮在 10～20 mL 纯水中，冰浴条件下超声波 150 W，处理 15 min。

3. 5 000 r/min 离心 30 min，去掉未裂解细胞，取上清液。

4. 上清液加入 4% SDS 溶液，100 ℃加热 40 min。

5. 冷却到室温后，18 000 r/min 离心 30 min，沉淀用预热的水洗。

6. 重复步骤 4 两次，将沉淀冷冻干燥，即为菌体的肽聚糖成分。

(二) 薄板的制备

1. 微晶纤维素(Art. 2330，Merck 公司)，按每克微晶纤维素加入 3.5 mL 蒸馏水配制成乳浊液，置摇床上于室温下中速摇匀，静置过夜，用前再次摇匀。

2. 取 20 mL 上述乳浊液倒在 20 cm×20 cm 的干净玻璃板上，每板约需微晶纤维素 5～6 g。用干净的玻璃棒均匀涂成薄层，并轻轻振动玻璃板，使纤维素均匀分布在板上，自然风干过夜备用。

(三) 肽聚糖的水解

1. 糖分析的试管中加入 0.5 mol/L 盐酸 0.1 mL，氨基酸分析的试管中加入 6 mol/L 盐酸 0.1 mL。

2. 然后均火焰封口，放入烘箱。

3. 温度上升至 120 ℃后维持 15 min 后取出，糖水解液以黄褐色(棕色)为宜，氨基酸水解液以褐色为宜。

（四）氨基酸分析

采用氨基酸分析仪 Hitachi L-8900 分析氨基酸组分。

（五）糖分析

1. 点样：用微量移液器在微晶纤维素薄板上距离下缘 1 cm 处点样，同时点上分别含有 1% 鼠李糖、核糖、木糖、半乳糖、甘露糖和海藻糖的混合液 0.2 μL 作为标准样品，风干。

2. 展层液为乙酸乙酯：吡啶：冰醋酸：水（16：10：2：3）。待展层液前沿浸液至距板上缘 1 cm 左右时，取出风干（图 7-1-4）。

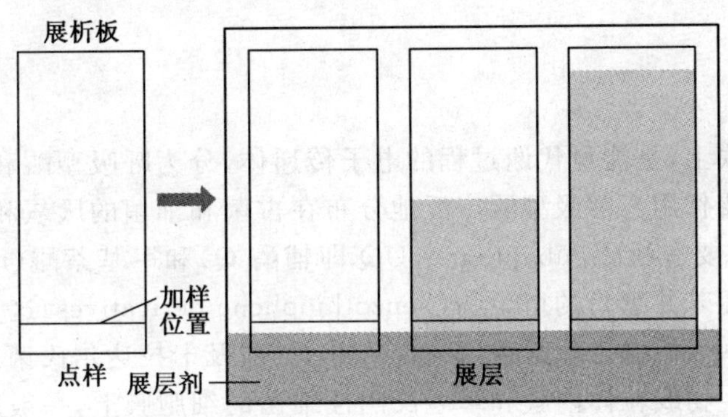

图 7-1-4　TLC 分析

3. 显色：糖分析的显色剂为苯胺-邻苯二甲酸试剂。

五、评议

1. 一般会发现 3～6 个氨基酸，但支链氨基酸（valine，leucine 等）、芳香氨基酸（phenyl-alanine，tyrosine，tyrptophan）、含硫的氨基酸（cysteine，methionine）、组氨酸（histidine）、精氨酸（arginine）和脯氨酸（proline）等从来没有被发现过。

2. 新建的革兰氏阳性的属需进行肽聚糖结构分析，革兰氏阳性新种要提供其氨基酸构成。在多数情况下，标准种的肽链的氨基酸组成与归到这一属中的其他种一致，所以应在属的描述中给出。一个新种的肽聚糖构成应与其属相一致，同时也可提供桥联等的不同来区分新种与其他种。在 http://www.dsmz.de/microorganisms/main.php?content_id=35 处有一张表单，列有肽聚糖的各种形式。

3. 薄板现已有成品出售，如 Merck 公司的 Silica gel 60 F254 plate。

六、思考题

肽聚糖分子中肽链都含有哪几种氨基酸？

七、参考文献

1. Schleifer K H，Kandler O. Peptidoglycan types of bacterial cell walls and their taxonomic implications. Bacteriol Rev，1972，36：407-477

2. Stanek J L，Roberts G D. Simplified approach to identification of aerobic actinomycetes by thin layer chromatography. Appl Microbiol，1974，28(4)：226-231

3. McKerrow J, Vagg S, McKinney T, et al. A simple HPLC method for analysing diaminopimelic acid diastereomers in cell walls of Gram-positive bacteria. Letters in Applied Microbiology, 2000, 30: 178－182

4. Kawamoto I, Oka T, Nara T. Cell wall composition of Micromonospora olivoasterospora Micromonospora sagamiensis, and related organisms. J Bacteriol, 1981,146(2): 527－534

7－2 细胞膜中醌类的分析

一、实验原理

生物醌位于细胞膜上，是能量代谢过程的电子传递体，分为呼吸型醌和光合型醌两类，在氧化磷酸化过程中起重要作用。呼吸型醌广泛地分布在古菌和细菌的厌氧和好氧生物中，是呼吸链中的电子传递体，主要有泛醌(ubiquinine，UQ 即辅酶 Q)和甲基萘醌(menaquinone，MK，即维生素 K2)两大类。而苯并噻吩的衍生物(benzothiophene derivatives)这一类醌仅存在于硫化叶菌目(*Sulfolobales*)中，如硫化叶菌属(*Sulfolobus*)的醌及卡拉达尔氏菌属(*Caldariella*)。泛醌广泛存在于真核微生物线粒体内膜和革兰氏阴性细菌的细胞膜上，一般用于微生物的好氧呼吸和硝酸盐呼吸；而甲基萘醌存在于革兰氏阳性细菌和个别革兰氏阴性细菌的细胞膜上，一般用于微生物的厌氧呼吸和好氧呼吸。已知有很多类群合成甲基萘醌及衍生物，包括甲基萘醌，脱甲基甲基萘醌(demethylmenaquinone)，单甲基萘醌(monomethylmenaquinone)，二甲基萘醌(dimethylmenaquinone)和甲基噻醌(menathioquinone)。光合型醌主要有质体醌(plastoquinone，PQ)和叶绿醌(phylloquinone，维生素 K1)，是光反应电子传递链中的传递体，主要存在于能进行光合作用的藻类和植物中。

虽然泛醌、甲基萘醌、质体醌和叶绿醌有不同的分子骨架，但它们都有一个相同的 5C 单位——聚异戊二烯侧链。根据异戊二烯侧链的长度，即异戊二烯单体的单元数和侧链中被氢饱和双键的个数，泛醌和甲基萘醌分别被命名为 UQ-n(Hx)和 MK-n(Hx)。例如 UQ-10 表示侧链含有 10 个异戊二烯单位的泛醌，MK-8(4)或者 MK-8(H4)表示侧链含有 8 个异戊二烯单位的甲基萘醌，其侧链中的两个双键被 4 个氢原子所饱和。在古菌和细菌的甲基萘醌及衍生物中，已知侧链的长度为 5 到 15 个异戊二烯单元。在 δ-变形菌纲(Deltaproteobacteria)和盐杆菌纲(Halobacteria)的某些成员会合成在侧链末端有氢饱和的甲基萘醌。盐杆菌纲一般有 8 个异戊二烯基，而 δ-变形菌纲一般有 5 到 7 个。在高 G+C 含量革兰氏阳性菌中，其异戊二烯侧链显示出了不同模式的氢化。一些情况下，第一个氢化点会位于第二个异戊二烯的双键，第二个氢化位点在第三个双键上。在另一些情况下，第二个氢化点则位于侧链的末端。在古菌中有报道存在完全饱和的侧链。最常见的质体醌为侧链含有 9 个异戊二烯单位的 PQ-9。不同微生物所含醌的种类和分子结构不同(图 7－2－1)。除了主要的异戊二烯醌外，还有其他的异戊二烯醌，如氯溴醌(chlorobiumquinone)、乙硫磷醌、脱甲基甲基萘醌(demethylmenaquinone，DMK)等。绿色光合细菌能产生氯溴醌，细菌类嗜热氧化菌中含有乙硫磷醌，兼性好氧光能自养菌含脱甲基甲基萘醌。

泛醌的存在局限于 α-变形菌纲，γ-变形菌纲和 β-变形菌纲。在 α-变形菌纲中，主要是

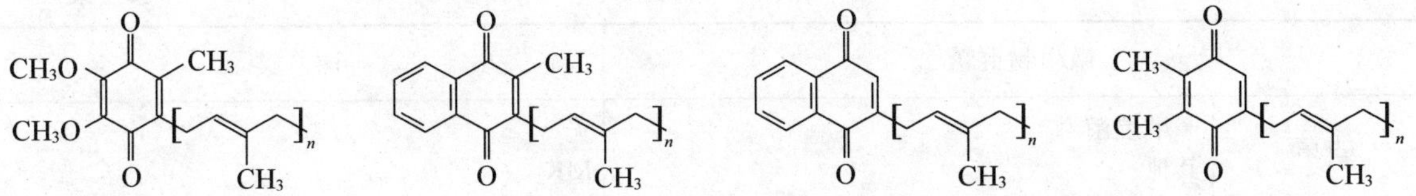

图 7-2-1 不同生物醌的结构泛醌 UQ、甲基萘醌 MK、脱甲基甲基萘醌 DMK 和质体醌 PQ

UQ-10,也有些物种有 UQ-9 或 UQ-11。β-变形菌纲主要有 UQ-8。而 γ-变形菌纲的醌类变化比较多,从 UQ-7 到 UQ-14,如大肠杆菌含有 UQ-8。军团菌属(*Legionella*)的成员通常合成一种以上的醌,链长可从 UQ-10 到 UQ-14。α-变形菌纲和 γ-变形菌纲的一些成员也可合成甲基萘醌和深红醌(rhodoquinone)类。其相对丰度与它们所用的底物,以及是否使用氧作为电子受体有关。据报道,一些 β-变形菌纲下的菌种如 *Rhodocyclus tenuis* 及 *Rubrivivax gelatinosu* 除了可以合成泛醌外,也可以合成甲基萘醌 8(MK-8)。

光合细菌中醌的主要类型为 UQ,以 UQ-10 最为常见,也有些含 UQ-8、UQ-9 和 UQ-7;大多数严格需氧的革兰氏阴性菌只含有泛醌;噬纤维菌(*Cytophage*)和黏细菌(myxocobacteria)只含有甲基萘醌;蓝细菌不含泛醌和甲基萘醌,而含有植物所固有的叶绿醌(phylloquinone)和质体醌 PQ。甲基萘醌有 10 种,它们的异戊二烯侧链基团数目在 5～14 个之间;高 G+C 的革兰氏阳性菌中有很多侧链异戊二烯基团被氢化的甲基萘醌。多数微生物仅含有一类主要的异戊二烯醌,所以它可以作为化学标记,确定微生物的分类地位,但并非每种微生物均含有异戊二烯醌,如产甲烷菌。很多微生物除了含有一类主要的异戊二烯醌,也含有少量的其他醌。但是,主要的异戊二烯醌基本上不会因微生物的生理条件变化而变化。

环境样品中微生物醌的种类与组成比例在一定程度上反映微生物的群体结构,还可以表征环境微生物的数量、性质和活性等。不同微生物所含异戊二烯醌的种类和分子结构不同,环境中微生物醌的组成。各类异戊二烯醌的摩尔比谱图即生物醌谱图,可以反映微生物群体组成,生物醌谱图的改变不能表明微生物生理条件的改变,但能够表明群落结构的变化。混合培养的微生物群体组成的变化也可以利用生物醌谱图来解析。表 7-2-1 表明了微生物群落与异戊二烯醌的相关性,表 7-2-2 反映了部分具体的异戊二烯醌与具体微生物类群的关系。

表 7-2-1 微生物群落和醌类的相关性

微生物群落				醌 类
细菌	化能有机型	专型好氧	自养	UQ
			异养	UQ、MK、(UQ+RQ)
		兼性厌氧		UQ+MK(+DMK)
		专型厌氧		MK
	光能自养型	非产氧		UQ、UQ+RQ、UQ+MK(+RQ)、MK
		产氧		PQ+K1

续 表

微生物群落		醌 类
古菌	产甲烷菌 其他	无 MK
真菌	专型好氧	UQ

UQ：泛醌；MK：甲基萘醌；RQ：紫色醌；DMK：脱甲基甲基萘醌；PQ：质体醌；K1：维生素 K1

表 7-2-2 醌类与具体微生物群的对应关系

异戊二烯醌	对应的微生物群落
UQ-8	β变形菌纲
UQ-9	γ变形菌纲
UQ-10	α变形菌纲
UQ-10(H2)	真菌
MK-6 和 MK-7	δ和ε变形菌纲，噬菌体和产黄菌簇聚体，低 G+C 革兰氏阳性菌
MK-8	δ和ε变形菌纲

二、实验试剂

丙酮：甲醇(7：2)、氯仿：甲醇(1：1)、氯仿：甲醇(2：1)、苯：丙酮(97：3)、氯仿：甲醇(1：1)、分析纯乙醇、$NaBH_4$。

三、实验器具

摇床、三角瓶、离心机、真空干燥仪、高效液相色谱仪、微量移液器、Eppendorf 管、吸头。

四、实验操作

(一) 方法一

1. 100 mL 培养液 4 000 r/min 离心 10 min，收集菌体。
2. 将各种细胞悬浮于丙酮：甲醇(7：2)有机溶剂中，在冰浴条件下超声波破碎细胞。
3. 4 000 r/min 离心 10 min，回收上清液真空干燥。
4. 用氯仿：甲醇(1：1)溶解后，再加 0.7% NaCl 溶液混匀离心。
5. 弃上层水相，将下层有机相真空干燥。
6. 再加入适当的氯仿：甲醇(2：1)溶解，与标准样品 UQ-10 一起在硅胶薄板上利用苯：丙酮(97：3)溶剂展层，进行薄层层析(TLC)分析，使 UQ 分离。
7. 在紫外灯下观察定位，将薄板上的 UQ 样品与微晶纤维素颗粒一同刮下。
8. 再用氯仿：甲醇(1：1)抽提其中的 UQ，真空干燥。
9. 用分析纯乙醇溶解上述样品，将其中的一部分样品进行高效液相色谱(HPLC)分析(色谱条件：275 nm 紫外线、分析纯乙醇为流动相、流速 1.0 mL/min、Shim-CLC-CDS 色谱柱、

20 μL进样量)。

10．确定吸收峰的停留时间,并利用标准 UQ 制作标准曲线,进行 UQ 的定量分析。

11．将另一部分样品先用还原剂 $NaBH_4$ 还原后,再按同样的条件进行 HPLC 分析。

(二) 方法二

1．100 mL 培养液,收集菌体并冻干。

2．用 50 mL 甲醇：氯仿(1：2)抽提冻干细胞(200～250 mg),避光磁力搅拌过夜

3．黑暗处,以漏斗滤纸过滤,收集滤液。

4．用减压旋转蒸发仪 40 ℃减压蒸馏至干燥,弃去蒸馏液。

5．再溶至 1 mL 甲醇：氯仿(1：2)中。

6．点样在经 65 ℃活化 30 min 的硅胶板 GF254(100 mm×200 mm)上,两侧用维生素 K1 作对照。

7．用正己烷：乙醚(34：6)做展层剂,展层约 1 h,取出风干(电吹风)。

8．在紫外灯(254 nm)下观察,在绿色荧光背景下呈褐色的带即为甲基醌(R_f 0.8)。R_f 0.4～0.5 的位置有暗褐色的带为泛醌组分。

9．刮下条带所在位置的微晶纤维素颗粒,加入 1 mL 氯仿提取。膜过滤器(0.22 μm)过滤后,收集滤液,4 ℃避光保存。

10．HPLC 分析：HP－1050 (Hewlett Packard)

柱：十八烷基硅烷(ODS 5 mm,750×46 mm)

流动相：乙腈(色谱纯)：异丙醇(分析纯)为 2：1.2

流速：1 mL/min,柱温 40 ℃,270 nm 紫外检测

柱压：90～100 bar

不同菌株的呼吸醌的高效液相色谱见图 7－2－2。

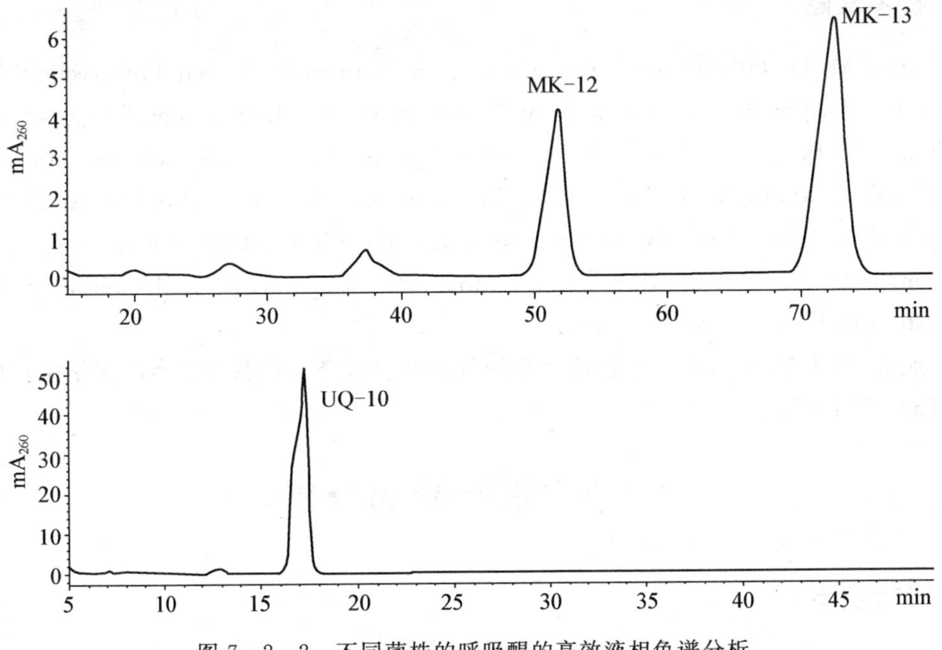

图 7－2－2　不同菌株的呼吸醌的高效液相色谱分析

不同生物醌的洗脱先后顺序与保留时间如表 7－2－3 所示。

表 7－2－3 不同生物醌的洗脱先后顺序与保留时间

洗脱顺序	醌 型	保留时间 Rt/min
1	MK－6	9.56
2	MK－6(H_2)	10.52
3	MK－7	12.26
4	MK－7(H_2)	13.72
5	MK－7(H_4)	15.23
6	MK－8	15.96
7	MK－7(H_6)	16.82

五、注意事项

由于醌极易氧化，在提取与保存中应避免强光照射以及高氧化环境，勿与酸、碱和水接触。提取好的醌应马上进行测定。

六、评议

1. 醌为属水平上的指标，菌体的菌龄对结果影响不大。
2. 甲基萘醌适用于放线菌和革兰氏阳性细菌的分类。

七、参考文献

1. Collins, M. D. (1994). Isoprenoid quinones. In Chemical Methods in Prokaryotic Systematics, pp. 345－401. Edited by M. Goodfellow & A. G. O'Donnell. Chichester: John Wiley & Sons.

2. Tindall, B. J. (2005). Respiratory lipoquinones as biomarkers. In Molecular Microbial Ecology Manual, Section 4.1.5, Supplement 1, 2nd edn. Edited by A. Akkermans, F. de Bruijn & D. van Elsas. Dordrecht, Netherlands: Kluwer Publishers.

3. Komagata K. & Suzuki K. Lipids and cell-wall analysis in bacterial systematics. Methods Microbiol 1987, 19: 161－167.

4. 朱旭芬，曾云中，吴雪昌. 生物体泛醌的种类及合成条件的探讨. 浙江大学学报(理学版) 2000, 27(3): 324－328.

7－3 脂肪酸的分析

一、实验原理

脂肪酸(fatty acid)是细菌细胞中一种含量较高、相对稳定的化学组分，主要存在于细胞膜等生物膜的脂双层以及游离的糖脂、磷脂和脂蛋白等生物大分子中，通常以极性脂的形式存在。根据细菌种类的不同以及生长环境的差异，菌体内所含有的脂肪酸成分，包括脂肪酸的种类、含量都会有较大的区别。已有的研究表明，各种细菌中存在着300多种脂肪酸及脂肪酸衍生物，它们之间在链的长度、双链的位置和取代基团方面有差异。每种脂肪酸在某一细菌中存在与否，以及含量的多少都可用于细菌分类鉴定。脂肪酸一般分为三种类型：直链、分支和复杂形式的脂肪酸。脂肪酸的链长、双键位置和数量、是否具有分支以及取代基团在细菌中具有分类学意义。某些特殊的脂肪酸只在特定的细菌中存在，如一些C20以上的多不饱和脂肪酸只有少数希瓦氏菌属(*Shewanella*)才能合成，而高含量的不饱和脂肪酸$C_{16:3}$是蓝细菌的特点。大多数革兰氏阳性菌中支$C_{15:0}$链脂肪酸丰度高，而在大多数革兰氏阴性菌中$C_{16:0}$丰度较高。

脂肪酸分析应在标准化条件下进行，因为不同组分的相对含量因菌龄以及培养条件(培养基成分、培养温度)的不同而异。用作脂肪酸分析的应为稳定期的菌体。脂肪酸的定性分析结果应用于属和属以上的分类单位；而其定量分析结果可作为种和亚种分类提供有用的基本信息。

目前、常用的脂肪酸分析手段是气相色谱(gas chromatography，GC)，即将培养液中的细菌离心收集后，经过洗涤，再将菌体在酸性或碱性溶液中破壁并水解脂质。水解产物与甲醇在盐酸催化下反应，生成脂肪酸甲酯，在100 ℃下加热3 h，再用乙醚于40～60 ℃下提取甲酯，蒸发后，取一定量注入气相色谱仪，利用非极性柱可以分开所有的主要组分。

脂肪酸分析包括：细菌的培养⟶脂肪酸甲酯的提取⟶气相色谱⟶结果解析(图7-3-1)。

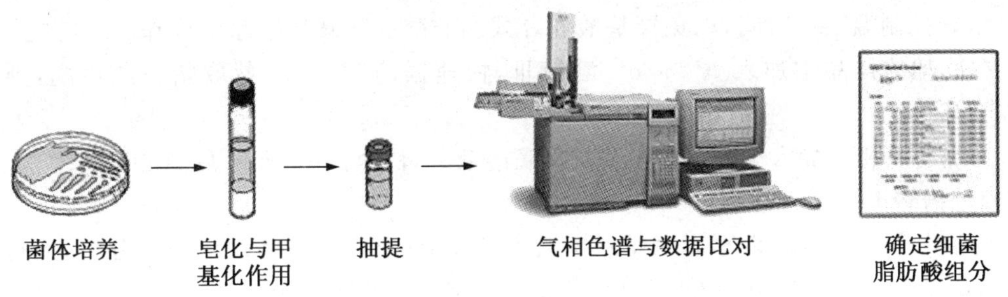

图7-3-1　脂肪酸分析过程

MIDI Sherlock ® MIS(Microbial Identification System)是全细胞脂肪酸分析系统，通过测定微生物的全细胞脂肪酸组分，做成指纹图谱，并通过图谱比对，确定微生物如细菌及酵母的种属。Sherlock细菌鉴定系统是目前唯一通过分析全细胞脂肪酸来确定细菌分类地位的商业化细菌鉴定系统。本系统通过使用安捷伦(Aglient)气相色谱设备、MIDI微生物数据库和MIDI图谱识别软件来鉴定每一个检测菌株。其中MIDI微生物数据库一直与美国军事医学疾病感染研究院(USA MRIID at Fort Detrick，MD)合作发展。该系统特性：① 通过脂肪酸的图谱来鉴别菌株，操作安全、简单、快捷。② 系统的数据库资源丰富：建立了包括2000多种细菌脂肪酸组成的标准库，其中需氧菌1100种，厌氧菌800种，酵母200种。同时独创并唯一拥有21种细菌(生物)武器数据库。③ 脂肪酸的分离在安捷伦的6850或6890型气相色谱仪上进行。

脂肪酸分析具有快速、方便、自动化程度高等优点，适用于大量菌株的快速分析。目前已有

300多种不同的细菌脂肪酸被证实，它们之间在链的长度、双链的位置、取代的基团方面具有差异，可用于细菌分类学的研究。

二、实验试剂

1. 溶液Ⅰ：14.4 g 氢氧化钠溶于150 mL 甲醇及150 mL 蒸馏水中。
2. 溶液Ⅱ：190 mL 浓盐酸，275 mL 甲醇，135 mL 蒸馏水。
3. 溶液Ⅲ：200 mL 正己烷与200 mL 甲基叔丁基醚混合均匀。
4. 溶液Ⅳ：10.8 g 氢氧化钠溶于900 mL 蒸馏水中。
5. 溶液Ⅴ：饱和 NaCl 溶液。

三、实验器具

试管、三角瓶、螺口玻璃管、离心机、水浴锅、摇床、漩涡仪、微量移液器、Eppendorf 管、吸头。

四、实验操作

1. 新鲜培养液6000 r/min 离心20 min，获取菌体量40 mg 以上（湿重）或5 mg 干菌。
2. 置于8 mL 螺口玻璃管中，加入1 mL 溶液Ⅰ，完全悬浮菌体，拧紧管盖，沸水浴5 min，取出振荡5～10 s，再度拧紧螺盖，继续沸水浴25 min，完成皂化。
3. 待样品冷却至室温后，加入2 mL 溶液Ⅱ，拧紧螺盖振荡，随后在80±1 ℃水浴中温育10 min（精确控制温度与时间，以免羟基酸和环式脂肪酸受到破坏），冰浴冷却。
4. 在冷却的样品中加入1.25 mL 溶液Ⅲ，快速振荡10 min，萃取脂肪酸甲酯，弃去下层水相。
5. 上层有机相中加入3 mL 溶液Ⅳ及几滴溶液Ⅴ，快速振荡5min 后离心，取2/3 上层有机相置气相色谱管中备用。
6. 色谱分析：送至北京军事医学科学院采用 HP 6890 气相色谱仪进行分析，或送浙江大学分析测试中心，采用 TRACEGC 2000/TRACE MS 气相色谱-质谱联用仪，分析样品组成。
7. 分析方法：HP 6890 气相色谱仪，配备分流/不分流进样口，氢火焰离子化检测器（FID）及 HP 气相色谱化学工作站（HP CHEMSTATION ver A 5.01）；色谱柱为 Ultra-2 柱，长25 m，内径0.2 mm，液膜厚度0.33 μm；炉温为二阶程序升温：起始温度170 ℃，5 ℃/min 升至260 ℃，随后以40 ℃/min 继续升至310 ℃，维持1.5 min；进样口温度250 ℃，载气为氢气，流速0.5mL/min，分流进样模式，分流比100：1，进样量2 μL；检测器温度300 ℃，氢气流速30 mL/min，空气流速216 mL/min，补充气（氮气）流速30 mL/min。
8. 峰型的判定，以标准脂肪酸甲酯作为内标或外标，与实验样品在同样条件下进行共色谱分析，根据保留时间来确定每一个色谱峰对应何种脂肪酸成分。

五、注意事项

在实验步骤3的甲酯化过程中，需要严格控制温度与时间，以免羟基酸和环式脂肪酸受到破坏。

六、评议

1. 以通过 Sherlock MIDI 系统测定的细菌脂肪酸为例，如 $C_{18:3}$ ω6c(6,9,12)，其中 18 表示脂肪酸碳链的长度；3 表示不饱和键的个数，位置分别在第 6,9,12 位的碳原子上，c 表示双键的空间结构，为顺式 cis-，如果是 t 则为反式 trans-。

2. 脂肪酸有两种命名原则：① 按照碳原子的排列以阿拉伯数字编号，比如双键位于 C12 - C13 之间，名称就是 $C_{13:1}$ ANTE ISO 12 - 13，有的直接用 AT 表示 anteiso(反异式)。② 按照碳碳化学键的英文字母顺序，比如双键位于第 5 个键的位置，也就是第 5 个碳和第 6 个碳之间，该脂肪酸就可命名为 $C_{14:1}$ ISO E，ISO 为异式。此外，$C_{17:0}$ CYCLO ω7c ($C_{17:0}$ CYCLO 9 - 10) 表示 $C_{17:0}$环丙烷从 α 端开始第 9 与 10 碳原子的位置上，或者是从 ω 端开始的 7 位上。一些脂肪酸名称举例如表 7-3-1 所示。一些脂肪酸的结构如图 7-3-2 所示。

表 7-3-1 脂肪酸名称举例说明

脂肪酸名称(英文)	脂肪酸成分(中文)
$C_{9:0}$	九碳饱和脂肪酸
$C_{13:0}$ ISO	异式十三碳饱和脂肪酸
$C_{13:0}$ INTE ISO	反异式十三碳饱和脂肪酸
$C_{12:0}$ 2OH	2-羟基十二碳饱和脂肪酸
$C_{12:0}$ ALDE	十二碳饱和脂肪醛
$C_{15:1}$ ISO G	G 型异式十五碳单不饱和脂肪酸
$C_{15:0}$ ISO 3OH	3-羟基异式十五碳饱和脂肪酸
$C_{16:0}$ N alcohol	十六碳饱和脂肪醇
$C_{16:1}$ ISO I	I 型异式十六碳单不饱和脂肪酸
$C_{16:1}$ ω7c alcohol	ω7c-十六碳单不饱和脂肪醇
$C_{16:1}$ ω7t	ω7t-十六碳单不饱和脂肪酸
$C_{17:0}$ cyclo	环式十七碳饱和脂肪酸
$C_{19:0}$ ω8c cyclo	ω8c-环式十九碳饱和脂肪酸
$C_{18:1}$ ω7c - C11 methyl	11-甲基-ω7c-十八碳单不饱和脂肪酸
$C_{13:1}$ INTE ISO 12 - 13	反异式十三碳不饱和脂肪酸
$C_{20:2}$ ω6,9 c	ω6,9 c-二十碳多不饱和脂肪酸

3. 细菌的脂肪酸成分受到外在条件，如培养基的组成、培养温度、培养时间等的影响，因此在进行比较性实验时，必须采取标准化的培养条件(如相同的培养基等)，确保实验的重复性。如果菌株在同样的条件下无法生长的话可以例外，但需要注明。

4. 除了简单的脂肪酸，现在有越来越多的证据表明在某些特定类群中发现的极性脂中带修饰脂肪酸的重要性。这些化合物可能是脂肪酸和某些小分子物质如氨基酸缩合而形成的。广为人知的例子有鞘脂类(sphingolipids)，噬纤维菌脂质(capnines)和烷基胺(alkylamines)。长链二醇(long chain diols)同样是玫瑰色热微菌(Thermomicrobium roseum)的脂类的重要组成。

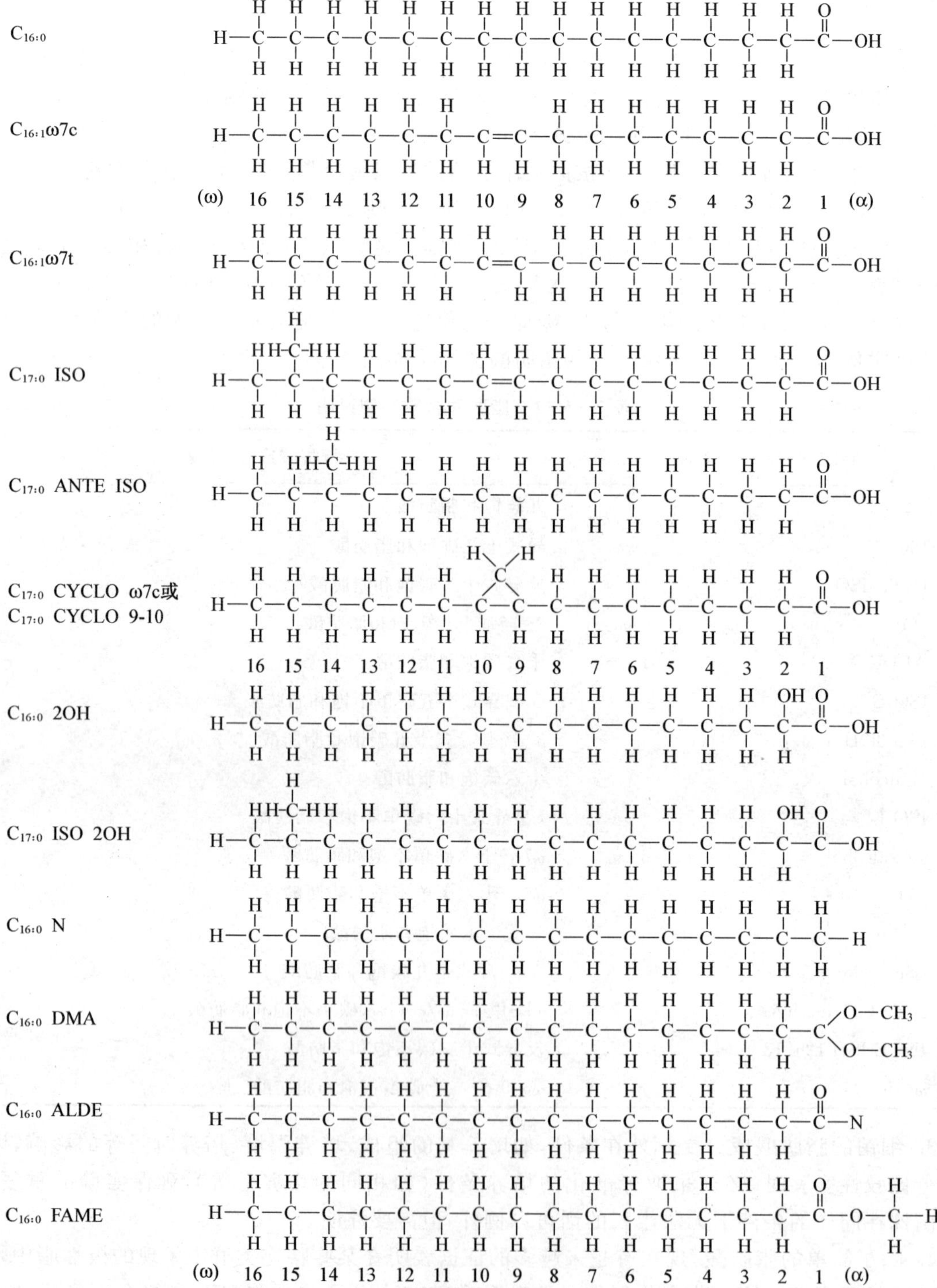

图 7-3-2　各脂肪酸的结构

$C_{16:0}$ DMA，$C_{16:0}$二甲基乙缩醛（Dimethyl acetal）；$C_{16:0}$ alde，$C_{16:0}$乙醛（Aldehyde）；$C_{16:0}$ FAME，脂肪酸甲酯（Fatty acid methyl ester）。

5. 注意好氧菌和厌氧菌采用的是不同系统的数据库(表 7-3-2),送测时应特别注明。

表 7-3-2 Sherlocks 标准库

类群	名 称	备 注
好氧菌	TSB A40	好氧菌在 TSB(Trypticase Soy Broth Agar)固体培养基 28 ℃、24 h 培养
	CLIN40	临床好氧菌,在血平板、巧克力琼脂 35 ℃,24~48 h 培养
	MI7H10	分支杆菌 QADC 加富 Middle brook7H10 固体培养基 35 ℃培养
厌氧	BHIBLA	厌氧菌,BHIBLA 平板 35 ℃,48 h
	MOORE	VPI Broth-grown 厌氧库,在 PYG Broth 35 ℃培养
酵母菌	YST28	酵母在 SAB Dextrose 固体培养基 28 ℃,24 h 培养
	YSTCLN	临床酵母 SAB Dextrose 固体培养基 28 ℃,24 h 培养
	FUNGI	霉菌在 TSB 液体培养基,28 ℃,3~10 d、150 r/min 振荡培养
	ACTIN1	假丝酵母在 TSB 液体培养基,28 ℃,3~10 d、150 r/min 振荡培养

6. 在鉴定中,大于 1%的脂肪酸成分都应该报告。在比较脂肪酸模式时,注意一个类群的脂肪酸构成不会有很大的变化。同样,在某个合成直链及不饱和脂肪酸的类群中发现有合成支链脂肪酸时需要注意。此外,羟基化脂肪酸的存在与否通常是特征性的,如果有和某类群不一致的存在或缺失时,也应小心对待。

七、思考题

$C_{18:3}$ ω6c(6,9,12)表示什么意思?

八、参考文献

1. Kuykendall LD, Roy MA, O'Nell JJ. & Devine TE. Fatty acids, antibiotic resistance, and deoxyribonucleic acid homology groups of Bradyrhizobium japonicum. Int J Syst Bacteriol, 1988, 38, 358-361

2. Wu X-Y, Zheng G, Zhang W-W, Xu X-W, Wu M & Zhu X-F. *Amphibacillus jilinensis sp. nov.*, a facultatively anaerobic and alkaliphilic bacilli from a soda lake in China. Int J Syst Evol Microbiol 2010, 60, 2540-2543

3. http://www.microbialid.com/PDF/TechNote_101.pdf

7-4 极性脂的分析

一、实验原理

中性脂包括 C20、C30、C40、C50 等异戊二烯类化合物及甲基萘醌,极性脂(polar lipids)包括磷酸类脂和糖脂等。古菌中已知的极性脂类有磷脂(phospholipid),氨基磷脂(aminophospholipid),糖脂(glycolipid)及磷酸糖脂(phosphoglycolipid);细菌中已知的极性脂有磷脂,氨基磷脂,糖脂,磷酸糖脂,氨基酸衍生脂类(amino acid derived lipid),噬纤维菌脂类(capnines),鞘脂类(鞘糖脂或鞘磷脂,glyco-or phosphosphingolipids)及藿烷类(hopanoids)。

磷脂(phospholipoid)是位于细菌、放线菌细胞膜上的极性类脂,与蛋白质、糖等构成细胞膜,对于细胞的物质运输、代谢及维持正常渗透压具有重要作用,同时具有分类学意义。不同属的菌体其磷酸类脂组分不同,是鉴别属的重要依据之一。

磷酸类脂有甘油磷脂(图 7-4-1)和鞘磷脂(图 7-4-2)两种。在极性头的甘油 3C 上,不同种微生物具有不同的 R 基,如磷脂酸、磷脂酰甘油 PG、磷脂酰乙醇胺 PE、磷脂酰胆碱 PC、磷脂酰丝氨酸 PS 或磷脂酰肌醇 PI 等(图 7-4-1)。

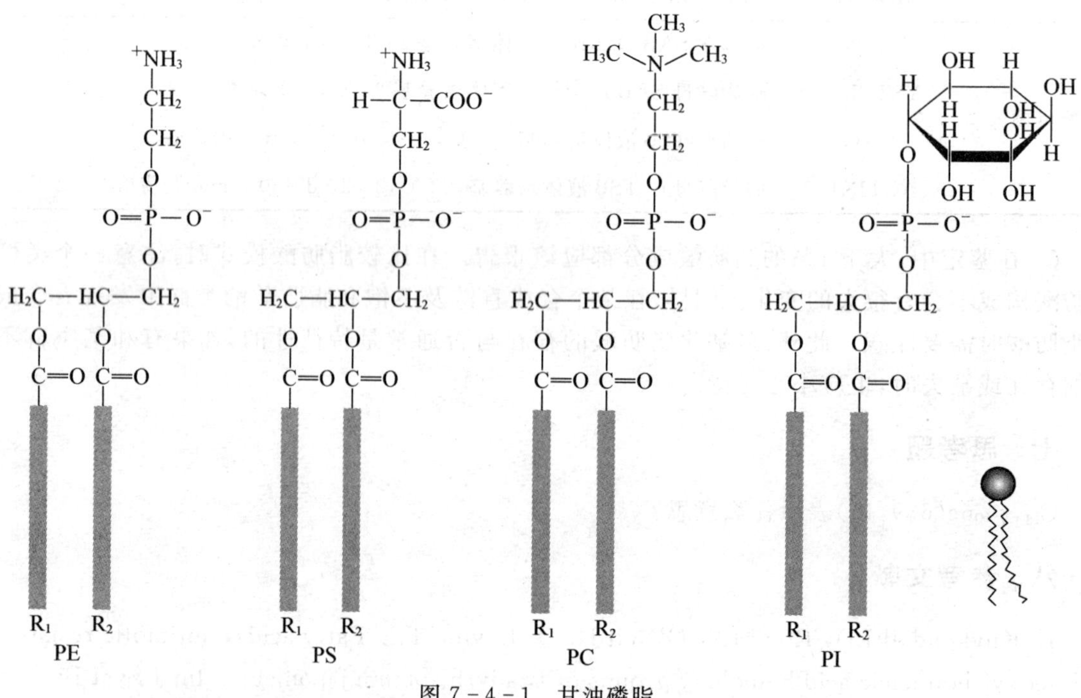

图 7-4-1 甘油磷脂

左到右分别是磷脂酰乙醇胺 PE、磷脂酰丝氨酸 PS、磷脂酰胆碱 PC、磷脂酰肌醇 PI

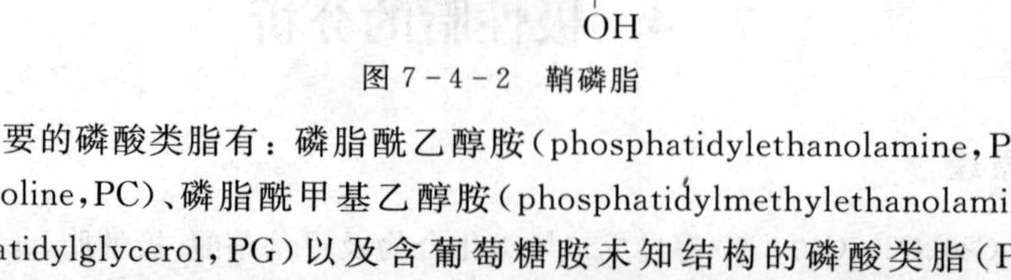

$CH_3(CH_2)_{12}CH{=}CH{-}CHOH$

$R{-}C({=}O){-}NH{-}CH$

$CH_2{-}O{-}P({=}O)(OH){-}O{-}CH_2CH_2\overset{+}{N}(CH_3)_3$

图 7-4-2 鞘磷脂

分类学上重要的磷酸类脂有:磷脂酰乙醇胺(phosphatidylethanolamine,PE)、磷脂酰胆碱(phosphatidylcholine,PC)、磷脂酰甲基乙醇胺(phosphatidylmethylethanolamine,PME)、磷脂酰甘油(phosphatidylglycerol,PG)以及含葡萄糖胺未知结构的磷酸类脂(Phospholinids of unknown structure containing glucosamine,GluNus)等五类(图 7-4-3)。不同的原核生物细

胞中所含的脂类物质不同,例如革兰氏阴性菌以磷脂酰乙醇胺(PE)为主,也含有磷脂酰甘油(PG),革兰氏阳性菌则以磷脂酰甘油(PG)为主。

a PE

CH_2—O—CO—FA*
|
CH_2—O—CO—FA
|
CH_2—O—HPO_3—CH_2—CH_2NH_3

b PME

CH_2—O—CO—FA
|
CH_2—O—CO—FA
|
CH_2—O—HPO_3—CH_2—CH_2—NH—NH_3

c PC

CH_3—O—CO—FA
|
CH—O—CO—FA
|
CH_2—O—HPO_3CH_2—CH_3—N$(CH_3)_3$

d PG

CH_2—O—CO—FA
|
CH—O—CO—FA
|
CH_2—O—HPO_3—CH_2
|
CH—OH
|
CH_2OH

e Glu Nu

CH_2OH, O, OH, HO, OH, NH_2

*FA=Fatty acid (脂肪酸)

图 7-4-3 具有分类学意义的磷酸类脂

a. 磷脂酰乙醇胺(PE);b. 磷脂酰甲基乙醇胺(PME);c. 磷脂酰胆碱(PC);
d. 磷脂酰甘油(PG);e. 含葡萄糖胺未知结构的磷酸类脂(GluNus)

每种磷酸类脂结构中都含有脂肪酸,在脱酰作用后每种磷酸类脂都能分解成脂肪酸甲基酯(fatty acid methyl esters,FAMES)与磷酸类脂。前者是非极性的,需借助于气相层析鉴别,后者为极性类脂,用薄板层析或纸层析即可鉴别其种类。

非极性尾则由长链脂肪酸通过酯键连接在甘油的 C1 和 C2 位上组成,其链长与饱和度因细菌种类和生长温度而异,大多数侧链饱和脂肪酸为 iso/anteiso 系列(图 7-4-4):

CH_3—CH—$(CH_2)_n$—COOH（CH 上连 CH_3）
iso

CH_3—CH_2—CH—$(CH_2)_n$—COOH（CH 上连 CH_3）
anteiso

图 7-4-4 饱和脂肪酸的 iso/anteiso 结构

根据磷酸类脂中侧链脂肪酸的有无,anteiso/iso(ANT-ISO)系列以及饱和脂肪酸是否为 17-碳烯酸,可将磷酸类脂中的脂肪酸分成 4 型:Ⅰ型的主要成分为 anteiso/iso 系列的侧链脂肪酸(ANT-ISO);Ⅱ型的主要成分为饱和或非饱和脂肪酸,不是 17-碳烯酸,ANT-ISO 存在;Ⅲ型的主要成分为 17-碳烯酸,ANT-ISO 存在;Ⅳ型是无 ANT-ISO,如有,则含量小于总脂肪酸的 10%。

通常采用甲醇-氯仿抽提法获取总脂,使用硅胶薄板层析(thin layer chromatography,TLC)进行磷酸类脂(极性脂)的定性分析。

二、实验试剂

1. 磷脂显色剂(Zinzadze 试剂)的配制:

Ⅰ液:1.6 g 钼酸胺溶于 12 mL 水;

Ⅱ液：4 mL 浓盐酸、1 mL 液体汞。

2. 甲醇：氯仿(2：1)、氯仿；氯仿：甲醇(2：1)、氯仿：甲醇：乙酸：水(85：22.5：10：4)、氯仿：甲醇：水(65：25：4)、氯仿：甲醇：乙酸：水(80：12：15：4)。

3. 0.5% α-萘酚：称取 0.5 g α-萘酚溶于 50mL 甲醇中，再即加入 50 mL 水混匀。。

4. 浓硫酸：乙醇(1：1)。

三、实验器具

冷冻干燥仪、离心机、硅胶板(Merck 公司的 Kieselgel 60F 256，20 cm×20 cm)、微量移液器、Eppendorf 管、吸头。

四、实验操作

(一) 古菌总脂抽提

1. 称量 100～150 mg 冷冻干燥的菌体。

2. 将菌体悬浮于 1 mL 4 mol/L NaCl 溶液中，再加入 3.75 mL 甲醇：氯仿(2：1)溶剂，抽提 4 h。

3. 离心后将上清转移到另一个离心管中，沉淀用 4.75 mL 甲醇：氯仿：水(2：1：0.8)溶剂抽提后再离心，合并上清。

4. 加入 2.5 mL 氯仿和 2.5 mL 水，混匀后离心。

5. 收集氯仿相，并以 N_2 干燥。

6. 将干燥的样品溶入 100 μL 氯仿：甲醇(2：1)溶剂。

(二) 细菌总脂抽提

1. 200 mL 菌液(A_{600}为 1.0 左右)，分装到 6 支 50 mL 离心管中，室温离心获取菌体。

2. 用灭菌的最适盐度 NaCl 溶液悬洗菌体并进行离心，共 3 次。

3. 少量无菌水悬浮菌体后定容至 20 mL，转入 250 mL 三角瓶。

4. 在三角瓶中加入 20 mL 氯仿，40 mL 甲醇，用保鲜膜封口防止挥发，200 r/min 摇床上于 15 ℃以下 4～10 h 抽提。

5. 抽提液经滤纸过滤于另一 250 mL 三角瓶中，加入 20 mL 无菌水和 20 mL 氯仿，混合均匀，转入分液漏斗，4 ℃静置过夜分层。

6. 小心分取下层氯仿至旋转蒸发器专用烧瓶中，通过减压旋转蒸发干燥样品(<36 ℃)。滴入少量苯再减压旋转蒸发至获得干燥的总脂样品。

7. 用 0.5 mL 氯仿溶解总脂，4 ℃，12000 r/min 离心 10 min，上清于 4 ℃保存备用。

(三) 极性脂的薄层层析 TLC 分析

单向层析：

1. 硅胶板裁剪 10 cm×10 cm 大小，于 110 ℃活化 1 h 备用。

2. 点样：以毛细管吸取样品，为了加大上样量，可于同一处重复点样，各样品点间隔 1cm 左右。

3. 可用吹风机吹冷风，使上样样品中的溶剂充分挥发。

4. 层析缸中加入单向展层剂：氯仿：甲醇：乙酸：水(80：12：15：4)。

5. 将硅胶板放入层析缸中，样品线位于展层剂液面以上，并保持与液面的平行。

6. 待展层剂延伸至4/5片长处，取出硅胶板，用吹风机冷风吹干，显色。

双向层析：

1. 硅胶板裁剪10 cm×10 cm大小，边缘1 cm划线。

2. 在右下角距两侧边缘1cm用毛细管点样。

3. 双向层析第一向展层剂：氯仿：甲醇：水(15.25：5.25：1)。第一向跑完后(展层剂浸润至距上缘1cm左右)，取出硅胶板室温风干或用吹风机吹干。硅胶板顺时针旋转90°后跑第二向，也就是说，这时点样点应在左下方。

4. 双向层析第二向展层剂：氯仿：甲醇：冰醋酸：水(20：3：3.75：1)。

(四) 显色

1. 磷脂检测：

1) 磷脂显色剂的配制：8 mL Ⅰ液加到5 mL Ⅱ液中，共13 mL，摇床上放置30 min，过滤。

2) 在上述13 mL液体中缓慢加入20 mL浓硫酸(分多次加入，边加边混匀)，混合均匀后，加入剩下的4 mL Ⅰ液，冷却，用水定容至100 mL。

3) 将显色剂均匀喷洒于硅胶板至完全湿润，深蓝色的磷脂斑点就在白色的背景中显出。立即扫描，记录结果。

2. 糖脂检测

1) 用0.5%萘酚(溶于1：1的甲醇：水溶剂中)，喷洒TLC板至完全湿润，风干。

2) 再喷洒少许浓硫酸：乙醇(1：1)溶液，在120 ℃烘烤5～10min。糖脂斑点为蓝紫色，磷脂为棕色。

3. 检测总脂：用浓硫酸：乙醇(1：1)，喷洒TLC板，晾干后于200 ℃烘烤至全部显色。烘烤时间不定，一般2 min即可显色。切不可烘烤时间过长造成背景太深。

4. 极性脂组分TLC图谱见彩图7-4-5。

五、注意事项

1. 显色剂均有一定的毒性及腐蚀性，因此必须在通风橱内配制，喷洒时注意防护(戴口罩、手套等)。

2. 展层时，盖子需用凡士林封口。

3. 在一些细菌的极性脂中存在羟基化的脂肪酸，这会使其Rf值与不含羟基的脂肪酸不同，这类物质是某些特定类群的特征。

六、参考文献

1. Kamekura M & Kates M. Lipids of halophilic archaebacteria. In Halophilic bacteria II, pp. 25-54. Edited by F. Rodriguez-Valera, F. Boca Raton: CRC Press, 1988.

2. Xin H, Itoh T, Zhou P, et al. Natrinema versiforme sp. nov., an extremely halophilic archaeon from Aibi salt lake, Xinjiang, China. Int J Syst Evol Microbiol, 2000, 50: 1297-1303

7－5 细胞壁氨基酸与多糖的分析

一、实验原理

细胞壁组成成分中氨基酸所占比例很高，与这些氨基酸相联系的可变组分是糖和氨基糖。通常，每个细菌属具有一个特征性的细胞壁组成成分，而根据同一个属中糖在细胞壁中的含量变化，可以区分不同的种。

薄层层析(TLC)法可进行全细胞氨基酸及全细胞水解液糖型的分析。

二、实验试剂

1. 5％乙醇，6 mol/L 盐酸，0.5 mol/L 盐酸

2. 1％鼠李糖、核糖、木糖、阿拉伯糖、甘露糖、葡萄糖和半乳糖的混合液。

3. 0.01 mol/L D,L－DAP(D,L－DAP，同时含有 L,L－DAP，Meso－DAP 和 D,D－DAP，Sigma Chen. Co.)、天冬氨酸、甘氨酸、谷氨酸、丙氨酸。

4. 甲醇：吡啶：冰醋酸：水(10：1：0.25：5)。

5. 乙酸乙酯：吡啶：冰醋酸：水(8：5：1：1.5)。

三、实验器具

冷冻干燥仪、离心机、硅胶板(Merck，Kieselgel 60F 256)、微量移液器、吸头。

四、实验操作

(一) 水解液的制备

1. 菌体培养及收集。

2. 菌体用蒸馏水洗涤 2～3 次，于 95％乙醇中浸泡 24 h。真空干燥后，放入安瓿瓶中。

3. 氨基酸分析的试管中加入 6 mol/L 盐酸 0.1 mL。

糖分析的试管中加入 0.5 mol/L 盐酸 0.1 mL。

4. 用酒精喷灯封口，放入烘箱加热至 120 ℃后保持 15 min，并待温度降下后取出。用于糖分析的水解液以黄棕色为宜，用于氨基酸分析的水解液以黑褐色为宜。

(二) 制板

1. 将 20 cm×10 cm 玻璃板用洗涤剂洗干净，晾干。

2. 取微晶纤维素若干克，每克加蒸馏水 3.5 mL，调成糊状，摇床振荡过夜。

3. 在玻璃板上涂制薄层，并轻轻振荡使之均匀。板上纤维素薄层厚度控制在每板用微晶纤维素干粉 2.4～3 g。风干过夜，不必活化，即可使用。

(三) 点样

1. 抽取 0.4 mL 用于氨基酸分析的水解液，点在距薄板下缘 1 cm 处，并分别点上 0.01 mol/L D,L－DAP(D,L－DAP 同时含有 L,L－DAP，Meso－DAP 和 D,D－DAP)、天冬氨酸、甘氨酸、谷氨酸、丙氨酸 0.2μL 作为标准样。

2. 抽取 0.8～2 μL 用于糖组分分析的水解液点样(同上),同时点上含有 1%鼠李糖、核糖、木糖、阿拉伯糖、甘露糖、葡萄糖和半乳糖的混合液 0.2 μL 作为标准样。

(四) 展层

1. 甲醇：吡啶：冰醋酸：水(10：1：0.25：5)用于全细胞水解液 DAP 异构体分析。

2. 乙酸乙酯：吡啶：冰醋酸：水(8：5：1：1.5)用于全细胞水解液糖组分分析。

3. 硅胶板不必在层析缸中饱和,点样后直接进行展层,当展层剂前沿离硅胶板上缘 1 cm 左右时,取出硅胶板(大约需要 2 h)。

(五) 显色

1. 对于氨基酸及 DAP 的分析：用 0.4%茚三酮水饱和正丁醇溶液显色,100 ℃加热 2 min 即可。迁移速率由慢到快快顺序为：DD-DAP,Meso-DAP,L,L-DAP,天门冬氨酸,甘氨酸,谷氨酸。

2. 糖型分析：用苯胺-邻苯二甲酸试剂(0.93 mL 苯胺,1.66 g 邻苯二甲酸,100 mL 水饱和正丁醇)显色,105 ℃加热 5 min 即可。迁移速率由慢到快顺序为：半乳糖、葡萄糖、阿拉伯糖、甘露糖、木糖、核糖、鼠李糖。

3. 根据层析图谱可确定菌体所含 DAP 及糖的种类。

(六) 细胞壁氨基酸含量分析

1. 细胞壁提取：菌体离心,水洗;超声波破碎细胞,15000 r/mim 离心取上清,18000 r/mim 离心取沉淀;加 4% SDS,100 ℃40 min,冷却至室温;18000 r/mim 离心,取沉淀溶于热水;水洗两次;沉淀冻干。

2. 取 1 mg 冻干细胞壁加 0.2 mL 6 mol/L 盐酸溶液,100 ℃水解 45 min,冻干或氮气吹干。

3. 干燥样品加入 10 μL 干燥剂(乙醇：三乙胺：水=2：1：2),氮气吹干。

4. 加入 20 μL 衍生剂(PITC：乙醇：三乙胺：水=1：7：1：1),室温暗处放 30 min,氮气吹干。

5. 加入 250 μL 1 mol/L 三乙胺乙腈溶液(取三乙胺 139 μL,加乙腈 860 μL),混匀,加入正己烷 1.6 mL,放置 10 min,取下层溶液进样。

6. 高效液相色谱条件：

色谱柱：Supel cosil LC-18DB(250×4.6 mm)

流动相：A：0.07 mol/L NaOAC + 2.5 mL TEA/l + HoAC 至 pH 6.4

B：H_2O;

C：CH_3CN：H_2O=80：20(v/v)

Gradient proile：

Time (min)	A(%)	B(%)	C(%)
0	20	75	5
25	20	30	50
26	10	10	80
30	10	10	80

温度为 45 ℃,流量是 1 mL/min,254 nm 检测。

五、参考文献

王平．测定放线菌菌体中氨基酸和单糖的快速方法——薄层层析法．微生物学通报．1986,13 (5)：228－231。

7－6 多胺分析

一、实验原理

多胺(polyamine)是一类含有两个或多个氨基的小分子量化合物,最普遍的多胺是腐胺(putrescine,1,4－丁二胺),尸胺(cadaverine,1,5－戊二胺),亚精胺(spermidine),精胺(spermine)等。有些细菌具有某种氨基酸脱羧酶(decarboxylases),如赖氨酸脱羧酶、鸟氨酸脱羧酶、精氨酸脱羧酶,可使赖氨酸(lysine)、鸟氨酸(ornithine)或精氨酸(arginine)脱去羧基生成胺类和二氧化碳。细菌的 DNA 不是和组蛋白而是和多胺结合,多胺与核酸由非共价键牢固结合。多胺对嗜热性古菌的化学分类是一个标示物。

$NH_2—(CH_2)_4—NH_2$	腐胺	Putrescine(MW=88)
$NH_2—(CH_2)_5—NH_2$	尸胺	cadaverine(MW=102)
$NH_2—(CH_2)_4—NH—(CH_2)_3—NH_2$	亚精胺	Spermidine(MW=145)
$NH_2—(CH_2)_3—NH—(CH_2)_4—NH—(CH_2)_3—NH_2$	精胺	Spermine(MW=202)

图 7－6－1 多胺的分子式

多胺的功能很多,如保持 DNA 稳定性,作为调节渗透压的补充等。已知在鼠孢菌属(*Sporomusa*)、梳状菌属(*Pectinatus*)、新月单胞菌属(*Selenomonas*)进化类群中某些多胺与肽聚糖以共价键连接。多胺在很多原核生物中都能被检测到,但是在中等或极端嗜盐细菌中,其胞内浓度可能低于能被检测的浓度。

二、实验试剂

高氯酸、Na_2CO_3、丹磺酰氯、50 mg/mL 脯氨酸溶液、甲苯。

三、实验器具

离心管、水浴锅、冰箱、HPLC 分析仪、

四、实验操作

1. 60 mg 冻干细胞在 1 mL 0.2 mol/L 高氯酸中 100 ℃水解 30 min,多次混匀。
2. 离心,取 0.4 mL 上清液转移至装有 0.6 mL 100 mg/mL Na_2CO_3 试管中。
3. 加入 1.6 mL 丹磺酰氯溶液(15 mg/ml,溶解于丙酮中)中,60 ℃、20 min。
4. 加入 0.2 mL 100 mg/mL 脯氨酸溶液,60 ℃、10 min。
5. 降温至 5 ℃,用 0.2 mL 甲苯萃取。

6. 上层做 HPLC 分析

条件：

反向色谱(250×4 mm,Hypersil octyldecyl silane;5 μm particles)

激发波长 360 nm,检测 520 nm

40%～85%乙腈-水线性梯度,35 min;

85%～100%乙腈-水线性梯度,15 min,40 ℃。

7. 或上层用 N_2 吹干,做液相质谱联用（liquid chromatography-tandem mass spectrometr，LC-MS)分析。

五、评议

采用对数生长期末期的菌体进行多胺分析,使用丹磺酰氯(dansylchloride)可以在酸解及衍生后将多胺提取。

六、参考文献

1. Altenburger P, Kampfer P, Akimov V N., Lubitz W. & Busse, H.-J. Polyamine distribution in actinomycetes with group B peptidoglycan and species of the genera Brevibacterium, Corynebacterium, and Tsukamurella. Int J Syst Bacteriol 1997, 47, 270-277.

2. Ducros V, Ruffieux D, Belva-Besnet H, Fraipont F de, Berger F, Favier A. Determination of dansylated polyamines in red blood cells by liquid chromatography-tandem mass spectrometry. Anal. Biochem. 2009, 390, 46-51.

8 微生物发酵与生物活性的测定

微生物是生态系统中的初级生产者，其中绝大多数细菌和所有真菌又是主要物质的分解者。微生物有一套自身特异性的酶体系，参与某些化学反应，包括氧化反应（脱氢反应、羟基化反应）、水解反应、还原反应、酰基化反应、降解反应、脱水反应。微生物转化的酶主要是乙酰转移酶、糖苷酶、糖基转酶、环氧酶、羟基化酶、醛缩酶等。按照 1961 年国际生化会议的规定，根据酶催化的反应类型不同，酶可以分为六大类：① 氧化还原酶类（oxidoreductases），促进氧化还原反应，如脱氢酶、氧化酶；② 转移酶类（transferases），使一个底物的基团或原子转移到另一个底物分子上，如转氨酶；③ 水解酶类（hydrolases），使底物加水分解，如蛋白水解酶；④ 裂合酶类（lyases），使底物失去或加上某一部分，如脱羧酶；⑤ 异构酶类（isomerases），使底物分子内部排列改变，如变位酶；⑥ 合成酶（连接酶）类（ligases），使两个底物结合，如谷氨酸胺合成酶。每一大类分为若干个亚类，每一个酶都有一个由 4 个数字组成的编号，并在编号前冠以“EC”（Enzyme Commission，酶委员会）字样，表示系按照酶委员会制定的方法进行编号。

生物催化和生物降解技术目前在药学、环境、新型生化产品方面有较多的应用，我国年产生物质干重总量近 50 亿吨，其中秸秆等约 5 亿～6 亿吨。此外，几丁质在天然聚合物中的储量仅次于纤维素，是地球上第二大生物资源。木质纤维素、几丁质、角蛋白等是地球上未被充分利用的三大类资源物质。这些物质通常需要通过生物转化途径而成为可被利用的资源，即利用微生物的降解作用，将这些物质降解为葡萄糖和可利用蛋白质生产酒精、饲料等。

8－1 几丁质或壳聚糖酶活测定

一、实验原理

几丁质又称甲壳素，是一种由 N－乙酰氨基葡萄糖以 β－D－1，4 糖苷键连接而成、广泛存在于自然界的直链状高分子生物多聚体，是一种天然的乙酰氨基多糖，平均分子量为 1×10^6～2×10^6 左右，是目前发现的自然界中唯一带正电荷的可食性动物纤维素。壳聚糖由几丁质通过部分或完全脱去 C2 乙酰基而成，常见的脱乙酰度为 70％～80％，平均分子量为 1.2×10^5 左右。在自然界它广泛存在于接合菌、半知菌等真菌的细胞壁中。几丁质、壳聚糖的分子结构与纤维素非常相近，只是 C2 位上由乙酰氨基（或氨基）代替羟基（图 8－1－1）。纯几丁质含氮 6.9％，所以几丁质被微生物分解时既可作为碳源，也可作为氮源。

几丁质在天然聚合物中的储量仅次于纤维素，大约 100 亿吨，是地球上除纤维素外数量最多、除蛋白质外含氮量最高的天然有机化合物，并且研究发现几丁质和壳聚糖具有特殊的生物活性和多种生理调节功能，可全方位调节人体机能，增强机体的免疫能力，于 1991 年被国际学术界称为继蛋白质、脂类、糖类、维生素和矿物质之后的人类第 6 类生命要素。

几丁质酶（chitinase，EC3.2.1.14）可以将几丁质分解成几丁寡糖或几丁二糖。壳聚糖酶

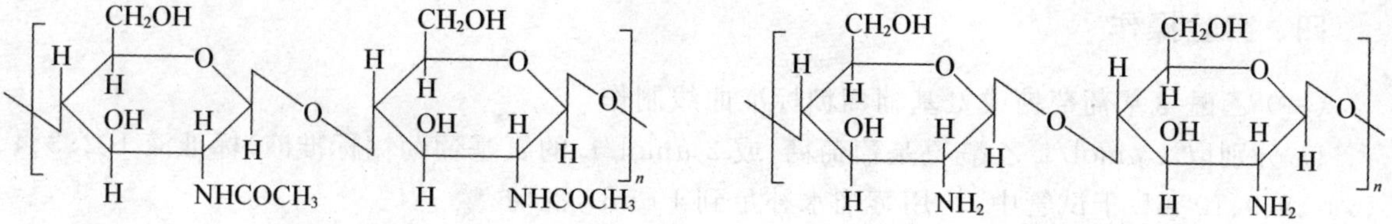

几丁质(chitin)　　壳聚糖(chitosan)

图 8-1-1 几丁质、壳聚糖分子结构

(chitosanase, E.C. 3.2.1.132)是分解壳聚糖的专一性酶，主要存在于真菌和细菌细胞中。几丁质酶(壳聚糖酶)可降解几丁质(壳聚糖)底物产生新的还原糖(几丁寡糖)，所以可以通过反应体系的还原糖量的增加来确定几丁质酶的活性大小。

3,5-二硝基水杨酸(dinitrosalicylic acid, DNS)比色法可以用于定量测定样品中的还原糖含量。还原糖是含有自由醛基或酮基的糖类。如乳糖和麦芽糖是还原糖，而蔗糖无游离的羰基，为非还原塘。3,5-二硝基水杨酸与还原糖共热后被还原成棕红色的氨基化合物，在一定范围内还原糖的量和反应液的颜色深度成正比，因此可利用分光光度计进行比色测定，求得发酵液中还原糖的量。

一个酶活力单位(U)定义为：在本实验条件下，每分钟产生相当于 1 μmol 乙酰氨基葡萄糖(氨基葡萄糖)的还原糖量所需的酶量。

二、实验试剂

1. 1 μmol/L 乙酰氨基葡萄糖标液：准确称取乙酰氨基葡萄糖 0.221 g，用蒸馏水定容至 1 L。

2 μmol/L 氨基葡萄糖标准液：盐酸氨基葡萄糖在 50 ℃下烘干至恒重后，准确称取 0.431 g，用蒸馏水定容至 1 L。

3. 胶体几丁质：5 g 几丁质中加入 50 mL 浓盐酸，搅拌 30 min 后加入 250 mL 冰蒸馏水，搅拌均匀，4 ℃静置，待分层后弃上清，重新加入冰蒸馏水，重复以上操作直到溶液 pH 为 5.0 左右。真空抽滤除去几丁质中的水分，即制成胶体几丁质。

4. 胶体壳聚糖：1 g 壳聚糖粉末中加入 30mL 0.4mol/L HCl，搅拌至壳聚糖完全溶解，用 2mol/L NaOH 调 pH 至 5.0，加蒸馏水定容至 100mL，配成 1%的胶体壳聚糖。

5. 0.5%胶体几丁质，胶体几丁质浓度实际上是根据几丁质粉末的浓度折算的。

6. DNS 试剂：45.5 g 酒石酸钾钠加到 125 mL 热水中溶解，加入 1.575 g 3,5-二硝基水杨酸和 65.5 mL 2 mol/L NaOH，再加入 1.25 g 重蒸酚和 1.25 g 亚硫酸钠，搅拌溶解，冷却。用蒸馏水定容至 250 mL 贮于棕色瓶中，放置 7d 后备用。

7. McIlvaine 缓冲液：0.2 mol/L $Na_2HPO_4 \cdot 12H_2O$、0.1mol/L 柠檬酸缓冲液，两者按不同比例混合配成不同 pH 值的缓冲液备用。

三、实验器具

分光光度计、比色杯、微量移液器、吸头、Eppendorf 管、试管架、振荡器、水浴锅、试管及管架。

四、实验操作

(一) 乙酰氨基葡萄糖或氨基葡萄糖标准曲线制作

1. 分别取 1 μmol/L 乙酰氨基葡萄糖(或 2 μmol/L 的氨基葡萄糖标准液)标准液 1、2、3、4、5、6、7、8、9、10 mL 于试管中,均用蒸馏水补足到 10 mL,混匀。

2. 各取 0.5 mL 加 0.5 mL DNS 试剂混合后于沸水浴中加热 5 min,迅速用冷水冷却。

3. 每管中加 4 mL 蒸馏水,混匀后以蒸馏水为对照,于 540 nm 波长处读取吸光度值。

4. 另外取 0.5 mL 蒸馏水和 0.5 mL DNS 试剂混合,经同样处理后也以蒸馏水为对照测 A_{540},作为空白。每种浓度的溶液做两个平行组,结果取平均值。

5. 制标准曲线:以乙酰氨基葡萄糖或氨基葡萄量(μmol)为横坐标,以不同浓度下的 A_{540} 与空白 A_{540} 的差值为纵坐标作标准曲线,由该曲线获得标准曲线函数。

(二) 几丁质酶(壳聚糖酶)活力的测定

1. 取 0.5 mL 酶液(有时应进行适当稀释),分别加到 A、B 2 支 1.0 mL McIlvaine 缓冲液(pH 7.0)试管中,其中 B 试管的样品在沸水浴中保持 10 min,使酶失活,A 试管在冰浴中保存。

2. 两支试管中分别加入 0.5 mL 0.5%胶体几丁质(胶体壳聚糖)底物,30 ℃水浴反应 30 min。

3. 反应结束后迅速将两支反应管放入沸水浴中保持 10 min。

4. 各取 1 mL,4000 r/min 离心 5 min。

5. 分别取 0.5 mL 上清与 0.5 mL DNS 试剂混合,沸水浴反应 5 min,冷水冷却。

6. 再分别加入 4 mL 蒸馏水,混匀,分别测两组的 A_{540} 值。

7. 根据乙酰氨基葡萄糖(氨基葡萄糖)标准曲线,将两组 A_{540} 差值折算成还原糖量,再根据酶活力单位的定义,算出酶活力。

酶活(U/mL)=(反应组 GlcNAc−空白组 GlcNAc)×(8/30)×稀释倍数。

五、注意事项

1. 分光光度计在使用前应先接通电源,预热 20 min,使用时应确定使用光的波长。

2. 样品进行反应前一定要先准备好沸水浴等。

3. 不同的酶请选用不同 pH 的缓冲液与酶反应温度。

六、评议

1. 酶反应时应保证足够的胶体几丁质底物的存在。

2. DNS 中苯酚是为了增加色泽强度,使显色液重现性、稳定性更好。亚硫酸钠和苯酚差不多,但是用量太多太少均不利于显色。氢氧化钠能加快反应速度,增强色泽,但是会引起糖损失。而酒石酸钾钠对色泽强度影响不大,但是可以提高其稳定性。

3. 在测定酶反应的还原糖以及制作标准曲线时,应注意使 A_{540} 控制在 0.1~1.0 之间。

七、思考题

1. DNS 中苯酚、氢氧化钠、酒石酸钾钠和无水亚硫酸钠的作用各是什么?

2. 计算样品中几丁质酶(或壳聚糖酶)的酶活。

8-2 淀粉酶活性的测定

一、实验原理

淀粉酶(amylase)可以完全水解或部分水解淀粉。淀粉酶可分为：α-淀粉酶(EC3.2.1.1)、β-淀粉酶(EC3.2.1.2)以及葡萄糖淀粉酶(EC.3.2.1.3.)。α-淀粉酶是一种液化酶，广泛分布于微生物中，且几乎都是分泌型的。此酶以 Ca^{2+} 为必需的稳定因子，既作用于直链淀粉，亦作用于支链淀粉，随机地作用淀粉的非还原端的α-1,4-糖苷键，成为大量长短不一的短链糊精以及少量麦芽糖与葡萄糖，引起淀粉溶液黏度的急剧下降。由于碘液与不同分子量的糊精反应后呈现不同的颜色，根据与碘呈现不同的颜色可分为蓝色淀粉、紫糊精、红糊精以及无色糊精，最后失去对碘的呈色反应，水解的最终产物是麦芽糖和少量的葡萄糖。因此可以根据蓝色消失速度来衡量淀粉酶液化能力的大小。淀粉-碘复合物在660 nm处有较大的吸收峰，可用分光光度计来测定。另一方面，在分解支链淀粉时，除麦芽糖、葡萄糖外，还生成分支部分具有α-1,6-键的α-极限糊精，一般分解限度以葡萄糖为准是35～50%，但在细菌的淀粉酶中，亦有呈现高达70%分解限度的(最终游离出葡萄糖)；β-淀粉酶(糖化酶)与α-淀粉酶的不同点在于从非还原性末端逐步以麦芽糖为单位切断α-1,4-葡聚糖链。对于如直链淀粉那样没有分支的底物能完全分解得到麦芽糖和少量的葡萄糖。作用于支链淀粉或葡聚糖的时候，切断至α-1,6-键的前面反应就停止了，因此生成分子量比较大的极限糊精。葡萄糖淀粉酶则从非还原端开始每次切下一个葡萄糖。

淀粉酶产生的这些还原糖能使3,5-二硝基水杨酸还原，生成棕红色的3-氨基-5-硝基水杨酸。淀粉酶活力的大小与产生的还原糖的量成正比。可以用比色法测定淀粉生成的还原糖的量。以单位重量样品在一定时间内生成的还原糖的量表示酶活。

一个酶活力单位(U)定义为：在本实验条件下，每分钟产生相当于1 μmol葡萄糖的还原糖量所需的酶量。

二、实验试剂

1. 培养基：1%可溶性淀粉，0.8%磷酸氢二钠，0.4%硫酸铵，0.2%无水氯化钙，1.5%琼脂。

2. 2%可溶性淀粉溶液：称取2 g可溶性淀粉(100～105 ℃烘2 h)于烧杯中，用少量蒸馏水(10 mL)调匀，徐徐倾入煮沸的60 mL蒸馏水中，另用10 mL蒸馏水洗烧杯，洗液并入沸水中，搅匀，加热煮沸至透明，冷却定容至100 mL。溶液应当天配制。

3. DNS试剂；McIlvaine缓冲液；0.5 mol/L乙酸。

4. 2 μmol/L葡萄糖标准液：葡萄糖在60 ℃下烘干到恒重后配制。

5. 稀碘液：称取2.2 g碘与4.4 g碘化钾，加少量蒸馏水溶解后，定容至100 mL，棕色瓶储存，此为浓碘液。用时吸取浓碘液0.4 mL，添加碘化钾4 g，加水定容至100 mL，棕色瓶储存。

三、实验器具

分光光度计、水浴锅、沸水浴、试管、吸头、微量移液器。

四、实验操作

(一)碘液复合物消色法

标准曲线的制作：

1. 将2%可溶性淀粉稀释成0.2%~2%梯度。

2. 吸取淀粉稀释液2 mL到试管中，再加入磷酸氢二钠-柠檬酸缓冲液1 mL，40 ℃水浴保温5 min。

3. 加入蒸馏水1 mL，40 ℃反应30 min后加入0.5 mol/L乙酸10 mL。

4. 吸取反应液1 mL，加稀碘液10 mL，混匀，在660 nm下测得吸光度A(用2 mL蒸馏水代替步骤2中的淀粉稀释液，同上操作，作为空白对照)。

5. 以淀粉浓度为横坐标，吸光度为纵坐标，制作标准曲线。

淀粉酶活力的测定：

1. 吸取淀粉稀释液2 mL到试管中，再加入磷酸氢二钠-柠檬酸缓冲液1 mL，40 ℃水浴保温5 min。

2. 加入稀释浓度的粗酶液1 mL，40 ℃反应30 min后加入0.5 mol/L乙酸10 mL。

3. 吸取反应液1 mL，加稀碘液10 mL，混匀，在660 nm下测得吸光度A(用2 mL蒸馏水代替步骤2中的淀粉稀释液，同上操作，作为空白对照)。

4. 从标准曲线中查出相应的淀粉浓度，求出被酶消耗的淀粉量。

5. 酶活力计算：酶活力以每毫升粗酶液在40 ℃，pH 6.0的条件下每小时所分解的淀粉毫克数来衡量。

(二)DNS法

葡萄糖标准曲线制作：

1. 分别取2 μmol/L的葡萄糖标准液1、2、3、4、5、6、7、8、9、10 mL于试管中，均用蒸馏水补足到10 mL，混匀。

2. 各取0.5 mL，加0.5 mL DNS试剂，混合后沸水浴中加热5 min，迅速用冷水冷却。

3. 每管中加4 mL蒸馏水，混匀后以蒸馏水为对照，于540 nm波长处读取吸光度值。

4. 另外取0.5 mL蒸馏水和0.5 mL DNS试剂混合，经同样处理后也以蒸馏水为对照测A_{540}，作为空白。每种浓度的溶液做两个平行组，结果取平均值。

5. 制作标准曲线：以葡萄糖量(μmol)为横坐标，以不同浓度下的A_{540}与空白A_{540}的差值为纵坐标作标准曲线，并由该曲线的趋势线获得标准曲线函数。

淀粉酶活力的测定：

1. 取0.5 mL酶液(必要时应进行适当稀释)，分别加到A、B 2支1.0 mL McIlvaine缓冲液(pH 7.0)试管中，其中B试管的样品在沸水浴中保持10 min，使酶失活，A试管在冰浴中保存。

2. 两支试管中分别加入0.5 mL 0.5%可溶性淀粉底物，30 ℃水浴反应30 min。

3. 反应结束后迅速将两支反应管放入沸水浴中保持10min。

4. 各取1 mL，4000 r/min离心5 min。

5. 分别取0.5 mL上清与0.5 mL DNS试剂混合，沸水浴反应5 min，冷水冷却。

6. 再分别加入4 mL蒸馏水，混匀。

7. 分别测两组的 A_{540} 值。

8. 根据氨基葡萄糖标准曲线，将两组 A_{540} 差值折算成还原糖量，再根据酶活力单位的定义，算出酶活力。

五、注意事项

1. 分光光度计在使用前应先接通电源，预热 20min，使用时应确定使用光的波长。

2. 不同的酶请选用不同 pH 的缓冲液与酶反应温度。

3. 淀粉一定要用少量冷水调匀后，再倒入热水中溶解，若直接加到热水中，会溶解不均，甚至结块。

六、评议

1. 在测定酶反应的还原糖以及制作标准曲线时，应注意使 A_{540} 控制在 0.1～1.0 之间。

2. 酶反应时应保证足够的可溶性淀粉底物的存在。

七、思考题

可否直接用蒸馏水作对照？

8-3 蛋白酶活性的测定

一、实验原理

蛋白酶(protease)可催化蛋白质和多肽的肽键水解，生成游离的氨基酸或短肽。其中蛋白酶作用于蛋白质分子内部的肽键，使之水解成短肽，肽酶作用于多肽两端的肽键，逐个水解出氨基酸。一定时间内酶促反应后释放的游离氨基酸的数量可以准确判断蛋白酶的活性。酶活力单位通常定义为：在适宜的条件下，水解酪蛋白，每分钟酶促反应生成 1 μg 酪氨酸所需的酶量为 1 个酶活单位。

蛋白酶的测定通常采用 Folin-酚试剂法或重氮法。Folin-酚试剂在碱性溶液中极不稳定，易被酚类还原为蓝色化合物(钼蓝和钨蓝混合物)，且蓝色的深浅与酚类的含量呈正相关。利用酪蛋白作底物，蛋白水解酶催化水解生成的含酚基氨基酸(酪氨酸、色氨酸、苯丙氨酸)与 Folin-酚试剂呈蓝色反应，可从蓝色的深浅来推知酶活力的大小。Folin-酚试剂除了可以和酪氨酸起反应外，还可以和蛋白质中的肽键起反应。因此未被分解的蛋白质必须用三氯乙酸沉淀后，通过过滤或离心去除，某些未被去除的小肽会对反应产生一定的干扰作用。

蛋白酶有酸性、中性和碱性三大类，酶促反应中采用不同 pH 值的缓冲体系可分别测得各类蛋白酶的活性。

二、实验试剂

1. 培养基：3%豆饼粉、4%山芋粉、4%麸皮、0.4%磷酸氢二钠、0.03%磷酸二氢钾，用自来水配制。250 mL 三角瓶装培养基 25 mL，0.1 MPa 灭菌 30 min。

2. 福林试剂(Folin 试剂)：于 2000 mL 磨口回流装置内，加入钨酸钠($Na_2WO_4 \cdot 2H_2O$) 100 g，钼酸钠($Na_2MoO_4 \cdot 2H_2O$)25 g，蒸馏水 700 mL，85%磷酸 50 mL，浓盐酸 100 mL，充分混匀，使其溶解。接上冷凝管等回流装置，文火回流 10 h(烧瓶内可加入小玻璃珠数颗，以防溶液溢出)。取去冷凝器，加入硫酸锂(Li_2SO_4)150g，蒸馏水 50 mL，混匀，加入几滴液体溴，再煮沸 15 min，以驱逐残溴及除去颜色，溶液应呈黄色而非绿色。若溶液仍有绿色，需要再加几滴溴液，再煮沸除去之。冷却后，定容至 1 000 mL，过滤，置于棕色瓶中保存。此溶液使用时加 2 倍蒸馏水稀释。

3. 0.4 mol/L 碳酸钠溶液：称取无水碳酸钠(Na_2CO_3)42.4 g，定容至 1 000 mL。

4. 0.4 mol/L 三氯乙酸(TCA)溶液：称取三氯乙酸(CCl_3COOH) 6.54 g，定容至 100 mL。

5. pH 7.2 磷酸盐缓冲液：称取 $NaH_2PO_4 \cdot 2H_2O$ 31.2 g，定容至 1 000 mL，即成 0.2 mol/L 溶液(A 液)。称取 $Na_2HPO_4 \cdot 12H_2O$ 71.63 g，定容至 1 000 mL，即成 0.2 mol/L 溶液(B 液)。取 A 液 28 mL 和 B 液 72 mL，用蒸馏水稀释 1 倍，即成 0.1 mol/L pH 7.2 磷酸盐缓冲液。

6. 2%酪蛋白溶液：准确称取干酪素 2 g，加入 0.1 mol/L NaOH 溶液 10 mL，在水浴中加热使溶解(必要时用小火加热煮沸)，然后用 pH 7.2 磷酸盐缓冲液定容至 100 mL 即成，冰箱内保存。

7. 100 μg/mL 酪氨酸溶液：精确称取在 105 ℃烘至恒重的酪氨酸 100 mg，逐步加入 6 mL 的 1 mol/L 盐酸使溶解，用 0.2 mol/L 盐酸定容至 100 mL，其浓度为 1 000 μg/mL，再吸取此液 10 mL，以 0.2 mol/L 盐酸定容至 100 mL，即配成 100 μg/mL 酪氨酸溶液，冰箱内保存。

三、实验器具

分析天平、分光光度计、水浴锅、试管、微量移液器、吸头。

四、实验操作

(一) 菌体培养

1. 斜面活化筛选所得的产生蛋白酶的菌体。

2. 挑取少量斜面菌种，接入培养基中，32 ℃摇瓶培养(180 r/min)。

3. 每隔 8 h 取出一瓶，5000 r/min 离心 5～10 min，取上清液测定蛋白酶活力。

(二) 标准曲线的绘制

1. 按表 8-3-1 配制各种不同浓度的酪氨酸溶液

表 8-3-1 配制各种不同浓度的酪氨酸溶液

管　号	1	2	3	4	5	6
蒸馏水(mL)	10	8	6	4	2	0
100 μg/mL 酪氨酸(mL)	0	2	4	6	8	10
酪氨酸最终浓度(μg/mL)	0	20	40	60	80	100

2. 取 6 支试管，编号，按表 8-3-1 分别吸取不同浓度酪氨酸 1 mL，各加入 0.4 mol/L 碳酸钠 5 mL，再各加入已稀释的福林试剂 1 mL。用混匀器充分混匀后，置 37 ℃恒温水浴中反应 20 min。

3. 以1# 管做参比，分别比色测定各管 A_{680}；一般测三次，取平均值。

4. 以酪氨酸浓度为横坐标，净 A_{680} 值为纵坐标，绘制成标准曲线，根据作图或用回归方程，计算出当吸光度为1时的酪氨酸量(μg)，即为K值。

（三）蛋白酶活的测定

1. 取发酵上清液或粗酶液，根据酶活力用pH 7.5缓冲液稀释至适当浓度，供测试用。

2. 取15×100 mm试管3支，编号1、2、3，每管内加入样品稀释液1 mL，置于37 ℃水浴中预热5 min。再各加入经同样预热的酪蛋白1 mL，精确保温10 min。到时间后，立即再各加入0.4 mol/L三氯乙酸2 mL，以终止反应，继续置于水浴中保温10 min，使残余蛋白质沉淀后离心或过滤。

3. 另取15×150 mm试管3支，编号1、2、3，每管内加入滤液1 mL，再加0.4 mol/L碳酸钠5 mL，已稀释的福林试剂1 mL，摇匀，37 ℃保温发色20 min后进行 A_{680} 测定。

4. 空白试验也取试管3支，编号(1)、(2)、(3)，测定方法同上，唯在加酪蛋白之前先加0.4 mol/L三氯乙酸2 mL，使酶失活，再加入酪蛋白。

5. 酶活力的计算

蛋白酶活力(μg/mL或U/mL)=(样品 A_{680} －对照 A_{680})×K×V/t×N

K：标准曲线中光吸收度为"1"时的酪氨酸微克数；

V：酶促反应总体积；

T：酶促反应时间(min)；

N：酶的稀释倍数。

五、注意事项

1. 将酶液稀释到一定程度，在底物浓度一定、反应时间一定的情况下维持初速度，必须调整酶的最适稀释倍数，即吸光度限制在0.2～0.8范围内。

2. 最适条件下(最适温度、最适pH值)进行酶促水解反应，并且反应过程中底物足够。

3. Folin-酚试剂若贮存时间过长，颜色会由黄变绿，此时可加几滴液溴，煮沸数分钟，恢复原色后仍可使用。使用时用1 mol/L标准氢氧化钠标定。

六、评议

缓冲液配方：

1. pH 7.5磷酸盐缓冲液（0.02 mol/L)：称取磷酸氢二钠($Na_2HPO_4 \cdot 12H_2O$) 6.02 g和磷酸二氢钠（$NaH_2PO_4 \cdot 2H_2O$）0.5 g以蒸馏水溶解定容至1 000 mL。

2. pH 2.5乳酸-乳酸钠缓冲液（0.05 mol/L)：A液，称取80%～90%乳酸10.6 g，加蒸馏水稀释定容至1 000 mL。B液，称取70%乳酸钠16 g，加水稀释定容至1 000 mL。取A液16 mL与B液1 mL混合稀释一倍即成。

3. pH 3.0乳酸-乳酸钠缓冲液（0.05 mol/L)：A液，称取80%～90%乳酸10.6 g，以蒸馏水稀释定容至1 000 mL。B液，称取70%乳酸钠16 g，加蒸馏水溶解定容至1 000 mL。取A液8 mL与B液1 mL，混合稀释一倍即成。

4. pH 10硼砂-氢氧化钠缓冲液：A液，称取硼砂19.08 g，用蒸馏水溶解定容至1 000 mL

(0.05 mol/L)。B 液，称取氢氧化钠 8 g，用蒸馏水溶解定容至 1 000 mL(0.2 mol/L)。取 A 液 250 mL，B 液 215 mL 混合，用蒸馏水稀释定容至 1 000 mL 即成。

5. pH 11.0 硼砂-氢氧化钠缓冲液：A 液，称取硼砂 19.08 g，用蒸馏水稀释定容至 1 000 mL；B 液，称取氢氧化钠 4 g，用蒸馏水稀释定容至 1 000 mL。取 A 液与 B 液等量混合。

6. 2%酪蛋白溶液配成酸性时，须先加数滴浓乳酸，使之湿润以加速其溶解。

七、思考题

常规酶活测定程序为：酶液适当稀释，最适条件下进行酶促反应，测定反应量，根据酶活单位定义计算酶活力。上述过程中，哪个阶段的操作误差给实验结果造成的影响最大？如何防止？

8-4 脂肪酶活性的测定

一、实验原理

脂肪酶(lipase，EC 3.1.1.3)在一定条件下可将脂肪(甘油三酯)逐步分解为甘油、脂肪酸和甘油单酯或二酯，其活性的高低表明微生物分解代谢脂肪类物质能力的高低。反映脂肪分解程度的指标有酸价、碘价、皂化价、过氧化值等。脂肪酶特异底物有 pNPP(Sigma)、三油酸甘油酯、橄榄油、其他油类(如苏籽油、亚麻油、鱼油、月见草油)等。

以 10 mL 色拉油为底物，以酶用量、水解温度、反应时间为因素，通过酸价的测定选定其水解的最佳条件。酸价是指中和 1 mol 游离脂肪酸所需 NaOH 的毫克数，它用于衡量油脂的水解程度。实验用酸价作指标，用 95%乙醇作终止剂，通过酸价的测定反映脂肪酶分解脂肪的程度，从而求得酶活力。水解生成的脂肪酸，可以用标准的碱溶液滴定，以滴定值表示酶活力。反应式为：

$$RCOOH + NaOH \longrightarrow RCOONa + H_2O$$

酶与底物作用的活性，受温度、pH 值、酶液浓度、底物浓度、酶的激活剂或抑制剂等许多因素的影响。酶活性测定是依据脂肪酶分解油成脂肪酸，用过量的 NaOH 中和，然后用 HCl 回滴，测定脂肪酸的量并计算酶活。单位定义为：在一定温度和一定 pH 条件下，水解甘油三酯每分钟释放 1 μmol 游离脂肪酸所需的酶量定义为 1 个酶活力单位；或在一定条件下，每分钟分解对硝基苯棕榈酸释放出 1μmol 对硝基酚定义为 1 个酶活力单位。

二、实验试剂

橄榄油(聚乙烯醇橄榄油乳化液)、磷酸缓冲液(pH 7.5、0.025 mol/L)、95%的乙醇、酚酞、0.05 mol/L NaOH 溶液。

三、实验器具

37 ℃恒温水浴、滴定管、微量移液器、吸头。

四、实验操作

（一）橄榄油乳化液法

1. 5mL 橄榄油为底物，加 4 mL 磷酸缓冲液，置于 37 ℃水浴保温 10 min。
2. 添加 1 mL 适量稀释度的酶液，37 ℃水解反应 20 min（每隔 7 min 摇动一次）。
3. 酸价的测定：向所得的水解液中滴加 1 mL 95%乙醇溶液，摇匀，终止反应。
4. 加入 2 滴酚酞指示剂，迅速用 0.05 mol/L NaOH 溶液滴定至溶液呈微红色，在 30 s 内不消失为终点，记录消耗的 NaOH 溶液毫升数（A_1）。
5. 用同样的方法测定空白值 A_0（空白试验用灭活的酶液代替），每个试验重复两次，以平均值作为测定结果。
6. 酶活力的计算：酶活力（U/mL）=（A_1-A_0）/ t×V

A_1：样品滴定的 NaOH 消耗量；

A_0：空白滴定的 NaOH 消耗量；

t：酶作用的时间；

V：酶液体积。

（二）对硝基苯棕榈酸酯（p-nitrophenyl palmitate，p-NPP）法

1. 用 50 mmol/L Tris-HCl（pH 8.0）缓冲液配制 5 mmol/L p-NPP 作为酶反应的底物。
2. 在 3 mL 反应体系中，加入 1.5 mL 5 mmol/L p-NPP，1 mL 50 mmol/L Tris-HCl（pH 8.0）缓冲液，0.01mL 0.5 mmol/L $CaCl_2$，混合，在 25 ℃下预热 5 min。
3. 加入 0.5 mL 纯酶液，反应 10 min。
4. 立即加入 4 mL 0.1 mmol/L NaOH 溶液，终止酶反应，使黄色的反应产物对硝基酚（p-nitrophenol，p-NP）可以稳定一段时间。
5. 然后测定 A_{405} 值，每个样品均测定 3 个平行样。空白试验用灭活的酶液代替。

五、注意事项

不同的脂肪酶其作用的最适 pH 和最适温度是不同的，应先确定其最佳条件，然后进行酶活的测定。

六、评议

每个试验重复三次，以平均值加方差作为测定的结果。

七、思考题

简述脂肪酶活力测定的原理及单位定义。

8-5 纤维素酶活性测定

一、实验原理

纤维素是植物细胞壁的主要成分，约占植物总重量的一半，是自然界中最丰富的有机大分

子碳水化合物。纤维素与几丁质结构类似，只是纤维素中每个葡萄糖单位中 C2 为羟基(图 8-5-1)。自然界中的纤维素主要来源于稻草、树木、蔗渣、芦苇、野生植物等。我国仅非木材纤维年产量就超过 1×10^{12} kg。这些非木材纤维以及大量的木材加工剩余物，都是取之不尽的天然高分子原料和能源。由于纤维素具有水不溶性的高结晶构造，其外围又被木质素层包围着，所以到目前为止仍没有得到很好地利用。

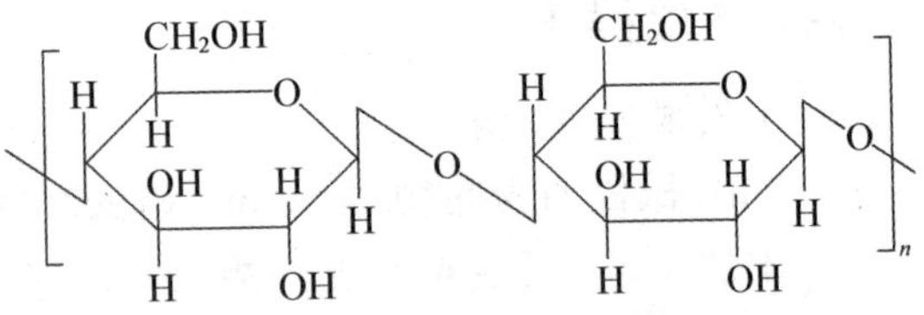

图 8-5-1 纤维素的分子结构

自然界只有部分具有纤维素酶(cellulase)的微生物——细菌和真菌能分解纤维素成为单糖被利用。真菌分泌胞外游离的纤维素酶，以水解酶和氧化酶机制降解纤维素；细菌纤维素酶则是以形成多酶复合体结构而起作用，能更加彻底有效地降解天然纤维素。一般用于生产的纤维素酶来自真菌，主要有木酶属(*Trichoderma*)、曲霉属(*Aspergillus*)和青霉属(*Penicillium*)。

纤维素酶是一种多组分的复合酶，根据酶的作用方式可分为：① 内切葡聚糖酶 EG 或 BGL (1,4-β-D-glucan glucanohydrolase 或 endo-1,4-β-D-glucanase,EC3.2.1.4)；② 外切葡聚糖酶(1,4-β-D-glucan cellobilhydrolase 或 exo-1,4-β-D-glucannase,EC3.2.1.91)；③ β-葡萄糖苷酶(β-1,4-glucosidase,EC.3.2.1.21,或称纤维二糖酶 cellobiase,CB)。微生物降解纤维素主要由这三类酶系的协同作用来完成的。1950 年 Reese 等提出了 C1-Cx 假说，认为必须以不同的酶协同作用，才能将纤维素彻底地水解为葡萄糖。一般认为 C1 酶首先进攻纤维素的非结晶区，形成 Cx 所需的新的游离末端，然后由 Cx 酶从多糖链的还原端或非还原端切下纤维二糖单位，最后由 β-葡聚糖苷酶将纤维二糖水解成两个葡萄糖。其中 Cx 又分为 Cx1 与 Cx2 两种，Cx1 是一种内断型纤维素酶，它从分子内部作用于 β-1,4 糖苷键生成纤维糊精与纤维二糖；而 Cx2 酶是一种外断型纤维素酶，从分子的非还原性末端作用与 β-1,4 糖苷键，逐步一个一个地切断 β-1,4 糖苷键生成葡萄糖。

$$(C_6H_{10}O_5)_n \xrightarrow[c_1\text{酶}+c_x\text{酶}]{+H_2O} C_{12}H_{22}O_{11} \xrightarrow[\beta\text{-葡萄糖苷酶}]{+H_2O} C_6H_{12}O_6$$

(纤维素) (纤维二糖) (葡萄糖)

纤维素酶通常属于糖苷酶的三个家族，分别为第 5 家族和第 9 家族的内切葡聚糖酶和第 48 家族的外切葡聚糖酶。第 9 家族的成员具有前进性，不仅能从内部分解纤维素纤丝，而且也能从分裂点继续对多聚体进行降解。极端环境下纤维素酶产生菌的筛选(如嗜热纤维素酶、碱性纤维素酶、厌氧纤维素酶)是产纤维素酶菌种筛选的方向。

不同微生物显示的酶活性也不一样，其测定方法也不同。C1 酶对棉花纤维素能起催化水解作用，滤纸法则适用于 C1 酶活力的测定。Cx 酶对羧甲基纤维素钠(Na-CMC)有水解能力，CMC 法适用于 Cx 酶。纤维素酶水解纤维素产生的纤维二糖、葡萄糖等还原糖能将碱性条件下的 3,5-二硝基水杨酸(DNS)还原，生成棕红色的氨基化合物，在 540 nm 波长处有最大光吸收，在一定范围内还原糖的量与反应液的颜色强度呈比例关系，利用比色法测定其还原糖生成的量就可测定纤维素酶的活力。在上述条件下，每小时由底物生成 1 μmol 葡萄糖所需的酶量定义为一个酶活力单位(U)。

二、实验试剂

1. 0.2 mol/L 磷酸氢二钠溶液：称取 7.16 g 磷酸氢二钠($Na_2HPO_4 \cdot 12H_2O$),溶解于蒸馏水中,定容至 100 mL。

2. 0.1 mol/L 柠檬酸溶液：称取 2.10 g 柠檬酸($C_6H_8O_7 \cdot H_2O$),溶解于蒸馏水中,定容至 100 mL。

3. pH 5.0 柠檬酸缓冲液：24.3 mL 0.2 mol/L 磷酸氢二钠溶液,25.7 mL 0.1 mol/L 柠檬酸溶液,混匀,用精密酸度计测至 pH 值为 5.0。

4. 1%羧甲基纤维素钠溶液：准确称取 1.0 g 羧甲基纤维素钠溶于 100 mL 水中,沸水浴中加热至溶化,过滤,贮存于冰箱中备用。

5. 3,5-二硝基水杨酸(DNS)(实验 8-1)

6. 0.1%标准葡萄糖溶液：精确称取经 50 ℃烘至恒重的无水葡萄糖 100.0 mg,溶解于蒸馏水中,定容至 100 mL,充分混匀,4 ℃冰箱中保存。

7. 0.1 mol/L pH 4.6 醋酸-醋酸钠缓冲液：准确称取醋酸钠($CH_3COONa \cdot 3H_2O$)6.7 g 和冰醋酸 2.6 mL,以蒸馏水溶解,定容至 1 000 mL。

8. 0.5%水杨酸苷溶液：称取 0.5 g 水杨酸苷于 100 mL 小烧杯中,用少量 pH 5 的柠檬酸缓冲液溶解后,移入 100 mL 容量瓶中,并用 pH 4.5 柠檬酸缓冲液定容至 100 mL,充分混匀。4 ℃冰箱中保存备用,用于测定 β-葡萄糖苷酶活力。

9. 新华 5 号滤纸剪成 1cm×3cm 纸条;脱脂棉花。

三、实验器具

分光光度计、恒温水浴锅、酸度计、沸水浴锅、恒温干燥箱、量筒、容量瓶、烧杯、试管架、冰箱、分析天平。

四、实验操作

(一) 标准曲线的绘制

取 7 支具塞试管,编号后加入标准葡萄糖溶液和蒸馏水,配制成一系列不同浓度的葡萄糖溶液。

试　　管	1	2	3	4	5	6	7
0.1%标准葡萄糖溶液(mL)	0	0.2	0.4	0.6	0.8	1.0	1.2
水(mL)	2	1.8	1.6	1.4	1.2	1.0	0.8
葡萄糖含量(mg)	0	0.2	0.4	0.6	0.8	1.0	1.2

2. 充分摇匀后,向各试管中加入 1.5 mL DNS 显色溶液,摇匀后沸水浴 5 min,取出冷却后用蒸馏水定容至 20 mL,充分混匀。

3. 在 540 nm 波长下,以 1 号试管溶液作为空白对照,调零点,测定其他各管溶液的光密度值并记录结果。

4. 以葡萄糖含量(mg)为横坐标,以对应的光密度值为纵坐标,在坐标纸上绘制出葡萄糖标准曲线。

(二) 滤纸法

1. 取 4 支具塞试管,编号后各加入 0.5 mL 酶液和 1.5 mL pH 4.5 柠檬酸缓冲液,向 1 号试管中加入 1.5 mL DNS 溶液以钝化酶活性,作为空白对照,比色时调零用。

2. 将 4 支试管同时在 40 ℃水浴中预热 5～10 min,再各加入滤纸条 50 mg(新华定量滤纸,约 1cm ×6 cm),40 ℃水浴中保温 1 h。

3. 取出立即向 2、3、4 号试管中各加入 1.5 mL DNS 溶液以终止酶反应,充分摇匀后沸水浴 5 min,取出冷却后用蒸馏水定容至 20 mL,充分混匀。

4. 以 1 号试管溶液为空白对照调零点,在 540 nm 波长下测定 2、3、4 号试管液的光密度值并记录结果。

5. 根据 3 个平行管光密度的平均值,在标准曲线上查出对应的葡萄糖含量,按下式计算出滤纸酶活力(U/g)。

滤纸酶活力(U/g)＝葡萄糖含量(mg)×酶液定容总体积(mL)×5.56/反应液中酶液加入量(mL)×样品重(g)×时间(h)

式中:5.56 为 1 mg 葡萄糖的 μmol 数(1 000/180＝5.56)。

(三) C1 酶活力的测定

1. 取 4 支具塞试管编号后各加入 50 mg 脱脂棉,加入 1.5 mL pH 5.0 柠檬酸缓冲液,并向 1 号试管中加入 1.5 mL DNS 溶液以钝化酶活性,作为空白对照,比色时调零用。

2. 将 4 支试管同时在 45 ℃水浴中预热 5～10 min,再各加入适当稀释后的酶液 0.5 mL,45 ℃水浴中保温 24 h。

3. 取出后立即向 2、3、4 号试管中各加入 1.5 mL DNS 溶液以终止酶反应,充分摇匀后沸水浴 5 min,取出冷却后用蒸馏水定容至 20 mL,充分混匀。

4. 以 1 号试管溶液为空白对照调零点,在 540 nm 波长下测定 2、3、4 号试管液的光密度值并记录结果。

5. 根据 3 个平行管光密度的平均值,在标准曲线上查出对应的葡萄糖含量,按下式计算出 C1 酶活力(U/g)。

C1 酶活力 (U/g)＝葡萄糖含量(mg)×酶液定容总体积(mL)×稀释倍数×5.56×24 /反应液中酶液加入量(mL)×样品重(g)×时间(h)

式中:24 为酶活力定义中的 24 h。

(四) Cx 酶活力的测定——羧甲基纤维素 CMC 法的酶活测定

1. 取 4 支具塞试管,编号后各加入 0.5 mL 1% CMC 和 1.5 mL 柠檬酸缓冲液,并向 1 号试管中加入 1.5 mL DNS 溶液以钝化酶活性,作为空白对照,比色时调零用。

2. 将 4 支试管同时在 50 ℃水浴中预热 5～10 min,再各加入稀释 5 倍后的酶液 0.5 mL,50 ℃水浴中保温 30 min。

3. 取出后立即向 2、3、4 号试管中各加入 1.5 mL DNS 溶液以终止酶反应,充分摇匀后沸水浴 5 min,取出冷却后用蒸馏水定容至 20 mL,充分混匀。以 1 号试管溶液为空白对照调零点,在 540 nm 波长下测定 2、3、4 号试管液的光密度值并记录结果。

4. 根据 3 个平行管光密度的平均值，在标准曲线上查出对应的葡萄糖含量，按下式计算出 Cx 酶活力(U/g)。在上述条件下，每小时由底物生成 1 μmol 葡萄糖所需的酶量定义为一个酶活力单位(U)。

Cx 酶活力(U/g)＝葡萄糖含量(mg)×酶液定容总体积(mL)×稀释倍数×5.56/反应液中酶液加入量(mL)×样品重(g)×时间(h)

(五) β-葡萄糖苷酶活力的测定

1. 取 4 支具塞试管，编号后各加入 1.5 mL 0.5% 水杨酸苷溶液，并向 1 号试管中加入 1.5 mL DNS 溶液以钝化酶活性，作为空白对照，比色时调零用。

2. 将 4 支试管同时在 50 ℃水浴中预热 5～10 min，再各加入酶液 0.5 mL，50 ℃水浴中保温 30 min。

3. 取出后立即向 2、3、4 号试管中各加入 1.5 mL DNS 溶液以终止酶反应，充分摇匀后沸水浴 5 min，取出冷却后用蒸馏水定容至 20 mL，充分混匀。

4. 以 1 号试管溶液为空白对照调零点，在 540 nm 波长下测定 2、3、4 号试管液的光密度值并记录结果。

5. 根据 3 个重复光密度的平均值，在标准曲线上查出对应的葡萄糖含量，按下式计算出 β-葡萄糖苷酶活力(U/g)。在上述条件下，每小时由底物生成 1 μmol 葡萄糖所需的酶量定义为一个酶活力单位(U)。

β-葡萄糖苷酶活力(U/g)＝葡萄糖含量(mg)×酶液定容总体积(mL)×5.56 /反应液中酶液加入量(mL)×样品重(g)×时间(h)

五、注意事项

1. 配制 DNS 溶液时，将含 DNS 的 NaOH 溶液加到含酒石酸钾钠的热水溶液中时，一定要缓慢倒，边倒边搅拌，以防被烫伤。

2. 如比色时光密度太低，可将酶液浓度适当提高。

六、评议

1. 作为底物的羧甲基纤维素钠，滤纸生产厂家不同，测定酶活时，结果亦不相同，有时相差也较大。配制 1% 羧甲基纤维素可以用酒精，如取 1 g 羧甲基纤维素钠，用 50% 乙醇溶至 100 mL。

2. 纤维素酶是一种微生物活性制剂，它对温度、酸度十分敏感，不同菌株生产的纤维素酶最适反应 pH 值、最佳反应温度有所不同。

3. 测定酶活时，滤纸条和脱脂棉等底物一定要充分浸没在反应液中。

七、思考题

纤维素酶是一种复合酶，它包括哪些成分，各起什么作用？

8－6　脱氢酶活性的测定

一、实验原理

脱氢酶(dehydrogenase)催化有机物氧化还原反应中的脱氢反应。微生物脱氢酶的种类很多,它能使被氧化的有机物的氢原子活化并传递给特定的受氢体而完成脱氢反应。脱氢酶活性越高,其氧化分解有机物的能力也越高。如果脱氢酶活化的氢原子被人为受氢体所接收,可以在实验条件下利用人为受氢体直接测定脱氢酶的活性。通常用于检测脱氢活性的人工受氢体包括氯化三苯基四氮唑(TTC)、刃天青、亚甲基蓝以及对碘硝基四唑紫(INT)等。人为受氢体通常选用受氢后能变色的物质,如甲烯蓝(MB)受氢后变成无色的还原甲烯蓝(MB－2H),无色的氯化三苯基四氮唑(TTC)受氢后变成红色的三苯基甲臜(TF)。

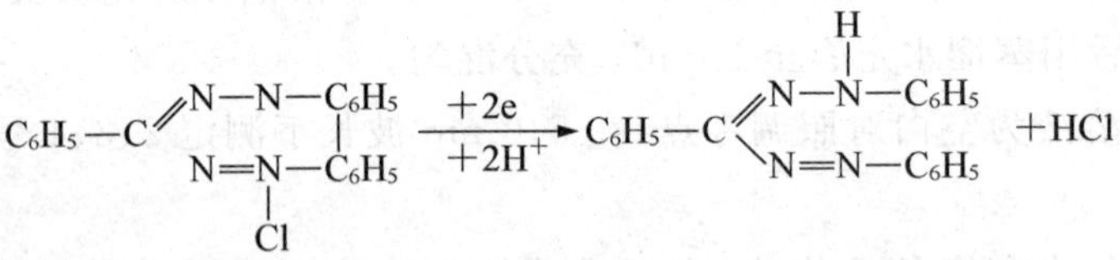

$$C_6H_5—C\begin{matrix}\nearrow N—N—C_6H_5 \\ \searrow N{=}\underset{\underset{Cl}{|}}{N}—C_6H_5\end{matrix} \xrightarrow[+2H^+]{+2e} C_6H_5—C\begin{matrix}\nearrow N—\overset{\overset{H}{|}}{N}—C_6H_5 \\ \searrow N{=}N—C_6H_5\end{matrix} + HCl$$

TTC(无色)　　　　　　　　TF(红色)

图 8－6－1　显色反应

无色的 TTC 作为人为受氢体,受氢后生成深浅不同的红色三苯基甲臜(TF),采用甲苯在常温下萃取。由于 TF 溶液在波长 486 nm 附近有吸收峰,因而可采用分光光度计测定该波长的吸光度,根据标准曲线计算出 TF 生成量,此值即为 TTC－脱氢酶活性(TTC－DHA),1 h 产生 1 μg TF 的量为一个酶活单位。

有机物的生物处理是在酶的参与下实现的,在这些酶中脱氢酶占有重要的地位,因为有机物在生物体内的氧化往往是通过脱氢来进行的。活性污泥中脱氢酶的活性与水中营养物浓度成正比,在处理污水过程中,活性污泥脱氨酶活性的降低,直接说明了污水中可利用物质营养浓度的降低。此外,由于酶是一类蛋白质,对毒物的作用非常敏感,当污水中有毒物存在时,会使酶失活,造成污泥活性下降。在生产实践中,常常在设置对照组,消除营养物浓度变化影响因素的条件下,通过测定活性污泥在不同工业废水中脱氢酶活性的变化情况来评价工业废水成分的毒性,评价对不同工业废水的生物可降解性。

二、实验试剂

1. 0.4% TTC 溶液:称取 0.4 g TTC(2,3,5－氯化三苯基四氮唑)溶于少量蒸馏水中,再稀释至 100 mL,贮存于棕色瓶中,保存 1 周。

2. 50 mmol/LTris－HCl 缓冲液(pH 8.4):称取 6.037 g Tris,加入 20 mL 1 mol/L HCl 溶液,定容至 1 L。

3. 1 mg/mL TTC 标准溶液:称取 50 mg TTC 定容于 50 mL 茶色容量瓶中。

4. 低亚硫酸钠(sodium hydrosulphite);三氯甲烷;丙酮;乙醇;甲苯。

三、实验器具

培养箱、离心机、分光光度计、微量移液器、Eppendorf 管、吸头。

四、实验操作

(一) 标准曲线的制作

1. 配制 TTC 系列溶液：分别取 1 mg/mL TTC 标准溶液 1、2、3、4、5、6、7 mL，用蒸馏水定容至 50 mL，配成 20、40、60、80、100、120 以及 140 μg/mL 的系列溶液。

2. 在 8 支 20 mL 带塞的试管中，依次加入 2 mL Tris - HCl 缓冲液、2 mL 蒸馏水和 2 mL TTC 系列溶液，对照管加入 2 mL Tris - HCl 缓冲液与 4 mL 蒸馏水(不加 TTC)。

3. 再各加入 1 g 低亚硫酸钠，振荡摇匀。

4. 待溶液充分显色后，各管分别加入 5 mL 甲苯(或丙酮、正丁醇和甲醇)，振荡萃取 3 min。

5. 取上层有机溶液在 486 nm 处测定吸光值，以 TTC 为横坐标，A_{486} 值为纵坐标绘制标准曲线绘制标准曲线。

(二) 活性污泥脱氢酶的测定

1. 取 10 mL 活性污泥，4000 r/min 离心 5 min 后弃上清，再加入蒸馏水至 10 mL，搅拌混匀，离心 5 min，这样反复用蒸馏水洗涤离心处理 3 次，最后向离心管中加入蒸馏水 10 mL，搅拌混匀。

2. 取 3 支试管，分别加入 2 mL Tris - Cl 缓冲液，0.5 mL 0.4% TTC 溶液、2 mL 上述待测污泥混合物和 0.5 mL 上清液。

3. 将各试管摇匀后立即放入 37 ℃水浴锅培养 2 h。

4. 取出后迅速滴加 2 滴浓硫酸，摇匀以终止反应。

5. 向各试管中加入 5 mL 甲苯，常温下萃取。放置片刻，待溶液分层后，在 4000 r/min 下离心 5 min。

6. 取上层有机溶剂于 486 nm 处测定吸光值 A_{486}。

7. 标准曲线上查 TF 的产生值，并算得脱氢酶的活性。

① 将样品组的 OD 值(平均值)减去对照组 OD 值后，在标准曲线上查 TF 的产生值。

② 算得样品组(加基质与不加基质)的脱氢酶活性 X(mg/mL 活性污泥 · h)：

X(TF μg/L 活性污泥 · h) = $A \times B \times C$

式中：X：脱氢酶活性

A：标准曲线上读数

B：反应时间校正 = 60 min/实际反应时间

C：比色时稀释倍数

五、参考文献

1. 安立超. 测定活性污泥脱氢酶活性的研究. 污染防治技术，1996，9(3)：186 - 188

2. 周春生. TTC -脱氢活性检测方法的研究. 环境科学学报，1996，16(4)：400 - 405

3. 秦冰，陈东辉，陈亮等. TTC -脱氢活性检测方法的改进. 中国环境生态网，2004 - 7 - 22

8－7　酚分解能力的测定

一、实验原理

苯酚是重要的化工原料，被广泛应用于酚醛树脂、杀虫剂、染料、农药和医药的生产中。但苯酚本身是有毒的有机化合物，具有使蛋白质变性的作用，对皮肤粘膜有腐蚀性；此外，它还可以作用于中枢神经而引起痉挛，美国环保局和我国相继把苯酚列入有毒污染物名单。

采用4－氨基安替比林比色法测定，在含有NH_4OH-NH_4Cl缓冲溶液的培养液中使苯酚游离出来，苯酚与4－氨基安替比林发生缩合反应，在氧化剂铁氰化钾的作用下，酚被氧化生成醌，与4－氨基安替比林偶合而显色。

二、实验试剂

1. 0.01 mg/mL 酚标准液：吸取1 mL苯酚，用蒸馏水稀释定容至100 mL。再吸取稀释液10 mL，定容至100 mL。用前配制。

2. 20% NH_4OH-NH_4Cl缓冲液：称取NH_4Cl 20 g，溶解在浓氨水中，用浓氨水定容至100 mL。贮存于具橡皮塞的瓶内，置冰箱保存备用。

3. 2% 4－氨基安替比林溶液：称取4－氨基安替比林2 g，溶于蒸馏水中，定容至100 mL，贮存于棕色瓶中。此试剂只能保存1周，最好用前配制。

4. 8%铁氰化钾溶液

三、实验器具

培养箱、离心机、分光光度计、微量移液器、Eppendorf管、吸头。

四、实验操作

（一）制作苯酚标准曲线

1. 分别吸取0.01 mg/mL酚标准液0、0.5、1.0、2.0、3.0、4.0、5.0 mL于50 mL锥形瓶中，用蒸馏水稀释至50 mL。

2. 向标准酚溶液中各加入0.25 mL 20% NH_4OH-NH_4Cl缓冲液、0.5 mL 2% 4－氨基安替比林溶液、0.5 mL 8%铁氰化钾溶液，每次加入试剂后须均匀混合（注意：测定中不能颠倒加试剂的顺序）。

3. 放置15 min后在A_{510}处比色测定。

4. 以酚浓度为横坐标，A_{510}值为纵坐标，制作苯酚标准曲线。

（二）分解菌的培养

1. 将菌株在营养肉汤液体培养基中振荡培养至对数生长期（28 ℃约16～28 h）。

2. 在培养物中加入少量浓酚液，使培养液内酚浓度达到10 mg/L左右，进行酚分解酶的诱发。

3. 继续振荡培养2 h后再次加入浓酚液，使培养液酚浓度提高到50 mg/L左右，继续振荡培养4 h。

4. 用4-氨基安替比林比色法测定培养液中残留酚的浓度，并算出酚的去除率，即取适量培养液(含酚量大于10 μg)于50 mL锥形瓶中，用蒸馏水稀释至50 mL。

5. 向标准酚溶液中各加入0.25 mL 20% NH_4OH-NH_4Cl缓冲液、0.5 mL 2% 4-氨基安替比林溶液、0.5 mL 8%铁氰化钾溶液，每次加入试剂后须均匀混合。

6. 放置15 min后在A_{510}处比色测定。从图中查出培养液中苯酚含量。

苯酚含量(mg/L)=(V1×1 000)/V

*V*1：相当于标准酚溶液中的酚量(mg)；

V：培养液体积(L)。

8-8 表面活性剂的含量测定

一、实验原理

表面活性剂有上千种，但直链烷基苯磺酸盐(linear sodium alkylbenzenesulfonate，LAS)、聚氧乙烯脂肪醇(alcohol ether，AE)、聚氧乙烯脂肪醇醚硫酸酯盐(alcohol ether sulphates，AES)和烷基硫酸盐(alkylsulfate，AS)占绝大部分。

测定表面活性剂LAS含量的方法是亚甲基蓝法，LAS和美蓝可生成蓝色化合物，并溶于氯仿等有机溶剂中。据报道，生物界中生物最高可以降解700mg/L左右的LAS。

二、实验试剂

1. 美蓝溶液：称取100 mg美蓝溶于蒸馏水后稀释至100 mL。移取该液30 mL于1000 mL容量瓶中，加6.8 mL分析纯浓硫酸及50 g $NaH_2PO_4 \cdot 2H_2O$，用蒸馏水溶解后加入容量瓶并稀释至1 000 mL刻度处。

2. LAS标准溶液：称取纯直链烷基苯磺酸盐(LAS)0.5 g，溶于蒸馏水，稀释至500 mL，此液LAS浓度为1 mg/mL。取此浓度10 mL稀释至1 000 mL，则LAS浓度为0.01 mg/mL。

三、实验器具

培养箱、离心机、分光光度计。

四、实验操作

(一) 制备标准曲线

1. 取0、2、5、10、15、20 mL 0.01 mg/mL LAS标准液分别稀释至100 mL制成不同浓度标准液。将100 mL标准液装于250 mL分液漏斗中，用H_2SO_4调节pH至微酸性，加美蓝液25 mL。

2. 氯仿提取：向上述分液漏斗中加氯仿10 mL，猛烈振荡30 s，静置分层，将氯仿层排入另一个250 mL分液漏斗中。如此提取三次。

3. 在上述接纳了三次氯仿提取液的分液漏斗中加入50 mL洗涤液，猛烈振荡30 s后静置分层。将一小块脱脂棉塞入分液漏斗活塞下部以滤除水珠，分液漏斗中的氯仿层缓缓放下至一个 50 mL 容量瓶中。

4. 再次提取：加 6 mL 氯仿于上述步骤 3 分液漏斗的水浴中，振荡分层后将氯仿层并入上述步骤 3 容量瓶中。如此提取三次。然后用氯仿将容量瓶中液体稀释至 50 mL 刻度处。

5. 测定 LAS：用纯氯仿做空白对照，固定波长为 652 nm，用分光光度计测定各标准液的光密度值(A)。

6. 以光密度值作纵坐标，LAS 的毫克数(LAS 原标准液浓度 0.01 mg/mL×所取该液的 mL 数)作横坐标，制作标准曲线，并通过图解法求出标准曲线的斜率 k。

(二) 样品的测定

1. 吸取离心后的培养液上清液 1～10 mL，放于 250 mL 分液漏斗中，用蒸馏水稀释至 100 mL。

2. 以下步骤同绘制标准曲线时的步骤，测得样品的氯仿提取液之光密度值。

3. 按下式计算样品中 LAS 浓度：

LAS(mg/L)$=A_{652}\times 1\,000/$(标准曲线斜率×水样体积 mL)

4. 计算 LAS 降解率：$D=C_0-(C_T+C')/\ C_0\times 100\%$

D：LAS 降解率%；

$C0$：振荡培养开始时的 LAS 浓度(mg/L)；

C_T：振荡若干小时后残留的 LAS 浓度(mg/L)；

C'：未接菌液的空白对照经振荡培养后，LAS 浓度的减少量(mg/L)。

8－9　抗生素的效价

一、实验原理

抗生素是微生物产生而能抑制其他微生物生长的物质。以抗生素对微生物的抗菌效力作为效价的衡量标准，具有用量少和灵敏度高等优点。测定抗生素活性即抗生素效价的方法有稀释法(图 8－9－1)与扩散法两种。

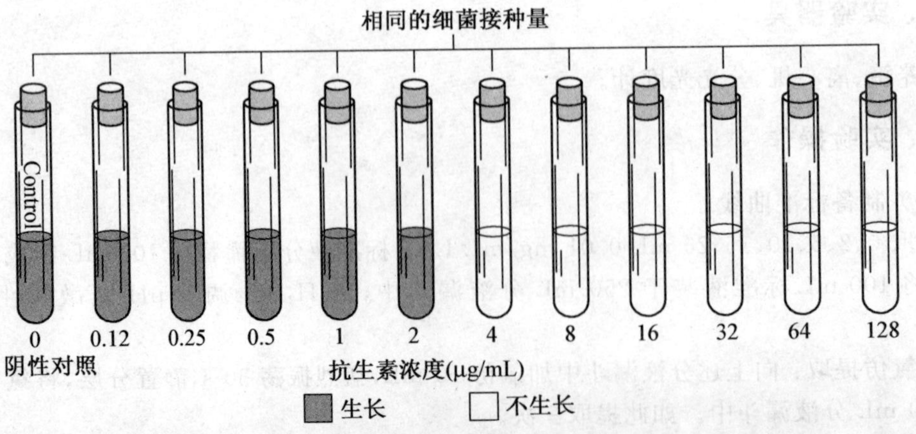

图 8－9－1　稀释法测定抗生素效价

稀释法是将含有抗生素的样品按一定倍数逐级稀释(常用10倍稀释或2倍稀释),每级接种一定浓度的指示菌,经过一定时间的培养便得到可抑制指示菌生长的最大稀释倍数,再以标准抗生素作同样的操作比较,就可推算出样品的抗生素浓度或相对抑菌强度(效价)(图8-9-1)。稀释法又有琼脂稀释法、肉汤稀释法。琼脂稀释法是将不同剂量的抗菌药物分别加于融化并冷却至50 ℃的定量琼脂培养基中混匀、倾注为平板,接种菌株,经培养后观察被检菌的生长情况。

扩散法是在平板上某处放以抗生素溶液,由于向四周扩散,形成了一个以加样处为中心的浓度由高到低的自然梯度圈,即扩散中心浓度高而边缘浓度低。因此,当抗生素浓度达到或高于最低抑制浓度(minimal inhibitory concentration,MIC)时,试验菌就被抑制而不能繁殖,从而呈现透明的抑菌圈,以此部位的位置可定量待测抗生素。根据扩散定律,抗生素总量的对数值与抑菌圈直径的平方成线性关系。扩散法又可分为:① 杯碟法(cylinnder plate method)即钢圈琼脂平板法:将钢圈(牛津杯)置于接种指示菌的平板上,钢圈中放入抗生素溶液。由于抗生素扩散在钢圈周围形成不同直径的抑菌圈。该法目前已被各国药典广泛采用,作为法定的抗生素生物检定方法;② 圆滤纸法:用吸附一定体积抗生素溶液的圆滤纸代替钢圈(图8-9-2)。这种方法精确度较差,但较简便。

所用的指示菌一般革兰氏阳性球菌用金黄色葡萄球菌(*S. aureus*)作为代表,革兰氏阳性杆菌用枯草芽孢杆菌(*B. subtilis*)作为代表;革兰氏阴性菌用大肠杆菌(*E. coli*)作为代表;酵母菌用白色念珠菌(*C. albicans*)作代表;丝状真菌用黄曲霉(*A. flavus*)作代表;病原菌一般用分枝杆菌(*Mycobacterium*) 607作代表。

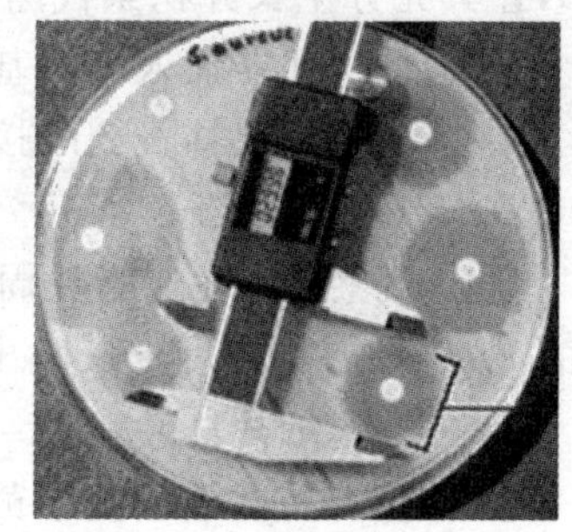

图8-9-2 滤纸片扩散法

二、实验试剂

1. 黄豆饼粉浸汁培养基(用于抗菌谱测定):2.0%黄豆饼粉,2.0%葡萄糖,0.5% NaCl,0.6%蛋白胨,0.4% $CaCO_3$,pH 7.1~7.2,固体培养基加2%琼脂,0.1 MPa灭菌30 min。取250 mL三角瓶,每瓶分装50 mL。

配制时,先称取2.0 g黄豆饼粉,加80 mL水,煮沸30 min,过滤,在滤液中加入其他成分,调节pH至7.2,最后加入$CaCO_3$即可。

2. 肉汤琼脂;马铃薯浸汁琼脂。
3. 抗生素的标准品和样品。
4. 试验菌:金黄色葡萄球菌(*S. aureus*),大肠杆菌(*E. coli*),白色念珠菌(*C. albicans*),黄曲霉(*A. flavus*)。
5. 培养基:250 mL三角瓶分装150 mL LB琼脂,150 mL三角瓶分装50 mL LB琼脂,50 mL三角瓶分装20 mL培养液。
6. pH 6.0的磷酸缓冲液
7. 沙保氏(Sabouraud's)培养基:4%葡萄糖、1%蛋白胨,pH 4.0~6.0。

三、实验器具

培养皿,牛津杯,滴管,微量移液器,Eppendorf管,吸头,弯头镊子,15 mm×150 mm试管,分析天平，容量瓶，玻璃板，水平仪，游标卡尺，高压蒸汽灭菌锅，分光光度计，离心机，培养箱，水浴锅。

四、实验操作

（一）供试菌的培养与制备

1. 金黄色葡萄球菌（*S. aureus*）、大肠杆菌（*E. coli*）接种在肉汤琼脂斜面上，置于 37 ℃下培养 18～24 h，取出，用无菌水洗下，制成悬液备用。

2. 白色念珠菌（*C. albicans*）接种在沙保氏培养液中，置 28 ℃下振荡培养 48 h，取出备用。

3. 黄曲霉（*A. flavus*）接种在马铃薯浸汁琼脂斜面上，置 28 ℃培养 5～6 d，取出用无菌水洗下孢子，制成孢子悬液备用。

（二）琼脂块测定法

1. 将受试的放线菌菌株接种在黄豆饼粉浸汁琼脂平板上，于 28 ℃恒温箱中倒置培养 5～7 d，让其充分生长并积累代谢产物。

2. 将打孔器插入培养基中，拔出后就形成一定大小的圆柱形琼脂块。

3. 把琼脂块移置到刚接种供试菌的平板上，在供试菌适宜的生长温度下，18～24 h（细菌）或 4～5 d（真菌）培养。

4. 观察：如在琼脂块周围形成透明圈，表示该放线菌产生了抑制供试菌的抗生素。透明圈的大小，在一定程度上反映出所产抗生素抑菌能力的强弱。

（三）滤纸片法

1. 接入受试放线菌于黄豆饼粉浸汁液体培养基，28 ℃摇床振荡培养 4～6 d。

2. 离心取上清液，用滤纸片法测定抗菌能力。

3. 在滤纸片滴加一定量发酵上清液，取出晾干。

4. 放置于接好供试菌的平板上，在适宜温度下培养 18～24 h（或更长时间）。

5. 观察有无抑菌圈出现。用抑菌圈的大小来表示受试菌的抗菌能力。

（四）杯碟法

1. 取无菌培养皿，加入约 20 mL LB 培养基后，置水平玻璃板上凝固，作为底层。

2. 另取冷却至 50 ℃左右的 10 mL LB 培养基，加入 0.2 mL 试验菌悬液，迅速摇匀后倒在底层平板上，作为菌层，并放置在水平玻璃板上凝固。

3. 在培养基平板底部作好相应标记，用弯头镊子在每个培养皿中等距离放入 4 个牛津杯，用微量移液器加入 250 μL 发酵上清液，盖上皿盖。

4. 将培养皿平稳送入恒温箱，37 ℃下培养 16～18 h。

5. 用游标卡尺测量抑菌圈直径。

五、注意事项

1. 培养放线菌的培养皿应尽可能平整，每皿倒培养基 20 mL，过少易干涸，过多则抑菌能力减弱，影响分辨率。

2. 用滤纸片时应尽可能使每一滤纸片上吸附的发酵液相等，因此，充分湿润后，稍作晾干，或每片统一加等量的发酵液。

3. 牛津小杯在培养皿内应均匀布置，以免抑菌圈相互重叠。牛津小杯中加样结束后，移到培养箱中时应十分小心，以免液体外溢。

六、评议

稀释时所用试管、移液管均需灭菌，缓冲溶液也需灭菌。

七、思考题

1. 指示菌的浓度对结果会产生怎样的影响？
2. 比较琼脂块法、滤纸片法和杯碟法哪个更精确？
3. 为什么培养皿的皿底应平坦？

8－10　COD的测定

一、实验原理

化学需氧量(chemical oxygen demand，COD)是指使用强氧化剂使1 L污水中的有机物质迅速进行化学氧化时所消耗氧的毫克数。COD测定中一般使用高锰酸钾($KMnO_4$)、重铬酸钾($K_2Cr_2O_7$)等强氧化剂。目前常用方法有重铬酸盐法和碘化钾碱性高锰酸钾法。

重铬酸盐法是在水样中加入已知量的重铬酸钾溶液，并在强酸介质下以银盐作催化剂，经2 h沸腾回流后，以试亚铁灵(1,10－邻菲罗啉)为指示剂，用硫酸亚铁铵滴定水样中未被还原的重铬酸钾，由消耗的硫酸亚铁铵的量换算成消耗氧的质量浓度。在酸性重铬酸钾条件下，芳烃及吡啶难以被氧化，其氧化率较低。在硫酸银催化作用下，直链脂肪族化合物可有效地被氧化。

重铬酸钾法不适用于含氯化物浓度大于1 000 mg/L(稀释后)的废水，由于高浓度氯离子对COD的测定造成严重的正干扰，重铬酸钾法无法准确监测这类废水中的COD。为此，采用碘化钾碱性高锰酸钾法来测定高氯废水化学需氧量，其原理是在碱性条件下，加一定量高锰酸钾溶液于水样中，并在沸水浴上加热反应一定时间，以氧化水中的还原性物质。加入过量的碘化钾还原剩余的高锰酸钾，以淀粉作指示剂，用硫代硫酸钠滴定释放出的碘，换算成氧的浓度，用CODOH・KI表示。碘化钾碱性高锰酸钾法可用于氯离子含量高达几万至十几万mg/L高氯废水化学需氧量(COD)的测定，其最低检出限为0.2 mg/L，测定上限为62.5 mg/L。由于碱性高锰酸钾法与重铬酸钾法氧化条件不同，对同一样品的测定值也不相同，而我国污水综合排放标准中COD指标是指重铬酸钾法的测定结果，须将碱性高锰酸钾的测定结果换算成重铬酸钾法的COD Cr值。

二、实验试剂

(一) 重铬酸盐法(国家标准GB11914－89，1989)

1. 硫酸银-硫酸试剂：向1 L硫酸中加入10 g硫酸银，放置1～2 d使之溶解，并混匀，使用前小心摇动。

2. 0.25 mol/L重铬酸钾标准溶液：将12.258 g在105 ℃干燥2 h后的重铬酸钾溶于水中，

稀释至 1 000 mL。

3. 0.1 mol/L 硫酸亚铁铵标准滴定溶液：称取 39 g 硫酸亚铁铵[$(NH_4)_2Fe(SO_4)_2 \cdot 6H_2O$]溶于水中，加入 20 mL 硫酸，待其溶液冷却后稀释至 1 000 mL。每日临用前，必须用重铬酸钾标准溶液准确标定此溶液的浓度。

4. 2.082 4 mmol/L 邻苯二甲酸氢钾标准溶液：称取 105 ℃时干燥 2 h 的邻苯二甲酸氢钾 0.4251 g，溶于水，并稀释至 1 000 mL，混匀。若以重铬酸钾为氧化剂，则将邻苯二甲酸氢钾完全氧化的 COD 值为 1.1768 g 氧/g(指 1 g 邻苯二甲酸氢钾耗氧 1.176 g)，故该标准溶液的理论 COD 值为 500 mg/L。

5. 1,10 -邻菲罗啉(1,10 - phenanathroline monohy drate)指示剂溶液：溶解 0.7g 七水合硫酸亚铁($FeSO_4 \cdot 7H_2O$)于 50mL 水中，加入 1.5 g 1,10 -邻菲罗啉，搅动至溶解，加水稀释至 100 mL。

6. 防爆沸玻璃珠。

(二) 碘化钾碱性高锰酸钾法(国家环保行业标准 HJ/T132 - 2003,2003)

1. 不含有机物蒸馏水：向 2 000 mL 蒸馏水中加入适量碱性高锰酸钾溶液，进行重蒸馏，蒸馏过程中，溶液应保持浅紫红色。弃去前 100 mL 馏出液，然后将馏出液收集在具塞磨口玻璃瓶中。待蒸馏器中剩下约 500 mL 溶液时，停止收集馏出液。

2. 50%氢氧化钠溶液：称取 50 g NaOH 溶于水中，用水稀释至 100 mL，贮于聚乙烯瓶中。

3. 0.05 mol/L 高锰酸钾溶液：称取 1.6 g 高锰酸钾溶于 1.2 L 水中，加热煮沸，使体积减少到约 1 L，放置 12 h，用 G - 3 玻璃砂芯漏斗过滤，滤液贮于棕色瓶中。

4. 10%碘化钾溶液：称取 10.0 g 碘化钾溶于水中，用水稀释至 100 mL，贮于棕色瓶中。

5. 0.025 mol/L 重铬酸钾标准溶液：称取于 105～110 ℃烘干 2 h 并冷却至恒重的优级纯重铬酸钾 1.2258 g，溶于水，移入 1 000 mL 容量瓶中，用水稀释至标线，摇匀。

6. 1%淀粉溶液：称取 1.0 g 可溶性淀粉，用少量水调成糊状，再用刚煮沸的水冲稀至 100 mL。冷却后，加入 0.4 g 氯化锌防腐或临用时现配。

7. 0.025 mol/L 硫代硫酸钠溶液($Na_2S_2O_3$)：称取 6.2 g 硫代硫酸钠($Na_2S_2O_3 \cdot 5H_2O$)溶于煮沸放冷的水中，加入 0.2 g 碳酸钠，用水稀释至 1 000 mL，贮于棕色瓶中。使用前用 0.0250 mol/L重铬酸钾标准溶液标定。

8. 30%氟化钾溶液：称取 48.0 g 氟化钾($KF \cdot 2H_2O$)溶于水中，用水稀释至 100 mL，贮于聚乙烯瓶中。

9. 4%叠氮化钠溶液：称取 4.0 g 叠氮化钠(NaN_3)溶于水中，稀释至 100 mL，贮于棕色瓶中，暗处存放。

三、实验器具

1. 回流装置：带有 24 号标准磨口的 250 mL 锥形瓶的全玻璃回流装置。回流冷凝管长度为 300～500 mm。若取样量在 30 mL 以上，可采用带 500 mL 锥形瓶的全玻璃回流装置。

2. 加热装置、25 mL 或 50 mL 酸式滴定管、沸水浴装置、250 mL 碘量瓶、25 mL 棕色酸式滴定管、定时钟、G - 3 玻璃砂芯漏斗。

四、实验操作

(一) 重铬酸盐法

1. 取污水样品 1 mL,10 000 r/min 离心 5 min。

2. 取上清 0.4 mL,在 250 mL 锥形瓶中加蒸馏水稀释至 20 mL,加入 30% $HgSO_4$ 400 μL。

3. 加入 10 mL 0.25 mol/L 重铬酸钾标准溶液和几颗防爆沸玻璃珠,摇匀。

4. 将锥形瓶接到回流装置冷凝管下端,接通冷凝水。从冷凝管上端缓慢加入 30 mL 硫酸银-硫酸试剂,以防止低沸点有机物的逸出,不断旋动锥形瓶使之混合均匀。

5. 自溶液开始沸腾起回流 2 h。

6. 冷却后,用 20~30 mL 水自冷凝管上端冲洗冷凝管后,取下锥形瓶,再用水稀释至 140 mL左右。

7. 溶液冷却至室温后,加入 3 滴 1,10-邻菲罗啉指示剂溶液,用硫酸亚铁铵标准滴定溶液滴定,溶液的颜色由黄色经蓝绿色变为红褐色即为终点。记下消耗硫酸亚铁铵标准滴定溶液的毫升数 V_2。

8. 按相同步骤以去离子水代替试样进行空白实验,记消耗硫酸亚铁铵体积 V_1。

9. 结果计算方法:以 mg/L 计的水样化学需氧量(COD),计算公式如下:

$$\mathrm{COD(mg/L)}=\frac{C(V_1-V_2)\times 8\,000}{V_0}$$

C:硫酸亚铁铵标准滴定溶液的浓度(mol/L);

V_1:空白试验所消耗的硫酸亚铁铵标准滴定溶液的体积(mL);

V_2:试料测定所消耗的硫酸亚铁铵标准滴定溶液的体积(mL);

8 000:1/4 O_2的摩尔质量以 mg/L 为单位的换算值;

V_0:试料的体积(mL)。

(二) 碘化钾碱性高锰酸钾法

1. 取 30 mL 待测水样,10 000 r/min 离心 5 min。

2. 取 20 mL 待测水样(若水样 CODOH·KI 高于 12.5 mg/L,则酌情稀释)于 250 mL 碘量瓶中稀释至 100 mL,加入 0.5 mL 50%NaOH 溶液,摇匀。

3. 加入 10 mL 0.05 mol/L 高锰酸钾溶液,摇匀。将碘量瓶立即放入沸水浴中加热 60 min。沸水浴液面要高于反应溶液的液面。

4. 取出碘量瓶冷却至室温后,加入 0.5 mL 4%叠氮化钠溶液,摇匀。

5. 加入 1 mL 30%氟化钾溶液,摇匀。

6. 加 10 mL 10%碘化钾溶液,摇匀。加入 5 mL 硫酸,加盖摇匀,暗处置 5 min。

7. 用 0.025 mol/L 硫代硫酸钠溶液滴定至溶液呈淡黄色,加入 1 mL 淀粉溶液,继续滴定至蓝色刚好消失,尽快记录硫代硫酸钠溶液的用量 V_1。

10. 用 100 mL 水代替试样,做全程序空白,记录滴定消耗的硫代硫酸钠溶液的体积 V_0。

11. 结果表示:水样的 CODOH·KI 按下式计算:

$$\mathrm{CODOH\cdot KI}(O_2,\mathrm{mg/L})=(V_0-V_1)\times C\times 8\times 1\,000/V$$

式中 V_0:空白试验消耗的硫代硫酸钠溶液的体积(mL);

V_1：试样消耗的硫代硫酸钠溶液的体积(mL)；

C：硫代硫酸钠溶液浓度(mol/L)；

V：试样体积(mL)；

8：氧(1/2 O)的摩尔质量(g/mol)。

五、评议

1. 重铬酸盐法

1）对于COD值小于50 mg/L的水样，应采用低浓度的重铬酸钾标准溶液氧化，加热回流后，采用低浓度的硫酸亚铁铵标准溶液回滴。该法对未经稀释的水样其测定上限为700 mg/L，超过此限时必须经稀释后测定。对于污染严重的水样，可选取所需体积1/10的试料和1/10的试剂，放入10 mm×150 mm硬质玻璃管中，摇匀后，用酒精灯加热至沸数分钟，观察溶液是否变成蓝绿色。如呈蓝绿色，应再适当少取试料，重复以上试验，直至溶液不变蓝绿色为止。

2）校核试验：按测定试料提供的方法分析20.0 mL邻苯二甲酸氢钾标准溶液的COD值，用以检验操作技术及试剂纯度。该溶液的理论COD值为500 mg/L，如果校核试验的结果大于该值的96%，即可认为实验步骤基本上是适宜的。

3）去干扰试验：无机还原性物质如亚硝酸盐、硫化物及二价铁盐将使结果增大，但实验的主要干扰物为氯化物，可加入硫酸汞部分地除去，经回流后，氯离子可与硫酸汞结合成可溶性的氯汞络合物。当氯离子含量超过1 000 mg/L时，COD的最低允许值为250 mg/L。

2. 碘化钾碱性高锰酸钾法

1）样品的采集与保存：水样采集于玻璃瓶后，应尽快分析。若不能立即分析，应加入硫酸调节pH<2，4 ℃冷藏保存并在48 h内测定。

2）样品的预处理：若水样中含有氧化性物质，应预先于水样中加入硫代硫酸钠去除，即先移取100 mL水样于250 mL碘量瓶中，加入0.5 mL 50%氢氧化钠溶液，摇匀。加入0.5 mL 4%叠氮化钠溶液，摇匀后按常规方法测定。

3）干扰的消除：水样中含Fe^{3+}时，可加入30%氟化钾溶液消除铁的干扰，1 mL 30%氟化钾溶液可掩蔽90 mg Fe^{3+}。溶液中的亚硝酸根在碱性条件下不被高锰酸钾氧化，在酸性条件下可被氧化，加入叠氮化钠消除干扰。

3. 硫代硫酸钠溶液标定方法如下：

1）于250 mL碘量瓶中，加入100 mL水和1.0 g碘化钾，加入10 mL 0.025 mol/L重铬酸钾溶液，再加5 mL硫酸溶液并摇匀，于暗处静置5 min。

2）用待标定的硫代硫酸钠溶液滴定至溶液呈淡黄色，加入1 mL淀粉溶液，继续滴定至蓝色刚好褪去为止，记录用量。

3）按下式计算硫代硫酸钠溶液的浓度：$C=10.00\times0.0250/V$

式中 C：硫代硫酸钠溶液的浓度(mol/L)；

V：滴定时消耗硫代硫酸钠溶液的体积(mL)。

8－11　BOD 的测定

一、实验原理

生物需氧量（biological oxygen demand，BOD_5）指在 20 ℃下 1 L 污水中所含的有机物（主要是有机碳源）在进行微生物氧化时，5 d 内所消耗的分子氧的毫克数。BOD_5 是水体环境评估中必须要检测的一个重要指标，如果水体 BOD_5 值高，则表示水体中有机物含量高，受到的污染比较严重。

一般水质检验所测 BOD_5 只包括含碳物质的耗氧量和无机还原性物质的耗氧量。有时需要分别测定含碳物质耗氧量和硝化作用的耗氧量。常用的区别含碳物质耗氧还是含氮物质硝化耗氧的方法是向培养瓶中投加硝化抑制剂，加入适量硝化抑制剂后，所测出的耗氧量即为含碳物质的耗氧量。在 5 d 培养时间内，硝化作用的耗氧量取决于是否存在足够数量的能进行此种氧化作用的微生物，原污水或初级处理的出水中这种微生物的数量不足，不能氧化显著量的还原性氮，而许多二级生化处理的出水和受污染较久的水体中，往往含有大量硝化微生物，因此测定这种水样时应抑制其硝化反应。

将水样注满培养瓶，塞好后应不透气，将瓶置于恒温条件下培养 5 d。培养前后分别测定溶解氧浓度，由两者的差值可算出每升水消耗氧的质量，即 BOD_5 值。由于多数水样中含有较多的需氧物质，其需氧量往往超过水中可利用的溶解氧（dissolvedoxygen，DO）量，因此在培养前需对水样进行稀释，使培养后剩余的溶解氧（DO）符合规定。

国家标准 GB 7488－87 参照采用国际标准 ISO 5815－1983，标准规定采用稀释与接种法作为测定水中生化需氧量的标准方法，这是一种经验性的常规方法。

活性污泥的耗氧速率（oxygen uptake rate，OUR）是评价污泥微生物代谢活性的一个重要指标，在日常运行中，污泥 OUR 值的大小及其变化趋势可指示处理系统负荷的变化情况，并可以此来控制剩余污泥的排放。活性污泥的 OUR 若大大高于正常值，往往提示污泥负荷过高，这时出水水质较差，残留有机物较多，处理效果亦差。污泥 OUR 值长期低于正常值，这种情况往往在活性污泥负荷低下的延时曝气处理系统中可见，这时出水中残存有机物数量较少，处理完全，但若长期运行，也会使污泥因缺乏营养而解絮。处理系统在遭受毒物冲击，而导致污泥中毒时，污泥 OUR 的突然下降常是最为灵敏的早期警报。此外，还可通过测定污泥在不同工业废水中的 OUR 值的高低，来判断该废水的可生化性及污泥承受废水毒性的极限程度。

二、实验试剂

1. 磷酸盐缓冲溶液：8.5 g KH_2PO_4、21.75 g K_2HPO_4、33.4 g $Na_2HPO_4 \cdot 7H_2O$ 和 1.7g NH_4Cl 溶于约 500 mL 水中，稀释至 1 000 mL 并混合均匀。pH 应为 7.2。

2. 22.5 g/L 硫酸镁溶液：将 22.5 g $MgSO_4 \cdot 7H_2O$ 溶于水中，稀释至 1 000 mL 并混匀。

3. 27.5 g/L 氯化钙溶液：将 27.5 g 无水 $CaCl_2$ 溶于水，稀释至 1 000 mL 并混合均匀。

4. 0.25 g/L 氯化铁（Ⅲ）溶液：将 0.25 g $FeCl_3 \cdot 6H_2O$ 溶解于水中，稀释至 1 000 mL 并混匀。

5. 0.5 g/L 盐酸溶液;20 g/L 氢氧化钠溶液。

6. 1.575 g/L 亚硫酸钠溶液：此溶液不稳定,需当天配制。

7. 葡萄糖-谷氨酸标准溶液：将葡萄糖和谷氨酸在 103 ℃下干燥 1 h,每种称量 150±1 mg,溶于蒸馏水中,稀释至 1 000 mL 并混合均匀。此溶液于临用前配制。

三、实验器具

1. 培养瓶：细口瓶的容量在 250～300 mL 之间,带有磨口玻璃塞,并具有供水封用的钟形口,最好是直肩的。

2. 稀释容器：带塞玻璃瓶,刻度精确到毫升,其容积大小取决于使用稀释水样品的体积。

3. 控制在 20±1 ℃培养箱;测定溶解氧仪器;用于样品运输和贮藏的冷藏手段(0～4 ℃)。

四、实验操作

(一) 稀释水

1. 取每种盐溶液即磷酸盐缓冲溶液、22.5 g/L 硫酸镁溶液、27.5 g/L 氯化钙溶液和 0.25 g/L氯化铁(Ⅲ)溶液各 1 mL,加入约 500 mL 水中,然后稀释至 1 000 mL 并混合均匀。

2. 将此溶液置于 20 ℃下恒温,曝气 1 h 以上,采取各种措施,使其不受污染,特别是不被有机物质、氧化或还原性物质或金属污染,确保溶解氧浓度不低于 8 mg/L。

(二) 接种水获取

如试验样品本身不含有足够的合适微生物,应采用下述方法之一,以获得接种水：

1. 城市废水,取自污水管或取自没有明显工业污染的住宅区污水管。这种水在使用前,应倾出上清液备用。

2. 在 1 L 水中加入 100 g 花园土壤,混合并静置 10 min。取 10 mL 上清液用水稀释至 1 L。

3. 含有城市污水的河水或湖水。

4. 污水处理厂的出水。

5. 当待分析水样为含难降解物质的工业废水时,取自待分析水排放口下游约 3～8 km 的水或所含微生物适宜于待分析水并经实验室培养过的水。

(三) 接种的稀释水

1. 根据需要和接种水的来源,向每升稀释水中加入 1～5 mL 接种水,将已接种的稀释水在约 20 ℃下保存,8 h 后尽早应用。

2. 已接种的稀释水的 5 d(20 ℃)耗氧量应在 0.3～1 mg/L 之间。

(四) 样品的贮存

1. 样品需充满并密封于瓶中,置于 2～5 ℃保存到进行分析时。

2. 一般应在采样后 6 h 内进行检验。若需远距离转运,在任何情况下贮存皆不得超过 24 h。样品也可以深度冷冻贮存。

(五) 样品预处理

1. 样品的中和：如果样品的 pH 不在 6～8 之间,先做单独试验,确定需要用的 0.5 g/L 盐酸溶液或 20 g/L 氢氧化钠溶液的体积,再加样品,不管有无沉淀形成。

2. 含游离氯或结合氯的样品：加入所需体积的 1.575 g/L 亚硫酸钠溶液,使样品中自由氯和结合氯失效，注意避免过量。

（六）试验水样的准备

1. 将试验样品温度升至约20 ℃，然后在半充满的容器内摇动样品，以便消除可能存在的过饱和氧。

2. 将已知体积样品置于稀释容器中，用稀释水或接种稀释水稀释，轻轻地混合，避免夹杂空气泡。稀释倍数可参考表8-11-1。

表8-11-1 测定BOD_5时建议稀释的倍数

预期BOD_5值/(mg/L)	稀释比	结果取整到	适用的水样*
2～6	1～2之间	0.5	R
4～12	2	0.5	R,E
10～30	5	0.5	R,E
20～60	10	1	E
40～120	20	2	S
100～300	50	5	S,C
200～600	100	10	S,C
400～1200	200	20	I,C
1 000～3 000	500	50	I
2000～6000	1 000	100	I

*R为河水；E为生物净化过的污水；S澄清过的污水或轻度污染的工业废水；C为原污水；I为严重污染的工业废水。

（七）空白（稀释水）试验与测定

1. 按采用的稀释比用虹吸管充满两个培养瓶至稍溢出。将所有附着在瓶壁上的空气泡赶掉，盖上瓶盖，小心避免夹有空气泡。

2. 放一组瓶于培养箱中，并在暗中放置5 d。

3. 在计时起点时测量另一组瓶的稀释水样的溶解氧浓度。

4. BOD的计算：$BOD(mg/L)=[(C_1-C_2)-(C_3-C_4)]\ f_1/f_2$

式中，C_1：在初始时试验水样的溶解氧浓度(mg/L)；

C_2：培养5 d后试验水样的溶解氧浓度(mg/L)；

C_3：在初始时稀释水样的溶解氧浓度(mg/L)；

C_4：培养5 d后稀释水样的溶解氧浓度(mg/L)；

f_1：稀释水样在水样培养液中所占的比例；

f_2：试验水样在水样培养液中所占的比例。

五、注意事项

被测定溶液若满足以下条件，则能获得可靠的测定结果，即培养5 d后：剩余DO>1 mg/L，消耗 DO>2 mg/L。

六、评议

1. 本方法适用于 BOD_5大于或等于 2 mg/L 并且不超过 6000 mg/L 的水样。

2. 试验的结果可能会被水中存在的某些物质所干扰，那些对微生物有毒的物质，如杀菌剂、有毒金属或游离氯等，会抑制生化作用。水中的藻类或硝化微生物也可能造成虚假的偏高结果。

3. 在测定 BOD_5 的同时，需要葡萄糖和谷氨酸标准溶液完成验证试验。验证实验：将 20 mL葡萄糖-谷氨酸标准溶液用接种稀释水稀释至 1 000 mL，并按步骤进行测定。得到的 BOD 应在 180～230 mg/L 之间，否则应检查接种水以及操作是否准确。

七、思考题

什么是 BOD_5？

8－12　甜酒酿发酵

一、实验原理

以糯米（或大米）经甜酒药发酵制成的甜酒酿，是我国的传统发酵食品。甜酒药主要含有糖化菌及酵母菌的发酵制剂，其中所含的微生物主要有根霉（*Rhizopus*）、毛霉（*Mucor*）及少量酵母。

甜酒酿是将糯米经蒸煮糊化，利用酒药中的根霉（*Rhizopus*）和米曲霉（*Aspergillus oryzae*）等微生物将原料中糊化后的淀粉糖化，将蛋白质水解成氨基酸，然后酒药中的酵母菌利用糖化产物生长繁殖，并通过酵解途径将糖转化成酒精，从而赋予甜酒酿特有的香气、风味和丰富的营养。随着发酵时间的延长，甜酒酿中的糖分逐渐转化成酒精，因而糖度下降，酒度提高，故适时结束发酵是保持甜酒酿口味的关键。

$$\text{淀粉}\xrightarrow[\text{根霉、毛霉}]{\text{糖化菌}}\text{葡萄糖}\xrightarrow{\text{酵母菌}}\text{酒精}$$

二、实验试剂

酒精发酵培养基、新鲜不变质的甜酒药、蒸馏水、无菌水、糯米、凉开水。

三、实验器具

塑料杯、高压锅、淘米水、脸盆、塑料袋。

四、实验操作

（一）甜酒酿的制作

1. 浸米与洗米：将米浸泡在水中 12～24 h（使米中的淀粉吸水膨胀，便于蒸煮糊化），用自来水冲洗。

2. 隔水蒸煮：将洗净沥干水的米在高压锅中隔水蒸煮 1 kg/cm^2 10～20 min，常压 30 min。要求熟而不糊，外硬内软，内无向心，疏松易散，透而不烂，均匀一致。

3. 淋饭降温：用凉开水淋饭。

4. 拌酒药搭窝：将冷却到 35 ℃左右的米饭，按量将酒药拌匀(用量按产品说明书)。

5. 装入塑料碗内(装饭量为容器的 1/3～2/3)，中央挖洞，搭成喇叭形凹窝，上面再洒上一些酒药。

6. 保温保湿培养：将塑料碗装入聚丙烯袋中，扎好袋口，置 25～30 ℃下培养发酵 36～40 h，即可食用。

7. 发酵 2 d 便可闻到酒香味，开始渗出清液，3～4 d 渗出液越来越多。此时，把洞填平，让其继续发酵。

8. 培养发酵至第 7 天取出，把酒糟滤去，汁液即为糯米甜酒原液，加入一定量的水，加热煮沸便是糯米甜酒，即可品尝。

(二) 甜酒药中糖化菌的分离(平板划线法)

1. 每组取无菌培养皿两付，先在培养皿中加入两滴 5000 U/mL 链霉素液，再用已融化的马铃薯蔗糖培养基倒平板，使链霉素与培养基充分混匀，制成平板。

2. 取已被碾碎的甜酒药粉 1 环在平板上划线，然后倒置于 28～30 ℃恒温箱中培养4～6 d。

3. 观察平板上的菌落形态，用接种环调取霉菌菌落的孢子或菌丝体于新鲜的马铃薯蔗糖平板上，再进行划线培养，直至获得纯培养。

(三) 糖化菌形态的观察

1. 打开皿底用低倍镜直接观察分离菌各部分结构形态，如孢囊梗、孢囊、囊轴、假根、匍匐菌丝。

2. 取一载玻片，滴一滴乳酚油，用解剖针挑取少量带有孢囊的分离菌菌丝放在悬滴液中，将菌丝分散平铺，然后盖上盖玻片。

3. 镜检：用低倍镜观察菌丝有无隔膜，孢囊梗的形态，孢囊的着生方式，孢囊和囊轴的形态和大小。再换成中倍镜观察，绘制分离菌的形态图。

4. 注明各部位名称，并根据菌落和菌体形态特征，判断出该分离菌是何种真菌。

五、注意事项

酿制糯米甜酒时糯米饭一定要煮熟煮透，不能太硬或夹生；米饭一定要凉透至 35 ℃以下才能拌酒曲，否则会影响正常发酵。

六、思考题

1. 为什么糯米饭温度要降至 35 ℃以下再拌酒曲，发酵才能正常进行？

2. 糯米饭一开始发酵时要挖个洞，这有什么作用？

3. 甜酒酿制作中有哪两类微生物参与发酵作用？各自起何种作用？

8－13　泡菜发酵及亚硝酸含量的测定

一、实验原理

微生物在厌氧条件下，利用已糖发酵积累乳酸的作用称为乳酸发酵。能引起乳酸发酵的微生物种类很多，主要是细菌。常见的乳酸发酵细菌有乳酸链球菌(*Streptococcus lactius*)和乳酸杆菌(*Lactobacillus*)等。乳酸细菌发酵生成的乳酸能提供特殊的风味、降低 pH 值以抑制一些腐败细菌的生长活动。所以可以利用乳酸发酵制成青贮饲料；日常生活中利用乳酸菌在无氧的环境下大量繁殖制作泡菜；制作酸奶也是应用乳酸发酵的原理。

根据反应过程和产物的不同，有同型乳酸发酵和异型乳酸发酵。同型乳酸发酵的产物只有乳酸，制作质量好的泡菜、酸奶，同型乳酸发酵是其主要的发酵过程。而异型乳酸发酵的产物就比较复杂，除产生乳酸外，还可能产生乙醇、甲酸、乙酸、琥珀酸、甘油及二氧化碳和氢气等。不同的微生物可造成异型乳酸发酵的产物不同或各产物的比例不同。如果发酵过程中，异型乳酸发酵所占的比例较大，则其风味不纯正，并且由于产生的乳酸较少，产物较复杂，而容易造成其他腐败微生物的生长。

由于乳酸细菌是厌氧性微生物，因此保持厌氧状态是保证乳酸发酵的必要条件，也是增大同型乳酸发酵比例、提高产品质量的重要保证。

产生的乳酸可以通过其形成的乙醛而进行检测：

$$2KMnO_4 + 3H_2SO_4 \longrightarrow K_2SO_4 + 3H_2O + 5[O]$$

$$5CH_3CHOHCOOH + 5[O] \longrightarrow 5CH_3CHO + 5CO_2 + 5H_2O$$

$$CH_3CHO + 2Ag(NH_3)_2OH \longrightarrow CH_3COONH_4 + 2Ag\downarrow + 3NH_3$$

泡菜腌制过程主要是乳酸菌和其他有益菌在起作用，但还有大量其他细菌和微生物存在，一些微生物能把蔬菜中的含氮化合物还原成亚硝酸盐。一般泡制 24 h 至 72 h 的泡菜，亚硝酸盐的含量达到高峰。因此泡菜最好腌透了再吃，一般泡制 4 周后食用最佳。

测定亚硝酸盐含量的原理：在盐酸酸化条件下，亚硝酸盐与对氨基苯磺酸发生重氮反应后，与 N－1－萘基乙二胺盐酸盐结合形成玫瑰红色染料。将显色反应后的样品与已知浓度的标准液进行目测比较，可以大致估算出泡菜中亚硝酸盐的含量。化学反应方程式如下：

$$2HCl + NaNO_2 + H_2N{-}C_6H_4{-}SO_3H \xrightarrow{\text{重氮化}} Cl{-}N(\equiv N){-}C_6H_4{-}SO_3H + NaCl + 2H_2O$$

$$Cl{-}N(\equiv N){-}C_6H_4{-}SO_3H + 2HCl \cdot H_2NH_2CH_2CH_2CHN{-}C_{10}H_7$$

$$\downarrow$$

$$H_2NH_2CH_2CH_2CHN{-}C_{10}H_6{-}N{=}N{-}C_6H_4{-}SO_3H$$

二、实验试剂

1. 泡菜：1 mg/mL 亚硝酸钠；4 mg/mL 对氨基苯磺酸；2 mg/mL N－1－萘基乙二胺盐酸盐；浓硫酸；对羟基联苯试剂。

2. pH 9.0 缓冲液：在 300 mL 容量瓶中加入甘氨酸 11.4 g，24％NaOH 溶液 2 mL，加 275 mL蒸馏水。

3. NAD 溶液：600 mg NAD 溶于 20 mL 蒸馏水中。

4. L(＋)LDH：加 5 mg L(＋)LDH 于 1 mL 蒸馏水中。

5. D(－)LDH：加 2 mg D(－)LDH 于 1 mL 蒸馏水中。

三、实验器具

研磨过滤器；微量可调移液器；吸头；100 mL 和 1 L 容量瓶；烧杯；量筒；1.5 mL 离心管；离心管架。

四、实验操作

（一）泡菜制作

1. 自来水 100 mL，食盐 7 g 放入烧杯中加热煮沸 10 min，把烧杯盖住，冷却。

2. 将带菌萝卜洗净，带皮切成长方块，注意切块不宜太小，稍晾干后放入罐头瓶，至距离瓶口 2 cm 左右。

3. 将已冷却的食盐水注入，淹没萝卜块，距离瓶口 0.5 cm。

4. 拧上盖子，隔绝空气。

5. 放入 28～30 ℃温箱中进行发酵，一周左右后检查实验结果。

（二）乳酸定性测定

方法一

1. 打开发酵栓，嗅闻瓶中有无臭味。

2. 用 pH 试纸条测定 pH 值。

3. 取乳酸上清液 10 mL 于试管中，加入 1 mL 10％ H_2SO_4溶液，再加 1 mL 2％ $KMnO_4$溶液，此时酸乳转化为乙醛。

4. 取滤纸条 1 条，在含氨的硝酸溶液中浸泡。

5. 将此滤纸条搭在试管口上，微火加热试管至沸，使乙醛挥发。

6. 若管口上的滤纸变黑，则说明有乳酸存在。

方法二

1. 取若干支洗净干燥的试管编号，各加入浓硫酸 1.5 mL 以及 2～4 滴对羟基联苯试剂。混匀后放入冰浴中冷却。

2. 将样品或对照 1 mL 逐滴加到冷却的混合液中，随加随摇动冰浴中的试管，注意冷却，将各试管混匀。

3. 放入 100 ℃恒温水浴中保温 10 min，冷却后比较和记录各试管溶液中颜色的深浅，并加以解释。

（三）乳酸定量测定

1. 取稀释 10 倍的酸乳上清液 0.2 mL，加至 3 mL pH 9.0 缓冲液中，再加入 0.2 mL NAD 溶液，混匀后在 340 nm 处测定 A_{340} 值为 $A1$。

2. 然后加入 0.02 mL L(+)LDH，0.02 mL D(-)LDH，25 ℃保温 1 h 后测定 A_{340} 值为 $A2$。

3. 同时用蒸馏水代替酸乳上清液作对照，测定步骤及条件完全相同，测出的相应值为 B_1 和 B_2。

4. 计算公式：乳酸(g/100 mL) = $(V\times M\times \Delta\varepsilon\times D)\div 1\,000\times\varepsilon\times 1\times Vs$

V：比色液最终体积(3.44 mL)；

M：乳酸的克分子重量(1 mol/L=90g)；

$\Delta\varepsilon$：$(A_2-A_1)-(B_2-B_1)$；

D：稀释倍数(10)；

ε：NADH 在 340nm 吸光系数(6.3×10^3 L/mol・cm)；

1：比色皿的厚度(0.1 cm)；

Vs：取样体积(0.2 mL)。

5. 酸乳的检查指标：① 感观指标：酸乳凝块均匀细腻，色泽均匀无气泡，有乳酸特有的香味；② 合格的理化指标：如脂肪≥3%，乳总干物质≥11.5%，蔗糖≥5.00%，酸度 70～110T，Hg<0.01×10^{-6} mg/mL 等；③ 无致病菌，大肠菌群≤40 个/100 mL。

（四）亚硝酸检测

1. 配制亚硝酸钠标准溶液：称取 100 mg 无水亚硝酸钠加蒸馏水溶解，定容至 100 mL 容量瓶中得到 1 mg/mL 亚硝酸钠溶液，再取 1 mL 定容至 1 L 容量瓶中，得到 1 μg/ mL 亚硝酸钠标准液，冰箱中避光保存。

2. 配制 4 mg/mL 对氨基苯磺酸溶液：称取 0.4 g 对氨基苯磺酸，溶解于 100 mL 20%盐酸溶液中，用棕色瓶避光保存。

3. 配制 2 mg/mL N-1-萘基乙二胺盐酸盐溶液：称取 0.2 g N-1-萘基乙二胺盐酸盐，溶于 100 mL 蒸馏水中，放入棕色瓶后冰箱中避光保存。

4. 制备标准比色液：吸取 100，200，300，400，500，750 μL 亚硝酸钠标准液至 1～6 号离心管中，0 号作为对照。再向 0～6 号离心管中加入 40 μL 对氨基苯磺酸溶液，混匀静置 2～3 min 后，分别加入 20 μL N-1-萘基乙二胺盐酸盐溶液，加水至 1 mL 刻度处得到标准比色液。

5. 样品处理及比色：称取 5 g 泡菜放入研磨过滤器中充分研磨，吸取 10 μL 汁到离心管中，加 40 μL 对氨基苯磺酸，混匀后静置 2～3 min，依次加入 20 μL N-1-萘基乙二胺盐酸盐溶液，加水至 1 mL 刻度处。15 min 后开始比色。

6. 经过比色可以得出泡菜中的亚硝酸盐含量：

时间(d)	3	5	7	9	11	13
含量(mg/kg)						

五、注意事项

1. 发酵过程中萝卜的切块不宜太小，尽可能使萝卜浸入食盐水中。

2. 在发酵过程中要做到排气密封。

六、评议

1. 在发酵温度为13～15 ℃的环境下，泡菜中的亚硝酸盐含量开始的时候都处于上升趋势，在5～7 d的时候会达到一个最高值，之后就会慢慢下降，在发酵时间达到13 d左右的时候下降到一个相对比较稳定的数值。

2. 在温度较高的条件下泡菜的发酵时间会缩短，亚硝酸盐含量会在第3、4天就达到峰值，第6天后亚硝酸盐含量就非常低了。

七、思考题

腌制泡菜所用的是什么菌？来自何处？

9　设计性实验

一、设计性实验目的

为了充分调动学生的学习主动性、积极性和创造性，将所学的微生物学基础知识应用于实验选题，通过设计一种功能性微生物分离、鉴定、生物活性分析的实验，在一定条件和范围内，完成从实验设计到动手操作全过程。在实验过程中，观察微生物的各种机能与代谢变化，分析和掌握其发生的主要机制，使学到的基础理论知识与实践的感性认识更好地相结合。最终达到培养学生自主创新以及从事科研活动能力，提高学生发现问题、分析问题和解决问题的能力，树立严谨的科学作风与创新精神，为今后从事研究打下基础。

二、设计性实验完成的基本步骤

1. 立题：以小组为单位，根据已学的基础知识，并利用图书馆及互联网查阅相关的文献资料，经过小组集体酝酿、讨论确立一个既有科学性又有一定创新性的实验题目。提出设计性实验的设想，注意实验方案不可过大和脱离现实条件，应强调其可操作性，并进一步了解所研究问题的国内外研究现状。初步选题后，由指导老师对设计方案的目的性、科学性、创新性和可行性进行初审，根据老师的修改意见，学生对实验方案进行修改、论证。

2. 方案设计的内容与格式：每个小组在立题基础上，认真地按照规定的格式写出实验的设计方案。设计性实验方案的内容应详细和具可操作性，具体的内容和格式要求如下：① 题目、班级、设计者；② 立题依据（实验的目的、意义以及拟解决的问题和国内外研究现状）；③ 微生物的类群与来源；④ 实验器材与药品（器材名称、型号、规格和数量；药品或试剂的名称、规格、剂型和使用量），包括特殊仪器与药品需要；⑤ 实验方法与操作步骤，包括实验的技术路线、进程安排、具体操作过程，以及设立的观察指标和检测手段；⑥ 制作观察结果的记录，表格、图片；⑦ 预期结果；⑧ 可能遇到的困难和问题及解决的措施；⑨ 注明参阅文献。

3. 实验准备：同学应根据实验的设计方案列出实验所需的微生物、器械、药品的预算清单，在实验课前两周提交给指导老师。对一些特殊药品或试剂应列出供应商的公司名称。

4. 预实验：按照实验设计方案和操作步骤认真进行预实验。在预实验过程中，同学要做好各项实验的原始记录。实验结束后，应及时整理实验结果，发现和分析预实验中存在的问题和需要修改的地方，并与老师进行讨论。

5. 正式实验：按照修改的实验设计方案和操作步骤认真进行正式实验，并强化小组成员的协调与配合，力争实验成功。在实验过程中，记录好实验的原始数据；实验结束后，及时整理、分析实验结果。

6. 书写实验报告：实验结束后，各实验小组对实验数据进行归纳和处理，按毕业论文或发表文章的格式进行论文的撰写，内容包括题目、作者、目录、中英文摘要、前言、材料与方法、结果、讨论、参考文献与致谢等。

7. 实验报告总结：在提交论文的同时，每个小组以 PPT 的形式，与全班同学进行讲解与交流，老师、同学就报告内容进行提问。

8. 考核、评分：依据每组设计性实验的科学性、先进性、创新性，以及实验完成的质量进行评分，其成绩占实验成绩的 50%；对每个同学在整个设计性实验过程中的具体表现，如方案设计的参与程度、实验动手能力、论文的质量、回答问题的能力进行评分。对小组中做出突出贡献者加分；对能提出较高水平问题者加分；在回答问题时思路敏捷、语言表达准确和清楚者加分。

三、设计性实验要求与分组

1. 树立良好的团队协作精神：在设计性实验中，学生将成为实验课的主角，通过实验使专业的基础知识与实践相结合，激发学生的实验创造性，将所学知识向纵向和横向扩展。在实验过程中希望学生能相互合作、彼此理解、取长补短，形成良好的团队精神。另外，各小组间也要积极开展相互交流与沟通，养成良好的相互配合、相互协作的精神。

2. 实验分组：设计性实验分组进行，每组 3～6 人。

3. 实验整个流程大致分为三个阶段：

① 选题和可行性论证阶段：选题主要由同学利用课余时间查阅资料，完成初步的实验设计报告；然后进行设计性实验的可行性论证。先对所选的实验课题进行形式审查；然后，对实验课题的科学性、创新性和可行性进行论证。

② 实验操作阶段：实验操作一方面是对设计性实验的科学性和可行性进行检验，同时也是对同学能否独立完成实验的能力考验，以及发现问题、解决问题的能力检验。

③ 结果分析：实验结束后，在写实验报告之前，认真完成实验结果的整理、归纳、统计和分析，最后对实验结果进行初步整理、分析和讨论。

四、注意事项

1. 遵守实验室各项规章制度，不损坏仪器设备。

2. 自主设计实验在强调其先进性和创新性的同时应注意可行性，切忌脱离现实条件。

3. 对不符合设计的抄袭方案将予取消实验资格。

五、思考题

请设计一个从自然界中分离、鉴定和利用有用微生物的实验方案，并介绍这个方案中应进行的实验。

参 考 文 献

1. 朱旭芬. 基因工程实验指导(第2版). 北京：高等教育出版社,2010.

2. 沈萍等. 微生物实验(第4版). 北京：高等教育出版社,2007.

3. 周德庆. 微生物学实验教程(第2版). 北京：高等教育出版社,2006.

4. 黄秀梨，辛明秀. 微生物学实验指导(第2版). 北京：高等教育出版社,2006.

5. 管远志，王艾琳，李坚. 医学微生物学实验技术. 北京：化工出版社,2006.

6. 刘志恒. 现代微生物学(第2版). 北京：科学出版社,2008.

7. 杨苏声，周俊初. 微生物生物学. 北京：科学出版社,2004.

8. 石孔兰，朱丽娴，吴敏，朱旭芬. 一株嗜盐严格厌氧细菌S191的分离与系统发育分析. 浙江大学学报(理学版),2009, 36(6): 714-717.

9. Prescott H. Laboratory exerices in Microbiology. Fifth edition. The McGraw-Hill Companies, 2002.

10. Colwell R R. Polyphasic taxonomy of the genus *vibrio*: numerical taxonomy of vibrio cholerae vibrio parahaemolyticus, and related vibrio species. J Bacteriol, 1970, 104: 410-433.

11. Embley T, Stachebrandt E. The phylogeny and systematics of the actinomycetes. Annu Rev Microbol, 1994, 48, 257-289.

12. Goodfellow M, O'Donnell A. G. Handbook of new bacteril systematics. London: Academic Press, 1993.

13. Olsen G J, Woese C R. Ribosomal RNA: a key to phylogeny. FASEB J, 1993, 7 (1): 113-123.

14. Stackebrandt E, Goebel B M. Taxonomic note: a place for DNA-DNA reassociation and 16S rRNA analysis in the present species definition in bacteriology. Int J Syst Bacteriol, 1994, 44: 846-849.

15. Zhu X F. Wu X Y. Dai Y. Fermentation condition and properties of a chitosanase from *Acinetobacter* sp. C-17. Biosci Biotechnol Biochem, 2003, 67(2): 284-290.

16. Wu Y H, Wu M, Wang C S, *et al*. *Microbacterium profundi* sp. nov., isolated from deep-sea sediment of polymetallic nodule environments. Int J Syst Evol Microbiol, 2008, 58(12): 2930-2934.

17. Xu X W, Wu Y H, Wang C S, *et al*. M. *Vibrio hangzhouensis* sp. nov., isolated from sediment of the East China Sea. Int J Syst Evol Microbiol, 2009, 59: 2099-2103.